Korean Industrial Standard

2차원 기계설계제도규격과
3차원 모델링을 위한 데이터북

KS 규격집

기계제도시험연구회 엮음

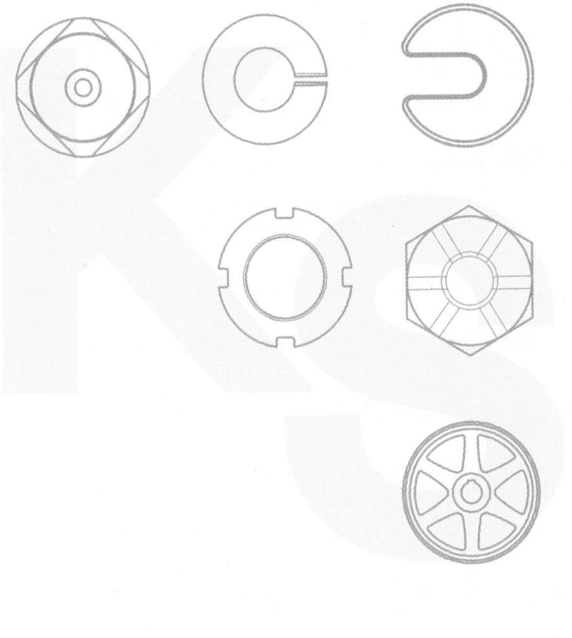

일진사

foreword
머리말

최근의 기계공업은 국가발전의 기간이 되는 산업으로, 꾸준한 연구개발을 통해 현재 우리나라도 선진국 수준에 이를 정도의 눈부신 발전을 이루었다.

그러나 다른 선진국과 비교할 때 기계설계 분야에 있어서는 아직도 미흡하고 미진한 부분이 많은 것이 사실이다.

특히 오늘날의 기계공업은 대부분 자동화되어 있으므로 고도의 정밀성을 요구하는 기계설계 분야의 발전 없이는 기계공업의 발전 또한 바랄 수 없게 되었다.

그러므로 이러한 기계설계 분야의 기본이 되는 각종 데이터 및 기계설계 규격의 표준화는 더 이상 미루어서는 안 되는 중요한 과제이다.

이제는 세계의 모든 국가가 국제표준화기구(ISO)에 의한 공업규격의 국제통일화에 적극 참여하고 있기 때문에 기계설계 규격과 데이터에 관한 모든 자료는 현장에서 근무하는 실무자 및 기계설계 분야를 공부하는 학생들에게도 절대적으로 필요한 도구가 되었다.

이 책은 기계설계 시 필요한 한국산업규격(KS)을 상세하게 수록하였으며 3D CAD 사용자를 위해 다음과 같은 특징으로 구성하였다.

첫째, 2차원 도면 작성에 필요한 데이터 외에 3차원 모델링을 위한 데이터도 설계공식을 활용하여 정확히 계산하여 첨부하였다.

둘째, 이 책에 수록된 3차원 모델링 데이터와 모델링 방법을 이용하면 나사, 기어, 널링과 같이 2차원 데이터만으로는 작성이 어려운 3차원 모델링을 정확하게 수행할 수 있도록 하였다.

셋째, 개정된 한국산업규격(KS)을 반영하였으며 최근에 변경 또는 폐지된 규격도 참고할 수 있도록 하였다.

넷째, 많은 사진을 첨부하여 기계요소를 이해하는 데 도움이 되도록 하였다.

끝으로 이 책이 기계설계 분야에 종사하는 모든 분들에게 큰 도움이 되었으면 하는 마음 간절하다.

저자 씀

Contents

차 례

Korean Industrial Standard

결합용 기계요소

축용 기계요소

동력전달용 기계요소

지그용 기계요소

용접 기호 / 유압 · 공기압 도면 기호

부 록

Korean Industrial Standard

KS기계설계규격

결합용 기계요소

1. 미터 보통 나사(암나사의 3차원 모델링)

KS B 0201

1. 암나사의 안지름 구멍 만들기

❶ 지름 D_1으로 원을 그린다. (여기서, D_1은 암나사의 안지름이다.)

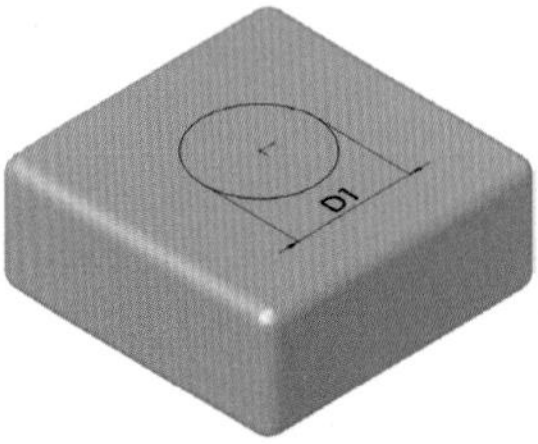

❷ 깊이를 설정하여 구멍을 만든다.

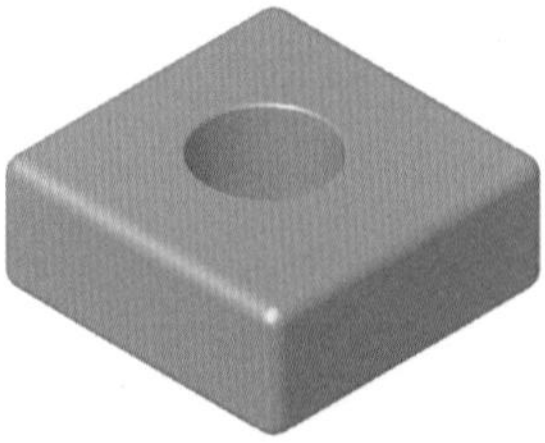

2. 표면에 암나사 골 만들기

❶ 지름 D_4로 원을 그린다. (여기서, D_4는 암나사 골의 라운드가 0일 경우의 바깥지름이다.)

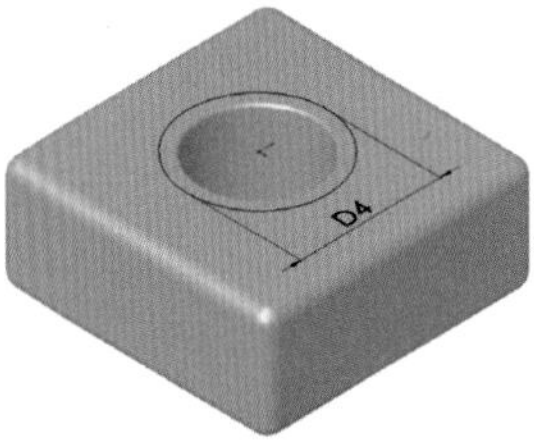

❷ 축 방향으로부터 각각 60° 경사진 양방향 원추형 테이퍼 컷을 해서 암나사 골을 한 개 만든다.

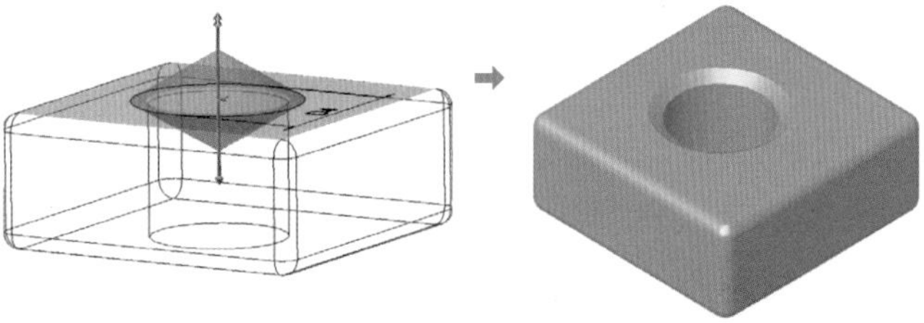

3. 암나사 골을 피치 간격으로 배열하기

❶ 암나사 골 한 개와 안지름 구멍의 축을 선택한다.

❷ 배열 간격을 암나사의 피치가 되도록 설정하고 배열 개수는 나사부의 깊이를 피치로 나눈 값으로 한다.

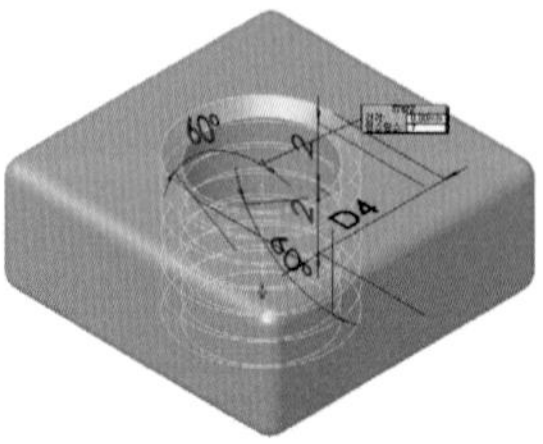

❸ 나사부를 단면하여 확인한다.

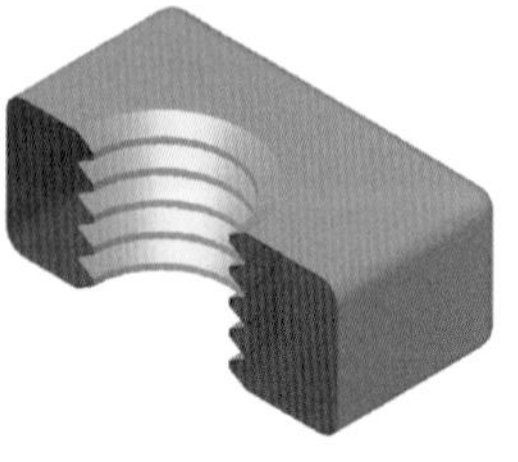

1. 미터 보통 나사(수나사의 3차원 모델링–방법1)(계속)

KS B 0201

4. 수나사의 바깥지름 원기둥 만들기

❶ 지름 d로 원을 그린다. (여기서, d는 수나사의 바깥지름이다.)

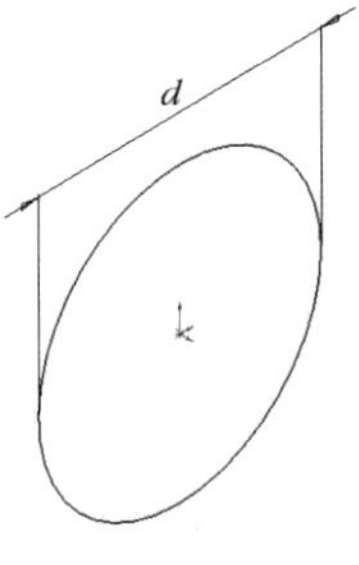

❷ 길이를 설정하여 원기둥을 만든다.

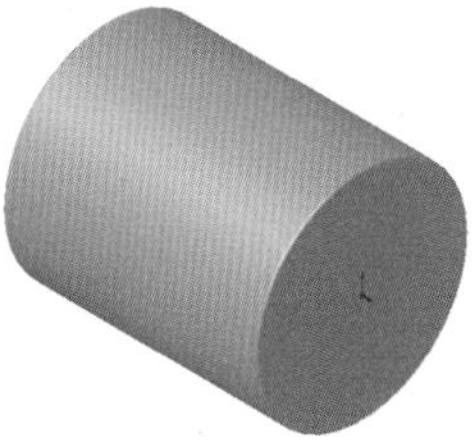

5. 표면에 수나사 골 만들기

❶ 지름 d_3로 원을 그린다. (여기서, d_3는 수나사 골의 라운드가 0일 경우의 골지름이다.)

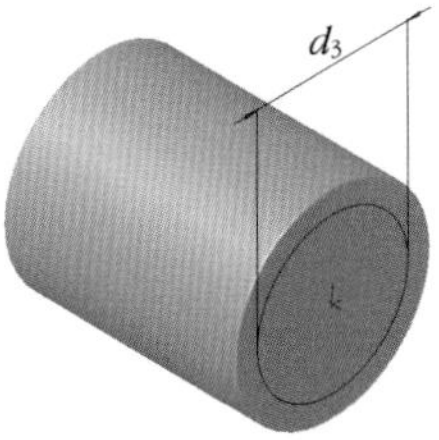

❷ 양쪽 방향의 테이퍼 각이 60°가 되는 양방향 V형 테이퍼 컷을 해서 수나사 골을 한 개 만든다.

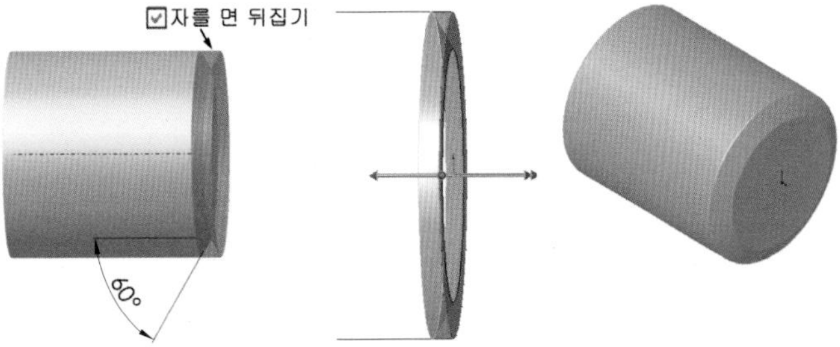

6. 수나사 골을 피치 간격으로 배열하기

❶ 수나사 골 한 개와 바깥지름 원기둥의 축을 선택한다.

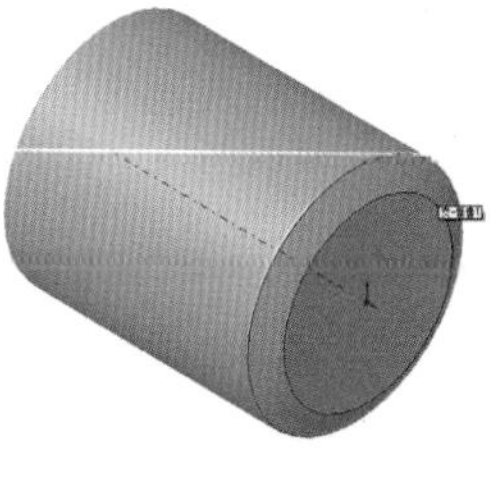

❷ 배열 간격을 수나사의 피치가 되도록 설정하고 배열 개수는 나사부의 길이를 피치로 나눈 값으로 한다.

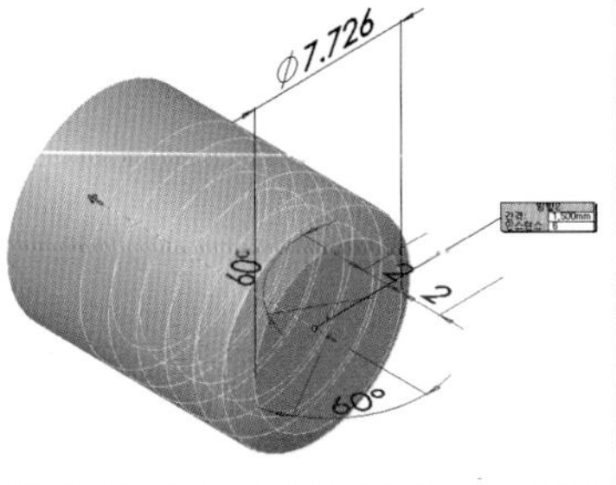

❸ 나사부를 단면하여 확인한다.

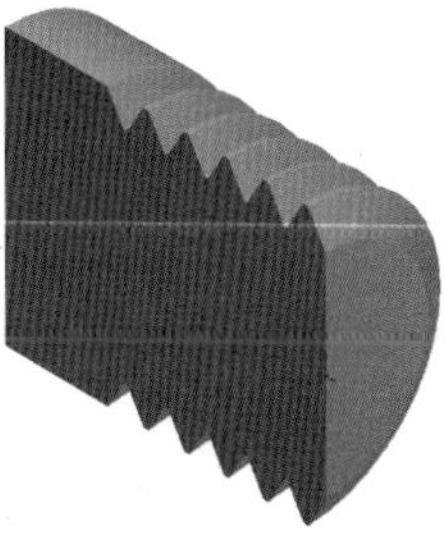

1. 미터 보통 나사(수나사의 3차원 모델링-방법2)(계속)

7. 수나사의 바깥지름 원기둥 만들기

❶ 지름 d로 원을 그린다. (여기서, d는 수나사의 바깥지름이다.)

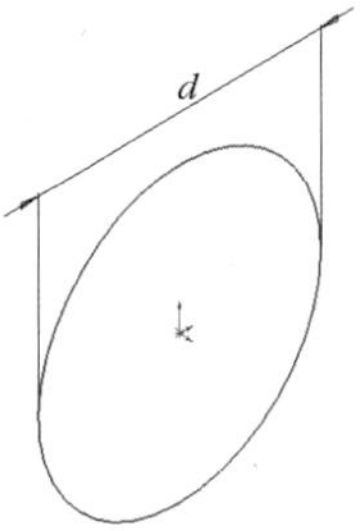

❷ 길이를 설정하여 원기둥을 만든다.

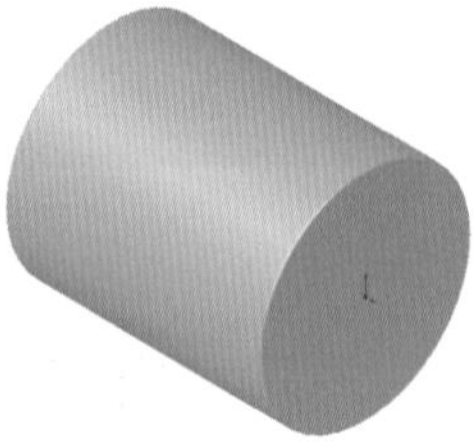

8. 표면에 수나사 골 만들기

❶ 원기둥의 중심축을 지나는 평면을 선택하고 정삼각형을 그린다. 정삼각형의 꼭지점과 원기둥의 외곽선과의 거리는 $H_1+\frac{H}{4}$ 이어야 한다.

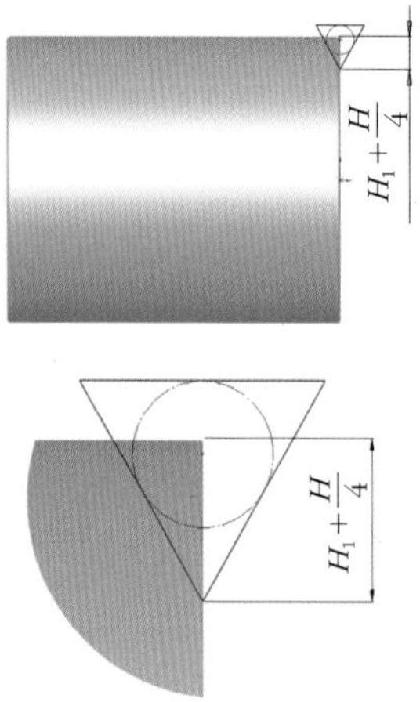

❷ 원기둥의 측면에 원기둥의 바깥지름(d)으로 원을 그린다.

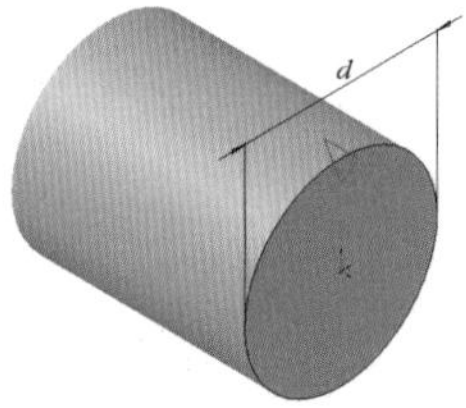

❸ 이 원을 이용해서 나선형 곡선을 만든다. 피치는 수나사의 피치가 되도록 설정하고 회전수는 나사부의 길이를 피치로 나눈 값으로 한다. 나선곡선의 시작각도는 곡선이 정삼각형에서 시작되도록 조정한다.

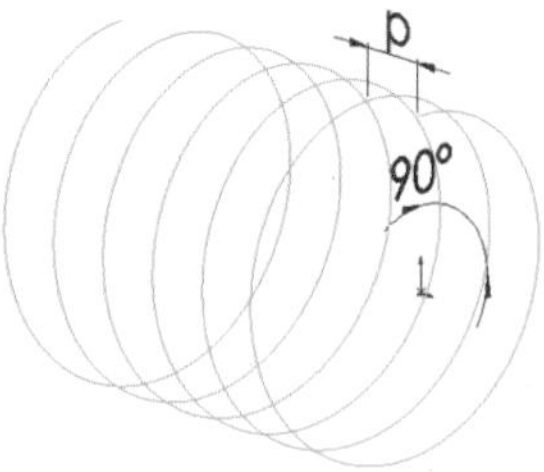

❹ 나선형 곡선과 정삼각형을 함께 선택한다.

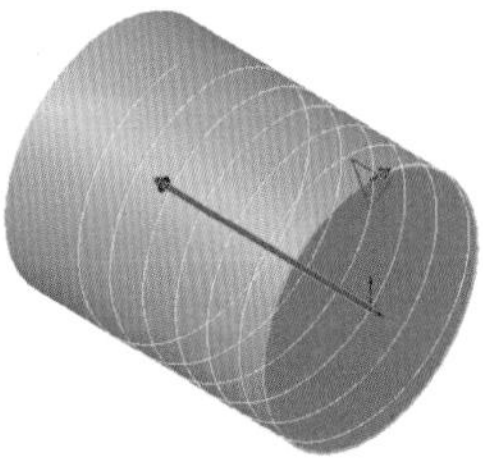

❺ 스윕컷을 이용하여 수나사의 골을 만든다.

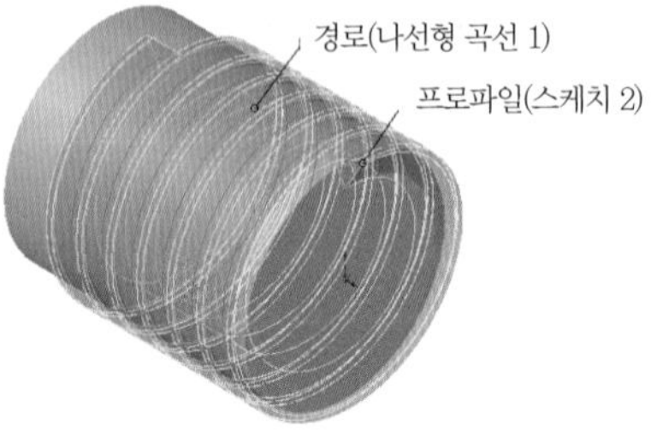

1. 미터 보통 나사(3차원 모델링과 2차원 제도)(계속)

KS B 0201

공작물에 암나사를 가공한 예

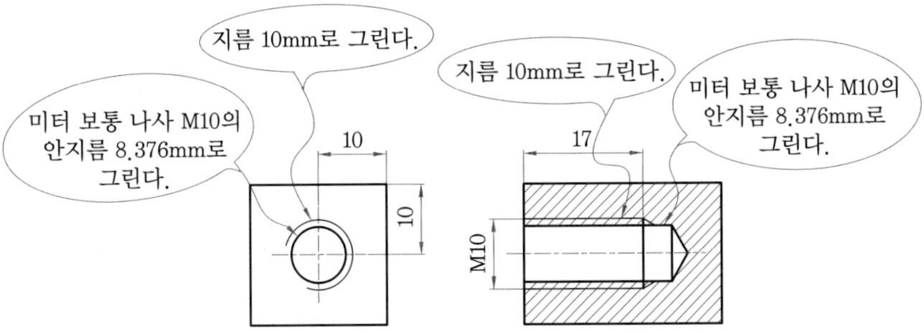

암나사의 제도

공작물에 수나사를 가공한 예

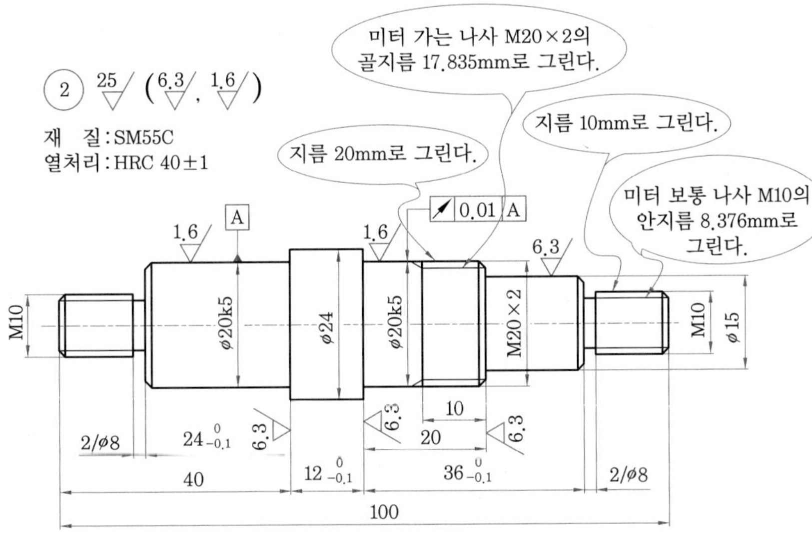

수나사의 제도

1. 미터 보통 나사(계속)

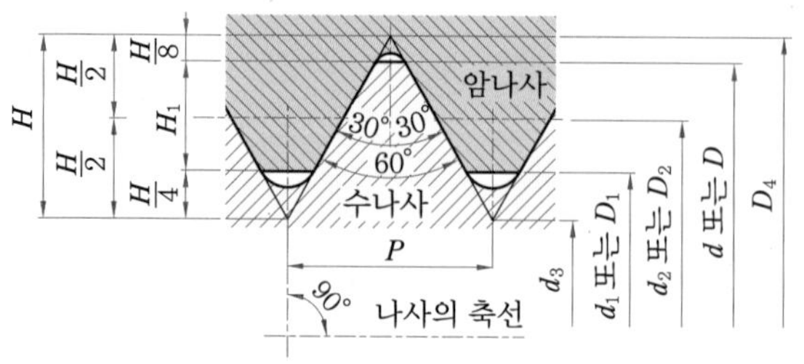

미터 보통 나사의 기준 산 모양

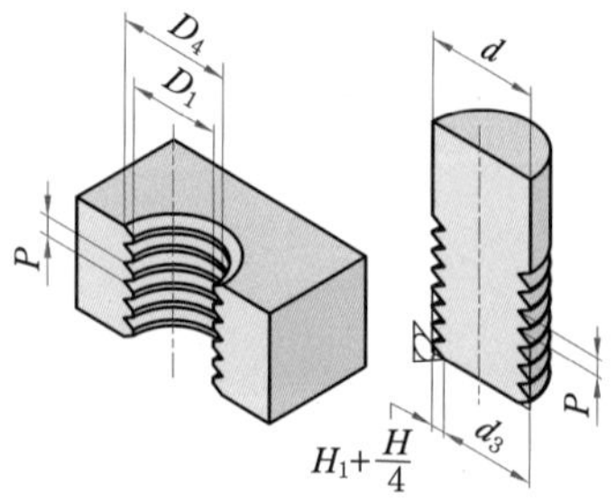

$H = 0.866025P$

$H_1 = 0.541266P$

$d_1 = d - 1.082532P$

$d_2 = d - 0.649519P$

$d_3 = d - 2 \times \left(H_1 + \frac{H}{4}\right)$

$D = d$

$D_2 = d_2$

$D_1 = d_1$

$D_4 = D + 2 \times \frac{H}{8}$

M5 나사의 경우

$d = 5$ $\quad D_4 = 5.173$

$d_3 = 3.788$ $\quad D_1 = 4.134$

$H_1 + \frac{H}{4} = 0.606$ $\quad p = 0.8$

미터 보통 나사의 기준 치수

(단위 : mm)

나사의 호칭*			피 치 P	접촉 높이 H_1	암나사 골의 지름 D / 수나사 바깥지름 d	암나사 유효 지름 D_2 / 수나사 유효 지름 d_2	암나사 안지름 D_1 / 수나사 골의 지름 d_1	3차원 모델링 데이터 (10쪽, 11쪽, 12쪽에 적용) 암나사 양방향 원추형 테이퍼 컷의 지름 D_4	수나사 양방향 V자형 테이퍼 컷의 지름 d_3	수나사 삼각형 회전컷의 깊이 $H_1+\frac{H}{4}$
1란	2란	3란								
M 1			0.25	0.135	1.000	0.838	0.729	1.054	0.622	0.189
	M 1.1		0.25	0.135	1.100	0.938	0.829	1.154	0.722	0.189
M 1.2			0.25	0.135	1.200	1.038	0.929	1.254	0.822	0.189
	M 1.4		0.3	0.162	1.400	1.205	1.075	1.465	0.946	0.227
M 1.6			0.35	0.189	1.600	1.373	1.221	1.676	1.07	0.265
	M 1.8		0.35	0.189	1.800	1.573	1.421	1.876	1.27	0.265
M 2			0.4	0.217	2.000	1.740	1.567	2.087	1.394	0.303
	M 2.2		0.45	0.244	2.200	1.908	1.713	2.297	1.518	0.341
M 2.5			0.45	0.244	2.500	2.208	2.013	2.597	1.818	0.341
M 3			0.5	0.271	3.000	2.675	2.459	3.108	2.242	0.379
	M 3.5		0.6	0.325	3.500	3.110	2.850	3.63	2.59	0.455
M 4			0.7	0.379	4.000	3.545	3.242	4.152	2.94	0.53
	M 4.5		0.75	0.406	4.500	4.013	3.688	4.662	3.364	0.568
M 5			0.8	0.433	5.000	4.480	4.134	5.173	3.788	0.606
M 6			1	0.541	6.000	5.350	4.917	6.217	4.484	0.758
		M 7	1	0.541	7.000	6.350	5.917	7.217	5.484	0.758
M 8			1.25	0.677	8.000	7.188	6.647	8.271	6.106	0.947
		M 9	1.25	0.677	9.000	8.188	7.647	9.271	7.106	0.947
M 10			1.5	0.812	10.000	9.026	8.376	10.325	7.726	1.137
		M 11	1.5	0.812	11.000	10.026	9.376	11.325	8.726	1.137
M 12			1.75	0.947	12.000	10.863	10.106	12.379	9.348	1.326

주* : 1란을 우선적으로, 필요에 따라 2란, 3란의 순으로 선정한다.

1. 미터 보통 나사(계속)

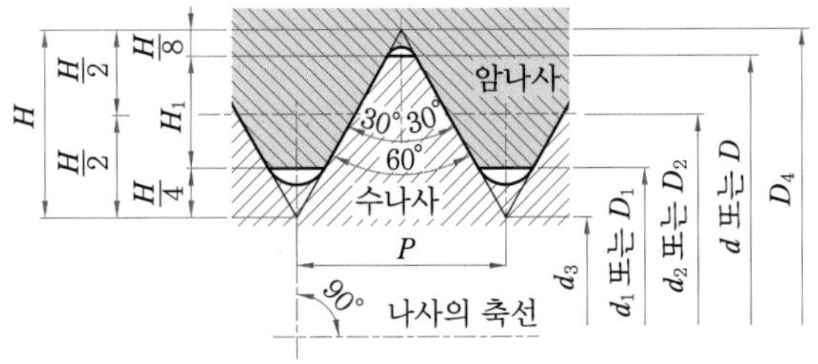

미터 보통 나사의 기준 산 모양

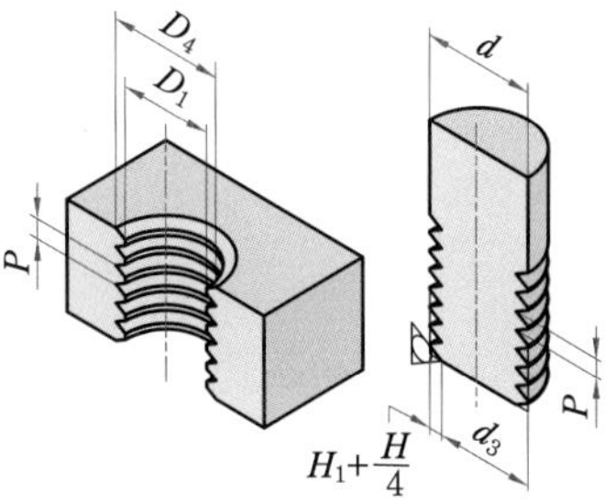

$H=0.866025P$

$H_1=0.541266P$

$d_1=d-1.082532P$

$d_2=d-0.649519P$

$d_3=d-2\times\left(H_1+\frac{H}{4}\right)$

$D=d$

$D_2=d_2$

$D_1=d_1$

$D_4=D+2\times\frac{H}{8}$

M20 나사의 경우

$d=20$　$D_4=20.541$

$d_3=16.212$　$D_1=17.294$

$H_1+\frac{H}{4}=1.894$　$p=2.5$

미터 보통 나사의 기준 치수

(단위 : mm)

3차원 모델링 데이터 (10쪽, 11쪽, 12쪽에 적용)

나사의 호칭*			피 치 P	접촉 높이 H_1	암나사			암나사	수나사	수나사
					골의 지름 D	유효 지름 D_2	안지름 D_1	양방향 원추형 테이퍼 컷의 지름 D_4	양방향 V자형 테이퍼 컷의 지름 d_3	삼각형 회전컷의 깊이 $H_1+\frac{H}{4}$
					수나사					
1란	2란	3란			바깥지름 d	유효 지름 d_2	골의 지름 d_1			
	M 14		2	1.083	14.000	12.701	11.835	14.433	10.968	1.516
M 16			2	1.083	16.000	14.701	13.835	16.433	12.968	1.516
	M 18		2.5	1.353	18.000	16.376	15.294	18.541	14.212	1.894
M 20			2.5	1.353	20.000	18.376	17.294	20.541	16.212	1.894
	M 22		2.5	1.353	22.000	20.376	19.294	22.541	18.212	1.894
M 24			3	1.624	24.000	22.051	20.752	24.65	19.454	2.273
	M 27		3	1.624	27.000	25.051	23.752	27.65	22.454	2.273
M 30			3.5	1.894	30.000	27.727	26.211	30.758	24.696	2.652
	M 33		3.5	1.894	33.000	30.727	29.211	33.758	27.696	2.652
M 36			4	2.165	36.000	33.402	31.670	36.866	29.938	3.031
	M 39		4	2.165	39.000	36.402	34.670	39.866	32.938	3.031
M 42			4.5	2.436	42.000	39.077	37.129	42.974	35.18	3.41
	M 45		4.5	2.436	45.000	42.077	40.129	45.974	38.18	3.41
M 48			5	2.706	48.000	44.752	42.587	49.083	40.422	3.789
	M 52		5	2.706	52.000	48.752	46.587	53.083	44.422	3.789
M 56			5.5	2.977	56.000	52.428	50.046	57.191	47.664	4.168
	M 60		5.5	2.977	60.000	56.428	54.046	61.191	51.664	4.168
M 64			6	3.248	64.000	60.103	57.505	65.299	54.906	4.547
	M 68		6	3.248	68.000	64.103	61.505	69.299	58.906	4.547

주* : 1란을 우선적으로, 필요에 따라 2란, 3란의 순으로 선정한다.

2. 미터 가는 나사

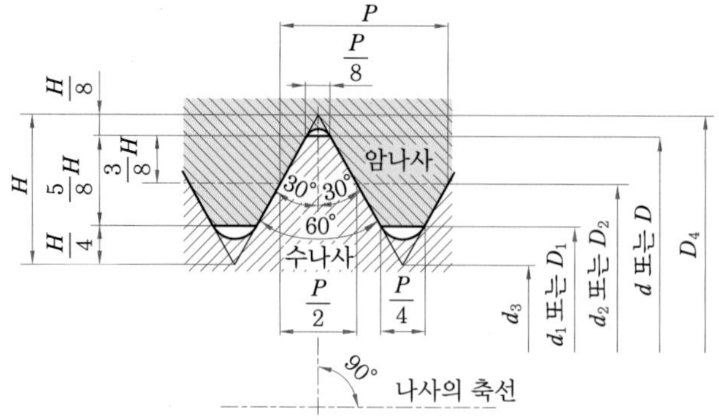

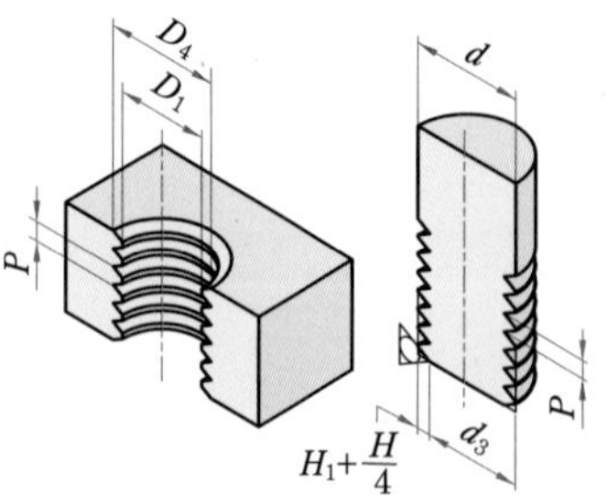

$H = 0.866025P$

$H_1 = 0.541266P$

$= \frac{5}{8}H$

$d_1 = d - 1.082532P$

$d_2 = d - 0.649519P$

$d_3 = d - 2 \times \left(H_1 + \frac{H}{4}\right)$

$D = d$

$D_2 = d_2$

$D_1 = d_1$

$D_4 = D + 2 \times \frac{H}{8}$

M10×1 나사의 경우

$d = 10$ $D_4 = 10.217$

$d_3 = 8.484$ $D_1 = 8.917$

$H_1 + \frac{H}{4} = 0.758$ $P = 1$

미터 가는 나사의 기본 치수

(단위 : mm)

나사의 호칭	피 치 P	접촉 높이 H_1	암나사: 골지름 D / 수나사: 바깥지름 d	암나사: 유효 지름 D_2 / 수나사: 유효 지름 d_2	암나사: 안지름 D_1 / 수나사: 골지름 d_1	3차원 모델링 데이터 (10쪽, 11쪽, 12쪽에 적용) 암나사: 원추형 테이퍼 컷의 지름 D_4	수나사: V자형 테이퍼 컷의 지름 d_3	수나사: 삼각형 회전컷의 깊이 $H_1+\frac{H}{4}$
M 1	0.2	0.108	1.000	0.870	0.783	1.043	0.696	0.152
M 1.1×0.2	0.2	0.108	1.100	0.970	0.883	1.143	0.796	0.152
M 1.2×0.2	0.2	0.108	1.200	1.070	0.983	1.243	0.896	0.152
M 1.4×0.2	0.2	0.108	1.400	1.270	1.183	1.443	1.096	0.152
M 1.6×0.2	0.2	0.108	1.600	1.470	1.383	1.643	1.296	0.152
M 1.8×0.2	0.2	0.108	1.800	1.670	1.583	1.843	1.496	0.152
M 2×0.25	0.25	0.135	2.000	1.838	1.729	2.054	1.622	0.189
M 2.2×0.25	0.25	0.135	2.200	2.038	1.929	2.254	1.822	0.189
M 2.5×0.35	0.35	0.189	2.500	2.273	2.121	2.576	1.97	0.265
M 3×0.35	0.35	0.189	3.000	2.773	2.621	3.076	2.47	0.265
M 3.5×0.35	0.35	0.189	3.500	3.273	3.121	3.576	2.97	0.265
M 4×0.5	0.5	0.271	4.000	3.675	3.459	4.108	3.242	0.379
M 4.5×0.5	0.5	0.271	4.500	4.175	3.959	4.608	3.742	0.379
M 5×0.5	0.5	0.271	5.000	4.675	4.459	5.108	4.242	0.379
M 5.5×0.5	0.5	0.271	5.500	5.175	4.959	5.608	4.742	0.379
M 6×0.75	0.75	0.406	6.000	5.513	5.188	6.162	4.864	0.568
M 7×0.75	0.75	0.406	7.000	6.513	6.188	7.162	5.864	0.568
M 8×1	1	0.541	8.000	7.350	6.917	8.217	6.484	0.758
M 8×0.75	0.75	0.406	8.000	7.513	7.188	8.162	6.864	0.568
M 9×1	1	0.541	9.000	8.350	7.917	9.217	7.484	0.758
M 9×0.75	0.75	0.406	9.000	8.513	8.188	9.162	7.864	0.568
M 10×1.25	1.25	0.677	10.000	9.188	8.647	10.271	8.106	0.947
M 10×1	1	0.541	10.000	9.350	8.917	10.217	8.484	0.758
M 10×0.75	0.75	0.406	10.000	9.513	9.188	10.162	8.864	0.568

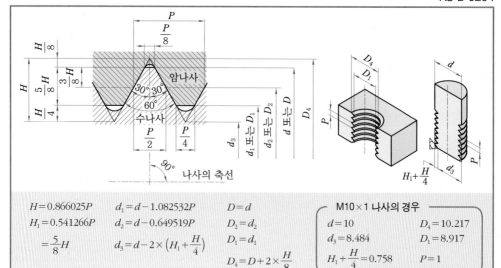

2. 미터 가는 나사(계속)

KS B 0204

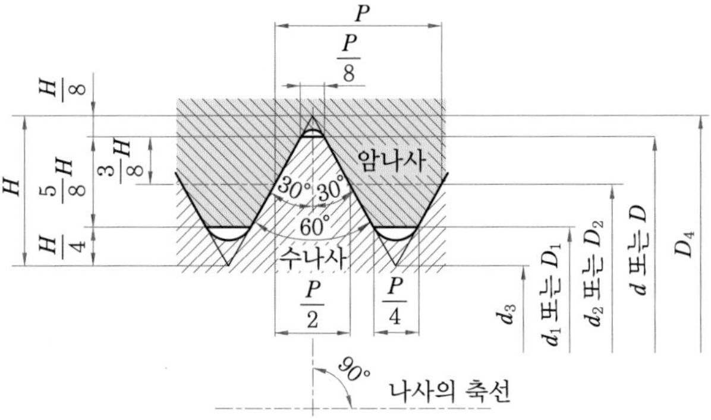

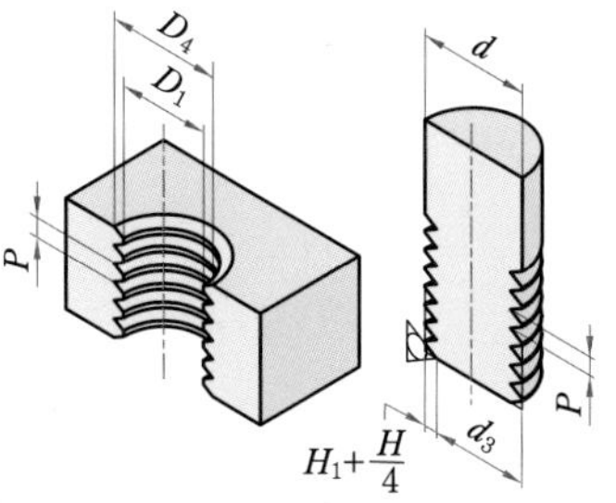

$H=0.866025P$ $\quad d_1=d-1.082532P$ $\quad D=d$

$H_1=0.541266P$ $\quad d_2=d-0.649519P$ $\quad D_2=d_2$

$=\frac{5}{8}H$ $\quad d_3=d-2\times\left(H_1+\frac{H}{4}\right)$ $\quad D_1=d_1$

$D_4=D+2\times\frac{H}{8}$

유도형 근접스위치의 취부용 나사에는 검출거리를 미세하게 조정하기 위해서 미터가는 나사가 사용된다.

미터 가는 나사의 기본 치수

(단위 : mm)

나사의 호칭	피 치 P	접촉 높이 H_1	암나사 골지름 D / 수나사 바깥지름 d	암나사 유효 지름 D_2 / 수나사 유효 지름 d_2	암나사 안지름 D_1 / 수나사 골지름 d_1	3차원 모델링 데이터 (10쪽, 11쪽, 12쪽에 적용) 암나사 원추형 테이퍼 컷의 지름 D_4	수나사 V자형 테이퍼 컷의 지름 d_3	수나사 삼각형 회전컷의 깊이 $H_1+\frac{H}{4}$
M 11×1	1	0.541	11.000	10.350	9.917	11.217	9.484	0.758
M 11×0.75	0.75	1.406	11.000	10.513	10.188	11.162	9.864	0.568
M 12×1.5	1.5	0.812	12.000	11.026	10.376	12.325	9.726	1.137
M 12×1.25	1.25	0.677	12.000	11.188	10.647	12.271	10.106	0.947
M 12×1	1	0.541	12.000	11.350	10.917	12.217	10.484	0.758
M 14×1.5	1.5	0.812	14.000	13.026	12.376	14.325	11.726	1.137
M 14×1.25	1.25	0.677	14.000	13.188	12.647	14.271	12.106	0.947
M 14×1	1	0.541	14.000	13.350	12.917	14.217	12.484	0.758
M 15×1.5	1.5	0.812	15.000	14.026	13.376	15.325	12.726	1.137
M 15×1	1	0.541	15.000	14.350	13.917	15.217	13.484	0.758
M 16×1.5	1.5	0.812	16.000	15.026	14.376	16.325	13.726	1.137
M 16×1	1	0.541	16.000	15.350	14.917	16.217	14.484	0.758
M 17×1.5	1.5	0.812	17.000	16.026	15.376	17.325	14.726	1.137
M 17×1	1	0.541	17.000	16.350	15.917	17.217	15.484	0.758
M 18×2	2	1.083	18.000	16.701	15.835	18.433	14.968	1.516
M 18×1.5	1.5	0.812	18.000	17.026	16.376	18.325	15.726	1.137
M 18×1	1	0.541	18.000	17.350	16.917	18.217	16.484	0.758
M 20×2	2	1.083	20.000	18.701	17.835	20.433	16.968	1.516
M 20×1.5	1.5	0.812	20.000	19.026	18.376	20.325	17.726	1.137
M 20×1	1	0.541	20.000	19.350	18.917	20.217	18.484	0.758

2. 미터 가는 나사(계속)

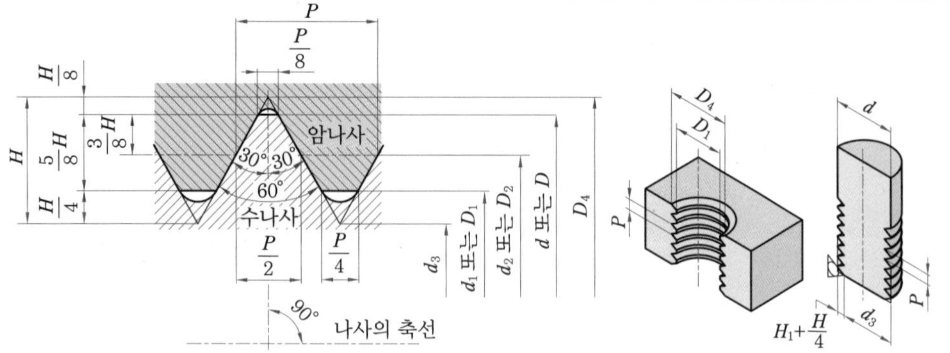

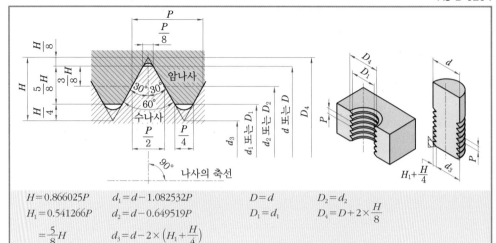

$H=0.866025P$ $\quad d_1=d-1.082532P$ $\quad D=d$ $\quad D_2=d_2$

$H_1=0.541266P$ $\quad d_2=d-0.649519P$ $\quad D_1=d_1$ $\quad D_4=D+2\times\frac{H}{8}$

$=\frac{5}{8}H$ $\quad d_3=d-2\times\left(H_1+\frac{H}{4}\right)$

공압실린더에 사용된 미터 가는 나사

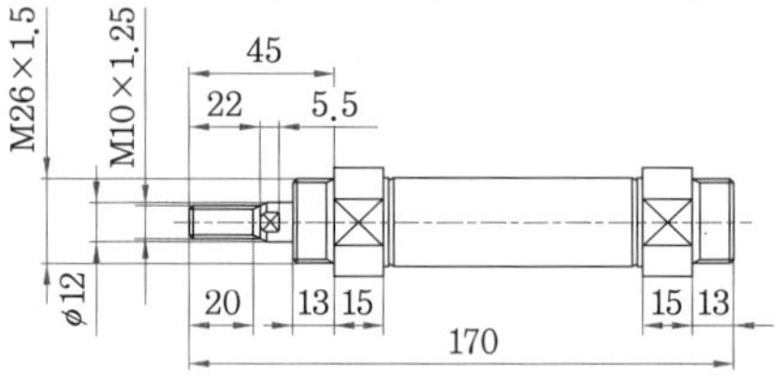

미터 가는 나사의 기본 치수

(단위 : mm)

나사의 호칭	피 치 P	접촉 높이 H_1	암나사 골지름 D / 수나사 바깥지름 d	암나사 유효 지름 D_2 / 수나사 유효 지름 d_2	암나사 안지름 D_1 / 수나사 골지름 d_1	3차원 모델링 데이터 (10쪽, 11쪽, 12쪽에 적용) 암나사: 원추형 테이퍼 컷의 지름 D_4	수나사: V자형 테이퍼 컷의 지름 d_3	수나사: 삼각형 회전컷의 깊이 $H_1+\frac{H}{4}$
M 22×2	2	1.083	22.000	20.701	19.835	22.433	18.968	1.516
M 22×1.5	1.5	0.812	22.000	21.026	20.376	22.325	19.726	1.137
M 22×1	1	0.541	22.000	21.350	20.917	22.217	20.484	0.758
M 24×2	2	1.083	24.000	22.701	21.835	24.433	20.968	1.516
M 24×1.5	1.5	0.812	24.000	23.026	22.376	24.325	21.726	1.137
M 24×1	1	0.541	24.000	23.350	22.917	24.217	22.484	0.758
M 25×2	2	1.083	25.000	23.701	22.835	25.433	21.968	1.516
M 25×1.5	1.5	0.812	25.000	24.026	23.376	25.325	22.726	1.137
M 25×1	1	0.541	25.000	24.350	23.917	25.217	23.484	0.758
M 26×1.5	1.5	0.812	26.000	25.026	24.376	26.325	23.726	1.137
M 27×2	2	1.083	27.000	25.701	24.835	27.433	23.968	1.516
M 27×1.5	1.5	0.812	27.000	26.026	25.376	27.325	24.726	1.137
M 27×1	1	0.541	27.000	26.350	25.917	27.217	25.484	0.758
M 28×2	2	1.083	28.000	26.701	25.835	28.433	24.968	1.516
M 28×1.5	1.5	0.812	28.000	27.026	26.376	28.325	25.726	1.137
M 28×1	1	0.541	28.000	27.350	26.917	28.217	26.484	0.758

2. 미터 가는 나사(계속)

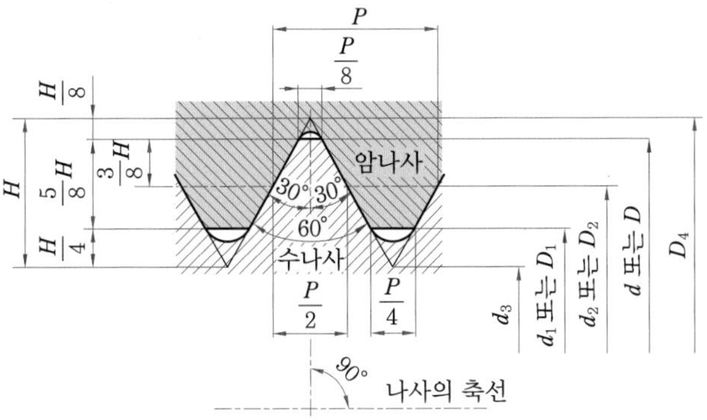

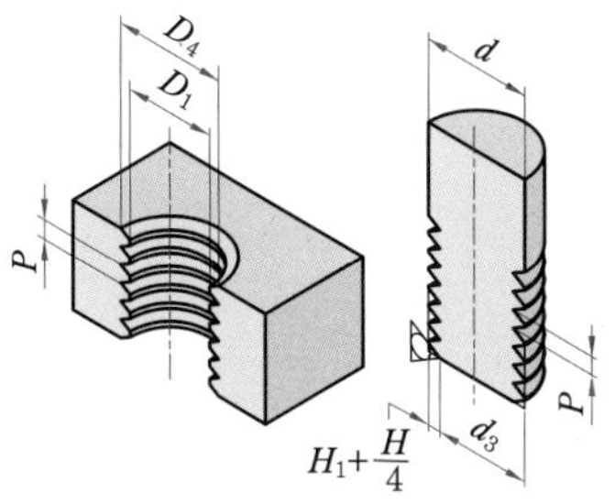

$H=0.866025P$ $d_1=d-1.082532P$ $D=d$ $D_2=d_2$

$H_1=0.541266P$ $d_2=d-0.649519P$ $D_1=d_1$ $D_4=D+2\times\frac{H}{8}$

$=\frac{5}{8}H$ $d_3=d-2\times\left(H_1+\frac{H}{4}\right)$

(단위 : mm)

미터 가는 나사의 기본 치수

나사의 호칭	피 치 P	접촉 높이 H_1	암나사 골지름 D	암나사 유효 지름 D_2	암나사 안지름 D_1	3차원 모델링 데이터 (10쪽, 11쪽, 12쪽에 적용) 암나사: 원추형 테이퍼 컷의 지름 D_4	수나사: V자형 테이퍼 컷의 지름 d_3	수나사: 삼각형 회전컷의 깊이 $H_1+\frac{H}{4}$
			수나사 바깥지름 d	수나사 유효 지름 d_2	수나사 골지름 d_1			
M 30×3	3	1.624	30.000	28.051	26.752	30.65	25.454	2.273
M 30×2	2	1.083	30.000	28.701	27.835	30.433	26.968	1.516
M 30×1.5	1.5	0.812	30.000	29.026	28.376	30.325	27.726	1.137
M 30×1	1	0.541	30.000	29.350	28.917	30.217	28.484	0.758
M 32×2	2	1.083	32.000	30.701	29.835	32.433	28.968	1.516
M 32×1.5	1.5	0.812	32.000	31.026	30.376	32.325	29.726	1.137
M 33×3	3	1.624	33.000	31.051	29.752	33.65	28.454	2.273
M 33×2	2	1.083	33.000	31.701	30.835	33.433	29.968	1.516
M 33×1.5	1.5	0.812	33.000	32.026	31.376	33.325	30.726	1.137
M 35×1.5	1.5	0.812	35.000	34.026	33.376	35.325	32.726	1.137
M 36×3	3	1.624	36.000	34.051	32.752	36.65	31.454	2.273
M 36×2	2	1.083	36.000	34.701	33.835	36.433	32.968	1.516
M 36×1.5	1.5	0.812	36.000	35.026	34.376	36.325	33.726	1.137
M 38×1.5	1.5	0.812	38.000	37.026	36.376	38.325	35.726	1.137
M 39×3	3	1.624	39.000	37.051	35.752	39.65	34.454	2.273
M 39×2	2	1.083	39.000	37.701	36.835	39.433	35.968	1.516
M 39×1.5	1.5	0.812	39.000	38.026	37.376	39.325	36.726	1.137
M 40×3	3	1.624	40.000	38.051	36.752	40.65	35.454	2.273
M 40×2	2	1.083	40.000	38.701	37.835	40.433	36.968	1.516
M 40×1.5	1.5	0.812	40.000	39.026	38.376	40.325	37.726	1.137

2. 미터 가는 나사(계속)

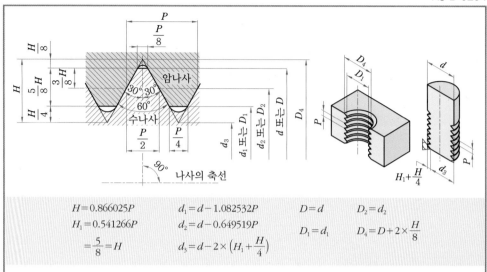

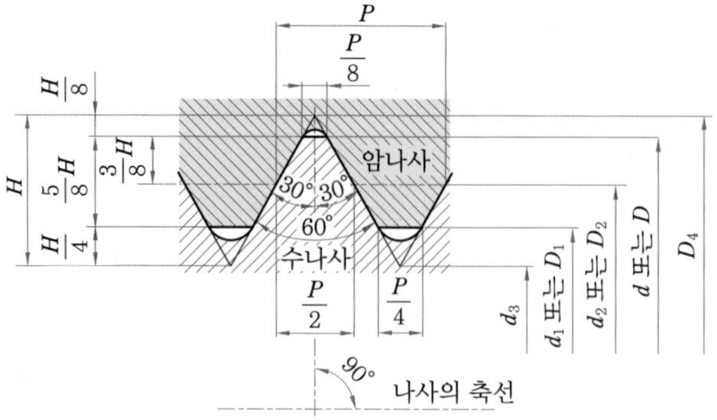

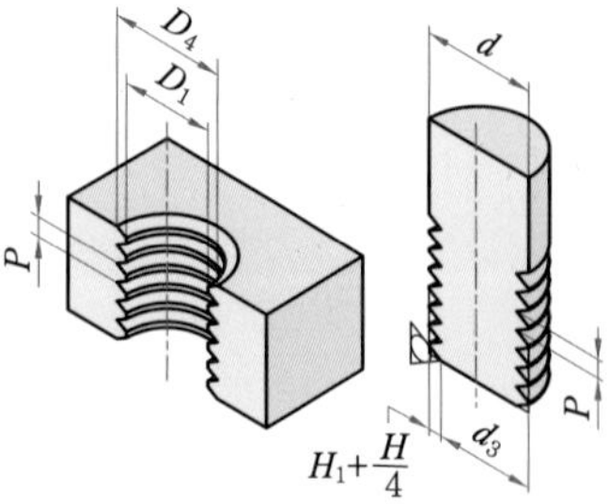

$H=0.866025P$

$H_1=0.541266P$

$=\frac{5}{8}=H$

$d_1=d-1.082532P$

$d_2=d-0.649519P$

$d_3=d-2\times\left(H_1+\frac{H}{4}\right)$

$D=d$

$D_1=d_1$

$D_2=d_2$

$D_4=D+2\times\frac{H}{8}$

(단위 : mm)

미터 가는 나사의 기본 치수

나사의 호칭	피치 P	접촉 높이 H_1	암나사 골지름 D / 수나사 바깥지름 d	암나사 유효 지름 D_2 / 수나사 유효 지름 d_2	암나사 안지름 D_1 / 수나사 골지름 d_1	3차원 모델링 데이터 (10쪽, 11쪽, 12쪽에 적용) 암나사 원추형 테이퍼 컷의 지름 D_4	수나사 V자형 테이퍼 컷의 지름 d_3	수나사 삼각형 회전컷의 깊이 $H_1+\frac{H}{4}$
M 42×4	4	2.165	42.000	39.402	37.670	42.866	35.938	3.031
M 42×3	3	1.624	42.000	40.051	38.752	42.65	37.454	2.273
M 42×2	2	1.083	42.000	40.701	39.835	42.433	38.968	1.516
M 42×1.5	1.5	0.812	42.000	41.026	40.376	42.325	39.726	1.137
M 45×4	4	2.165	45.000	42.402	40.670	45.866	38.938	3.031
M 45×3	3	1.624	45.000	43.051	41.752	45.65	40.454	2.273
M 45×2	2	1.083	45.000	43.701	42.835	45.433	41.968	1.516
M 45×1.5	1.5	0.812	45.000	44.026	43.376	45.325	42.726	1.137
M 48×4	4	2.165	48.000	45.402	43.670	48.866	41.938	3.031
M 48×3	3	1.624	48.000	46.051	44.752	48.65	43.454	2.273
M 48×2	2	1.083	48.000	46.701	45.835	48.433	44.968	1.516
M 48×1.5	1.5	0.812	48.000	47.026	46.376	48.325	45.726	1.137
M 50×3	3	1.624	50.000	48.051	46.752	50.65	45.454	2.273
M 50×2	2	1.083	50.000	48.701	47.835	50.433	46.968	1.516
M 50×1.5	1.5	0.812	50.000	49.026	48.376	50.325	47.726	1.137
M 52×4	4	2.165	52.000	49.402	47.670	52.866	45.938	3.031
M 52×3	3	1.624	52.000	50.051	48.752	52.65	47.454	2.273
M 52×2	2	1.083	52.000	50.701	49.835	52.433	48.968	1.516
M 52×1.5	1.5	0.812	52.000	51.026	50.376	52.325	49.726	1.137
M 55×4	4	2.165	55.000	52.402	50.670	55.866	48.938	3.031
M 55×3	3	1.624	55.000	53.051	51.752	55.65	50.454	2.273
M 55×2	2	1.083	55.000	53.701	52.835	55.433	51.968	1.516
M 55×1.5	1.5	0.812	55.000	54.026	53.376	55.325	52.726	1.137

3. 유니파이 보통 나사

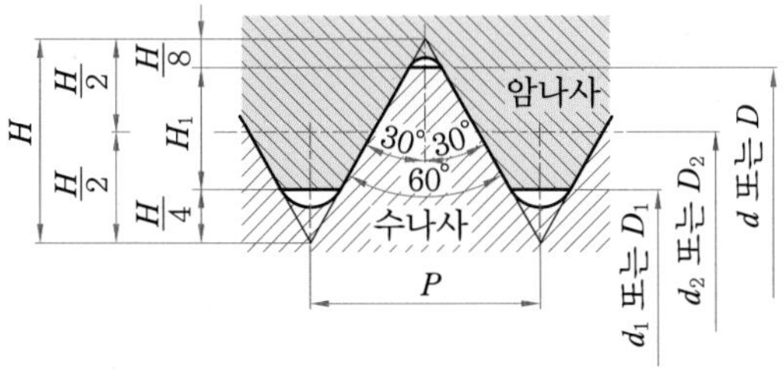

$$P=\frac{25.4}{n} \qquad H=\frac{0.866025}{n}\times 25.4 \qquad d=(d)\times 25.4 \qquad D=d$$

$$H_1=\frac{0.541266}{n}\times 25.4 \qquad d_2=\left(d-\frac{0.649519}{n}\right)\times 25.4 \qquad D_2=d_2$$

$$d_1=\left(d-\frac{1.082532}{n}\right)\times 25.4 \qquad D_1=d_1$$

여기서, n : 25.4mm에 대한 나사산의 수

유니파이 보통 나사의 기준 치수 (단위 : mm)

나사의 호칭[1]			나사산 수 (25.4mm에 대한) n	피치 P (참고)	접촉 높이 H	암나사 골지름 D	암나사 유효지름 D_2	암나사 안지름 D_1
1	2	(참고)				수나사 바깥지름 d	수나사 유효지름 d_2	수나사 안지름 d_1
	No.1−64 UNC	0.0730−64 UNC	64	0.3969	0.215	1.854	1.598	1.425
No.2−56 UNC		0.0860−56 UNC	56	0.4536	0.246	2.184	1.890	1.694
	No.3−48 UNC	0.0990−48 UNC	48	0.5292	0.286	2.515	2.172	1.941
No. 4−40 UNC		0.1120−40 UNC	40	0.6350	0.344	2.845	2.433	2.156
No. 5−40 UNC		0.1250−40 UNC	40	0.6350	0.344	3.175	2.764	2.487
No. 6−32 UNC		0.1380−32 UNC	32	0.7938	0.430	3.505	2.990	2.647
No. 8−32 UNC		0.1640−32 UNC	32	0.7938	0.430	4.166	3.650	3.307
No.10−24 UNC		0.1900−24 UNC	24	1.0583	0.573	4.826	4.138	3.680
	No.12−24 UNC	0.2160−24 UNC	24	1.0583	0.573	5.486	4.798	4.341
1/4−20 UNC		0.2500−20 UNC	20	1.2700	0.687	6.350	5.524	4.976
5/16−18 UNC		0.3125−18 UNC	18	1.4111	0.764	7.938	7.021	6.411
3/8−16 UNC		0.3750−16 UNC	16	1.5875	0.859	9.525	8.494	7.805
7/16−14 UNC		0.4375−14 UNC	14	1.8143	0.982	11.112	9.981	9.149
1/2−13 UNC		0.5000−13 UNC	13	1.9538	1.058	12.700	11.430	10.584
9/16−12 UNC		0.5625−12 UNC	12	2.1167	1.146	14.288	12.913	11.996
5/8−11 UNC		0.6250−11 UNC	11	2.3091	1.250	15.875	14.376	13.376
3/4−10 UNC		0.7500−10 UNC	10	2.5400	1.375	19.050	17.399	16.299
7/8− 9 UNC		0.8750− 9 UNC	9	2.8222	1.528	22.225	20.391	19.169

3. 유니파이 보통 나사(계속)

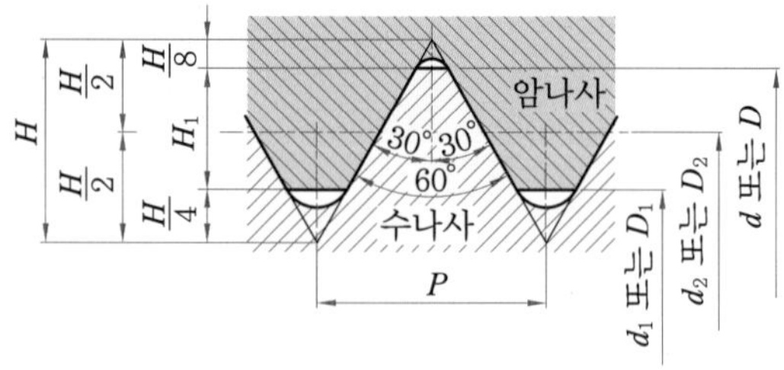

$$P=\frac{25.4}{n} \qquad H=\frac{0.866025}{n}\times 25.4 \qquad d=(d)\times 25.4 \qquad D=d$$

$$H_1=\frac{0.541266}{n}\times 25.4 \qquad d_2=\left(d-\frac{0.649519}{n}\right)\times 25.4 \qquad D_2=d_2$$

$$d_1=\left(d-\frac{1.082532}{n}\right)\times 25.4 \qquad D_1=d_1$$

여기서, n : 25.4mm에 대한 나사산의 수

유니파이 보통 나사의 기준 치수

(단위 : mm)

나사의 호칭[1]			나사산 수 (25.4mm 에 대한) n	피치 P (참고)	접촉 높이 H	암나사 골지름 D / 수나사 바깥지름 d	암나사 유효지름 D_2 / 수나사 유효지름 d_2	암나사 안지름 D_1 / 수나사 안지름 d_1
1	2	(참고)						
1- 8 UNC		1.0000-8 UNC	8	3.1750	1.719	25.400	23.338	21.963
1 1/8-7 UNC		1.1250-7 UNC	7	3.6286	1.964	28.575	26.218	24.648
1 1/4-7 UNC		1.2500-7 UNC	7	3.6286	1.964	31.750	29.393	27.823
1 3/8-6 UNC		1.3750-6 UNC	6	4.2333	2.291	34.925	32.174	30.343
1 1/2-6 UNC		1.5000-6 UNC	6	4.2333	2.291	38.100	35.349	33.518
1 3/4-5 UNC		1.7500-5 UNC	5	5.0800	2.750	44.450	41.151	38.951
2-4 1/2UNC		2.0000-4.5 UNC	4 1/2	5.6444	3.055	50.800	47.135	44.689
2 1/4-4 1/2UNC		2.2500-4.5 UNC	4 1/2	5.6444	3.055	57.150	53.485	51.039
2 1/2-4 UNC		2.5000-4 UNC	4	6.3500	3.437	63.500	59.375	56.627
2 3/4- 4 UNC		2.7500-4 UNC	4	6.3500	3.437	68.850	65.725	62.977
3- 4 UNC		3.0000-4 UNC	4	6.3500	3.437	76.200	72.075	69.327
3 1/4-4 UNC		3.2500-4 UNC	4	6.3500	3.437	82.550	78.425	75.677
3 1/2-4 UNC		3.5000-4 UNC	4	6.3500	3.437	88.900	84.775	82.027
3 3/4-4 UNC		3.7500-4 UNC	4	6.3500	3.437	95.250	91.125	88.377
4-4 UNC		4.0000-4 UNC	4	6.3500	3.437	101.600	97.475	94.727

주 ([1]) : 1란을 우선적으로 택하고 필요에 따라 2란을 택한다. 참고란은 나사의 호칭을 10진법으로 표시한 것이다.

4. 유니파이 가는 나사

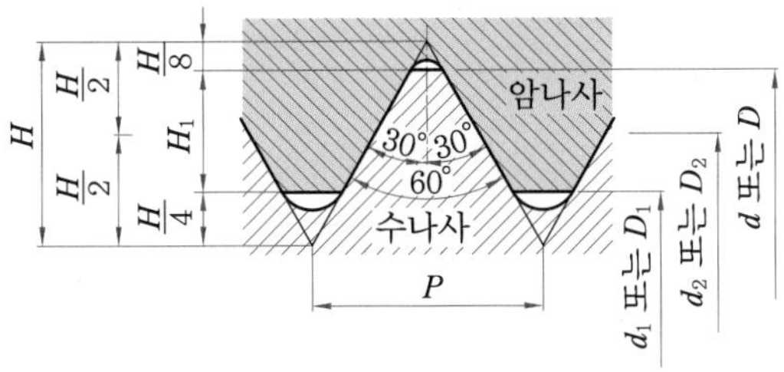

$P=\dfrac{25.4}{n}$ $\quad H=\dfrac{0.866025}{n}\times 25.4$ $\quad d=(d)\times 25.4$ $\quad D=d$

$H_1=\dfrac{0.541266}{n}\times 25.4$ $\quad d_2=\left(d-\dfrac{0.649519}{n}\right)\times 25.4$ $\quad D_2=d_2$

여기서, n : 25.4mm에 대한 나사산의 수 $\quad d_1=\left(d-\dfrac{1.082532}{n}\right)\times 25.4$ $\quad D_1=d_1$

유니파이 가는 나사의 기준 치수

(단위 : mm)

나사의 호칭(1) 1	나사의 호칭(1) 2	나사의 호칭(1) (참고)	나사산 수 (25.4mm에 대한) n	피치 P (참고)	접촉 높이 H	암나사 골지름 D / 수나사 바깥지름 d	암나사 유효지름 D_2 / 수나사 유효지름 d_2	암나사 안지름 D_2 / 수나사 골지름 d_1
No. 0-80 UNF		0.0600-80 UNF	80	0.3175	0.172	1.524	1.318	1.181
	No. 1-72 UNF	0.0730-72 UNF	72	0.3528	0.191	1.854	1.626	1.473
No. 2-64 UNF		0.0860-64 UNF	64	0.3969	0.215	2.184	1.928	1.755
	No. 3-56 UNF	0.0990-56 UNF	56	0.4536	0.246	2.515	2.220	2.024
No. 4-48 UNF		0.1120-48 UNF	48	0.5292	0.286	2.845	2.502	2.271
No. 5-44 UNF		0.1250-44 UNF	44	0.5773	0.312	3.175	2.799	2.550
No. 6-40 UNF		0.1380-40 UNF	40	0.6350	0.344	3.505	3.094	2.817
No. 8-36 UNF		0.1640-36 UNF	36	0.7056	0.382	4.166	3.708	3.401
No. 10-32 UNF		0.1900-32 UNF	32	0.7938	0.430	4.826	4.310	3.967
	No. 12-28 UNF	0.2160-28 UNF	28	0.9071	0.491	5.486	4.897	4.503
1/4-28 UNF		0.2500-28 UNF	28	0.9071	0.491	6.350	5.761	5.367
5/16-24 UNF		0.3125-24 UNF	24	1.0583	0.573	7.938	7.249	6.792
3/8-24 UNF		0.3750-24 UNF	24	1.0583	0.573	9.525	8.837	8.379
7/16-20 UNF		0.4375-20 UNF	20	1.2700	0.687	11.112	10.287	9.738
1/2-20 UNF		0.5000-20 UNF	20	1.2700	0.687	12.700	11.874	11.326
9/16-18 UNF		0.5625-18 UNF	18	1.4111	0.764	14.288	13.371	12.761
5/8-18 UNF		0.6250-18 UNF	18	1.4111	0.764	15.875	14.958	14.348
3/4-16 UNF		0.7500-16 UNF	16	1.5875	0.859	19.050	18.019	17.330
7/8-14 UNF		0.8750-14 UNF	14	1.8143	0.982	22.225	21.046	20.262
1- 12 UNF		1.0000-12 UNF	12	2.1167	1.146	25.400	24.026	23.109
1 1/8-12 UNF		1.1250-12 UNF	12	2.1167	1.146	28.575	27.201	26.284
1 1/4-12 UNF		1.2500-12 UNF	12	2.1167	1.146	31.750	30.376	29.459
1 3/8-12 UNF		1.3750-12 UNF	12	2.1167	1.146	34.925	33.551	32.634
1 1/2-12 UNF		1.5000-12 UNF	12	2.1167	1.146	38.100	36.726	35.809

주 (1) : 1란을 우선적으로 택하고 필요에 따라 2란을 택한다. 참고란에 표시하는 것은 나사의 호칭을 10진법으로 표시한 것이다.

5. 관용 평행 나사

기준 산모양 및 기준 치수

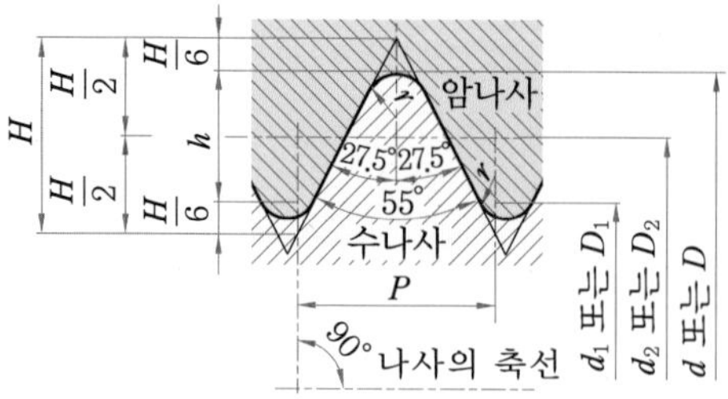

굵은 실선은 기준 산모양을 표시한다.

$P=\dfrac{25.4}{n}$

$H=0.906491P$

$h=0.640327P$

$r=0.137329P$

$d_2=d-h$ $\quad D_2=d_2$

$d_1=d-2h$ $\quad D_1=d_1$

(단위 : mm)

나사의 호 칭	나사산 수 (25.4mm 에 대한) n	피 치 P (참고)	나사산의 높이 h	산의 봉우리 및 골의 둥글기 r	수나사 바깥지름 d / 암나사 골지름 D	수나사 유효지름 d_2 / 암나사 유효지름 D_2	수나사 골지름 d_1 / 암나사 안지름 D_1
G 1/16	28	0.9071	0.581	0.12	7.723	7.142	6.561
G 1/8	28	0.9071	0.581	0.12	9.728	9.147	8.566
G 1/4	19	1.3368	0.856	0.18	13.157	12.301	11.445
G 3/8	19	1.3368	0.856	0.18	16.662	15.806	14.950
G 1/2	14	1.8143	1.162	0.25	20.955	19.793	18.631
G 5/8	14	1.8143	1.162	0.25	22.911	21.749	20.587
G 3/4	14	1.8143	1.162	0.25	26.441	25.279	24.117
G 7/8	14	1.8143	1.162	0.25	30.201	29.039	27.877
G 1	11	2.3091	1.479	0.32	33.249	31.770	30.291
G 1 1/8	11	2.3091	1.479	0.32	37.897	36.418	34.939
G 1 1/4	11	2.3091	1.479	0.32	41.910	40.431	38.952
G 1 1/2	11	2.3091	1.479	0.32	47.803	46.324	44.845
G 1 3/4	11	2.3091	1.479	0.32	53.746	52.267	50.788
G 2	11	2.3091	1.479	0.32	59.614	58.135	56.656
G 2 1/4	11	2.3091	1.479	0.32	65.710	64.231	62.752
G 2 1/2	11	2.3091	1.479	0.32	75.184	73.705	72.226
G 2 3/4	11	2.3091	1.479	0.32	81.534	80.055	78.576
G 3	11	2.3091	1.479	0.32	87.884	86.405	84.926
G 3 1/2	11	2.3091	1.479	0.32	100.330	98.851	97.372
G 4	11	2.3091	1.479	0.32	113.030	111.551	110.072
G 4 1/2	11	2.3091	1.479	0.32	125.730	124.251	122.772
G 5	11	2.3091	1.479	0.32	138.430	136.951	135.472
G 5 1/2	11	2.3091	1.479	0.32	151.130	149.651	148.172
G 6	11	2.3091	1.479	0.32	163.830	162.351	160.872

비고 : 표 중의 관용 평행나사를 표시하는 기호 G는 필요에 따라 생략하여도 좋다.
수나사인 경우는 나사의 호칭 뒤에 등급을 표시하는 기호(A 또는 B)를 붙인다. (보기 : G 1 1/2 A)

5. 관용 평행 나사(ISO 228/1에 규정되어 있지 않은 관용 평행 나사)

KS B 0221

기준 산모양 및 기준 치수

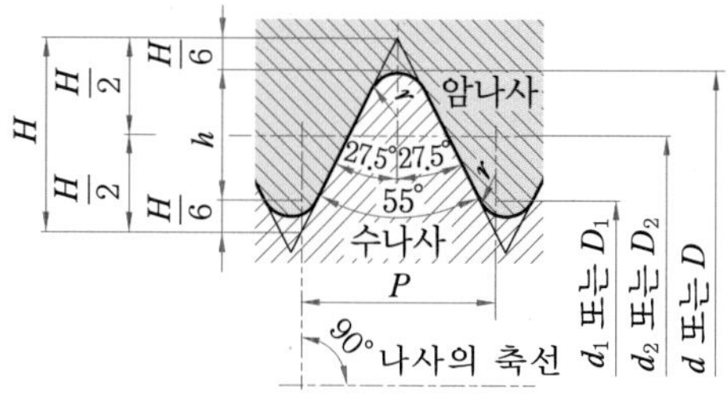

굵은 실선은 기준 산모양을 표시한다.

$P = \frac{25.4}{n}$

$H = 0.906491P$

$h = 0.640327P$

$r = 0.137329P$

$d_2 = d - h$ $D_2 = d_2$

$d_1 = d - 2h$ $D_1 = d_1$

(단위 : mm)

나사의 호 칭	나사산 수 (25.4mm에 대한) n	피 치 P (참고)	나사산의 높이 h	산의 봉우리 및 골의 둥글기 r	수나사		
					바깥지름 d	유효지름 d_2	골지름 d_1
					암나사		
					골지름 D	유효지름 D_2	안지름 D_1
PF 1/8	28	0.9071	0.581	0.12	9.728	9.147	8.566
PF 1/4	19	1.3368	0.856	0.18	13.157	12.301	11.445
PF 3/8	19	1.3368	0.856	0.18	16.662	15.806	14.950
PF 1/2	14	1.8143	1.162	0.25	20.955	19.793	18.631
PF 5/8	14	1.8143	1.162	0.25	22.911	21.749	20.587
PF 3/4	14	1.8143	1.162	0.25	26.441	25.279	24.117
PF 7/8	14	1.8143	1.162	0.25	30.201	29.039	27.877
PF 1	11	2.3091	1.479	0.32	33.249	31.770	30.291
PF 1 1/8	11	2.3091	1.479	0.32	37.897	36.418	34.939
PF 1 1/4	11	2.3091	1.479	0.32	41.910	40.431	38.952
PF 1 1/2	11	2.3091	1.479	0.32	47.803	46.324	44.845
PF 1 3/4	11	2.3091	1.479	0.32	53.746	52.267	50.788
PF 2	11	2.3091	1.479	0.32	59.614	58.135	56.656
PF 2 1/4	11	2.3091	1.479	0.32	65.710	64.231	62.752
PF 2 1/2	11	2.3091	1.479	0.32	75.184	73.705	72.226
PF 2 3/4	11	2.3091	1.479	0.32	81.534	80.055	78.576
PF 3	11	2.3091	1.479	0.32	87.884	86.405	84.926
PF 3 1/2	11	2.3091	1.479	0.32	100.330	98.851	97.372
PF 4	11	2.3091	1.479	0.32	113.030	111.551	110.072
PF 4 1/2	11	2.3091	1.479	0.32	125.730	124.251	122.772
PF 5	11	2.3091	1.479	0.32	138.430	136.951	135.472
PF 5 1/2	11	2.3091	1.479	0.32	151.130	149.651	148.172
PF 6	11	2.3091	1.479	0.32	163.830	162.351	160.872
PF 7	11	2.3091	1.479	0.32	189.230	187.751	186.272
PF 8	11	2.3091	1.479	0.32	214.630	213.151	211.672
PF 9	11	2.3091	1.479	0.32	240.030	238.551	237.072
PF10	11	2.3091	1.479	0.32	265.430	263.951	262.472
PF12	11	2.3091	1.479	0.32	316.230	314.751	313.272

비고 : 표 중의 관용 평행 나사를 표시하는 기호 PF는 필요에 따라 생략하여도 좋다.

6. 관용 테이퍼 나사

부표 1 - 기본 산모양, 기본 치수 및 치수 허용차

테이퍼 수나사 및 테이퍼 암나사에 대하여 적용하는 기본 산모양

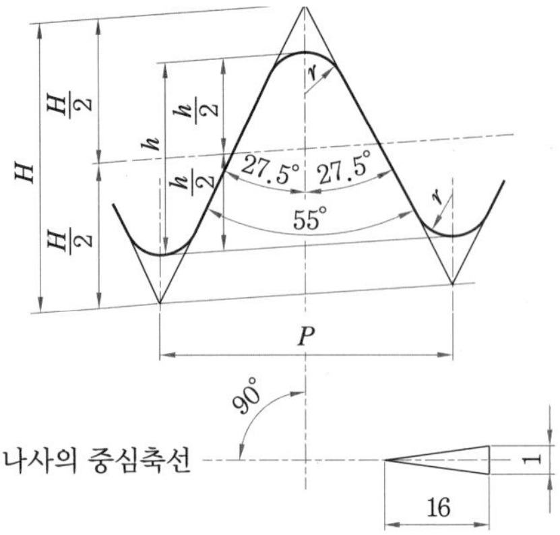

굵은 실선은 기본 산모양을 나타낸다.

$P = \frac{25.4}{n}$

$H = 0.960237P$

$h = 0.640327P$

$r = 0.137278P$

평행 암나사에 대하여 적용하는 기본 산모양

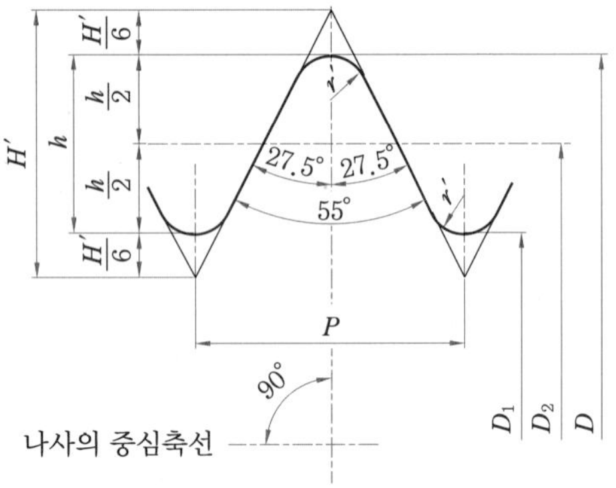

굵은 실선은 기본 산모양을 나타낸다.

$P = \frac{25.4}{n}$

$H' = 0.960491P$

$h' = 0.640327P$

$r' = 0.137329P$

테이퍼 수나사와 테이퍼 암나사 또는 평행 암나사와의 끼워맞춤

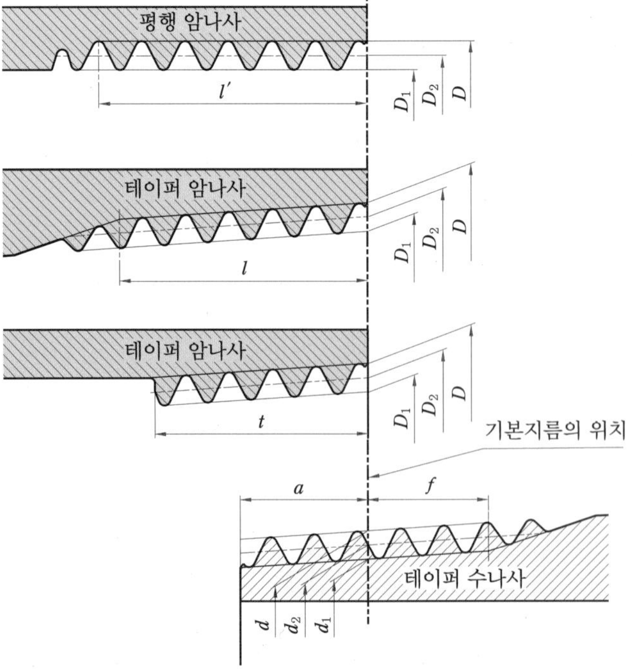

관용 테이퍼 나사의 사용 예

제품명 : 공압피팅

나사규격 : $R^{1}/_{8}$

부표 1 - 기본 산모양, 기본 치수 및 치수 허용차(계속)

(단위 : mm)

나사의 호칭 a	나사산: 나사산 수 (25.4 mm에 대한) n	나사산: 피치 P (참고)	나사산: 산의 높이 h	나사산: 둥글기 r 또는 r′	기본 지름: 수나사 바깥지름 d / 암나사 골지름 D	기본 지름: 수나사 유효지름 d_2 / 암나사 유효지름 D_2	기본 지름: 수나사 골지름 d_1 / 암나사 안지름 D_1	기본 지름의 위치: 수나사 관끝으로부터 기본 길이 a	기본 지름의 위치: 수나사 관끝으로부터 축선방향의 허용차 ±b	기본 지름의 위치: 암나사 관끝 부분 축선방향의 허용차 ±c	평행암나사의 D, D_2 및 D_1의 허용차 ±	유효 나사의 길이(최소): 수나사 기본 지름의 위치로부터 큰지름 쪽으로 f	유효 나사의 길이(최소): 암나사 불완전 나사부가 있는 경우 테이퍼 암나사 기본 지름의 위치로부터 작은지름 쪽으로 l	유효 나사의 길이(최소): 암나사 불완전 나사부가 있는 경우 평행 암나사 관 또는 관이음의 끝으로부터 l′(참고)	유효 나사의 길이(최소): 암나사 불완전 나사부가 없는 경우 테이퍼 암나사, 평행 암나사 기본 지름 또는 관·관이음의 끝으로부터 t	배관용 탄소 강관의 치수(참고): 바깥지름	배관용 탄소 강관의 치수(참고): 두께
R 1/16	28	0.9071	0.581	0.12	7.723	7.142	6.561	3.97	0.91	1.13	0.071	2.5	6.2	7.4	4.4	–	–
R 1/8	28	0.9071	0.581	0.12	9.728	9.147	8.566	3.97	0.91	1.13	0.071	2.5	6.2	7.4	4.4	10.5	2.0
R 1/4	19	1.3368	0.856	0.18	13.157	12.301	11.445	6.01	1.34	1.67	0.104	3.7	9.4	11.0	6.7	13.8	2.3
R 3/8	19	1.3368	0.856	0.18	16.662	15.806	14.950	6.35	1.34	1.67	0.104	3.7	9.7	11.4	7.0	17.3	2.3
R 1/2	14	1.8143	1.162	0.25	20.955	19.793	18.631	8.16	1.81	2.27	0.142	5.0	12.7	15.0	9.1	21.7	2.8
R 3/4	14	1.8143	1.162	0.25	26.441	25.279	24.117	9.53	1.81	2.27	0.142	5.0	14.1	16.3	10.2	27.2	2.8
R 1	11	2.3091	1.479	0.32	33.249	31.770	30.291	10.39	2.31	2.89	0.181	6.4	16.2	19.1	11.6	34.0	3.2
R 1 1/4	11	2.3091	1.479	0.32	41.910	40.431	38.952	12.70	2.31	2.89	0.181	6.4	18.5	21.4	13.4	42.7	3.5
R 1 1/2	11	2.3091	1.479	0.32	47.803	46.324	44.845	12.70	2.31	2.89	0.181	6.4	18.5	21.4	13.4	48.6	3.5
R 2	11	2.3091	1.479	0.32	59.614	58.135	56.656	15.88	2.31	2.89	0.181	7.5	22.8	25.7	16.9	60.5	3.8
R 2 1/2	11	2.3091	1.479	0.32	75.184	73.705	72.226	17.46	3.46	3.46	0.216	9.2	26.7	30.1	18.6	76.3	4.2
R 3	11	2.3091	1.479	0.32	87.884	86.405	84.926	20.64	3.46	3.46	0.216	9.2	29.8	33.3	21.1	89.1	4.2
R 4	11	2.3091	1.479	0.32	113.030	111.551	110.072	25.40	3.46	3.46	0.216	10.4	35.8	39.3	25.9	114.3	4.5
R 5	11	2.3091	1.479	0.32	138.430	136.951	135.472	28.58	3.46	3.46	0.216	11.5	40.1	43.5	29.3	139.8	4.5
R 6	11	2.3091	1.479	0.32	163.830	162.351	160.872	28.58	3.46	3.46	0.216	11.5	40.1	43.5	29.3	165.2	5.0

비고 : 1. 관용 나사를 나타내는 기호(R, R_c 및 R_p)는 필요에 따라 생략하여도 좋다.
2. 나사산은 중심 축선에 직각으로, 피치는 중심 축선에 따라 측정한다.
3. 유효 나사부의 길이는 완전하게 나사산이 깎인 나사부의 길이이며, 최후의 몇 개의 산만은 그 봉우리에 관 또는 관 이음쇠의 면이 그대로 남아 있어도 좋다. 또, 관 또는 관 이음쇠의 끝이 모떼기가 되어 있어도 이 부분을 유효 나사부의 길이에 포함시킨다.
4. a, f 또는 t가 이 표의 수치에 따르기 어려울 때는 따로 정하는 부품의 규격에 따른다.

주 a : 이 호칭은 테이퍼 수나사에 대한 것으로서, 테이퍼 암나사 및 평행 암나사의 경우는 R의 기호를 R_c 또는 R_p로 한다(5. 참조).

6. KS B ISO 7-1에 규정되어 있지 않은 관용 테이퍼 나사(PT)

부표 1 - 기본 산모양, 기본 치수 및 치수 허용차

테이퍼 수나사 및 테이퍼 암나사에 대하여 적용하는 기본 산모양

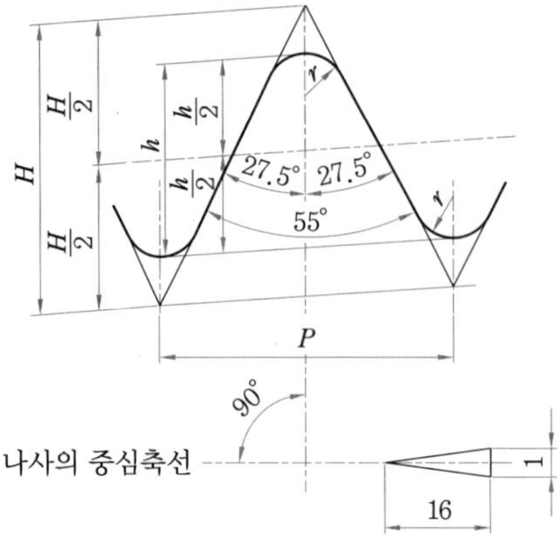

굵은 실선은 기본 산모양을 나타낸다.

$P = \frac{25.4}{n}$

$H = 0.960237P$

$h = 0.640327P$

$r = 0.137278P$

평행 암나사에 대하여 적용하는 기본 산모양

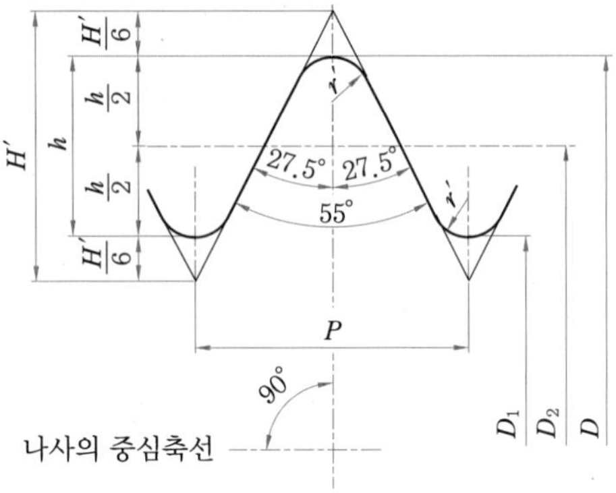

굵은 실선은 기본 산모양을 나타낸다.

$P = \frac{25.4}{n}$

$H' = 0.960491P$

$h' = 0.640327P$

$r' = 0.137329P$

테이퍼 수나사와 테이퍼 암나사 또는 평행 암나사와의 끼워맞춤

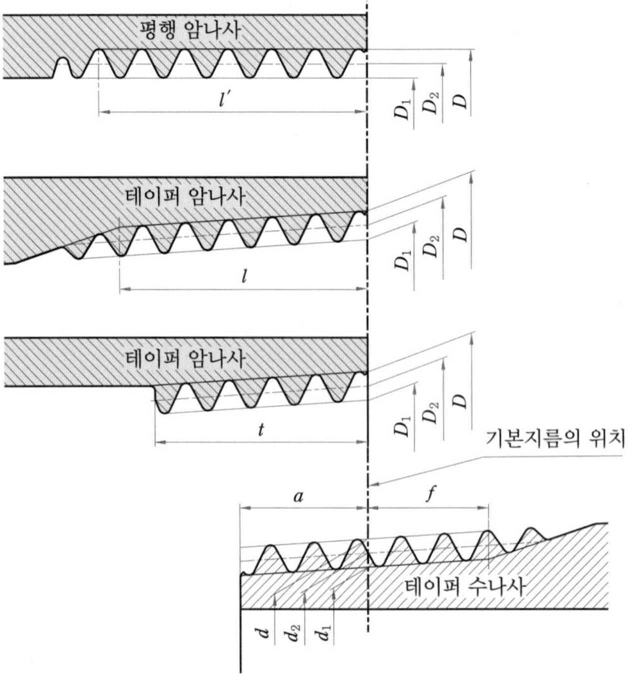

관용 테이퍼 나사의 사용 예

제품명 : 유니언니플

나사규격 : PT$^1/_2$

관용 테이퍼 나사 구멍을 가공하는 공구

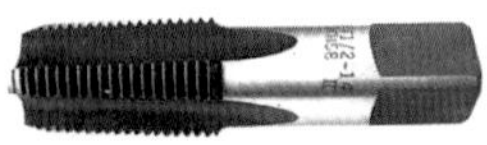

공구명칭 : 탭

규격 : PT$^1/_2$

부표 A.1 - 기본 산모양, 기본 치수 및 치수 허용차(계속)

(단위 : mm)

나사의 호칭 a	나사산: 나사산 수 (25.4mm에 대한) n	나사산: 피치 P (참고)	나사산: 산의 높이 h	나사산: 둥글기 r 또는 r′	기본 지름: 수나사 바깥 지름 d / 암나사 골지름 D	기본 지름: 수나사 유효 지름 d_2 / 암나사 유효 지름 D_2	기본 지름: 수나사 골지름 d_1 / 암나사 안지름 D_1	기본 지름의 위치: 수나사 관끝으로부터 기본 길이 a	기본 지름의 위치: 수나사 관끝으로부터 축선방향의 허용차 ±b	기본 지름의 위치: 암나사 관끝 부분 축선방향의 허용차 ±c	평행암나사의 D, D_2 및 D_1의 허용차 ±	유효 나사의 길이(최소): 수나사 기본 지름의 위치로부터 큰지름 쪽으로 f	유효 나사의 길이(최소): 암나사 불완전 나사부가 있는 경우 테이퍼 암나사 기본 지름의 위치로부터 작은지름 쪽으로 l	유효 나사의 길이(최소): 암나사 불완전 나사부가 있는 경우 평행 암나사 관 또는 관이음의 끝으로부터 l′(참고)	유효 나사의 길이(최소): 암나사 불완전 나사부가 없는 경우 테이퍼 암나사, 평행 암나사 기본 지름 또는 관·관 이음의 끝으로부터 t	배관용 탄소 강관의 치수(참고): 바깥 지름	배관용 탄소 강관의 치수(참고): 두께
PT 1/8	28	0.907 1	0.581	0.12	9.728	9.147	8.566	3.97	0.91	1.13	0.071	2.5	6.2	7.4	4.4	10.5	2.0
PT 1/4	19	1.336 8	0.856	0.18	13.157	12.301	11.445	6.01	1.34	1.67	0.104	3.7	9.4	11.0	6.7	13.8	2.3
PT 3/8	19	1.336 8	0.856	0.18	16.662	15.806	14.950	6.35	1.34	1.67	0.104	3.7	9.7	11.4	7.0	17.3	2.3
PT 1/2	14	1.814 3	1.162	0.25	20.955	19.793	18.631	8.16	1.81	2.27	0.142	5.0	12.7	15.0	9.1	21.7	2.8
PT 3/4	14	1.814 3	1.162	0.25	26.411	25.279	24.117	9.53	1.81	2.27	0.142	5.0	14.1	16.3	10.2	27.2	2.8
PT 1	11	2.309 1	1.479	0.32	33.249	31.770	30.291	10.39	2.31	2.89	0.181	6.4	16.2	19.1	11.6	34.0	3.2
PT 1 1/4	11	2.309 1	1.479	0.32	41.910	40.431	38.952	12.70	2.31	2.89	0.181	6.4	18.5	21.4	13.4	42.7	3.5
PT 1 1/2	11	2.309 1	1.479	0.32	47.830	46.324	44.845	12.70	2.31	2.89	0.181	6.4	18.5	21.4	13.4	48.6	3.5
PT 2	11	2.309 1	1.479	0.32	59.614	58.135	56.656	15.88	2.31	2.89	0.181	7.5	22.8	25.7	16.9	60.5	3.8
PT 2 1/2	11	2.309 1	1.479	0.32	75.184	73.705	72.226	17.46	3.46	3.46	0.216	9.2	26.7	30.1	18.6	76.3	4.2
PT 3	11	2.309 1	1.479	0.32	87.884	86.405	84.926	20.64	3.46	3.46	0.216	9.2	29.8	33.3	21.1	89.1	4.2
PT 3 1/2	11	2.309 1	1.479	0.32	100.330	98.851	97.372	22.23	3.46	3.46	0.216	9.2	31.4	34.9	22.4	101.6	4.2
PT 4	11	2.309 1	1.479	0.32	113.030	111.551	110.072	25.40	3.46	3.46	0.216	10.4	35.8	39.3	25.9	114.3	4.5
PT 5	11	2.309 1	1.479	0.32	138.430	136.951	135.472	28.58	3.46	3.46	0.216	11.5	40.1	43.5	29.3	139.8	4.5
PT 6	11	2.309 1	1.479	0.32	163.830	162.351	160.872	28.58	3.46	3.46	0.216	11.5	40.1	43.5	29.3	165.2	5.0
PT 7	11	2.309 1	1.479	0.32	189.230	187.751	186.272	34.93	5.08	5.08	0.318	14.0	48.9	54.0	35.1	190.7	5.3
PT 8	11	2.309 1	1.479	0.32	214.630	213.151	211.672	38.10	5.08	5.08	0.318	14.0	52.1	57.2	37.6	216.3	5.8
PT 9	11	2.309 1	1.479	0.32	240.030	238.551	237.072	38.10	5.08	5.08	0.318	14.0	52.1	57.2	37.6	241.8	6.2
PT 10	11	2.309 1	1.479	0.32	265.430	263.951	262.472	41.28	5.08	5.08	0.318	14.0	55.3	60.4	40.2	267.4	6.6
PT 12	11	2.309 1	1.479	0.32	316.230	314.751	313.272	41.28	6.35	6.35	0.397	17.5	58.8	65.1	41.9	318.5	6.9

비고: 1. 관용 테이퍼 나사를 나타내는 기호(PT 및 PS)는 필요에 따라 생략하여도 좋다.
2. 나사산은 중심 축선에 직각으로, 피치는 중심 축선에 따라 측정한다.
3. 유효 나사부의 길이는 완전하게 나사산이 깎인 나사부의 길이이며, 최후의 몇 개의 산만은 그 봉우리에 관 또는 관 이음쇠의 면이 그대로 남아 있어도 좋다. 또, 관 또는 관 이음쇠의 끝이 모떼기가 되어 있어도 이 부분을 유효 나사부의 길이에 포함시킨다.
4. a, f 또는 f가 이 표의 수치에 따르기 어려울 때는 따로 정하는 부품의 규격에 따른다.
5. 이 표의 ▒ 의 부분은 이 부속서의 규정의 사항이지만, 그 내용은 본체 부표 1에 규정한 나사의 호칭 $R1/8$~$R3$ 및 $R4$~$R6$에 대한 것과 동일하다. 그러나 호칭이 다르기 때문에 ISO 규격과의 일치성 때문에 사용하지 않는 것이 좋다.

주 a: 이 호칭은 테이퍼 수나사 및 테이퍼 암나사에 대한 것으로, 테이퍼 수나사와 끼워 맞추는 평행 암나사의 경우는 PT의 기호를 PS로 한다(A.4 참조).

7. 미터 사다리꼴 나사

기준산형, 공식 및 기준 치수

1. 기준 산형

미터 사다리꼴 나사의 기준산형을 그림의 굵은 실선으로 표시한다.

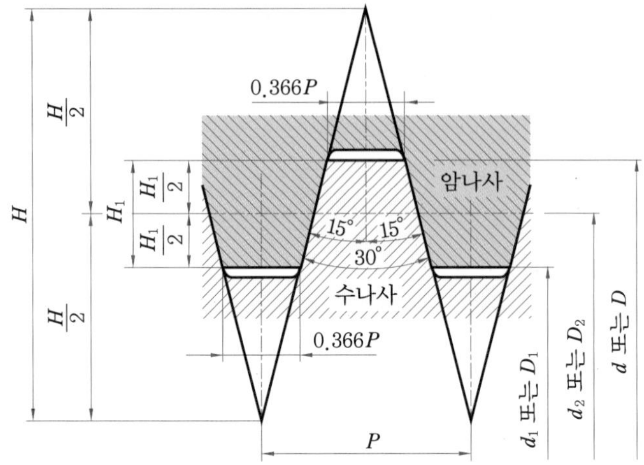

미터 사다리꼴 나사의 기준산형

2. 공식

미터 사다리꼴 나사의 기준 치수 산출에 사용하는 공식은 다음에 따른다.

$H = 1.866P$　　$d_2 = d - 0.5P$　　$D = d$

$H_1 = 0.5P$　　$d_1 = d - P$　　$D_2 = d_2$

$D_1 = d_1$

3. 기준 치수

미터 사다리꼴 나사의 기준치수는 다음 표에 따른다.

미터 사다리꼴 나사의 기준치수

(단위 : mm)

나사의 호칭[3]	피치 P	접촉 높이 H_1	암나사		
			골지름 D	유효지름 D_2	안지름 D_1
			수나사		
			바깥지름 d	유효지름 d_2	골지름 d_1
Tr 8×1.5	1.5	0.75	8.000	7.250	6.500
Tr 9×2	2	1	9.000	8.000	7.000
Tr 9×1.5	1.5	0.75	9.000	8.250	7.500
Tr 10×2	2	1	10.000	9.000	8.000
Tr 10×1.5	1.5	0.75	10.000	9.250	8.500
Tr 11×3	3	1.5	11.000	9.500	8.000
Tr 11×2	2	1	11.000	10.000	9.000

Tr 12×3	3	1.5	12.000	10.500	9.000
Tr 12×2	2	1	12.000	11.000	10.000
Tr 14×3	3	1.5	14.000	12.500	11.000
Tr 14×2	2	1	14.000	13.000	12.000
Tr 16×4	4	2	16.000	14.000	12.000
Tr 16×2	2	1	16.000	15.000	14.000
Tr 18×4	4	2	18.000	16.000	14.000
Tr 18×2	2	1	18.000	17.000	16.000
Tr 20×4	4	2	20.000	18.000	16.000
Tr 20×2	2	1	20.000	19.000	18.000
Tr 22×8	8	4	22.000	18.000	14.000
Tr 22×5	5	2.5	22.000	19.500	17.000
Tr 22×3	3	1.5	22.000	20.500	19.000
Tr 24×8	8	4	24.000	20.000	16.000
Tr 24×5	5	2.5	24.000	21.500	19.000
Tr 24×3	3	1.5	24.000	22.500	21.000
Tr 26×8	8	4	26.000	22.000	18.000
Tr 26×5	5	2.5	26.000	23.500	21.000
Tr 26×3	3	1.5	26.000	24.500	23.000
Tr 28×8	8	4	28.000	24.000	20.000
Tr 28×5	5	2.5	28.000	25.500	23.000
Tr 28×3	3	1.5	28.000	26.500	25.000
Tr 30×10	10	5	30.000	25.000	20.000
Tr 30×6	6	3	30.000	27.000	24.000
Tr 30×3	3	1.5	30.000	28.500	27.000
Tr 32×10	10	5	32.000	27.000	22.000
Tr 32×6	6	3	32.000	29.000	26.000
Tr 32×3	3	1.5	32.000	30.500	29.000
Tr 34×10	10	5	34.000	29.000	24.000
Tr 34×6	6	3	34.000	31.000	28.000
Tr 34×3	3	1.5	34.000	32.500	31.000
Tr 36×10	10	5	36.000	31.000	26.000
Tr 36×6	6	3	36.000	33.000	30.000
Tr 36×3	3	1.5	36.000	34.500	33.000
Tr 38×10	10	5	38.000	33.000	28.000
Tr 38×7	7	3.5	38.000	34.500	31.000
Tr 38×3	3	1.5	38.000	36.500	35.000

주 (3) : 기호 Tr은 미터 사다리꼴 나사를 나타내는 기호이다.

8. 맞변 거리의 치수

부표 1. 맞변 거리의 치수

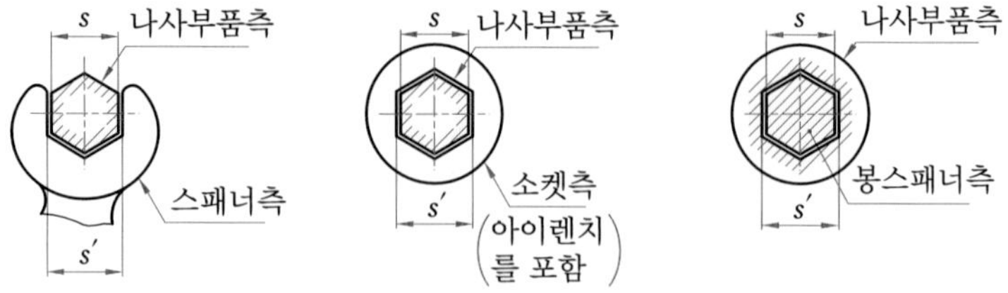

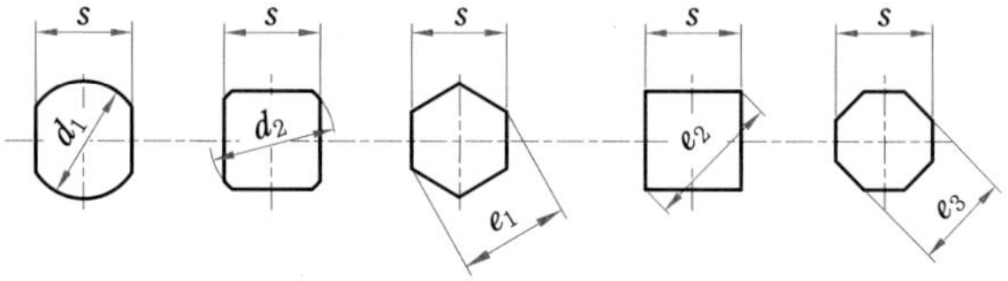

(단위 : mm)

맞변 거리의 호칭	맞변거리 (s 및 s′)		맞모거리(참고)					맞변 거리의 호칭	맞변거리 (s 및 s′)		맞모거리(참고)				
	기준치수	허용차	d_1	d_2	e_1	e_2	e_3		기준치수	허용차	d_1	d_2	e_1	e_2	e_3
*0.7	0.7		–	–	0.81	–	–	10	10		12	13	11.5	14.1	–
*0.9	0.9		–	–	1.04	–	–	11	11		13	14.5	12.7	15.6	–
*1.3	1.3		–	–	1.50	–	–	*12	12		14	16	13.9	17.0	–
*1.5	1.5		–	–	1.73	–	–	13	13		15	17	15.0	18.4	–
*2	2		–	–	2.31	–	–	*14	14	h14	16	18	16.2	19.8	–
*2.5	2.5		–	–	2.89	–	–	15	15		17	19	17.3	21.2	–
*3	3		–	–	3.46	–	–	16	16		18	20	18.5	22.6	–
3.2	3.2	h14	4	4.2	3.70	4.53	–	*17	17		19	22	19.6	24.0	–
4	4		5	5.3	4.62	5.66	–	18	18		20	23	20.8	25.5	–
4.5	4.5		5.5	6.0	5.20	6.36	–	*19	19		22	25	21.9	26.9	–
5	5		6	6.5	5.77	7.07	–	21	21		24	27	24.2	29.7	–
5.5	5.5		7	7.1	6.35	7.78	–	*22	22		26	29	25.4	31.1	–
*6	6		7	8	6.93	8.49	–	24	24	h15	28	32	27.7	33.9	–
7	7		8	9	8.08	9.90	–	27	27		32	36	31.2	38.2	–
8	8		9	10	9.24	11.3	–	30	30		36	40	34.6	42.4	–
								32	32		38	42	37.0	45.3	34.6

비고 : 맞변거리의 호칭에 *표를 붙인 것 및 해칭( )한 것 이외는 ISO 272에 따른 맞변거리이다. 또한, *표의 것은 ISO 2343 및 ISO 4762에 따르고 있고, 해칭한 것은 이들 ISO 규격에 규정되어 있지 않는 맞변거리이다.

8. 맞변 거리의 치수(계속)

부표 2. 6각 볼트, 6각 너트, 6각 구멍붙이 멈춤나사 및 6각 구멍붙이 볼트의 맞변 거리

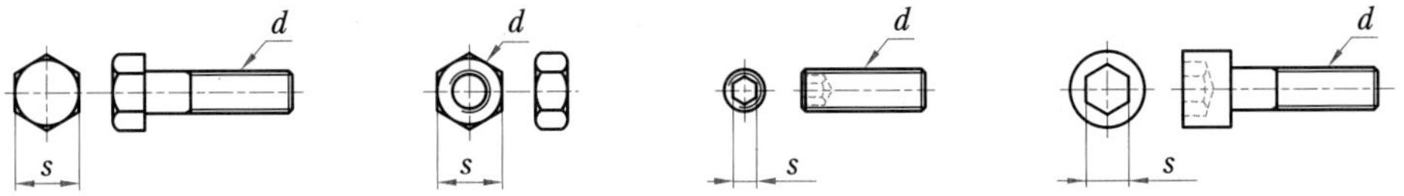

6각 볼트 6각 너트 6각 구멍붙이 멈춤나사 6각 구멍붙이 볼트

(단위 : mm)

나사의 호칭지름 *d*	6각의 맞변거리(*s*)						6각구멍의 맞변거리(*s*)		
	기준 치수					허용차	기준 치수		허용차
	소형 계열	보통형 계열		대형 계열			멈춤 나사의 경우	볼트의 경우	
1.6	–	3.2		–	–	h14	0.7	1.5	D11
2	–	4		–	–		0.9	1.5	
2.2	–	–	4.5	–	–		0.9	–	
*2.3	–	–	4.5	–	–		–	–	
2.5	–	5		–	–		1.3	2	
*2.6	–	–	5	–	–		–	–	
3	–	5.5		–	–		1.5	2.5	
3.5	–	–	6	–	–		–	–	
4	–	7		–	–		2	3	
4.5	–	–	8	–	–		–	–	E11
5	–	8	–	–	–		2.5	4	
6	–	10	–	–	–		3	5	
7	–	11	–	–	–		–	–	E12
8	12	13	–	–	–		4	6	
10	14	16	17	–	–		5	8	
12	17	18	19	21	22		6	10	
14	19	21	22	24	–		–	12	
16	22	24	–	27	–		8	14	
18	24	27	–	30	–		–	14	D12
20	27	30	–	34	32		10	17	
22	30	34	32	36	–		–	17	
24	32	36	–	41	–	h15	12	19	
27	36	41	–	46	–		–	19	
30	41	46	–	50	–		–	22	
33	46	50	–	55	–		–	24	
36	50	55	–	60	–		–	27	
39	55	60	–	65	–		–	24	

비 고 : 1. 나사의 호칭지름에 대한 "6각 구멍의 맞변거리" 중, 해칭( )을 한 이외는 ISO 272에 따르고 있다. 또 나사의 호칭 지름에 대한 "6각 구멍의 맞변거리" 중, "멈춤나사의 경우"는 ISO 2343에 따르고 있고, "볼트의 경우"는 해칭한 것을 제외하고 ISO 4762에 따르고 있다.

2. 나사의 호칭지름에 *표를 붙인 것은 ISO 261(ISO general purpose metric screw threads-General plan)에 규정되어 있지 않은 것이다.

9. 수나사 부품의 나사의 틈새

KS B 0245

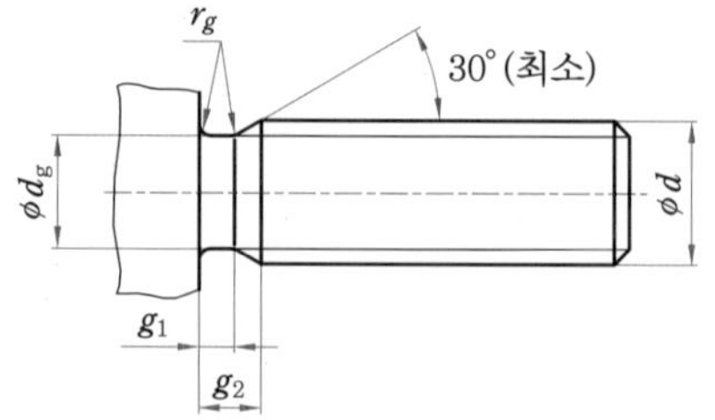

(단위 : mm)

나사의 피치 P	d_g		g_1	g_2	r_g
	기준 치수 (1)	허 용 차	최 소 (2)	최 대 (3)	약
0.25	$d-0.4$	h12	0.4	0.75	0.12
0.3	$d-0.5$		0.5	0.9	0.16
0.35	$d-0.6$		0.6	1.05	0.16
0.4	$d-0.7$		0.6	1.2	0.2
0.45	$d-0.7$		0.7	1.35	0.2
0.5	$d-0.8$		0.8	1.5	0.2
0.6	$d-1$		0.9	1.8	0.4
0.7	$d-1.1$		1.1	2.1	0.4
0.75	$d-1.2$		1.2	2.25	0.4
0.8	$d-1.3$		1.3	2.4	0.4
1	$d-1.6$		1.6	3	0.6
1.25	$d-2$		2	3.75	0.6
1.5	$d-2.3$		2.5	4.5	0.8
1.75	$d-2.6$		3	5.25	1
2	$d-3$		3.4	6	1
2.5	$d-3.6$		4.4	7.5	1.2
3	$d-4.4$	h13	5.2	9	1.6
3.5	$d-5$		6.2	10.5	1.6
4	$d-5.7$		7	12	2
4.5	$d-6.4$		8	13.5	2.5
5	$d-7$		9	15	2.5
5.5	$d-7.7$		11	16.5	3.2
6	$d-8.3$		11	18	3.2

주 (1) : d_g의 기준 치수는 나사 피치에 대응하는 나사의 호칭 지름 (d)에서 이 난에 규정하는 수치를 뺀 것으로 한다(보기: $P=0.25$, $d=1.2$에 대한 d_g의 기준 치수는 $d-0.4=1.2-0.4=0.8$mm).

(2) : g_1(최소)의 값은 d_g부에서 d부에 이행하는 각도를 30°(최소)로 한 것이다.

(3) : g_2(최대)의 값은 $3P$로 한 것이다.

10. 공작기계 테이블 – T 홈 및 해당 볼트

KS B ISO 299

T 홈 및 볼트의 모양 및 치수

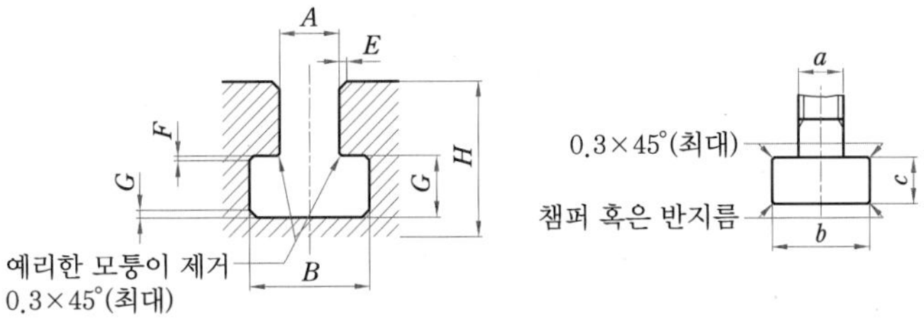

(단위 : mm)

T 홈										볼트		
A	*B*		*C*		*H*		*E*	*F*	*G*	*a*	*b*	*c*
	최소	최대	최소	최대	최소	최대	최대	최대	최대			
5	10	11	3.5	4.5	8	10	1	0.6	1	M 4	9	3
6	11	12.5	5	6	11	13	1	0.6	1	M 5	10	4
8	14.5	16	7	8	15	18	1	0.6	1	M 6	13	6
10	16	18	7	8	17	21	1	0.6	1	M 8	15	6
12	19	21	8	9	20	25	1	0.6	1	M 10	18	7
14	23	25	9	11	23	28	1.6	0.6	1.6	M 12	22	8
18	30	32	12	14	30	36	1.6	1	1.6	M 16	28	10
22	37	40	16	18	38	45	1.6	1	2.5	M 20	34	14
28	46	50	20	22	48	56	1.6	1	2.5	M 24	43	18
36	56	60	25	28	61	71	2.5	1	2.5	M 30	53	23
42	68	72	32	35	74	85	2.5	1.6	4	M 36	64	28
48	80	85	36	40	84	95	2.5	2	6	M 42	75	32
54	90	95	40	44	94	106	2.5	2	6	M 48	85	36

홈 : *A*에 대한 공차 : 고정 홈에 대해서는 *H*12
기준 홈에 대해서는 *H*8

볼 트 : *a*, *b*, *c*에 대한 공차 : 볼트와 너트에 대한 통상적인 공차

비 고 : 1. 볼트에 의한 조립체만 그림에 보여지고 있지만, 같은 호환 조건을 가지는 다른 장치도 이 국제 규격 ISO 299에 동의하는 것으로 간주한다.
2. *A*는 T 홈의 호칭 치수를 나타내며, *a*는 나사의 호칭을 나타낸다.

T 홈의 간격

(단위 : mm)

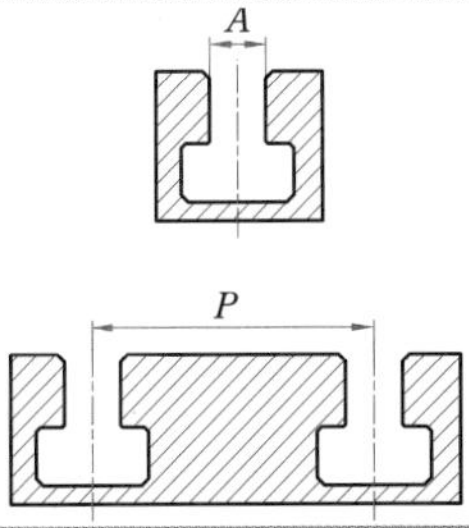

홈의 폭 *A*	간격 *P*	홈의 폭 *A*	간격 *P*
5	20 – 25 – 32	22	(80) – 100 – 125 – 160
6	25 – 32 – 40	28	100 – 125 – 160 – 200
8	32 – 40 – 50	36	125 – 160 – 200 – 250
10	40 – 50 – 63	42	160 – 200 – 250 – 320
12	(40) – 50 – 63 – 80	48	200 – 250 – 320 – 400
14	(50) – 63 – 80 – 100	54	250 – 320 – 400 – 500
18	(63) – 80 – 100 – 125		

주 : T 홈간의 재료 두께 $P_{min} - B_{max}$는 괄호 안의 치수들은 가능한 한 피해야 한다.

T 홈 간격의 공차

간격 *P*	20과 25	32에서 100	125에서 250	320에서 500
공차	±0.2	±0.3	±0.5	±0.8

비 고 : 모든 T 홈의 간격에 대한 공차는 누적되지 않는다.

11. 6각 볼트

KS B 1002

종류 및 등급

볼트의 종류	재료에 따른 구분	등급		대응 국제 규격
		부품 등급	강도 구분 또는 성상 구분	
호칭 지름 6각 볼트 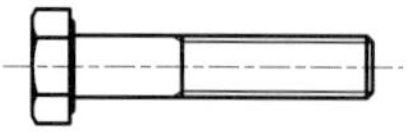	강	A	8.8	ISO 4014
		B		
		C	4.6, 4.8	ISO 4016
	스테인리스강	A	A2–70	ISO 4014
		B		
	비철 금속	A	–	
		B		
유효 지름 6각 볼트 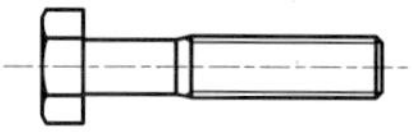	강	B	5.8, 8.8	ISO 4015
	스테인리스강		A2-70	
	비철 금속		–	
온나사 6각 볼트 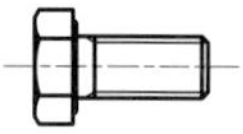	강	A	8.8	ISO 4017
		B		
		C	4.6, 4.8	ISO 4018
	스테인리스강	A	A2–70	ISO 4017
		B		
	비철 금속	A	–	
		B		

① **호칭 지름 6각 볼트(Hexagon head bolt)** : 볼트의 축부가 나사부와 원통부로 되고, 원통부의 지름이 대략 호칭 지름인 것.

② **유효 지름 6각 볼트(Hexagon head bolt–Reduced shank)** : 볼트의 축부가 나사부와 원통부로 되고, 원통부의 지름이 대략 호칭 유효 지름인 것.

③ **온나사 6각 볼트(Hexagon head screw)** : 볼트의 축부 전체가 나사부로서 원통부가 없는 것.

④ 부품 등급에 따라 등급 A의 규격표, 등급 B의 규격표, 등급 C의 규격표가 각각 규정되어 있으며, 부품 등급에 대한 나사의 공차는 KS B 0238에 따른다.

⑤ 강제 볼트의 기계적 성질은 KS B 0233의 강도 구분에 따른 것이며, 스테인리스강 볼트의 기계적 성질은 KS B 0241의 성상 구분에 따른 것이다.

부품 등급	나사 부품의 공차 방식 KS B 0238
A	6 g 공차 위치를 표시하는 문자 공차 정밀도를 표시하는 문자
B	
C	8 g

강도 구분 또는 성상 구분
8.8 KS B 0233 하항복 응력을 인장강도로 나눈 값의 10배 N/mm^{2}로 나타낸 인장강도의 1/100
A2–70 KS B 0241 인장강도 700N/mm^2 Cr 15~20%, Ni 8~9%의 스테인리스강

11. 6각 볼트(계속)

호칭 지름 6각 볼트(부품 등급 A)의 모양·치수

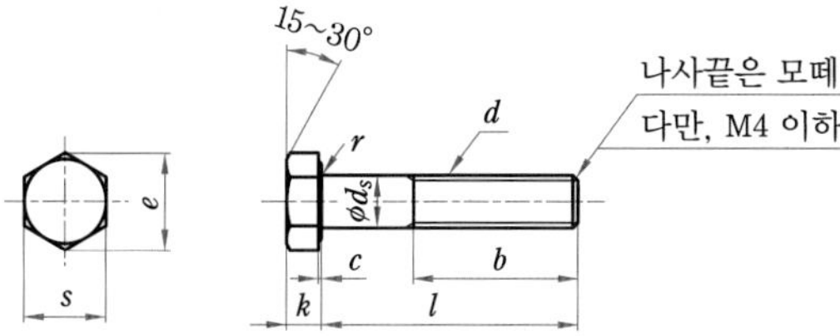

(단위 : mm)

나사의 호칭 d		M3	M4	M5	M6	M8	M10	M12	(M14)	M16	M20	M24
피치 P		0.5	0.7	0.8	1	1.25	1.5	1.75	2	2	2.5	3
b	l≤125 일 때	12	14	16	18	22	26	30	34	38	46	54
c	최소	0.15	0.15	0.15	0.15	0.15	0.15	0.15	0.15	0.2	0.2	0.2
	최대	0.4	0.4	0.5	0.5	0.6	0.6	0.6	0.6	0.8	0.8	0.8
d_s	기준 치수	3	4	5	6	8	10	12	14	16	20	24
	최소	2.86	3.82	4.82	5.82	7.78	9.78	11.73	13.73	15.73	19.67	23.67
e	최소	6.07	7.66	8.79	11.05	14.38	17.77	20.03	23.35	26.75	33.63	39.98
k	기준 치수	2	2.8	3.5	4	5.3	6.4	7.5	8.8	10	12.5	15
	최소	1.88	2.68	3.35	3.85	5.15	6.22	7.32	8.62	9.82	12.28	14.78
	최대	2.12	2.92	3.65	4.15	5.45	6.58	7.68	8.98	10.18	12.72	15.22
r	최소	0.1	0.2	0.2	0.25	0.4	0.4	0.6	0.6	0.6	0.8	0.8
s	기준 치수	5.5	7	8	10	13	16	18	21	24	30	36
	최소	5.32	6.78	7.78	9.78	12.73	15.73	17.73	20.67	23.67	29.67	35.38

비고 : 1. 나사의 호칭에 ( )를 붙인 것은 될 수 있는 한 사용하지 않는다.

강도 구분의 계산 예

예 1. 호칭 인장 강도 값이 400 N/mm^2 이고 하항복 응력이 320 N/mm^2 일 경우 강도 구분은 4.8

첫 번째 숫자 : $\frac{400}{100}$=4이므로 4로 표기

두 번째 숫자 : $\frac{\text{하항복 응력}}{\text{호칭 인장 강도}}=\frac{320}{400}$=0.8이므로 8로 표기

2. 호칭 인장 강도 값이 800 N/mm^2 이고 0.2% 내력이 640 N/mm^2 일 경우 강도 구분은 8.8

첫 번째 숫자 : $\frac{800}{100}$=8이므로 8로 표기

두 번째 숫자 : $\frac{\text{0.2\% 내력}}{\text{호칭 인장 강도}}=\frac{640}{800}$=0.8이므로 8로 표기

제품의 호칭 방법

보기 :	호칭지름 6각 볼트	A	M12×80	– 8.8
	유효지름 6각 볼트	B	M12×80	– A2-70
	(종류)	(부품등급)	(d×l)	(강도 구분 또는 성상 구분)

유효 지름 6각 볼트(부품 등급 B)의 모양·치수

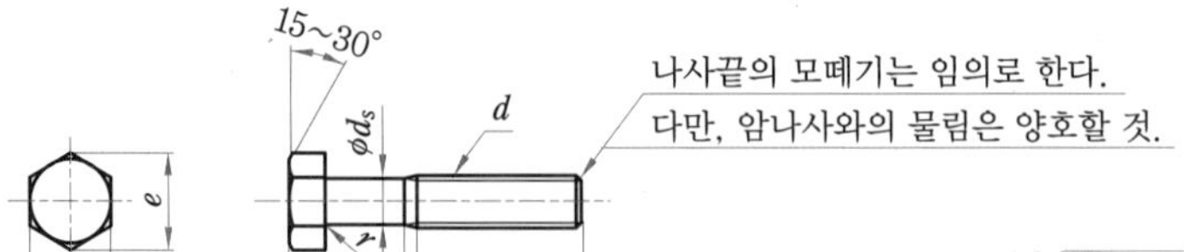

(단위 : mm)

나사의 호칭 d		M3	M4	M5	M6	M8	M10	M12	(M14)	M16	M20
피치 P		0.5	0.7	0.8	1	1.25	1.5	1.75	2	2	2.5
b	$l \leq 125$ 일 때	12	14	16	18	22	26	30	34	38	46
d_s	약	2.6	3.5	4.4	5.3	7.1	8.9	10.7	12.5	14.5	18.2
e	최소	5.98	7.50	8.63	10.89	14.20	17.59	19.85	22.78	26.17	32.95
k	기준 치수	2	2.8	3.5	4	5.3	6.4	7.5	8.8	10	12.5
	최소	1.80	2.60	3.26	3.76	5.06	6.11	7.21	8.51	9.71	12.15
	최대	2.20	3.00	3.74	4.24	5.54	6.69	7.79	9.09	10.29	12.85
r	최소	0.1	0.2	0.2	0.25	0.4	0.4	0.6	0.6	0.6	0.8
s	기준 치수	5.5	7	8	10	13	16	18	21	24	30
	최소	5.20	6.64	7.64	9.64	12.57	15.57	17.57	20.16	23.16	29.16
x	최대	1.25	1.75	2	2.5	3.2	3.8	4.3	5	5	6.3

비고 : 1. 나사의 호칭에 ( )를 붙인 것은 될 수 있는 한 사용하지 않는다.

볼트의 설계

전단 하중만 받을 때		축 하중만 받을 때	축 하중과 비틀림을 동시에 받을 때
바깥지름이 전단될 때	골 지름이 전단될 때		
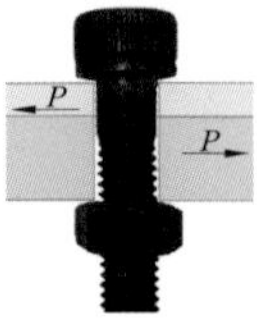	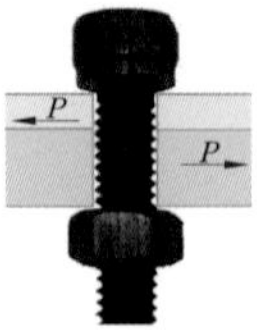		
$d=\sqrt{\frac{4P}{\pi\tau_a}}$	$d=\frac{1}{0.8}\times\sqrt{\frac{4P}{\pi\tau_a}}$	$d=\sqrt{\frac{2P}{\sigma_a}}$	$d=\sqrt{\frac{8P}{3\sigma_a}}$

스패너 : 볼트를 체결할 때 사용된다.

온나사 6각 볼트(부품 등급 A)의 모양·치수

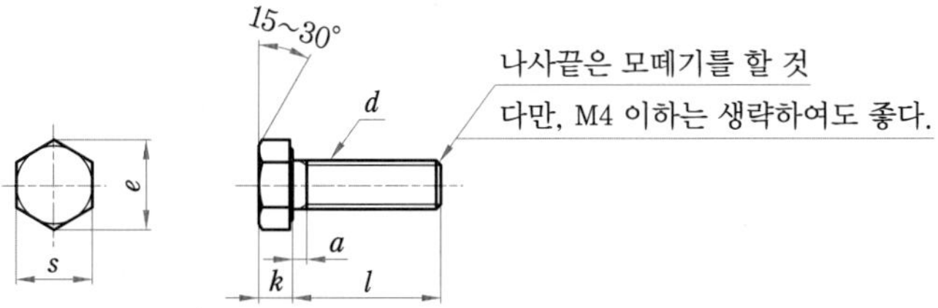

(단위 : mm)

나사의 호칭 d		M3	M4	M5	M6	M8	M10	M12	(M14)	M16	M20	M24
피치 P		0.5	0.7	0.8	1	1.25	1.5	1.75	2	2	2.5	3
a[1]	최대	1.5	2.1	2.4	3	3.75	4.5	5.25	6	6	7.5	9
c	최소	0.15	0.15	0.15	0.15	0.15	0.15	0.15	0.15	0.2	0.2	0.2
	최대	0.4	0.4	0.5	0.5	0.6	0.6	0.6	0.6	0.8	0.8	0.8
d_w	최소	4.6	5.9	6.9	8.9	11.6	14.6	16.6	19.6	22.5	28.2	33.6
e	최소	6.01	7.66	8.79	11.05	14.38	17.77	20.03	23.35	6.75	33.53	39.98
k	호칭(기준 치수)	2	2.8	3.5	4	5.3	6.4	7.5	8.8	10	12.5	15
	최소	1.88	2.68	3.35	3.85	5.15	6.22	7.32	8.62	9.82	12.28	14.78
	최대	2.12	2.92	3.65	4.15	5.45	6.58	7.68	8.98	10.18	12.72	15.22
r	최소	0.1	0.2	0.2	0.25	0.4	0.4	0.6	0.6	0.6	0.8	0.8
s	최대(기준 치수)	5.5	7	8	10	13	16	18	21	24	30	36
	최소	5.32	6.78	7.78	9.78	12.73	15.73	17.73	20.67	23.67	29.67	35.38

l 호칭 길이(기준 치수)	l 최소	l 최대	M3	M4	M5	M6	M8	M10	M12	(M14)	M16	M20	M24
6	5.76	6.24	○										
8	7.71	8.29	○	○									
10	9.71	10.29	○	○	○								
12	11.65	12.35	○	○	○	○							
16	15.65	16.35	○	○	○	○	○						
20	19.58	20.42	○	○	○	○	○	○					
25	24.58	25.42	○	○	○	○	○	○	○				
30	29.58	30.42	○	○	○	○	○	○	○	○			
35	34.5	35.5		○	○	○	○	○	○	○	○		
40	39.5	40.5		○	○	○	○	○	○	○	○	○	○
45	44.5	45.5			○	○	○	○	○	○	○	○	○
50	49.5	50.5			○	○	○	○	○	○	○	○	○
55	54.4	55.6				○	○	○	○	○	○	○	○
60	59.4	60.6				○	○	○	○	○	○	○	○
65	64.4	65.6				○	○	○	○	○	○	○	○
70	69.4	70.6					○	○	○	○	○	○	○
80	79.4	80.6						○	○	○	○	○	○
90	89.3	90.7							○	○	○	○	○
100	99.3	100.7								○	○	○	○

주[1] : a의 최소는 $1P$ 보다 작아서는 안 된다.

비 고 : 1. 나사의 호칭에 ( )를 붙인 것은 될 수 있는 한 사용하지 않는다.

2. 나사의 호칭에 대하여 추천할 호칭 길이는 굵은 선의 둘레 내(○표를 붙인 것)로 한다.

12. 6각 볼트 : ISO 4014~4018에 따르지 않는 6각 볼트

KS B 1002

볼트의 종류는 나사의 호칭 지름(d)에 대한 맞변 거리(s)의 크기에 따라 2종류로 한다.

종 류	s/d
6각 볼트	1.45 이상
소형 6각 볼트	1.45 미만

종류 및 등급

종 류	재료에 의한 구분	등 급				
		다듬질 정도	나사의 등급		기계적 성질의 강도 구분	
			I 란	II 란	I 란	II 란
6각 볼트	강 (나사의 호칭 지름이 39mm 이하인 경우)	상·중·보통	4h·6g·8g	1급·2급·3급	4.6, 4.8, 5.6, 5.8, 6.8, 8.8, 10.9, 12.9	4T, 5T, 6T, 7T
	강 (나사의 호칭 지름이 42mm 이상인 경우)	상·중·보통	4h·6g·8g	1급·2급·3급	인수·인도 당사자 사이의 협의에 따른다.	
	스테인리스강					
	비철 금속					
소형 6각 볼트	강	상·중	4h·6g·8g	1급·2급·3급	4.6, 4.8, 5.6, 5.8, 6.8, 8.8, 10.9, 12.9	4T, 5T, 6T, 7T
	스테인리스강	상·중	4h·6g·8g	1급·2급·3급	인수·인도 당사자 사이의 협의에 따른다.	
	비철 금속					

기계적 성질의 강도 구분에 대한 해설

4.6
- └ 항복점이 인장강도의 60%
- └ 인장강도 400N/mm²

4 T
- └ 인장강도(Tensile Strength)
- └ 400N/mm²

볼트의 다듬질 정도

구 분	상	중	흑
다듬질 정도	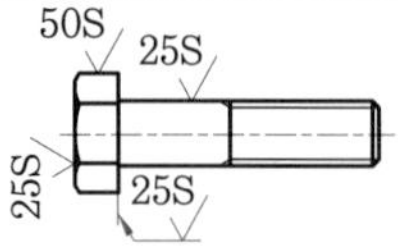	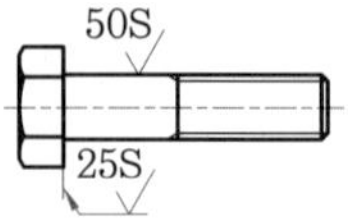	표면거칠기를 특별히 규정하지 않음 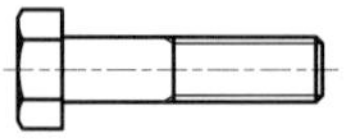

제품의 호칭 방법

보기 :	6각 볼트	상	M8×40	−6g	8.8
	6각 볼트	중	M42×150	−6g	
	소형 6각 볼트	상	M42×1.25×30	−6g	A2-70
	(종류)	(다듬질 정도)	(d×l)	(나사 등급)	(강도 구분 또는 성상 구분)

12. 6각 볼트 : ISO 4014～4018에 따르지 않는 6각 볼트(계속)

KS B 1002

6각 볼트(상·중·하)

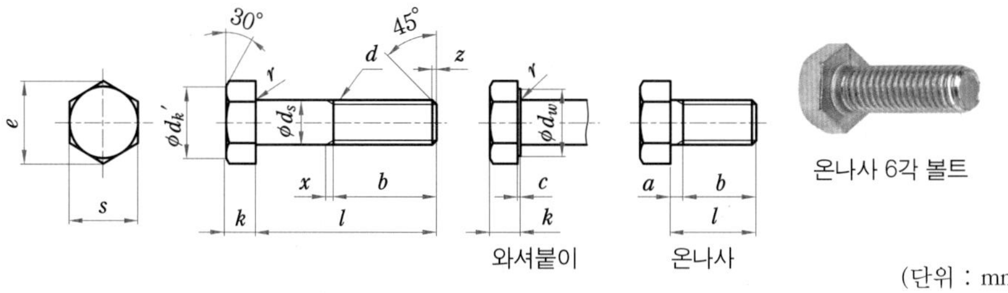

(단위 : mm)

나사의 호칭 d	d_s 기준치수	d_s 허용차 상	d_s 허용차 중	d_s 허용차 흑	k 기준치수	k 허용차 상	k 허용차 중	k 허용차 흑	s 기준치수	s 허용차 상	s 허용차 중	s 허용차 흑	e 약	d_k' 약	r 최소	z 약	나사부 길이 b
M3	3	0 −0.1	없음	없음	2	±0.1	없음	없음	5.5	0 −0.2	없음	없음	6.4	5.3	0.1	0.6	12
(M3.5)	3.5				2.4				6				6.9	5.8	0.1	0.6	14
M4	4				2.8				7				8.1	6.8	0.2	0.8	14
(M4.5)	4.5				3.2	±0.15			8				9.2	7.8	0.2	0.8	16
M5	5				3.5				8				9.2	7.8	0.2	0.9	16
M6	6		0 −0.2	+0.6 −0.15	4		±0.25	±0.6	10		0 −0.6	0 −0.6	11.5	9.8	0.25	1	18
(M7)	7	0 −0.15		+0.7 −0.2	5				11	0 −0.25	0 −0.7	0 −0.7	12.7	10.7	0.25	1	20
M8	8				5.5				13				15	12.6	0.4	1.2	22
M10	10				7	±0.2	±0.3	±0.8	17				19.6	16.5	0.4	1.5	26
M12	12	0 −0.2	0 −0.25	+0.9 −0.2	8				19	0 −0.35	0 −0.8	0 −0.8	21.9	18	0.6	2	30
(M14)	14				9				22				25.4	21	0.6	2	34
M16	16				10				24				27.7	23	0.6	2	38
(M18)	18				12		±0.35	±0.9	27				31.2	26	0.6	2.5	42
M20	20		0 −0.35	+0.95 −0.35	13				30				34.6	29	0.8	2.5	46
(M22)	22				14				32	0 −0.4	0 −1	0 −1	37	31	0.8	2.5	50
M24	24				15				36				41.6	34	0.8	3	54
(M27)	27				17				41				47.3	39	1	3	60
M30	30				19	±0.25	±0.4	±1	46				53.1	44	1	3.5	66
(M33)	33	0 −0.25	0 −0.4	+1.2 −0.4	21				50				57.7	48	1	3.5	72
M36	36				23				55	0 −0.45	0 −1.2	0 −1.2	63.5	53	1	4	78
(M39)	39				25				60				69.3	57	1	4	84
M42	42				26				65				75	62	1.2	4.5	90
(M45)	45				28				70				80.8	67	1.2	4.5	96
M48	48				30				75				86.5	72	1.6	5	102

비고 : 1. 나사의 호칭에 ( )를 붙인 것은 될 수 있는 한 사용하지 않는다.
2. 불완전 나사부의 길이(x)는 약 2산, a는 약 3산으로 한다.
3. $b+x \geq l$인 경우는 온나사로 한다.

볼트 머리에 자리붙이를 필요로 하는 경우에는 주문자가 지정한다. 다만, 자리의 두께(c) 및 지름(d_w)은 다음에 따른다.

(단위 : mm)

나사의 호칭 지름		5	6	7	8	10	12	14	16	18	20	22	24
c	약	0.4	0.4	0.4	0.4	0.4	0.6	0.6	0.6	0.6	0.6	0.6	0.6
d_w	최소	7.2	9	10	11.7	15.8	17.6	20.4	22.3	25.6	28.5	30.4	34.2

12. 6각 볼트 : ISO 4014~4018에 따르지 않는 6각 볼트(계속)

소형 6각 볼트·상

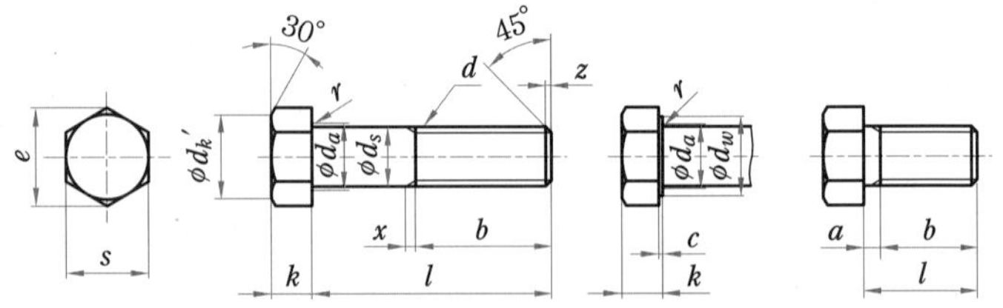

와셔붙이　　온나사

(단위 : mm)

나사의 호칭(d)		d_s		k		s		e	d_k'	r	d_a	z	나사부 길이 b
보통 나사	가는 나사	기준 치수	허용차	기준 치수	허용차	기준 치수	허용차	약	약	최소	최대	약	
M8	M8×1	8	0 −0.15	5.5	±0.15	12	0 −0.25	13.9	11.5	0.4	9.2	1.2	22
M10	M10×1.25	10		7		14		16.2	13.5	0.4	11.2	1.5	26
M12	M12×1.25	12	0 −0.2	8	±0.2	17		19.6	16.5	0.6	13.7	2	30
(M14)	(M14×15)	14		9		19	0 −0.35	21.9	18	0.6	15.7	2	34
M16	M16×1.5	16		10		22		25.4	21	0.6	17.7	2	38
(M18)	(M18×1.5)	18		12		24		27.7	23	0.6	20.2	2.5	42
M20	M20×1.5	20		13		27		31.2	26	0.8	22.4	2.5	46
(M22)	(M22×1.5)	22		14		30		34.6	29	0.8	24.4	2.5	50
M24	M24×2	24		15		32	0 −0.4	37	31	0.8	26.4	3	54
(M27)	(M27×2)	27		17		36		41.6	34	1	30.4	3	60
M30	M30×2	30		19	±0.25	41		47.3	39	1	33.4	3.5	66
(M33)	(M33×2)	33	0 −0.25	21		46		53.1	44	1	36.4	3.5	72
M36	M36×3	36		23		50		57.7	48	1	39.4	4	78
(M39)	(M39×3)	39		25		55	0 −0.45	63.5	53	1	42.4	4	84

비고 : 1. 나사의 호칭에 ( )를 붙인 것은 될 수 있는 한 사용하지 않는다.
2. 불완전 나사부의 길이(x)는 약 2산, a는 약 3산으로 한다.
3. $b+x \geq l$인 경우는 온나사로 한다.

자리의 두께(c) 및 지름(d_w)은 다음에 따른다.

(단위 : mm)

나사의 호칭 지름		8	10	12	14	16	18	20	22	24
c	약	0.4	0.4	0.6	0.6	0.6	0.6	0.6	0.6	0.6
d_w	최소	10.8	12.6	15.8	17.6	20.4	22.3	25.6	28.5	30.4

13. 4각 볼트

종류 호칭지름(d)에 대한 맞변거리(s)의 크기에 따라 구분하고 4각 볼트 및 대형 4각 볼트의 2종류로 한다.

4각 볼트의 $\frac{s}{d}$는 1.45 이상 2 미만, 대형 4각 볼트의 $\frac{s}{d}$는 2 이상이다.

등급

종 류	등 급				
	다듬질 정도	나사의 등급		강도 구분	
		1란	2란	1란	2란
4각 볼트	상·중·보통	6g	2급	4.6	4T
		8g	3급	4.8	
대형 4각 볼트	보 통	8g	3급	4.6	4T

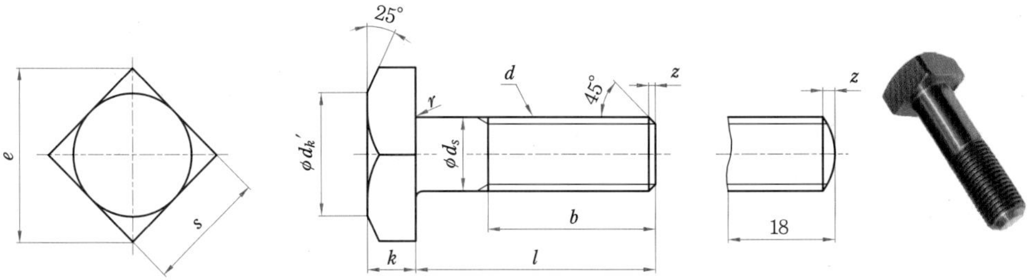

(단위 : mm)

나사의 호칭 d	피치 P	d_s 기준 치수	d_s 허용차 상	d_s 허용차 중	d_s 허용차 보통	k 기준 치수	k 허용차 상	k 허용차 중	k 허용차 보통	s 기준 치수	s 허용차 상	s 허용차 중	s 허용차 보통	e 약	d_k' 약	r 최소	z 약
M3	0.5	3	0 −0.1	없음	없음	2	±0.1	없음	없음	5.5	0 −0.2	없음	없음	7.8	5.3	0.1	0.6
M4	0.7	4				2.8				7				9.9	6.8	0.2	0.8
M5	0.8	5				3.5	±0.15			8				11.3	7.8	0.2	0.9
M6	1	6		0 −0.2	+0.6 −0.15	4		±0.25	±0.6	10		0 −0.6	0 −0.6	14.1	9.8	0.25	1
M8	1.25	8	0 −0.15		+0.7 −0.2	5.5				13	0 −0.25	0 −0.7	0 −0.7	18.4	12.5	0.4	1.2
M10	1.5	10				7	±0.2	±0.3	±0.8	17				24	16.5	0.4	1.5
M12	1.75	12	0 −0.2	0 −0.25	+0.9 −0.2	8				19	0 −0.35	0 −0.8	0 −0.8	26.9	18	0.6	2
(M14)	2	14				9				22				31.1	21	0.6	2
M16	2	16				10		±0.35	±0.9	24				33.9	23	0.6	2
(M18)	2.5	18				12				27				38.2	26	0.6	2.5
M20	2.5	20		0 −0.35	+0.95 −0.35	13				30				42.4	29	0.8	2.5
(M22)	2.5	22				14				32	0 −0.4	0 −1	0 −1	45.3	31	0.8	2.5
M24	3	24				15				36				50.9	34	0.8	3

비고 : 1. 나사의 호칭에 ( )를 붙인 것은 되도록 사용하지 않는다.
2. M6 이하인 것은 특별히 지정하지 않는 한 모떼기를 하지 않는다.

14. 6각 구멍붙이 볼트

KS B 1003

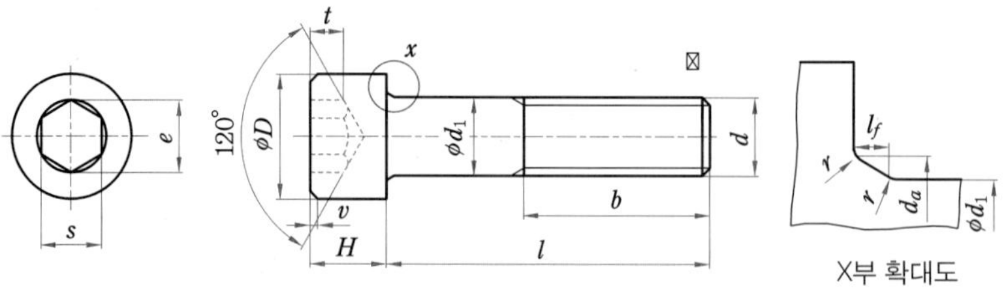

(단위 : mm)

나사의 호칭 (*d*)	나사의 피치 *P*	*b*	*D*		d_a	d_1		*e*	l_f	*H*	*r*	*s*	*t*	*v*
		참고	널링되지 않은 머리부	널링된 머리부	최대	최대	최소	최소	최대	최대	최소	호칭	최소	최대
M1.6	0.35	15	3.00	3.14	2	1.60	1.46	1.73	0.34	1.60	0.1	1.5	0.7	0.16
M2	0.4	16	3.80	3.98	2.6	2.00	1.86	1.73	0.51	2.00	0.1	1.5	1	0.2
M2.5	0.45	17	4.50	4.68	3.1	2.50	2.36	2.3	0.51	2.50	0.1	2	1.1	0.25
M3	0.5	18	5.50	5.68	3.6	3.00	2.86	2.87	0.51	3.00	0.1	2.5	1.3	0.3
M4	0.7	20	7.00	7.22	4.7	4.00	3.82	3.44	0.6	4.00	0.2	3	2	0.4
M5	0.8	22	8.50	8.72	5.7	5.00	4.82	4.58	0.6	5.00	0.2	4	2.5	0.5
M6	1	24	10.00	10.22	6.8	6.00	5.82	5.72	0.68	6.00	0.25	5	3	0.6
M8	1.25	28	13.00	13.27	9.2	8.00	7.78	6.86	1.02	8.00	0.4	6	4	0.8
M10	1.5	32	16.00	16.27	11.2	10.00	9.78	9.15	1.02	10.00	0.4	8	5	1
M12	1.75	36	18.00	18.27	13.7	12.00	11.73	11.43	1.45	12.00	0.6	10	6	1.2
(M14)	2	40	21.00	21.33	15.7	14.00	13.73	13.72	1.45	14.00	0.6	12	7	1.4
M16	2	44	24.00	24.33	17.7	16.00	15.73	16	1.45	16.00	0.6	14	8	1.6
M20	2.5	52	30.00	30.33	22.4	20.00	19.67	19.44	2.04	20.00	0.8	17	10	2
M24	3	60	36.00	36.39	26.4	24.00	23.67	21.73	2.04	24.00	0.8	19	12	2.4
M30	3.5	72	45.00	45.39	33.4	30.00	29.67	25.15	2.89	30.00	1	22	15.5	3
M36	4	84	54.00	54.46	39.4	36.00	35.61	30.85	2.89	36.00	1	27	19	3.6
M42	4.5	96	63.00	63.46	45.6	42.00	41.61	36.57	3.06	42.00	1.2	32	24	4.2
M48	5	108	72.00	72.46	52.6	48.00	47.61	41.13	3.91	48.00	1.6	36	28	4.8
M56	5.5	124	84.00	84.54	63	56.00	55.54	46.83	5.95	56.00	2	41	34	5.6
M64	6	140	96.00	96.54	71	64.00	63.54	52.53	5.95	64.00	2	46	38	6.4

비고 : 1. 나사의 호칭에 ( )를 붙인 것은 가능한 한 사용하지 않아야 한다.
2. 6각 구멍의 입구에는 약간 라운딩하거나 접시형으로 해도 좋다.
3. $e_{min}=1.14s_{min}$

14. 6각 구멍붙이 볼트(계속)

KS B 1003

자리파기 및 볼트 구멍의 치수

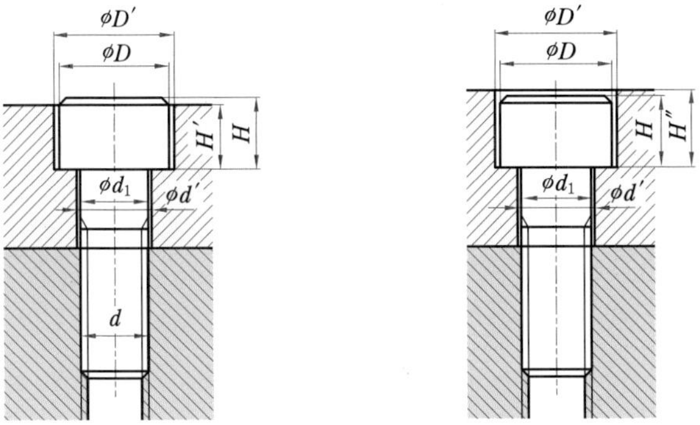

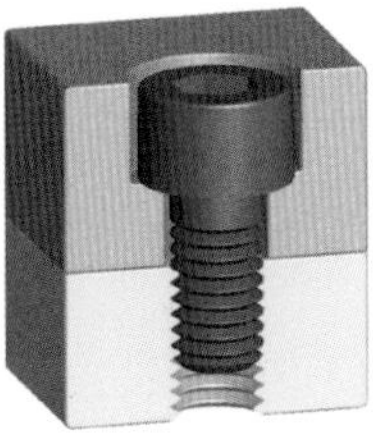

(단위 : mm)

나사의 호칭(d)	d_1	d'	D	D'	H	H'	H''
M3	3	3.4	5.5	6	3	2.7	3.3
M4	4	4.5	7	8	4	3.6	4.4
M5	5	5.5	8.5	9.5	5	4.6	5.4
M6	6	6.6	10	11	6	5.5	6.5
M8	8	9	13	14	8	7.4	8.6
M10	10	11	16	17.5	10	9.2	10.8
M12	12	14	18	20	12	11	13
(M14)	14	16	21	23	14	12.8	15.2
M16	16	18	24	26	16	14.5	17.5
M20	20	20	30	32	20	18.5	21.5
M24	24	26	36	39	24	22.5	25.5
M30	30	33	45	48	30	28	32
M36	36	39	54	58	36	34	38
M39	39	42	58	62	39	37	41
M42	42	45	63	67	42	39	44
M48	48	52	72	72	48	45	50

15. 나비 볼트

1. 종류

볼트의 종류는 머리부의 모양 및 제조 방법에 따라 구분하고 3종류로 한다.

종 류	머리부의 모양	제조 방법
1종	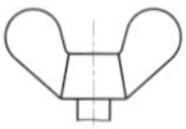 날개 끝은 반원형으로 한다.	임의로 한다. 
2종	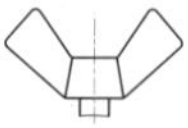 날개 끝은 각형으로 한다.	
3종	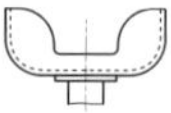	판의 프레스 가공에 의한다.

2. 보증 토크

보증 토크 이하에서 파단되지 않고 또 머리부와 축부의 결합부에 헐거움이 생기거나 날개부가 현저하게 반형되어서는 안 된다.

(단위 : N·m)

종류 / 보증 토크의 구분 / 나사의 호칭(d)	1종 및 2종		3종
	A	B	–
M2	0.20	0.15	–
M2.2	0.29	0.20	–
(M2.3)	0.29	0.20	–
M2.5	0.39	0.29	–
(M2.6)	0.39	0.29	–
M3	0.69	0.49	–
M4	1.57	1.08	1.08
M5	3.14	2.16	2.16
M6	5.39	3.92	3.92
M8	12.7	8.83	8.83
M10	25.5	17.7	17.7
M12	45.1	31.4	17.7
(M14)	71.6	50.0	–
M16	113	78.5	–
(M18)	157	108	–
M20	216	147	–
(M22)	294	206	–
M24	382	265	–

비고 : 1종 및 2종의 보증 토크 A는 원칙적으로 머리부의 재료가 탄소강, 가단 주철, 스테인리스강 등인 것에, B는 주철, 황동, 아연 합금 등인 것에 적용한다.

3. 제품의 호칭 방법

KS B 1005 나비 볼트	1종(대형) 3종	M8×50 M5×20	–A	SS40 강판(강선)	S 아연 도금
(규격번호 또는 규격명칭)	(종류)	($d \times l$)	(보증 토크 구분)	(재료)	(지정사항)

나비 볼트 1종

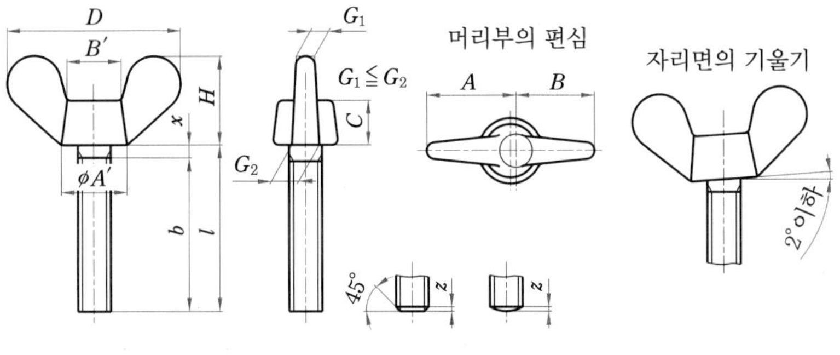

(단위 : mm)

나사의 호칭 (d)	A′	B′	C	D		H		G1	G2	Z	A−B
	최소	약	최소	기준 치수	허용차	기준 치수	허용차	최대	최대	약	최대
M2	4	3	2	12	±1.5	6	±1.5	2.5	3	0.4	0.3
M2.2											
M2.5	5	4	3	16		8		2.5	3	0.45	
M3										0.6	0.4
M4	7	6	4	20		10		3	4	0.8	
M5	8.5	7	5	25		12		3.5	4.5	0.9	0.5
M6	10.5	9	6	32	±2	16		4	5	1	
M8	14	12	8	40		20		4.5	5.5	1.2	0.6
M10	18	15	10	50		25		5.5	6.5	1.5	0.7
M12	22	18	12	60		30		7	8	2	1
(M14)	26	22	14	70		35	±2	8	9		1.1
M16											1.2
(M18)	30	25	16	80		40		8	10	2.5	1.4
M20	34	28	18	90	±2.5	45		9	11		1.5
(M22)	38	32	20	100		50		10	12		1.6
M24	43	36	22	112		56		11	13	3	1.8

비고 : 1. 나사의 호칭에 ( )를 붙인 것은 되도록 사용하지 않는다.
2. 볼트의 호칭 길이(l), 나사부의 길이(b) 및 불완전 나사부의 길이(x)는 부표 4에 따른다.
3. 전조 나사인 경우는 나사의 호칭 M8 이하인 나사 끝은 거친 끝으로 하고 M10 이상은 모떼기 끝으로 한다. 다만 절삭 나사인 경우는 모떼기 끝 또는 둥근 끝으로 한다.
4. 큰 날개부를 필요로 하는 경우는 1단계 위의 머리부 치수를 사용할 수 있다.

16. 기초 볼트

KS B 1016

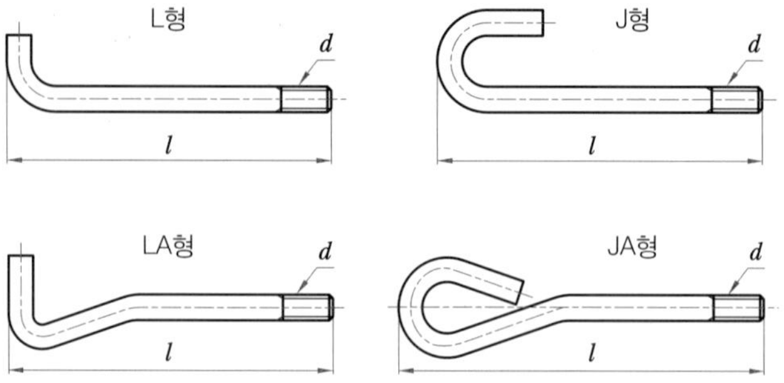

(단위 : mm)

나사의 호칭 (*d*) / 길이(*l*)	M8	M10	M12	M16	M20	M24	M30	M36	M42	M48
125	○	○								
160	○	○	○							
200	○	○	○	○						
250		○	○	○	○					
315		○	○	○	○	○				
400		○	○	○	○	○	○	○		
500		○	○	○	○	○	○	○		
630			○	○	○	○	○	○	○	
800				○	○	○	○	○	○	○
1000					○	○	○	○	○	○
1250						○	○	○	○	○
1600							○	○	○	○
2000									○	○
2500									○	○

비고 : 1. 호칭 길이(*l*)의 허용차는 ±2%로 한다.
2. 볼트의 길이는 굵은 선의 테두리 내로 한다. 다만, 이 표 이외의 길이를 특별히 필요로 하는 경우는 지정에 따르는 것으로 하고, 이 경우 그 허용차는 지정이 없는 한 ±2%로 한다.

기계적 성질

강도 구분			4.6	4T
인장 강도		최솟값 N/mm^2	400	392
경도	브리넬 경도 HB	최솟값	114	105
		최댓값	238	229
	로크웰 경도 HRB	최솟값	67	−
		최댓값	99.5	−
항복점 또는 내력([1])		최솟값 N/mm^2	240	(참고)226
보증 하중 응력		N/mm^2	225	−
파단 후의 연신율 %		최솟값	22	(참고)10

주 ([1]) : 항복점이 명확한 것은 그것에 따른다. 명확하지 않은 것은 영구 연신율 0.2%의 내력에 따른다.

17. 4각 목 둥근머리 볼트(대형)

KS B 1031

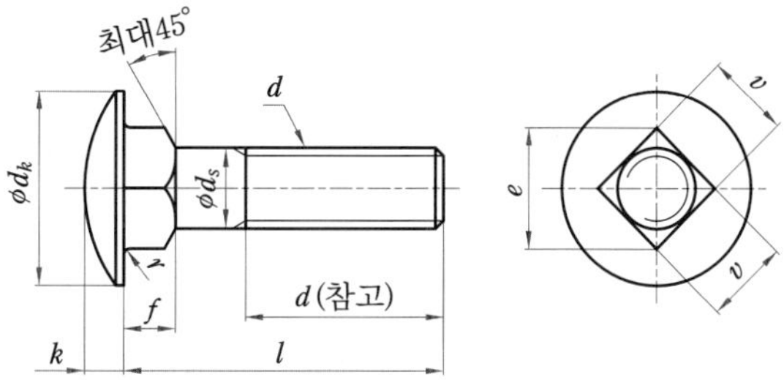

머리부의 동축도 머리부 자리면의 직각도

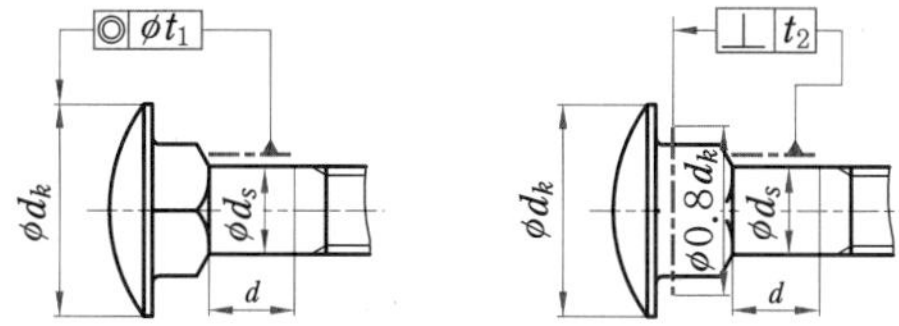

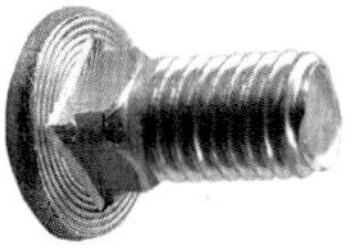

(단위 : mm)

나사의 호칭(d)		M5	M6	M8	M10	M12	M16	M20
나사의 피치(P)		0.8	1	1.25	1.5	1.75	2	2.5
b(참고)	$l \leq 125$ 인 경우	16	18	22	26	30	38	46
	$125 < l \leq 200$ 인 경우	–	–	28	32	36	44	52
	$l > 200$ 인 경우	–	–	–	–	–	57	65
d_k	최대(기준 치수)	13	16	20	24	30	38	46
	최소	11.9	14.9	18.7	22.7	28.7	36.4	44.4
d_s	최대	5.48	6.48	8.58	10.58	12.7	16.7	20.84
	최소	거의 나사의 유효지름						
e	최소[a]	5.9	7.2	9.6	12.2	14.7	19.9	24.9
f	최대	4.1	4.6	5.6	6.6	8.8	12.9	15.9
	최소	2.9	3.4	4.4	5.4	7.2	11.1	14.1
k	최대	3.1	3.6	4.8	5.8	6.8	8.9	10.9
	최소	2.5	3	4	5	6	8	10
r	최대	0.4	0.5	0.8	0.8	1.2	1.2	1.6
v	최대	5.48	6.48	8.58	10.58	12.7	16.7	20.48
	최소	4.52	5.52	7.42	9.42	11.3	15.3	19.16
기하공차	t_1[b]	1.40	1.40	1.68	1.68	1.68	2.00	2.00
	t_2[c]	0.36	0.45	0.56	0.67	0.84	1.06	1.29

주 [a] : e(최소) = $1.3v$(최소)

[b] : t_1 = 2 IT 15. 다만, 2 IT 15인 값은 d_k에 대한 것으로 한다.

[c] : $t_2 = 0.8\, d_k \tan 2°$. 다만, d_k는 최댓값으로 한다.

18. 아이 볼트

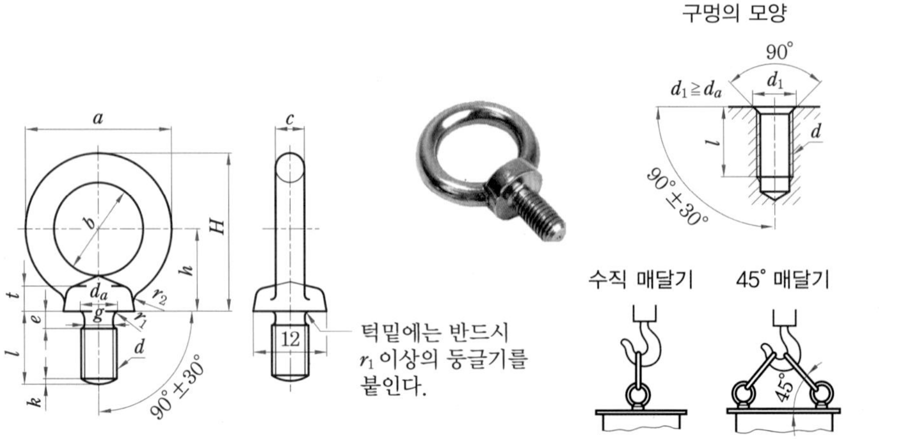

(단위 : mm)

나사의 호칭 (d)	a	b	c	D	t	h	H (참고)	l	e	g 최소	r_1 최소	d_a 최대	r_2 (약)	k (약)	사용 하중 수직 매달기 kN	사용 하중 45° 매달기[a] (2개당) kN
M8	32.6	20	6.3	16	5	17	33.3	15	3	6	1	9.2	4	1.2	0.785	0.785
M10	41	25	8	20	7	21	41.5	18	4	7.7	1.2	11.2	4	1.5	1.47	1.47
M12	50	30	10	25	9	26	51	22	5	9.4	1.4	14.2	6	2	2.16	2.16
M16	60	35	12.5	30	11	30	60	27	5	13	1.6	18.2	6	2	4.41	4.41
M20	72	40	16	35	13	35	71	30	6	16.4	2	22.4	8	2.5	6.18	6.18
M24	90	50	20	45	18	45	90	38	8	19.6	2.5	26.4	12	3	9.32	9.32
M30	110	60	25	60	22	55	110	45	8	25	3	33.4	15	3.5	14.7	14.7
M36	133	70	31.5	70	26	65	131.5	55	10	30.3	3	39.4	18	4	22.6	22.6
M42	151	80	35.5	80	30	75	150.5	65	12	35.6	3.5	45.6	20	4.5	33.3	33.3
M48	170	90	40	90	35	85	170	70	12	41	4	52.6	22	5	44.1	44.1
M64	210	110	50	110	42	105	210	90	14	55.7	5	71	25	6	88.3	88.3
M80×6	266	140	63	130	50	130	263	105	14	71	5	87	35	6	147	147
(M90×6)	302	160	71	150	55	150	301	120	14	81	5	97	35	6	177	177
M100×6	340	180	80	170	60	165	335	130	14	91	5	108	40	6	196	196

비고 : 1. 나사의 호칭에 ( )를 붙인 것은 되도록 사용하지 않는다.
2. 이 표의 l은 아이 볼트를 붙이는 암나사의 부분이 주철 또는 강으로 할 경우 적용하는 치수로 한다.
3. a, b, c, D, t 및 h의 허용차는 KS B 0426의 보통급, l 및 c의 허용차는 KS B ISO 2768-1의 거친급으로 한다.

주 [a] : 45° 매달기의 사용 하중은 볼트의 자리면이 상대와 밀착해서 2개의 볼트의 링 방향이 위 그림과 같이 동일 평면 내에 있을 경우에 적용된다.

19. 플랜지붙이 6각 볼트

KS B 1042

1. 종류

종 류	플랜지 모양	
1종	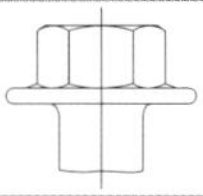	플랜지의 윗면이 평편한 것.
2종	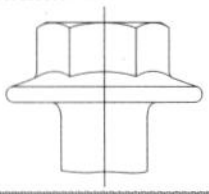	플랜지의 윗면이 테이퍼로 되어 있는 것.

2. 기계적 성질

종 류	강도 구분	
1종 2종	1란	4.8, 6.8, 8.8, 10.9
	2란	4T, 7T

비고 : 강도 구분은 1란의 것을 우선한다.

플랜지붙이 6각 볼트

플랜지붙이 6각 너트

플랜지붙이 6각 볼트 1종

완전 나사

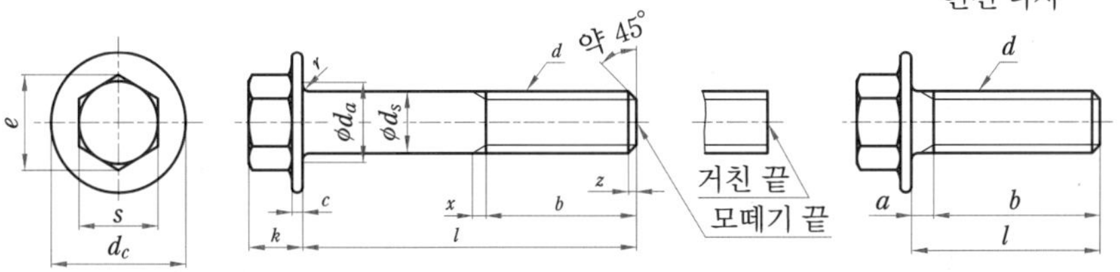

(단위 : mm)

나사의 호칭		d_s		s		e	d_c	k	c		r_1	r	d_a(¹)	z
보통 눈	가는 눈	기준 치수	허용차	기준 치수	허용차	최소	최대	최대	기준 치수	허용차	최대	최소	최대	약
M4	–	4	0 −0.1	7	0 −0.2	7.74	10.5	3.6	0.8	±0.15	0.6	0.2	4.7	0.8
M5	–	5		8		8.87	12	4.5	1		0.7	0.2	5.7	0.9
M6	–	6		10		11.05	14	5.4	1.2	±0.2	0.8	0.25	6.8	1
M8	M8×1	8	0 −0.15	12	0 −0.25	13.25	17.5	6.9	1.4		1.1	0.4	9.2	1.2
M10	M10×1.25	10		14		15.51	21	8.5	1.6	±0.25	1.4	0.4	11.2	1.5
M12	M12×1.25	12	0 −0.2	17		18.90	25	10.2	2		1.6	0.6	14.2	2

주 (¹) : d_a는 목 아래 둥글기(r)가 자리면과 접한 이행원의 지름으로 한다.

비 고 : 1. 나사 끝의 모양은 특별한 지정이 없는 한, 나사의 호칭 지름 8mm 이하의 것은 거친 끝, 나사의 호칭 지름 10mm 이상의 것은 모따기 끝으로 한다. 다만, 거친 끝은 암나사에 쉽게 끼워져야 한다.

2. 불완전 나사부의 길이(x)는 약 2피치로 하고, 완전 나사의 경우에 불완전 나사부의 길이(a)는 3피치 이하로 한다.

3. $b+a \geq l$의 것은 완전 나사로 한다.

19. 플랜지붙이 6각 볼트(계속)

플랜지붙이 6각 볼트 2종

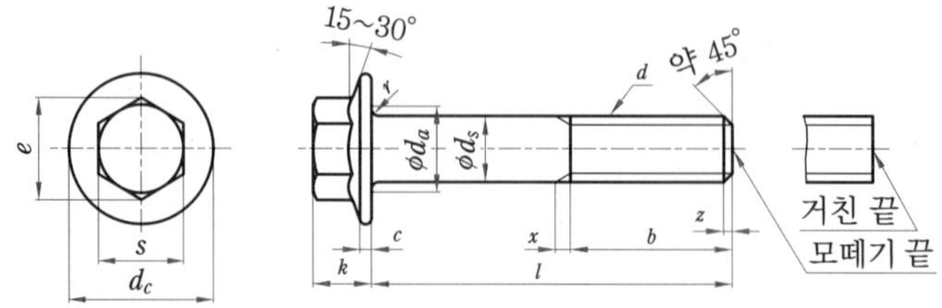

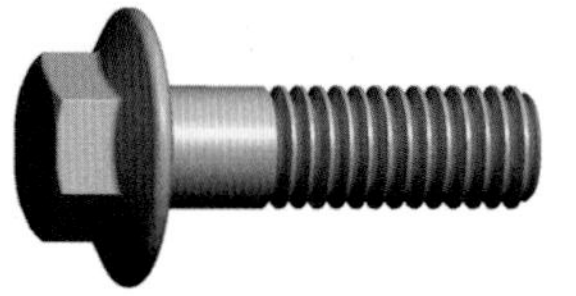

(단위 : mm)

나사의 호칭		d_s		s		e	d_c	k	c	r_1	r	d_a[1]	z	나사부 길이 b
보통 눈	가는 눈	기준 치수	허용차	기준 치수	허용차	최소	최대	최대	최소	최대	최소	최대	약	
M4	–	4	0 −0.1	7	0 −0.2	7.74	10.5	4.2	0.6	0.6	0.2	4.7	0.8	14
M5	–	5		8		8.87	12	5	0.7	0.7	0.2	5.7	0.9	16
M6	–	6		10		11.05	14	6	0.8	0.8	0.25	6.8	1	18
M8	M8×1	8	0 −0.15	12	0 −0.25	13.25	17.5	8	1.0	1.1	0.4	9.2	1.2	22
M10	M10×1.25	10		14		15.51	21	10	1.2	1.4	0.4	11.2	1.5	26
M12	M12×1.25	12	0 −0.2	17		18.90	25	11.5	1.4	1.6	0.6	14.2	2	30
(M14)	(M14×1.5)	14		19	0 −0.35	21.10	29	13.5	1.6	1.8	0.6	16.2	2	34
M16	M16×1.5	16		22		24.49	33	15	1.8	2.0	0.6	18.2	2	38

주 [1] : d_a는 목 아래 둥글기(r)가 자리면과 접한 이행원의 지름으로 한다.

비 고 : 1. 나사 끝의 모양은 특별한 지정이 없는 한, 나사의 호칭 지름 8mm 이하의 것은 거친 끝, 나사의 호칭 지름 10mm 이상의 것은 모따기 끝으로 한다. 다만, 거친 끝은 암나사에 쉽게 끼워져야 한다.

2. 불완전 나사부의 길이(x)는 약 2피치로 하고, 완전 나사의 경우에 불완전 나사부의 길이(a)는 3피치 이하로 한다.

3. $b+a \geq l$의 것은 완전 나사로 한다.

20. 6각 구멍붙이 멈춤나사

KS B 1028

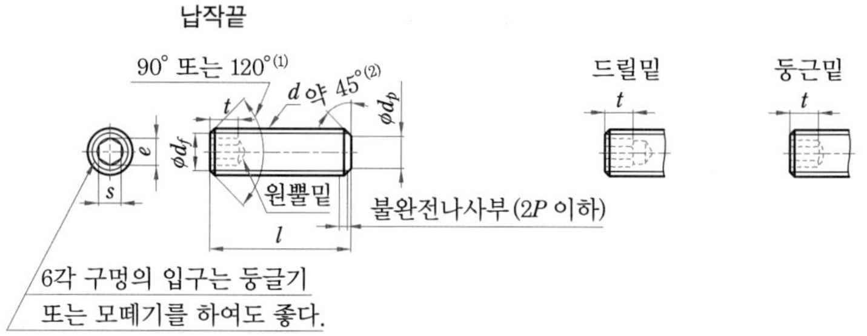

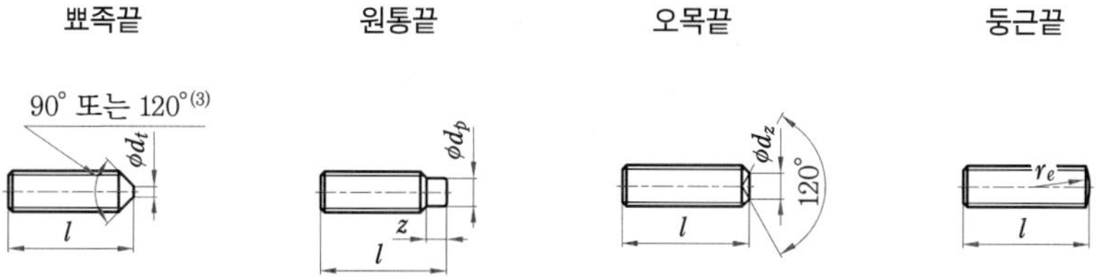

주 (1) : 나사의 길이(l)가 나사의 호칭(d)보다 길면 90°, 짧으면 120°의 모떼기를 한다.
(2) : 45° 각도는 수나사의 골지름보다 아래의 경사부에 적용한다.
(3) : 이 원뿔 각도는 나사의 길이(l)가 나사의 호칭(d)보다 짧은 것은 120°, 긴 것은 90°로 한다.

(단위 : mm)

나사의 호칭(d)	피치 (P)	d_p	d_t	d_z	d_f	e ($1.14 \times s$)	s	z		r_e	t	l
								짧은 원통끝	긴 원통끝			
M1.6	0.35	0.8	0.16	0.8		0.803	0.7	0.4	0.8	–	1.5	2~8
M2	0.4	1.0	0.2	1.0		1.003	0.9	0.5	1.0	–	1.7	2~10
M2.5	0.45	1.5	0.25	1.2		1.427	1.3	0.63	1.25	–	2.0	2~12
M3	0.5	2.0	0.3	1.4		1.73	1.5	0.75	1.5	4.2	2.0	2~16
M4	0.7	2.5	0.4	2.0		2.30	2.0	1.0	2.0	5.6	2.5	2.5~20
M5	0.8	3.5	0.5	2.5		2.87	2.5	1.25	2.5	7.0	3.0	3~25
M6	1.0	4.0	1.5	3.0	수나사의 골지름	3.44	3.0	1.5	3.0	8.4	3.5	4~30
M8	1.25	5.5	2.0	5.0		4.58	4.0	2.0	4.0	11	5.0	5~40
M10	1.5	7.0	2.5	6.0		5.72	5.0	2.5	5.0	14	6.0	6~50
M12	1.75	8.5	3.0	8.0		6.86	6.0	3.0	6.0	17	8.0	8~60
M16	2.0	12.0	4.0	10.0		9.15	8.0	4.0	8.0	22	10.0	10~60
M20	2.5	15.0	5.0	14.0		11.43	10.0	5.0	10.0	28	12.0	12~60
M24	3.0	18.0	6.0	16.0		13.72	12.0	6.0	12.0	34	15.0	16~60

21. 6각 구멍붙이 버튼 볼트

KS B 1067

Hexagon socket button head screws

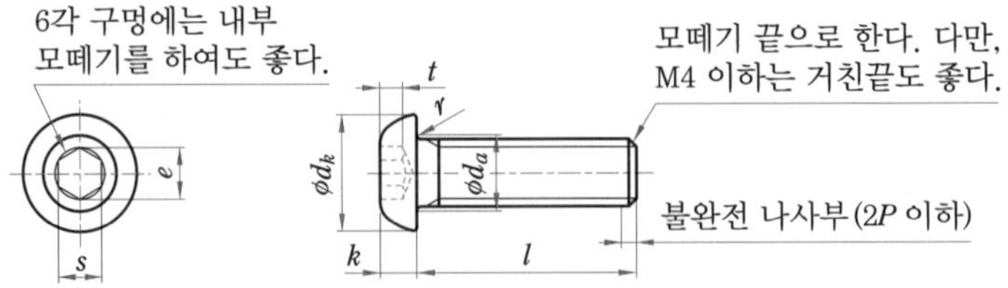

(단위 : mm)

나사의 호칭 d	나사의 피치 P	d_k 최대(기준치수)	d_k 최소	k 최대(기준치수)	k 최소	s 호칭(기준치수)	s 최대	s 최소	t 최소	d_s 최대	r 최소	호칭 길이 l	인장하중 [kN]	인장하중 [kgf]
M3	0.5	5.7	5.4	1.65	1.4	2	2.045	2.02	1.04	3.6	0.1	6~20	5.2	530
M4	0.7	7.6	7.24	2.2	1.95	2.5	2.56	2.52	1.3	4.7	0.2	8~25	9.1	928
M5	0.8	9.5	9.14	2.75	2.5	3	3.08	3.02	1.56	5.7	0.2	10~30	14.8	1509
M6	1	10.5	10.07	3.3	3	4	4.095	4.02	2.08	6.8	0.25	10~35	20.9	2131
M8	1.25	14	13.57	4.4	4.1	5	5.095	5.02	2.6	9.2	0.4	10~40	38.1	3885
M10	1.5	17.5	17.07	5.5	5.2	6	6.095	6.02	3.12	11.2	0.4	10~45	60.3	6149
M12	1.75	21	20.48	6.6	6.24	8	8.115	8.025	4.16	13.7	0.6	16~50	87.7	8943
M16	2	28	27.48	8.8	8.44	10	10.115	10.025	5.20	17.7	0.6	20~50	163	16621

알루미늄 프로파일 조립 관련 부품

조립된 구조물

스틸 브래킷

다이케스팅 브래킷

볼트

너트

22. 6각 구멍 접시머리 스크루

KS B ISO 10642

Hexagon socket countersunk head screws

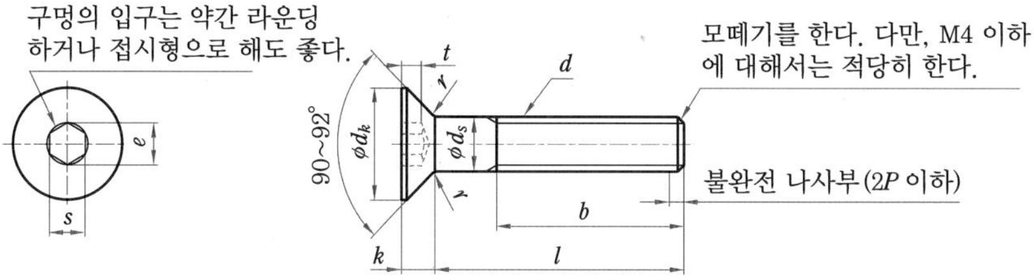

(단위 : mm)

나사의 호칭 d	나사의 피치 P	d_k 최대 (이론값)	d_k 최소 (실제값)	k 최대	d_s 최대	d_s 최소	s 호칭 (기준치수)	s 최대	s 최소	e 최소	t 최소	r 최소	호칭 길이 l	b 참고
M3	0.5	6.72	5.54	1.86	3.00	2.86	2	2.045	2.02	2.3	1.1	0.1	8~30	18
M4	0.7	8.96	7.53	2.48	4.00	3.82	2.5	2.56	2.52	2.87	1.5	0.2	8~40	20
M5	0.8	11.20	9.43	3.1	5.00	4.82	3	3.071	3.02	3.44	1.9	0.2	8~50	22
M6	1	13.44	11.34	3.72	6.00	5.82	4	4.084	4.02	4.58	2.2	0.25	8~60	24
M8	1.25	17.92	15.24	4.96	8.00	7.78	5	5.084	5.02	5.72	3	0.4	10~80	28
M10	1.5	22.40	19.22	6.2	10.00	9.78	6	6.095	6.02	6.86	3.6	0.4	12~100	32
M12	1.75	26.88	23.12	7.44	12.00	11.73	8	8.115	8.025	9.15	4.36	0.6	20~100	36
(M14)	2	30.80	26.52	8.4	14.00	13.73	10	10.115	10.025	11.43	4.5	0.6	25~100	40
M16	2	33.60	29.01	8.8	16.00	15.73	10	10.115	10.025	11.43	4.8	0.6	30~100	44
M20	2.5	40.32	36.05	10.16	20.00	19.67	12	12.142	12.032	13.72	5.6	0.8	35~100	52

비고 : 1. 나사의 호칭에 ( )를 붙인 것은 될 수 있는 한 사용하지 않는다.
2. $e_{min}=1.14s_{min}$

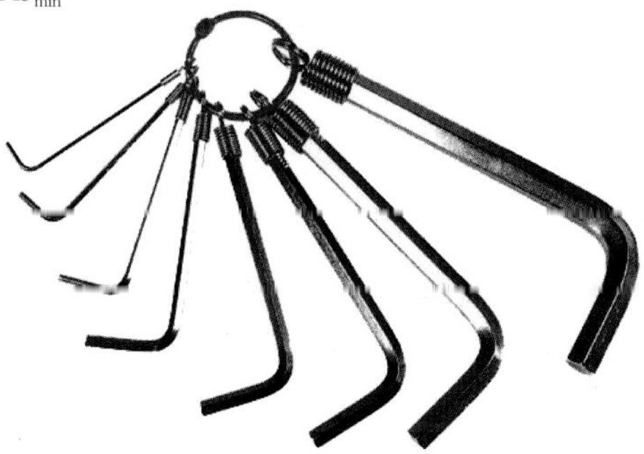

6각 렌치 세트

23. 6각 너트

1. 너트의 종류

6각 너트 : 나사의 호칭 지름(d)에 대한 너트의 호칭 높이가 $0.8d$ 이상인 너트

6각 저너트 : 너트의 호칭 높이가 $0.8d$ 미만인 너트

너트의 종류	형 식	부품 등급	강도 구분
6각 너트 Hexagon nuts	스타일 1	A, B	M3 미만 : 6 M3 이상 : 6, 8, 10
	스타일 2	A, B	9, 12
	–	C	4, 5
6각 저너트 Hexagon thin nuts	양 모떼기	A, B	04, 05
	모떼기 없음	B	(1)

비고 : 스타일에 의한 구분은 6각 너트에서의 높이(최소)의 차이를 나타낸 것으로 스타일 2는 스타일 1보다 높게 되어 있다.

주 (1) : 6각 저너트 모떼기 없는 것의 기계적 성질은 비커스 경도(HV) 110 이상으로 한다.

2. 부품 등급

적용 개소		부품 등급		
		A	B	C
표면 거칠기	자리면	6.3a	6.3a	–
	기타의 부분	12.5a	–	–

6각 너트 · 스타일 1 (부품 등급 A)

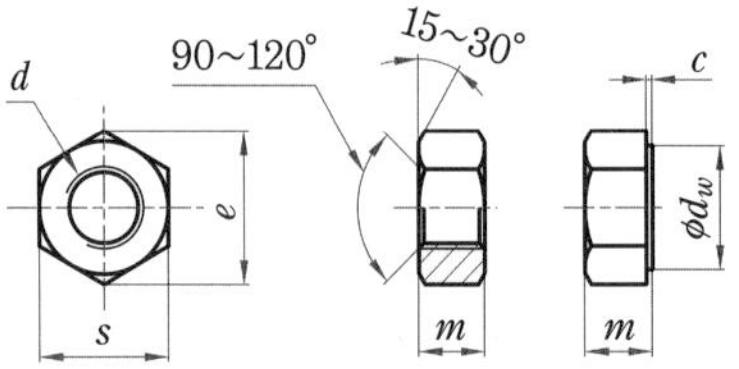

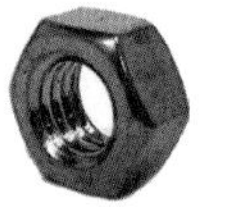

6각 저너트 · 양 모떼기(부품 등급 A)

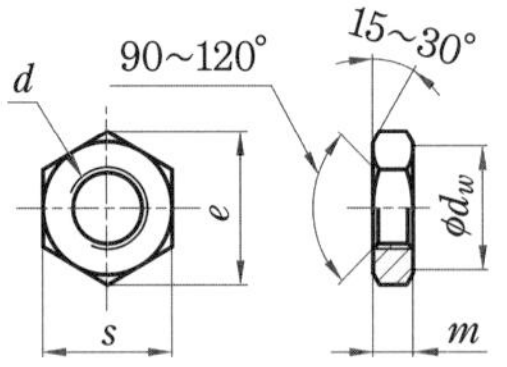

(단위 : mm)

나사의 호칭 d		M1.6	M2	M2.5	M3	(M3.5)	M4	M5	M6	M8	M10	M12	(M14)	M16
피치 P		0.35	0.4	0.45	0.5	0.6	0.7	0.8	1	1.25	1.5	1.75	2	2
c		0.2	0.2	0.3	0.4	0.4	0.4	0.5	0.5	0.6	0.6	0.6	0.6	0.8
d_w		2.4	3.1	4.1	4.6	5.1	5.9	6.9	8.9	11.6	14.6	16.6	19.6	22.5
e		3.41	4.32	5.45	6.01	6.58	7.66	8.79	11.05	14.38	17.77	20.03	23.35	26.75
m	6각 너트	1.3	1.6	2	2.4	2.8	3.2	4.7	5.2	6.8	8.4	10.8	12.8	14.8
	6각 저너트	1	1.2	1.6	1.8	2	2.2	2.7	3.2	4	5	6	7	8
s		3.2	4	5	5.5	6	7	8	10	13	16	18	21	24

비고 : 1. 나사의 호칭에 ( )를 붙인 것은 될 수 있는 한 사용하지 않는다.

23. 6각 너트 : ISO 4032~4036에 따르지 않는 6각 너트

KS B 1012

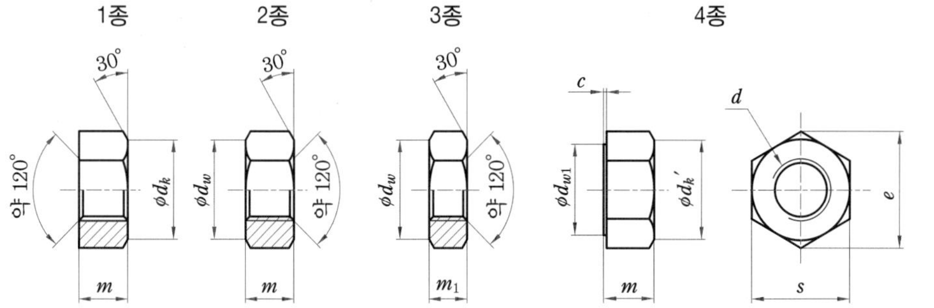

(단위 : mm)

나사의 호칭(d)		m	m_1	s	e	d_k' 및 d_w	d_{w1}	c
보통 나사	가는 나사	기준 치수	기준 치수	기준 치수	약	약	최소	약
M2	–	1.6	1.2	4	4.6	3.8		
(M2.2)	–	1.8	1.4	4.5	5.2	4.3	–	–
*M2.3	–	1.8	1.4	4.5	5.2	4.3		
M2.5	–	2	1.6	5	5.8	4.7		
*M2.6	–	2	1.6	5	5.8	4.7	–	–
M3	–	2.4	1.8	5.5	6.4	5.3		
(M3.5)	–	2.8	2	6	6.9	5.8	–	–
M4	–	3.2	2.4	7	8.1	6.8	–	–
(M4.5)	–	3.6	2.8	8	9.2	7.8		
M5	–	4	3.2	8	9.2	7.8	7.2	0.4
M6	–	5	3.6	10	11.5	9.8	9	0.4
(M7)	–	5.5	4.2	11	12.7	10.8	10	0.4
M8	M8×1	6.5	5	13	15	12.5	11.7	0.4
M10	M10×1.25	8	6	17	19.6	16.5	15.8	0.4
M12	M12×1.25	10	7	19	21.9	18	17.6	0.6
(M14)	(M14×15)	11	8	22	25.4	21	20.4	0.6
M16	M16×1.5	13	10	24	27.7	23	22.3	0.6
(M18)	(M18×1.5)	15	11	27	31.2	26	25.6	0.6
M20	M20×1.5	16	12	30	34.6	29	28.5	0.6
(M22)	(M22×1.5)	18	13	32	37	31	30.4	0.6
M24	M24×2	19	14	36	41.6	34	34.2	0.6
(M27)	(M27×2)	22	16	41	47.3	39		
M30	M30×2	24	18	46	53.1	44	–	–
(M33)	(M33×2)	26	20	50	57.7	48		
M36	M36×3	29	21	55	63.5	53		
(M39)	(M39×3)	31	23	60	69.3	57	–	–
M42	–	34	25	65	75	62		
(M45)	–	36	27	70	80.8	67		
M48	–	38	29	75	86.5	72	–	–
(M52)	–	42	31	80	92.4	77		
M56	–	45	34	85	98.1	82		
(M60)	–	48	36	90	104	87	–	–
M64	–	51	38	95	110	92		

24. 스프링 와셔

1. 종류

종 류	와셔의 재질	용 도
2호	경강, 스테인리스강, 인청동	일반용
3호	경강	중(重)하중용

2. 재료

와 셔	재 료
강제 와셔	KS D 3559의 SWRH57(A,B) ~ SWRH77(A,B)
스테인리스 강제 와셔	KS D 3702의 STS304, 305, 316
인청동제 와셔	KS D 5102의 C519W

3. 제품의 호칭 방법

KS B 1324 스프링 와셔	2호 3호	8 12	S STS	MFZn II
(규격번호 또는 규격명칭)	(종류)	(호칭)	(재료의 약호)	(지정사항)

참고 : S(강제), STS(스테인리스 강제), PB(인청동제), MFZn II (전기아연도금)

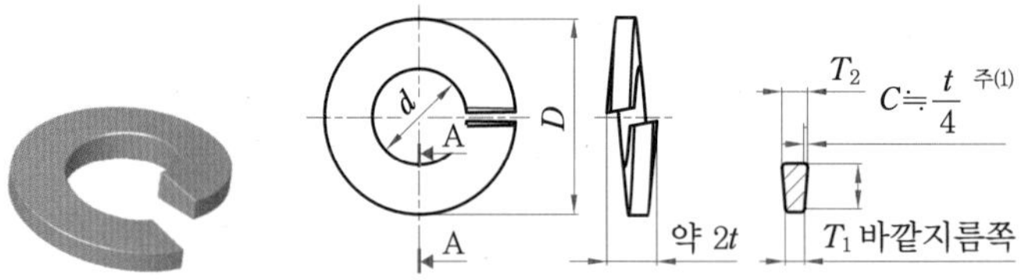

단면 A–A

(단위 : mm)

호 칭	안지름 d		단면 치수 (최소)		바깥 지름 D (최대)		압축 시험 후의 자유 높이(최소)		시험 하중 kN
	기준 치수	허용차	2호 나비두께 $b \times t$(2)	3호 나비두께 $b \times t$(2)	2호	3호	2호	3호	
2	2.1	+0.25 0	0.9×0.5	–	4.4	–	0.85	–	0.42
2.5	2.6	+0.3 0	1×0.6	–	5.2	–	1	–	0.69
3	3.1		1.1×0.7	–	5.9	–	1.2	–	1.03
(3.5)	3.6		1.2×0.8	–	6.6	–	1.35	–	1.37
4	4.1	+0.4 0	1.4×1	–	7.6	–	1.7	–	1.77
(4.5)	4.6		1.5×1.2	–	8.3	–	2	–	2.26
5	5.1		1.7×1.3	–	9.2	–	2.2	–	2.94
6	6.1		2.7×1.5	2.7×1.9	12.2	12.2	2.5	3.2	4.12
(7)	7.1		2.8×1.6	2.8×2	13.4	13.4	2.7	3.35	5.88
8	8.2	+0.5 0	3.2×2	3.3×2.5	15.4	15.6	3.35	4.2	7.45
10	10.2		3.7×2.5	3.9×3	18.4	18.8	4.2	5	11.8
12	12.2	+0.6 0	4.2×3	4.4×3.6	21.5	21.9	5	6	17.7
(14)	14.2		4.7×3.5	4.8×4.2	24.5	24.7	5.85	7	23.5
16	16.2	+0.8 0	5.2×4	5.3×4.8	28	28.2	6.7	8	32.4
(18)	18.2		5.7×4.6	5.9×5.4	31	31.4	7.7	9	39.2
20	20.2		6.1×5.1	6.4×6	33.8	34.4	8.5	10	49.0

주 (1) : 모떼기 또는 둥글기

(2) : $t = \frac{T_1 + T_2}{2}$ 의 경우 $T_2 + T_1$은 $0.064b$ 이하이어야 한다. 다만 b는 표에서 규정하는 최솟값으로 한다.

비고 : 호칭에 괄호를 한 것은 되도록 사용하지 않는다.

25. 이붙이 와셔

KS B 1325

1. 종류

종 류	기 호
내치형	A
외치형	B
접시형	C
내외치형	AB

2. 제품의 호칭 방법

KS B 1325	내치형	8	S
이붙이 와셔	B	12	PB
이붙이 와셔	외치형	10	S
(규격번호 또는 규격명칭)	(종류 또는 그 기호)	(호칭)	(재료의 약호)

3. 재료

와 셔	재 료
강	KS D 3551의 S50CM~S70CM
인청동	KS D 5506의 C5191 P-H, C5212 P-H 또는 KS D 5202의 C 5210 S-EH

내치형(A) 외치형(B)

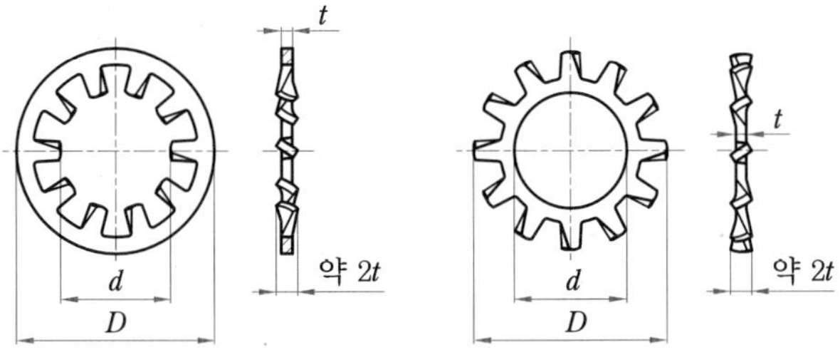

(단위 : mm)

호칭	d		D		t		잇수[1]	
미터 나사용	기준 치수	허용차	기준 치수	허용차	기준 치수	허용차	내치형	외치형
2	2.2	+0.2 0	4.8	0 -0.3	0.3	±0.025	7	–
2.5	2.7		5.7					
3	3.2		6.5	0 -0.4	0.45	±0.035	8	8
(3.5)	3.7		7.5					
4	4.3		8.5					9
(4.5)	4.8		9.5		0.5			
5	5.3		10		0.6	±0.04		10
6	6.4	+0.3 0	11	0 -0.5			9	12
(7)	7.4		13		0.8	±0.05		
8	8.4		15					
10	10.5	+0.4 0	18		0.9			
12	12.5		21	0 -0.6	1	±0.055	10	
(14)	14.5		23					
16	16.5		26		1.2	±0.065	12	14
(18)	19	+0.5 0	29					
20	21		32	0 -0.8	1.4	±0.07		
(22)	23		35				14	16
24	25		38		1.6	±0.08		

주 ([1]) : 잇수는 권장값을 표시한 것으로서 다소의 증감이 있어도 좋다.

비고 : 1. 호칭에 ( )를 붙인 것은 될 수 있는대로 사용하지 않는다.
2. 호칭 2.5 이하의 것은 외치형에는 적용하지 않는다.

26. 평 와셔

KS B 1326

소형 원형

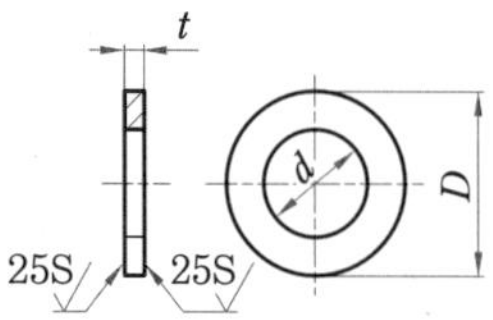

(단위 : mm)

호칭 지름	d		D		t	
	기준 치수	허용차	기준 치수	허용차	기준 치수	허용차
1	1.1	+0.15 0	2.5	0 −0.25	0.3	±0.04
1.2	1.3		2.8		0.3	
(1.4)	1.5		3		0.3	
1.6	1.7		3.8	0 −0.3	0.3	
*(1.7)	1.8		3.8		0.3	
2	2.2		4.3		0.3	
(2.2)	2.4		4.6		0.5	±0.05
*(2.3)	2.5		4.6		0.5	
2.5	2.7		5		0.5	
*(2.6)	2.8		5		0.5	
3	3.2	+0.2 0	6		0.5	
(3.5)	3.7		7	0 −0.35	0.5	
4	4.3		8		0.8	±0.1
(4.5)	4.8		9		0.8	
5(7)	5.3		10		1	
6	6.4	+0.25 0	11.5	0 −0.4	1.6	±0.15
8	8.4		15.5		1.6	
10	10.5	+0.3 0	18		2	±0.2
12	13		21	0 −0.5	2.5	±0.25
(14)	15		24		2.5	
16	17		28		3	±0.3
(18)	19	+0.35 0	30		3	
20	21		34	0 −0.6	3	
(22)	23		37		3	
24	25		39		4	±0.4
(27)	25		44	0 −0.6	4	
30	31	+0.4 0	50		4	
(33)	34		56	0 −0.8	5	±0.5
36	37		60		5	
(39)	40		66		6	±0.6

비고 : 1. 표 안의 호칭 지름은 미터 나사의 호칭 지름에 일치한다.
2. 호칭 지름에 ( )를 붙인 것은 되도록 사용하지 않는다. 또한, *표를 붙인 것은 KS B 0201의 부속서에 따른 것으로서, 이 나사는 앞으로 폐지할 예정이며, 신설 기기 등에는 사용하지 않는 것이 좋다.

26. 평 와셔(계속)

보통 원형

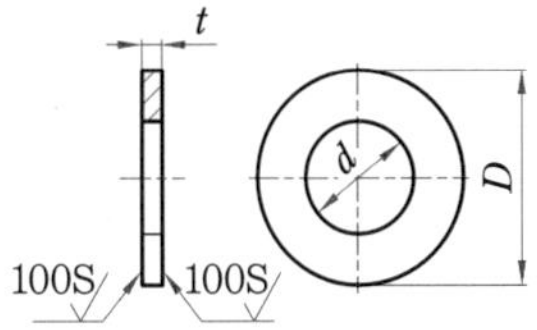

스프링 와셔와 평 와셔를 함께 사용한 예

(단위 : mm)

호칭 지름	d		D		t	
	기준 치수	허용차	기준 치수	허용차	기준 치수	허용차
6	6.6	+0.6 0	12.5	0 −0.7	1.6	±0.2
8	9		17		1.6	
10	11	+0.7 0	21	0 −0.8	2	±0.25
12	14		24		2.3	±0.3
(14)	16		28		3.2	±0.4
16	18		30		3.2	
(18)	20	+0.8 0	34	0 −1	3.2	
20	22		37		3.2	
(22)	24		39		3.2	
24	26		44		4.5	±0.5
(27)	30		50		4.5	
30	33	+1 0	56	0 −1.2	4.5	
(33)	36		60		6	±0.7
36	39		66		6	
(39)	42		72		6	
42	45		78		7	
(45)	48		85	0 −1.4	7	
48	52	+1.2 0	92		8	
(52)	56		98		8	
56	62		105		9	±1
(60)	66		110		9	
64	70		115		9	
(68)	74		120		10	
72	78		125	0 −1	10	
(76)	82	+1.4 0	135		10	

비고 : 1. 표 안의 호칭 지름은 미터 나사의 호칭 지름에 일치한다.
2. 호칭 지름에 ( )를 붙인 것은 되도록 사용하지 않는다.

27. 키 및 키홈

1. 적용 범위

이 규격은 일반 기계에 사용하는 강제의 평행 키, 경사 키 및 반달 키와 이것들에 대응하는 키 홈에 대하여 규정한다.

2. 키의 종류 및 기호

모 양		기 호
평행 키	나사용 구멍 없음	P
	나사용 구멍 있음	PS
경사 키	머리 없음	T
	머리 있음	TG
반달 키	둥근 바닥	WA
	납작 바닥	WB

3. 키와 축·허브와의 관계

형 식	설 명	적용하는 키
활동형	축과 허브가 상대적으로 축방향으로 미끄러지며 움직일 수 있는 결합	평행 키
보통형	축에 고정된 키에 허브를 끼우는 결합	평행 키, 반달 키
조임형	축에 고정된 키에 허브를 조이는 결합, 또는 조립된 축과 허브 사이에 키를 넣는 결합	평행 키, 경사 키, 반달 키

참고 : KS B 1311 규격에 대한 1999년의 개정 내용

1. 키의 명칭은 관용되고 있는 평행 키, 경사 키 및 반달 키의 3종류로 하고 묻힘 키의 명칭을 삭제하였다.
2. 공차가 같은 9급이지만 정밀급, 보통급이라는 분류방식은 이상하므로 활동형, 보통형, 조임형으로 나누고 "미끄럼 키" 및 "평행키의 정밀급, 보통급" 의 호칭 방법을 그만두었다.
3. 다듬질 기호를 표면 지시 기호로 변경하였다.
4. ISO 도입 전 1984년(구)과 도입 후 1999년(신)의 키 및 키홈의 끼워 맞춤 대조

<table>
<tr><th colspan="6">신</th><th colspan="5">구</th></tr>
<tr><th colspan="2" rowspan="2">키의 종류</th><th rowspan="2">키의 너비
b</th><th rowspan="2">키의 높이
h</th><th colspan="2">키홈의 너비</th><th rowspan="2">키의 종류</th><th rowspan="2">키의 너비
b</th><th rowspan="2">키의 높이
h</th><th colspan="2">키홈의 너비</th></tr>
<tr><th>b_1</th><th>b_2</th><th>b_1</th><th>b_2</th></tr>
<tr><td rowspan="3">평행 키</td><td>활동형</td><td rowspan="7">h9</td><td rowspan="7">정사각형 단면 h9
직사각형 단면 h11</td><td>H9</td><td>D10</td><td>미끄럼 키</td><td rowspan="2">h8</td><td rowspan="2">h10</td><td>N9</td><td rowspan="2">E9</td></tr>
<tr><td>보통형</td><td>N9</td><td>JS9</td><td>평행 키 2종</td><td>H9</td></tr>
<tr><td>조임형</td><td colspan="2">P9</td><td>평행 키 1종</td><td>p7</td><td>h9</td><td>H8</td><td>F7</td></tr>
<tr><td colspan="2">경사 키</td><td colspan="2">D10</td><td>경사 키</td><td>h9</td><td>h10</td><td colspan="2">D10</td></tr>
<tr><td rowspan="2">반달 키</td><td>보통형</td><td>N9</td><td>JS9</td><td rowspan="2">반달 키</td><td rowspan="2">h9</td><td rowspan="2">h11</td><td rowspan="2">N9</td><td rowspan="2">F9</td></tr>
<tr><td>조임형</td><td colspan="2">P9</td></tr>
</table>

27. 키 및 키홈(평행 키)

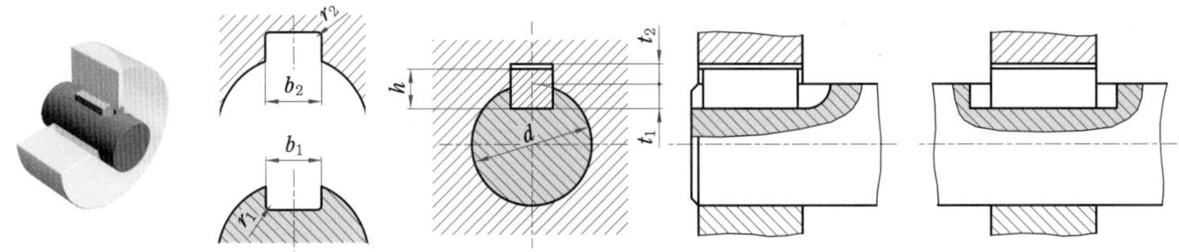

평행 키

키 홈

키와 키 홈의 조립

(단위 : mm)

키의 호칭 치수 $b \times h$	b_1 및 b_2의 기준 치수	활동형 b_1 허용차 (H9)	활동형 b_2 허용차 (D10)	보통형 b_1 허용차 (N9)	보통형 b_2 허용차 (JS9)	조립형 b_1 및 b_2 허용차 (P9)	r_1 및 r_2	t_1의 기준 치수	t_2의 기준 치수	t_1 및 t_2의 허용차	참고 적용하는 축지름([1]) d
2×2	2	+0.025 0	+0.060 +0.020	−0.004 −0.029	±0.012	−0.006 −0.031	0.08~0.16	1.2	1.0	+0.1 0	6~8
3×3	3							1.8	1.4		8~10
4×4	4	+0.030 0	+0.078 +0.030	0 −0.030	±0.015	−0.012 −0.042		2.5	1.8		10~12
5×5	5						0.16~0.25	3.0	2.3		12~17
6×6	6							3.5	2.8		17~22
(7×7)	7	+0.036 0	+0.098 +0.040	0 −0.036	±0.018	−0.015 −0.051		4.0	3.3	+0.2 0	20~25
8×7	8							4.0	3.3		22~30
10×8	10						0.25~0.40	5.0	3.3		30~38
12×8	12	+0.043 0	+0.120 +0.050	0 −0.043	±0.021	−0.018 −0.061		5.0	3.3		38~44
14×9	14							5.5	3.8		44~50
(15×10)	15							5.0	5.3		50~55
16×10	16							6.0	4.3		50~58
18×11	18							7.0	4.4		58~65

주 ([1]) : 적용하는 축지름은 키의 강도에 대응하는 토크에서 구할 수 있는 것으로 일반 용도의 기준으로 나타낸다. 키의 크기가 전달하는 토크에 대하여 적절한 경우에는 적용하는 축지름보다 굵은 축을 사용하여도 좋다. 그 경우에는 키의 옆면이 축 및 허브에 균등하게 닿도록 t_1 및 t_2를 수정하는 것이 좋다. 적용하는 축지름보다 가는 축에는 사용하지 않는 편이 좋다.

비고 : 괄호를 붙인 호칭 치수의 것은 대응 국제 규격에는 규정되어 있지 않으므로 새로운 설계에는 사용하지 않는다.

27. 키 및 키홈(경사 키)

KS B 1311

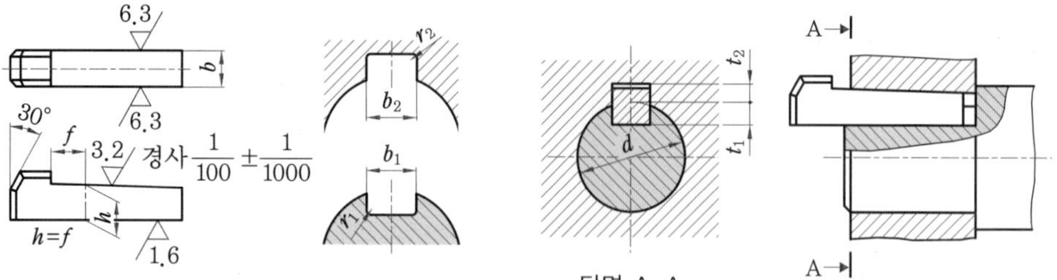

단면 A-A

엔드밀을 사용해서 가공된 키 홈

엔드밀

(단위 : mm)

키의 호칭 치수 $b \times h$	b_1 및 b_2 기준 치수	b_1 및 b_2 허용차 (D10)	r_1 및 r_2	t_1의 기준 치수	t_2의 기준 치수	t_1 및 t_2의 허용차	참고 적용하는 축지름 d
2×2	2	+0.060 +0.020	0.08~0.16	1.2	0.5	+0.05 0	6~8
3×3	3			1.8	0.9		8~10
4×4	4	+0.078 +0.030		2.5	1.2	+0.1 0	10~12
5×5	5		0.16~0.25	3.0	1.7		12~17
6×6	6			3.5	2.2		17~22
(7×7)	7	+0.098 +0.040		4.0	3.0		20~25
8×7	8			4.0	2.4	+0.2 0	22~30
10×8	10		0.25~0.40	5.0	2.4		30~38
12×8	12	+0.120 +0.050		5.0	2.4		38~44
14×9	14			5.5	2.9		44~50
(15×10)	15			5.0	5.0	+0.1 0	50~55
16×10	16			6.0	3.4	+0.2 0	50~58
18×11	18			7.0	3.4		58~65

비고 : 괄호를 붙인 호칭 치수의 것은 대응 국제 규격에는 규정되어 있지 않으므로 새로운 설계에는 사용하지 않는다.

27. 키 및 키홈(반달 키)

KS B 1311

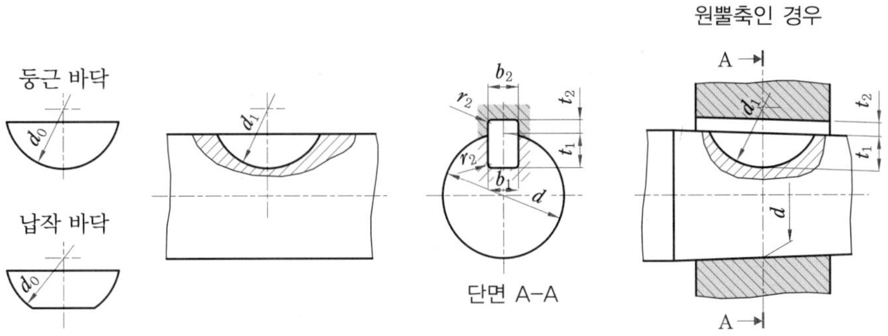

(단위 : mm)

키의 호칭 치수 $b \times d_0$	반달 키 홈의 치수											참고
	b_1 및 b_2의 기준 치수	보통형		조립형	t_1		t_2		r_1 및 r_2	d_1		적용하는 축지름 d
		b_1 허용차 (N9)	b_2 허용차 (JS9)	b_1 및 b_2 허용차 (P9)	기준 치수	허용차	기준 치수	허용차	기준 치수	기준 치수	허용차	
2.5×10	2.5	−0.004 −0.029	±0.012	−0.006 −0.031	2.7	+0.1 0	1.4	+0.1 0	0.08~ 0.16	10	+0.2 0	7~12
(3×10)	3				2.5					10		8~14
3×13					3.8	+0.2 0				13		9~16
3×16					5.3					16		11~18
(4×13)	4	0 −0.030	±0.015	−0.012 −0.042	3.5	+0.1 0	1.7			13		11~18
4×16					5.0	+0.2 0	1.8			16		12~20
4×19					6.0					19	+0.3 0	14~22
5×16	5				4.5		2.3			16	+0.2 0	14~22
5×19					5.5					19	+0.3 0	15~24
5×22					7.0	+0.3 0				22		17~26
6×22	6				6.5		2.8		0.16~ 0.25	22		19~28
6×25					7.5			+0.2 0		25		20~30
(6×28)					8.6	+0.1 0	2.6	+0.1 0		28		22~32
(6×32)					10.6					32		24~34

비고 : ( )가 있는 호칭 치수의 것은 되도록 사용하지 않는다

27. 키 및 키홈(계속)

평행 키의 치수 기입

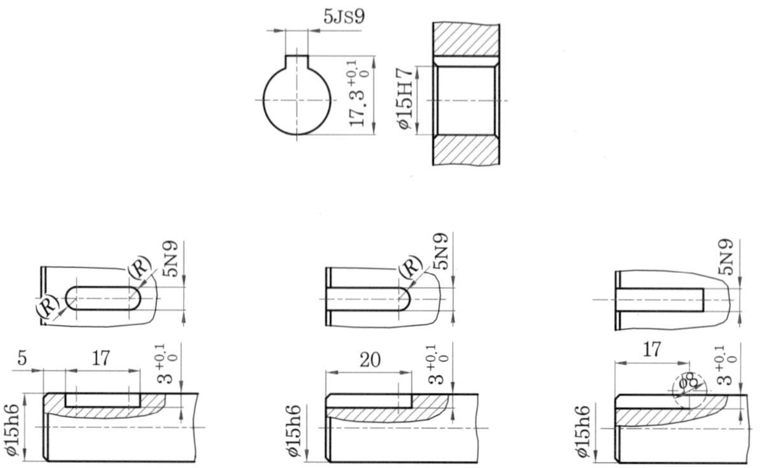

경사 키의 치수 기입

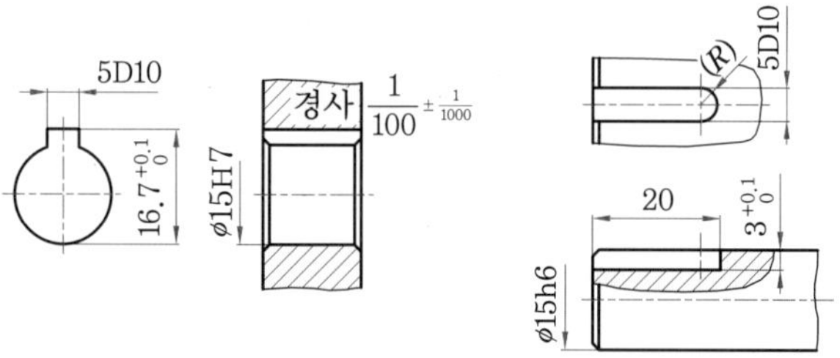

반달 키의 치수 기입

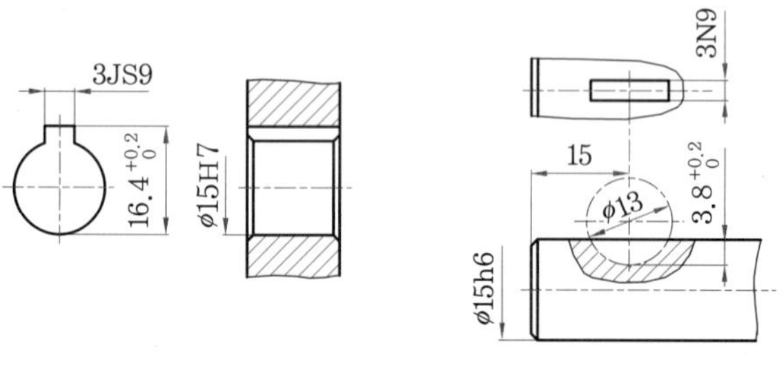

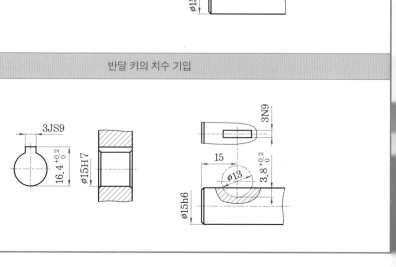

28. 원통형 축의 각형 스플라인

KS B 2006

1. 모양 및 치수

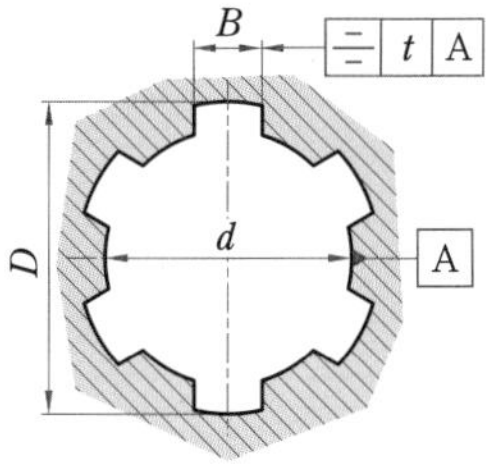

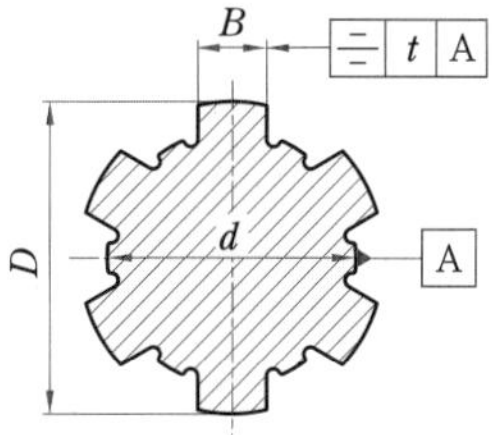

(단위 : mm)

d [mm]	경하중용				중간 하중용			
	호칭 ($N \times d \times D$)	N [홈수]	D [mm]	B [mm]	호칭 ($N \times d \times D$)	N [홈수]	D [mm]	B [mm]
11					6×11×14	6	14	3
13					6×13×16	6	16	3.5
16					6×16×20	6	20	4
18					6×18×22	6	22	5
21					6×21×25	6	25	5
23	6×23×26	6	26	6	6×23×28	6	28	6
26	6×26×30	6	30	6	6×26×32	6	32	6
28	6×28×32	6	32	7	6×28×34	6	34	7
32	8×32×36	8	36	6	8×32×38	8	38	6
36	8×36×40	8	40	7	8×36×42	8	42	7
42	8×42×46	8	46	8	8×42×48	8	48	8
46	8×46×50	8	50	9	8×46×54	8	54	9
52	8×52×58	8	58	10	8×52×60	8	60	10.5
56	8×56×62	8	62	10	8×56×65	8	65	10
62	8×62×68	8	68	12	8×62×72	8	72	12
72	10×72×78	10	78	12	10×72×82	10	82	12
82	10×82×88	10	88	12	10×82×92	10	92	12
92	10×92×98	10	98	14	10×92×102	10	102	14
102	10×102×108	10	108	16	10×102×112	10	112	16
112	10×112×120	10	120	18	10×112×125	10	125	18

2. 구멍 및 축에서의 공차

구멍 공차						축 공차			고정 형태
브로칭 후 열처리하지 않은 것			브로칭 후 열처리한 것						
B	D	d	B	D	d	B	D	d	
H9	H10	H7	H11	H10	H7	d10	a11	f7	미끄럼형
						f9	a11	g7	근접 미끄럼형
						h10	a11	h7	고정형

3. 대칭에서의 공차

(단위 : mm)

스플라인 너비 B	3	3.5, 4, 5, 6	7, 8, 9, 10	12, 14, 16, 18
대칭에서 공차 t	0.010 (IT7)	0.012 (IT7)	0.015 (IT7)	0.018 (IT7)

29. 평행 핀

KS B ISO 2338

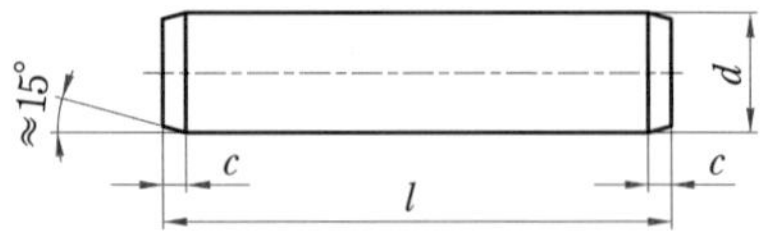

(단위 : mm)

호칭 지름 *d*	*c*	호칭 길이 *l*
0.6	0.12	2~6
0.8	0.16	2~8
1	0.2	4~10
1.2	0.25	4~12
1.5	0.3	4~16
2	0.35	6~20
2.5	0.4	6~24
3	0.5	8~30
4	0.63	8~40
5	0.8	10~55
6	1.2	12~60
8	1.6	14~80
10	2	18~95
12	2.5	22~140
16	3	26~180
20	3.5	35~200

비고 : 1. 공차(1) 및 표면 거칠기
m6의 핀 : $Ra \leq 0.8\mu m$
h8의 핀 : $Ra \leq 1.6\mu m$

2. 호칭 길이 *l*의 기본 치수(2)
2, 3, 4, 5, 6, 8, 10, 12, 14, 16, 18, 20, 22, 24, 26, 28, 30, 32, 35, 40, 45, 50, 55, 60, 65, 70, 75, 80, 85, 90, 95, 100, 120, 140, 160, 180, 200

주 (1) : 그 밖의 공차는 당사자 간의 협의에 따른다.
(2) : 호칭 길이가 200mm를 초과하는 것은 20mm 간격으로 한다.

30. 분할 핀

KS B ISO 1234

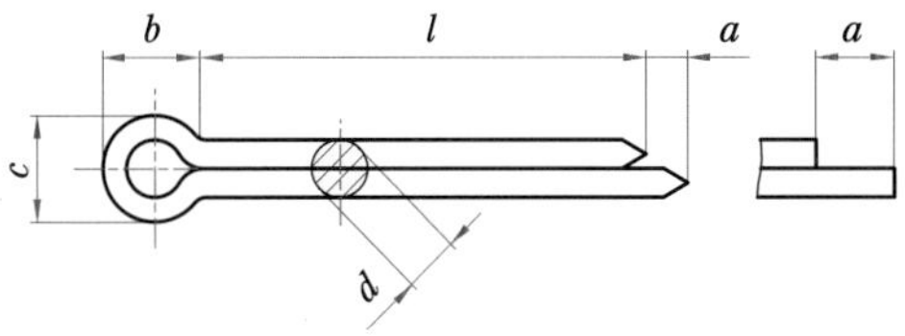

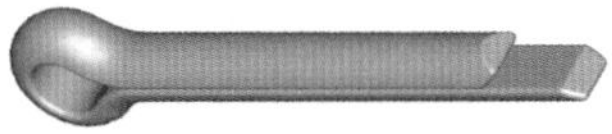

(단위 : mm)

호칭	d		a		b	c		상응지름				호칭 길이 l
								볼트		클레비스핀		
	최대	최소	최대	최소	약	최대	최소	초과	이하	초과	이하	
0.6	0.5	0.4	1.6	0.8	2	1.0	0.9	–	2.5	–	2	4~12
0.8	0.7	0.6	1.6	0.8	2.4	1.4	1.2	2.5	3.5	2	3	5~16
1	0.9	0.8	1.6	0.8	3	1.8	1.6	3.5	4.5	3	4	6~20
1.2	1.0	0.9	2.50	1.25	3	2.0	1.7	4.5	5.5	4	5	8~25
1.6	1.4	1.3	2.50	1.25	3.2	2.8	2.4	5.5	7	5	6	8~32
2	1.8	1.7	2.50	1.25	4	3.6	3.2	7	9	6	8	10~45
2.5	2.3	2.1	2.50	1.25	5	4.6	4.0	9	11	8	9	12~50
3.2	2.9	2.7	3.2	1.6	6.4	5.8	5.1	11	14	9	12	14~63
4	3.7	3.5	4	2	8	7.4	6.5	14	20	12	17	18~80
5	4.6	4.4	4	2	10	9.2	8.0	20	27	17	23	22~100
6.3	5.9	5.7	4	2	12.6	11.8	10.3	27	39	23	29	32~125
8	7.5	7.3	4	2	16	15.0	13.1	39	56	29	44	40~160
10	9.5	9.3	6.30	3.15	20	19.0	16.6	56	80	44	69	45~200
13	12.4	12.1	6.30	3.15	26	24.8	21.7	80	120.5	69	110	71~250
16	15.4	15.1	6.30	3.15	32	30.8	27.0	120	170	110	160	112~280
20	19.3	19.0	6.30	3.15	40	38.5	33.8	170	–	160	–	160~280

비고 : 1. 호칭 크기=분할 핀 구멍의 지름에 대하여 다음과 같은 공차를 분류한다

H13 ≤ 1.2　　　H14 > 1.2

2. 호칭 길이 l 의 기본 치수

4, 5, 6, 8, 10, 12, 14, 16, 18, 20, 22, 25, 28, 32, 36, 40, 45, 50, 56, 63, 71, 80, 90, 100, 112, 125, 140, 160, 180, 200, 224, 250, 280

31. 스플릿 테이퍼 핀

KS B 1323

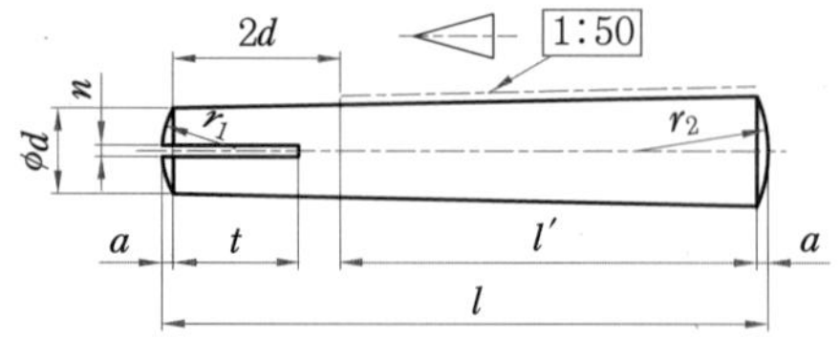

$$r_1 \fallingdotseq d,\quad r_2 \fallingdotseq \frac{a}{2}+d+\frac{(0.02L)^2}{8a}$$

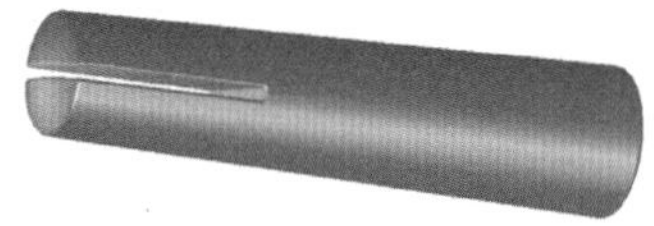

(단위 : mm)

호칭지름	d 호칭원뿔 지름	d' 기준치수 (1)	d' 허용차 (2)	n 최소	t 최소	t 최대	a 약	호칭길이
2	2.0	2.08	0 −0.040	0.4	3	4	0.25	10~35
2.5	2.5	2.60			3.5	5	0.3	10~35
3	3.0	3.12		0.6	4.5	6	0.4	12~45
4	4.0	4.16	0 −0.048		6	8	0.5	14~55
5	5.0	5.20			7.5	10	0.63	18~60
6	6.0	6.24		0.8	9	12	0.8	22~90
8	8.0	8.32	0 −0.058		12	16	1.0	22~120
10	10.0	10.40		1.0	15	20	1.2	26~180

주 (1) : d' 의 기준 치수는 $d+\frac{d}{25}$로 구한 것이다.

(2) : d' 의 허용차는 호칭원뿔지름(d)에 KS B 0401에 h10을 준 것에 따르고 있다.

비고 : 1. 호칭 길이 l의 기본 치수

10, 12, 14, 16, 18, 20, 22, 24, 26, 28, 30, 32, 35, 40, 45, 50, 55, 60, 65, 70, 75, 80, 85, 90, 95, 100, 120, 140, 160,180, 200

32. 스프링 핀

KS B 1339

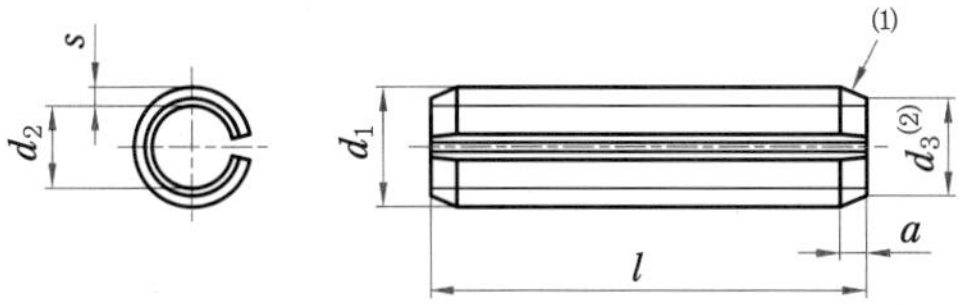

주 (1) : 호칭 지름 $d_1 \geq 10$mm인 스프링 핀에 대하여 한쪽 모떼기 모양은 공급자 임의로 한다.

(2) : $d_3 < d_1$

(단위 : mm)

d_1			d_2	a		s	이중전단강도	호칭
호칭	가공 전		가공 전				kN	길이
	최대	최소		최대	최소			
1	1.3	1.2	0.8	0.35	0.15	0.2	0.7	4~20
1.5	1.8	1.7	1.1	0.45	0.25	0.3	1.58	4~20
2	2.4	2.3	1.5	0.55	0.35	0.4	2.82	4~30
2.5	2.9	2.8	1.8	0.6	0.4	0.5	4.38	4~30
3	3.5	3.3	2.1	0.7	0.5	0.6	6.32	4~40
3.5	4.0	3.8	2.3	0.8	0.6	0.75	9.06	4~40
4	4.6	4.4	2.8	0.85	0.65	0.8	11.24	4~50
4.5	5.1	4.9	2.9	1.0	0.8	1	15.36	5~50
5	5.6	5.4	3.4	1.1	0.9	1	17.54	5~80
6	6.7	6.4	4	1.4	1.2	1.2	26.04	10~100
8	8.8	8.5	5.5	2.0	1.5	1.5	42.76	10~120
10	10.8	10.5	6.5	2.4	2	2	70.16	10~160

비고 : 1. 호칭 길이 l 의 기본 치수

4, 5, 6, 8, 10, 12, 14, 16, 18, 20, 22, 24, 26, 28, 30, 32, 35, 40, 45, 50, 55, 60, 65, 70, 75, 80, 85, 90, 95, 100, 120, 140, 160, 180, 200

2. 적용하는 구멍 : 스프링 핀이 끼워질 구멍의 지름은 접촉(mating) 핀의 호칭 지름 d_1과 공차 등급 H12와 같아야 한다. 승인된 가장 작은 구멍 안에 끼워넣었을 때 슬롯이 완전히 막혀서는 안 된다.

핀

Korean Industrial Standard

축용 기계요소

33. 센터 구멍

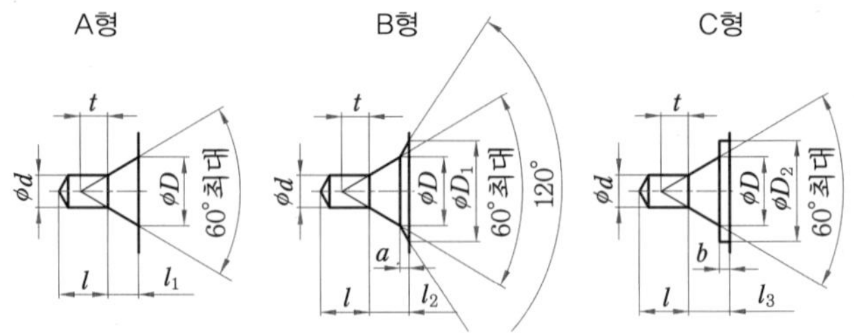

센터 드릴에 의한 센터 가공

라이브 센터에 의한 센터 지지

센터 드릴

(단위 : mm)

호칭 지름 d	D	D_1	D_2 (최소)	l[1] (최대)	b (약)	참고				
						l_1	l_2	l_3	t	a
(0.5)	1.06	1.6	1.6	1	0.2	0.48	0.64	0.68	0.5	0.16
(0.63)	1.32	2	2	1.2	0.3	0.6	0.8	0.9	0.6	0.2
(0.8)	1.7	2.5	2.5	1.5	0.3	0.78	1.01	1.08	0.7	0.23
1	2.12	3.15	3.15	1.9	0.4	0.97	1.27	1.37	0.9	0.3
(1.25)	2.65	4	4	2.2	0.6	1.21	1.6	1.81	1.1	0.39
1.6	3.35	5	5	2.8	0.6	1.52	1.99	2.12	1.4	0.47
2	4.25	6.3	6.3	3.3	0.8	1.95	2.54	2.75	1.8	0.59
2.5	5.3	8	8	4.1	0.9	2.42	3.2	3.32	2.2	0.78
3.15	6.7	10	10	4.9	1	3.07	4.03	4.07	2.8	0.96
4	8.5	12.5	12.5	6.2	1.3	3.9	5.05	5.2	3.5	1.15
(5)	10.6	16	16	7.5	1.6	4.85	6.41	6.45	4.4	1.56
6.3	13.2	18	18	9.2	1.8	5.98	7.36	7.78	5.5	1.38

주[1] : l은 t보다 작은 값이 되면 안 된다.

비고 : ( )를 붙인 호칭의 것은 되도록 사용하지 않는다.

R형

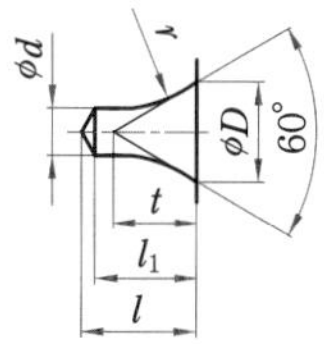

(단위 : mm)

호칭 지름 d	D	r		l[1] (최대)	참고			
					l_1		t	
		최대	최소		r이 최대일 때	r이 최소일 때	r이 최대일 때	r이 최소일 때
1	2.12	3.15	2.5	2.6	2.14	2.27	1.9	1.8
(1.25)	2.65	4	3.15	3.1	2.67	2.73	2.3	2.2
1.6	3.35	5	4	4	3.37	3.45	2.9	2.8
2	4.25	6.3	5	5	4.24	4.34	3.7	3.5
2.5	5.3	8	6.3	6.2	5.33	5.46	4.6	4.4
3.15	6.7	10	8	7.9	6.77	6.92	5.8	5.6
4	8.5	12.5	10	9.9	8.49	8.68	7.3	7
(5)	10.6	16	12.5	12.3	10.52	10.78	9.1	8.8
6.3	13.2	20	16	15.6	13.39	13.73	11.3	11

주 ([1]) : l은 t보다 작은 값이 되면 안 된다.

비 고 : ( )를 붙인 호칭의 것은 되도록 사용하지 않는다

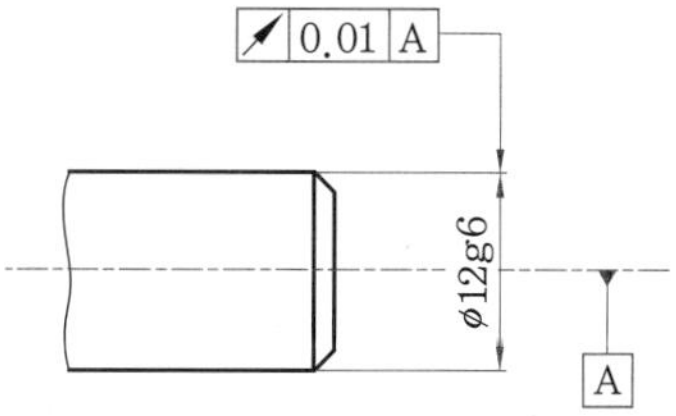

센터를 이용한 축의 흔들림 측정

편심 검사기

센터구멍

34. 센터 구멍의 도시 방법

KS A ISO 6411

센터 구멍을 가공하는 드릴을 기준으로 하고 다음 순서로 한다.

① 이 표준의 표준 번호

② 센터 구멍의 종류 기호(R, A 또는 B)

③ 기준 구멍의 지름(d)

④ 카운터 싱크 구멍 지름(D)

두 개의 치수를 사선으로 구분한다.

보기 : B형, d=2.5mm, D_3=8mm인 센터 구멍의 도면 표시법은 다음과 같다.
KS A ISO 6411−B 2.5/8

센터 구멍의 호칭과 표시법 (단위 : mm)

센터 구멍의 필요 여부	기호만 표시한 경우	도시의 보기
필요한 경우	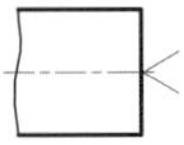	
필요하나 기본적 요구가 아닌 경우	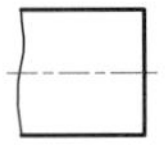	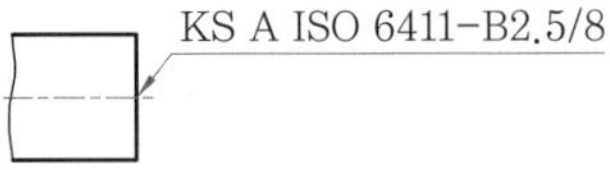
필요하지 않은 경우	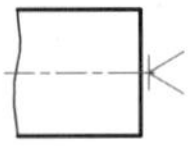	

호칭 방법의 설명

A형 모떼기 없는 형 (센터 드릴은 ISO 866에 따른다.)		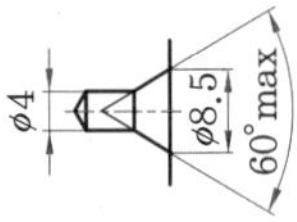

기호의 모양 및 치수

대상물의 바깥선의 굵기(b)	0.5	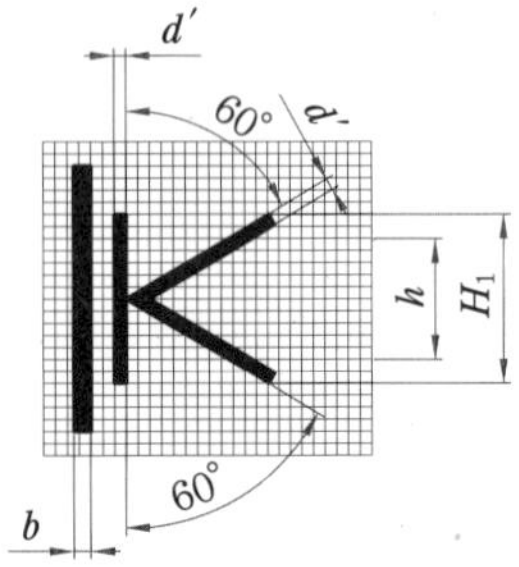
숫자 및 대문자의 높이(h)	3.5	
기호의 선 굵기(d')	0.35	
높이(H_1)	5	

35. 공구의 생크 4각부

KS B 3245

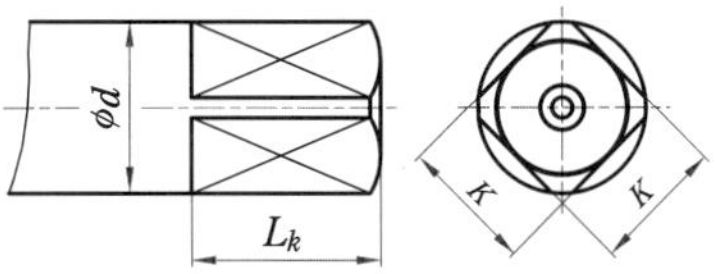

수공구를 잡아 돌리기 위해서는 생크부가 4각으로 되어 있어야 한다.

암나사를 가공하는 탭 공구의 생크가 4각으로 되어 있다.

(단위 : mm)

생크 지름 (d)			4각부의 너비 K		4각부의 길이 L_k
장려 치수	초 과	이 하	기준 치수	허용차 h12	기준 치수
1.12	1.06	1.18	0.9	0 −0.10	4
1.25	1.18	1.32	1		
1.4	1.32	1.5	1.12		
1.6	1.5	1.7	1.25		
1.8	1.7	1.9	1.4		
2	1.9	2.12	1.6		
2.24	2.12	2.36	1.8		
2.5	2.36	2.65	2		
2.8	2.65	3	2.24		5
3.15	3	3.35	2.5		
3.55	3.35	3.75	2.8		
4	3.75	4.25	3.15	0 −0.12	6
4.5	4.25	4.75	3.55		
5	4.75	5.3	4		7
5.6	5.3	6	4.5		
6.3	6	6.7	5		8
7.1	6.7	7.5	5.6		
8	7.5	8.5	6.3	0 −0.15	9
9	8.5	9.5	7.1		10
10	9.5	10.6	8		11
11.2	10.6	11.8	9		12
12.5	11.8	13.2	10		13
14	13.2	15	11.2	0 −0.18	14
16	15	17	12.5		16
18	17	19	14		18
20	19	21.2	16		20
22.4	21.2	23.6	18		22

비고 : 1. K의 허용차는 KS B 0401에 따른다. 다만 K의 허용차에는 모양 및 위치(중심 이동)의 편차를 포함한다.
2. 장려 생크 지름의 경우에는 K와 a의 비는 0.80mm이고, 모두 지름 구분에서도 K/d는 0.75~0.85mm이다.
3. K의 허용차는 고정밀도의 공구에서는 KS B 0401의 h9, 그 밖의 공구에서는 h11에 따른다.

36. 널링

KS B 0901

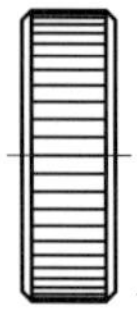

바른줄

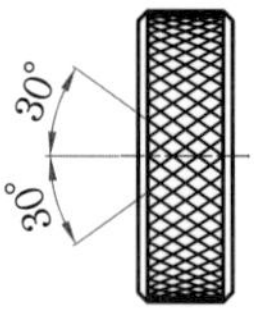

빗줄

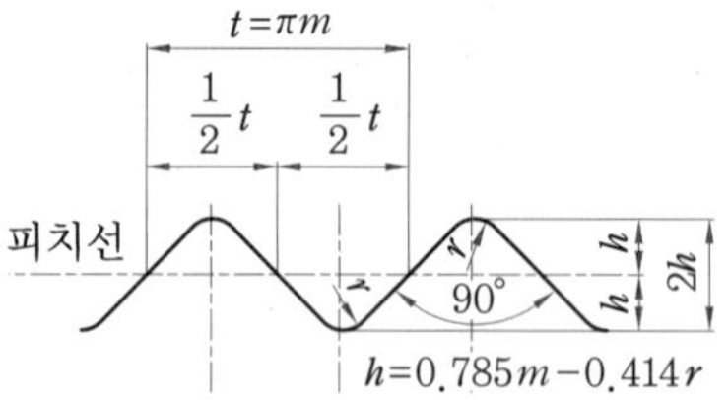

모양

치수

(단위 : mm)

모듈 m	피 치 t	r	h
0.2	0.628	0.06	0.15
0.3	0.942	0.09	0.22
0.5	1.571	0.16	0.37

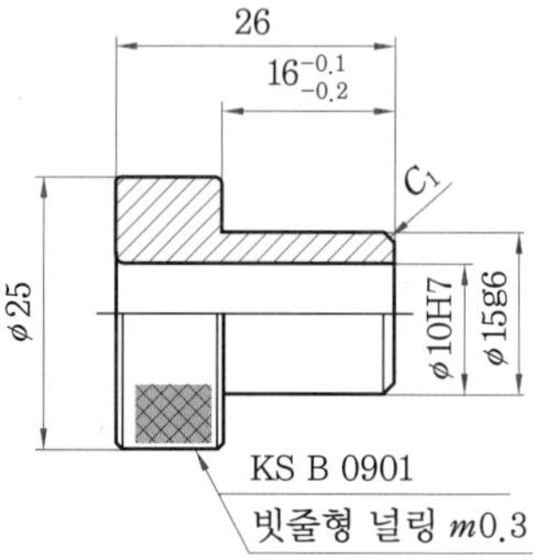

호칭 방법 : 널링의 호칭 방법은 종류 및 모듈에 따른다.

보기 : 바른줄 m 0.5

빗줄 m 0.3

소재의 지름

(1) 바른줄인 경우

$D = nm$

여기서, D : 지름, n : 정수, m : 모듈

(2) 빗줄인 경우

$$D = \frac{nm}{\cos 30^\circ}$$

널링 가공은 사진과 같은 룰렛(roulette)을 룰렛 홀더에 끼워 선반에서 가공한다. 시판되고 있는 룰렛의 규격은 치직각 방향의 피치를 1인치당 산수로 표시하고 있다. 예를 들어 "호칭 22"는 치직각 방향으로 1인치에 22개의 산이 있음을 나타낸다.

룰렛

룰렛 홀더

36. 널링(3차원 모델링)(계속)

KS B 0901

1. 기본 원통 만들기

❶ 바깥지름(D_2)를 그린다.

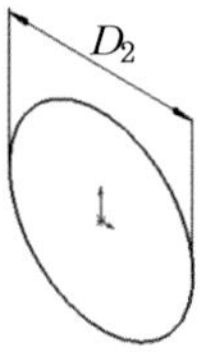

❷ 바깥지름을 이용해서 원기둥을 만든다.

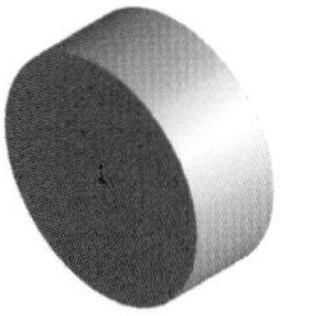

❸ 양면을 모따기 한다.

2. 스윕 컷을 하기 위한 도형 만들기

❶ 원기둥과 동일한 중심으로 안지름(D_1)과 바깥지름(D_2)을 그린다.

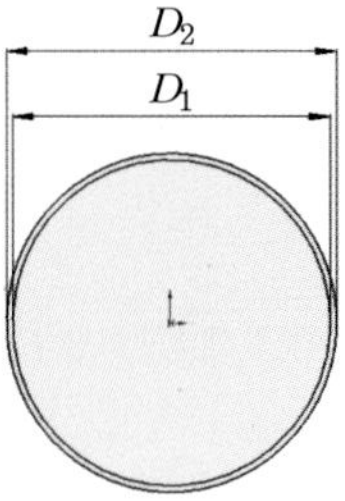

❷ 수직으로 중심선을 그린다.

❸ 중심선의 윗부분만 남기고 잘라낸다.

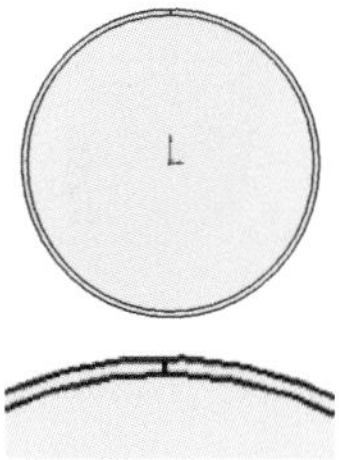

❹ 중심선의 남은 부분을 잇수(Z)의 2배로 원형 배열한다.

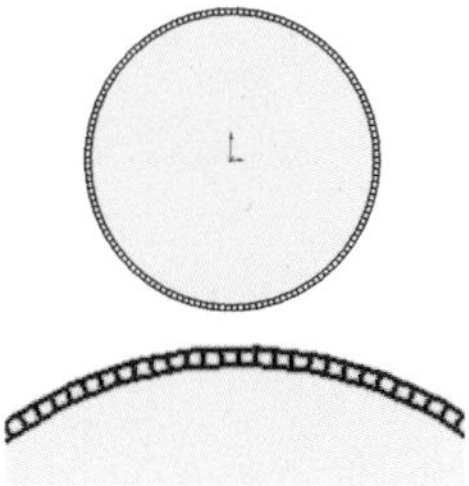

❺ 그림과 같이 윗부분만 남기고 삭제한다.

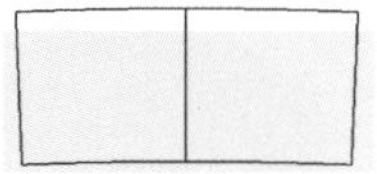

❻ 그림과 같이 양쪽에 대각선을 그린다.

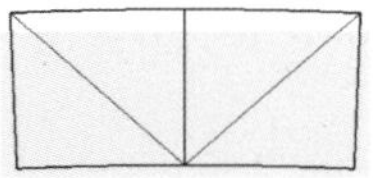

❼ 그림과 같은 부분만 남기고 나머지는 삭제한다.

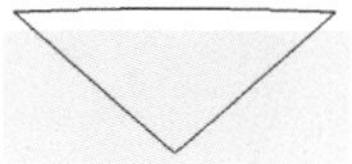

❽ 그려진 부분을 모두 선택하고 Ctrl+C를 눌러 복사한 후 그리기를 종료한다.

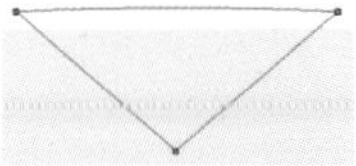

❾ 양방향으로 각각 30°로 기울어지는 빗줄 형상이 되어야 하므로 ❼에서 그려진 것과 동일한 스케치가 하나 더 있어야 한다. 위에서 그렸던 평면과 동일한 평면을 선택하고 ❽에서 복사해 놓은 것을 Ctrl+V를 눌러서 붙여 넣는다.

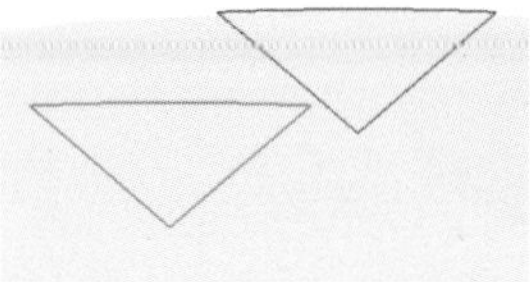

널링

36. 널링(3차원 모델링)(계속)

KS B 0901

2. 스윕 컷을 하기 위한 도형 만들기(계속)

⑩ 두 스케치의 꼭지점 A와 B를 동시에 선택하고 구속 조건을 부가하여 일치시킨다.

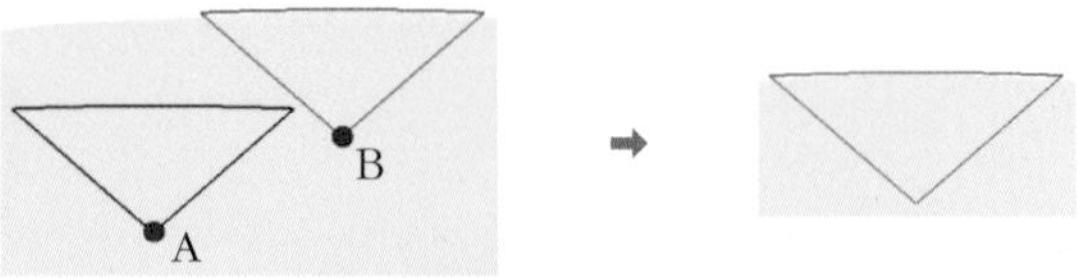

3. 나선형 곡선 만들기

❶ 바깥지름(D_2)으로 원을 그린다.

❷ 바깥지름(D_2)를 이용해서 나선형 곡선을 만든다.

- 곡선의 높이 : 원기둥의 높이와 같다.
- 곡선의 피치 : 빗줄의 기울기가 30°일 경우의 피치가 표에 제시되어 있다.
- 곡선의 시작 각도 : 곡선의 시작이 스윕을 하려는 도형과 일치되도록 한다.

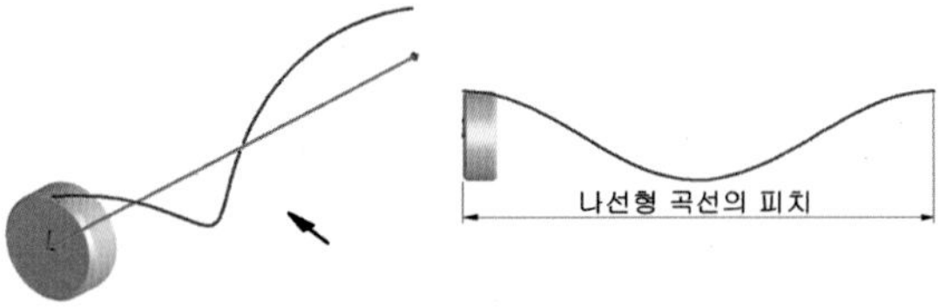

❸ 바깥지름(D_2)으로 원을 그린다.

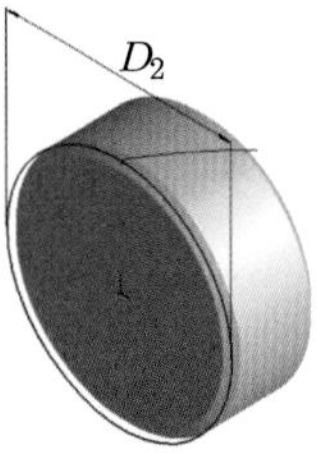

❹ 위에서 만든 나선형 곡선과는 반대방향으로 30° 기울어지는 빗줄 형상을 만들어야 하므로 ❷에서 그려진 것과 같은 방법으로 나선형 곡선을 그리되 회전방향을 반대 방향으로 한다.

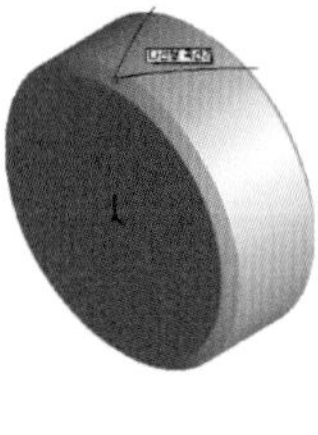

❺ 단면 도형 한 개와 나선형 곡선 한 개를 이용해서 스윕 컷 한다.

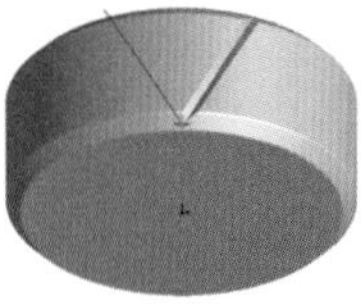

❻ 원형 배열을 이용해서 빗줄(30°)일 경우의 잇수만큼 배열한다.

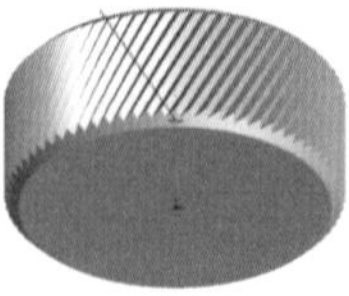

❼ 나머지 단면 도형과 나선형 곡선을 이용해서 스윕 컷 한다.

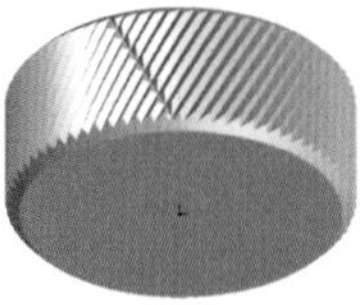

❽ 원형 배열을 이용해서 빗줄(30°)일 경우의 잇수만큼 배열한다. 이 때 배열하기 위한 축이 나타나지 않는다면 원통의 중심에 지름 4mm 정도의 구멍을 만들면 축을 선택할 수 있게 된다.

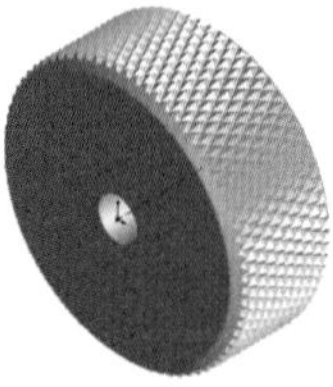

36. 널링(3차원 모델링)(계속)

KS B 0901

모듈 : 0.2 mm 빗줄 각도 : 30°					
호칭지름 (D) 도면에 기입된 치수	바른 줄일 경우의 잇수 (Z_0) $\frac{D_2}{m}$	빗줄(30°)일 경우의 잇수 (Z) $Z_0 \times \cos 30°$	안지름(D_1) $D_2-0.785m\times4$	바깥지름(D_2) $m\times Z_0$	빗줄(30°)일 경우의 나선형 곡선의 피치 $\frac{\pi D_2}{\tan 30°}$
6	30	26	5.372	6	32.65
7	35	31	6.372	7	38.09
8	40	35	7.372	8	43.53
9	45	39	8.372	9	48.97
10	50	44	9.372	10	54.41
11	55	48	10.372	11	59.86
12	60	52	11.372	12	65.3
13	65	57	12.372	13	70.74
14	70	61	13.372	14	76.18
15	75	65	14.372	15	81.62
16	80	70	15.372	16	87.06
17	85	74	16.372	17	92.5
18	90	78	17.372	18	97.95
19	95	83	18.372	19	103.39
20	100	87	19.372	20	108.83
21	105	91	20.372	21	114.27
22	110	96	21.372	22	119.71
23	115	100	22.372	23	125.15
24	120	104	23.372	24	130.59
25	125	109	24.372	25	136.03
26	130	113	25.372	26	141.48
27	135	117	26.372	27	146.92
28	140	122	27.372	28	152.36
29	145	126	28.372	29	157.8
30	150	130	29.372	30	163.24
31	155	135	30.372	31	168.68
32	160	139	31.372	32	174.12
33	165	143	32.372	33	179.57
34	170	148	33.372	34	185.01
35	175	152	34.372	35	190.45
36	180	156	35.372	36	195.89
37	185	161	36.372	37	201.33
38	190	165	37.372	38	206.77
39	195	169	38.372	39	212.21
40	200	174	39.372	40	217.66

36. 널링(3차원 모델링)(계속)

모듈 : 0.3 mm 빗줄 각도 : 30°					
호칭지름 (D) 도면에 기입된 치수	바른 줄일 경우의 잇수 (Z_0) $\frac{D_2}{m}$	빗줄(30°)일 경우의 잇수 (Z) $Z_0 \times \cos 30°$	안지름(D_1) $D_2 - 0.785m \times 4$	바깥지름(D_2) $m \times Z_0$	빗줄(30°)일 경우의 나선형 곡선의 피치 $\frac{\pi D_2}{\tan 30°}$
6	20	18	5.058	6	32.65
7	24	21	6.258	7.2	39.18
8	27	24	7.158	8.1	44.08
9	30	26	8.058	9	48.97
10	34	29	9.258	10.2	55.5
11	37	32	10.158	11.1	60.4
12	40	35	11.058	12	65.3
13	44	38	12.258	13.2	71.83
14	47	41	13.158	14.1	76.72
15	50	44	14.058	15	81.62
16	54	47	15.258	16.2	88.15
17	57	50	16.158	17.1	93.05
18	60	52	17.058	18	97.95
19	64	55	18.258	19.2	104.47
20	67	58	19.158	20.1	109.37
21	70	61	20.058	21	114.27
22	74	64	21.258	22.2	120.8
23	77	67	22.158	23.1	125.7
24	80	70	23.058	24	130.59
25	84	73	24.258	25.2	137.12
26	87	76	25.158	26.1	142.02
27	90	78	26.058	27	146.92
28	94	81	27.258	28.2	153.45
29	97	84	28.158	29.1	158.34
30	100	87	29.058	30	163.24
31	104	90	30.258	31.2	169.77
32	107	93	31.158	32.1	174.67
33	110	96	32.058	33	179.57
34	114	99	33.258	34.2	186.1
35	117	102	34.158	35.1	190.99
36	120	104	35.058	36	195.89
37	124	107	36.258	37.2	202.42
38	127	110	37.158	38.1	207.32
39	130	113	38.058	39	212.21
40	134	116	39.258	40.2	218.74

36. 널링(3차원 모델링)(계속)

모듈 : 0.5 mm 빗줄 각도 : 30°					
호칭지름 (D) 도면에 기입된 치수	바른 줄일 경우의 잇수 (Z_0) $\frac{D_2}{m}$	빗줄(30°)일 경우의 잇수 (Z) $Z_0 \times \cos 30°$	안지름(D_1) $D_2 - 0.785m \times 4$	바깥지름(D_2) $m \times Z_0$	빗줄(30°)일 경우의 나선형 곡선의 피치 $\frac{\pi D_2}{\tan 30°}$
6	12	11	4.43	6	32.65
7	14	13	5.43	7	38.09
8	16	14	6.43	8	43.53
9	18	16	7.43	9	48.97
10	20	18	8.43	10	54.41
11	22	20	9.43	11	59.86
12	24	21	10.43	12	65.3
13	26	23	11.43	13	70.74
14	28	25	12.43	14	76.18
15	30	26	13.43	15	81.62
16	32	28	14.43	16	87.06
17	34	30	15.43	17	92.5
18	36	32	16.43	18	97.95
19	38	33	17.43	19	103.39
20	40	35	18.43	20	108.83
21	42	37	19.43	21	114.27
22	44	39	20.43	22	119.71
23	46	40	21.43	23	125.15
24	48	42	22.43	24	130.59
25	50	44	23.43	25	136.03
26	52	46	24.43	26	141.48
27	54	47	25.43	27	146.92
28	56	49	26.43	28	152.36
29	58	51	27.43	29	157.8
30	60	52	28.43	30	163.24
31	62	54	29.43	31	168.68
32	64	56	30.43	32	174.12
33	66	58	31.43	33	179.57
34	68	59	32.43	34	185.01
35	70	61	33.43	35	190.45
36	72	63	34.43	36	195.89
37	74	65	35.43	37	201.33
38	76	66	36.43	38	206.77
39	78	68	37.43	39	212.21
40	80	70	38.43	40	217.66

37. C형 멈춤링(축용)

KS B 1336

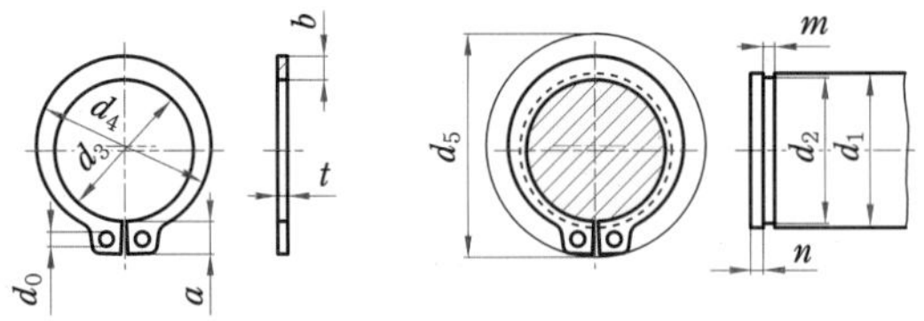

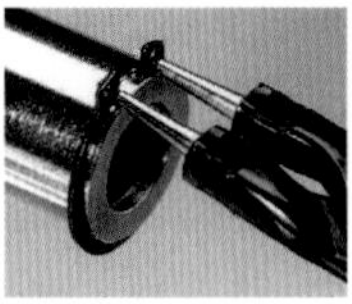

지름 d_0의 구멍 위치는 멈춤링을 적용하는 축에 끼웠을 때 홈에 가리워지지 않도록 한다.

d_5는 축에 끼울 때의 바깥 둘레의 최대 지름

(단위 : mm)

호칭([1])			멈춤링							적용하는 축(참고)						
			d_3		t		b	a	d_0	d_5	d_1	d_2		m		n
1	2	3	기준치수	허용차	기준치수	허용차	약	약	최소			기준치수	허용차	기준치수	허용차	최소
10			9.3	±0.15	1	±0.05	1.6	3	1.2	17	10	9.6	0 −0.09	1.15	+0.14 0	1.5
	11		10.2				1.8	3.1		18	11	10.5	0 −0.11			
12			11.1	±0.18			1.8	3.2	1.5	19	12	11.5				
		13	12				1.8	3.3		20	13	12.4				
14			12.9				2	3.4	1.7	22	14	13.4				
15			13.8				2.1	3.5		23	15	14.3				
16			14.7				2.2	3.6		24	16	15.2				
17			15.7				2.2	3.7		25	17	16.2				
18			16.5		1.2	±0.06	2.6	3.8		26	18	17		1.35		
	19		17.5				2.7	3.8	2	27	19	18				
20			18.5	±0.2			2.7	3.9		28	20	19	0 −0.21			
		21	19.5				2.7	4		30	21	20				
22			20.5				2.7	4.1		31	22	21				
	24		22.2				3.1	4.2		33	24	22.9				
25			23.2				3.1	4.3		34	25	23.9				
	26		24.2				3.1	4.4		35	26	24.9				
28			25.9		([2]) 1.6		3.1	4.6		38	28	26.6		([2]) 1.75		
		29	26.9				3.5	4.7		39	29	27.6				
30			27.9				3.5	4.8		40	30	28.6				
32			29.6				3.5	5	2.5	43	32	30.3	0 −0.25			
		34	31.5	±0.25			4	5.3		45	34	32.3				
35			32.2				4	5.4		46	35	33				
	36		33.2		1.8	±0.07	4	5.4		47	36	34		1.95		2
	38		35.2				4.5	5.6		50	38	36				

주 ([1]) : 호칭은 1란의 것을 우선하며, 필요에 따라서 2란, 3란의 순으로 한다.
또한, 3란은 앞으로 폐지할 예정이다.
([2]) : 두께 t=1.6mm는 당분간 1.5mm로 할 수 있다. 이 때 m=1.65mm로 한다.

비고 : 1. 멈춤링 원환부의 최소 너비는 판 두께 t보다 작지 않아야 한다.
2. 적용하는 축의 치수는 권장하는 치수를 참고로 표시한 것이다.
3. d_4 치수(mm)는 $d_4=d_3+(1.4\sim1.5)b$로 하는 것이 바람직하다.

37. C형 멈춤링(구멍용)

KS B 1336

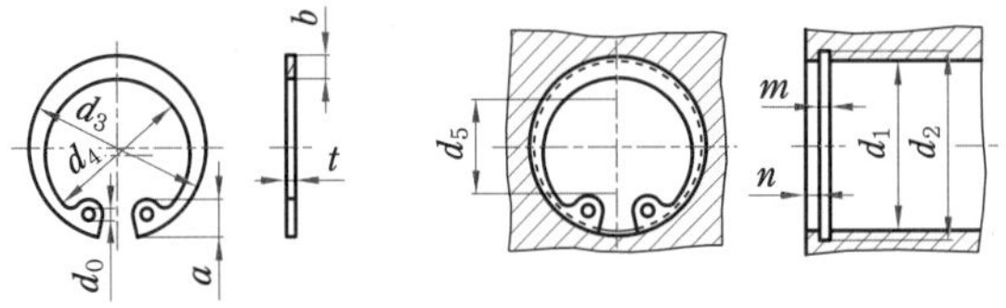

지름 d_0의 구멍 위치는 멈춤링을 적용하는 구멍에 끼웠을 때 홈에 가리워지지 않도록 한다.

d_5는 구멍에 끼울 때의 안둘레의 최소 지름

(단위 : mm)

호칭([1])			멈춤링							적용하는 구멍(참고)						
			d_3		t		b	a	d_0	d_5	d_1	d_2		m		n
1	2	3	기준 치수	허용차	기준 치수	허용차	약	약	최소			기준 치수	허용차	기준 치수	허용차	최소
10			10.7	±0.18	1	±0.05	1.8	3.1	1.2	3	10	10.4	+0.11 0	1.15	+0.14 0	1.5
11			11.8				1.8	3.2		4	11	11.4				
12			13				1.8	3.3	1.5	5	12	12.5				
	13		14.1				1.8	3.5		6	13	13.6				
14			15.1				2	3.6	1.7	7	14	14.6				
	15		16.2				2	3.6		8	15	15.7				
16			17.3				2	3.7		8	16	16.8				
	17		18.3	±0.2			2	3.8		9	17	17.8				
18			19.5				2.5	4		10	18	19	+0.21 0			
19			20.5				2.5	4	2	11	19	20				
20			21.5				2.5	4		12	20	21				
		21	22.5				2.5	4.1		12	21	22				
22			23.5				2.5	4.1		13	22	23				
	24		25.9		1.2	±0.06	2.5	4.3		15	24	25.2		1.35		
25			26.9				3	4.4		16	25	26.2				
	26		27.9				3	4.6		16	26	27.2				
28			30.1	±0.25			3	4.6		18	28	29.4				
30			32.1				3	4.7		20	30	31.4	+0.25 0			
32			34.4				3.5	5.2	2.5	21	32	33.7				
		34	36.5		([2]) 1.6		3.5	5.2		23	34	35.7		([2]) 1.75		2
35			37.8				3.5	5.2		24	35	37				
	36		38.8				3.5	5.2		25	36	38				
37			39.8				3.5	5.2		26	37	39				
	38		40.8				4	5.3		27	38	40				
40			43.5	±0.4	1.8	±0.07	4	5.7		28	40	42.5		1.95		
42			45.5				4	5.8		30	42	44.5				

주 ([1]) : 호칭은 1란의 것을 우선하며, 필요에 따라서 2란, 3란의 순으로 한다. 또한 3란은 앞으로 폐지할 예정이다.
([2]) : 두께 t=1.6mm는 당분간 1.5mm로 할 수 있다. 이 때 m=1.65mm로 한다.

비 고 : 1. 멈춤링 원환부의 최소 너비는 판 두께 t보다 작지 않아야 한다.
2. 적용하는 구멍의 치수는 권장하는 치수를 참고로 표시한 것이다.
3. d_4치수(mm)는 $d_4=d_3-(1.4\sim1.5)b$로 하는 것이 바람직하다.

멈춤링

38. E형 멈춤링

자유 상태　　　사용 상태

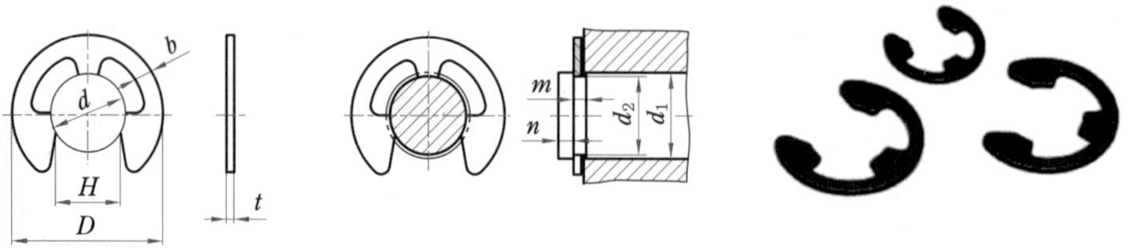

(단위 : mm)

호칭 지름	멈춤링									적용하는 축(참고)						
	d		D		H		t		b	d_1의 구분		d_2		m		n
	기본 치수	허용차	기본 치수	허용차	기본 치수	허용차	기본 치수	허용차	약	초과	이하	기본 치수	허용차	기본 치수	허용차	최소
0.8	0.8	0 −0.08	2	±0.1	0.7	0 −0.25	0.2	±0.02	0.3	1	1.4	0.8	+0.05 0	0.3	+0.05	0.4
1.2	1.2	0 −0.09	3		1		0.3	±0.025	0.4	1.4	2	1.2	+0.06 0	0.4		0.6
1.5	1.5		4	±0.2	1.3		0.4	±0.03	0.6	2	2.5	1.5		0.5		0.8
2	2		5		1.7		0.4		0.7	2.5	3.2	2				1
2.5	2.5		6		2.1		0.4		0.8	3.2	4	2.5				
3	3		7		2.6		0.6	±0.04	0.8	4	5	3		0.7	+0.1 0	
4	4	0 −0.12	9		3.5	0 −0.30	0.6		1.1	5	7	4	+0.075 0			1.2
5	5		11		4.3		0.6		1.2	6	8	5				
6	6		12		5.2		0.8		1.4	7	9	6		0.9		
7	7	0 −0.15	14		6.1	0 −0.35	0.8		1.6	8	11	7	+0.09 0			1.5
8	8		16		6.9		0.8		1.8	9	12	8				1.8
9	9		18		7.8		0.8		2.0	10	14	9				2
10	10		20	±0.3	8.7		1.0	±0.05	2.2	11	15	10		1.15	+0.14 0	
12	12	0 −0.18	23		10.4	0 −0.45	1.0		2.4	13	18	12	+0.11 0			2.5
15	15		29		13.0		([1]) 1.6	±0.06	2.8	16	24	15		([1]) 1.75		3
19	19	0 −0.21	37		16.5		([1]) 1.6		4.0	20	31	19	+0.13 0			3.5
24	24		44		20.8	0 −0.50	2.0	±0.07	5.0	25	38	24		2.2		4

주 ([1]) : 두께 t=1.6mm는 당분간 1.5mm로도 할 수 있다. 이 경우 m=1.65mm로 한다.

비고 : 적용하는 축의 치수는 권장하는 치수를 참고로 표시한 것이다.

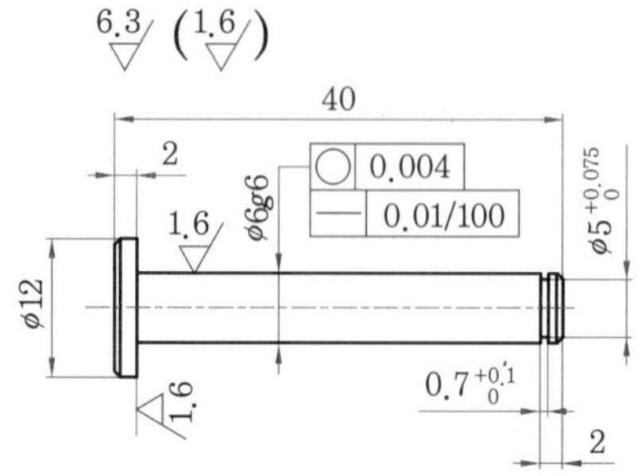

39. C형 동심 멈춤링(축용)

KS B 1338

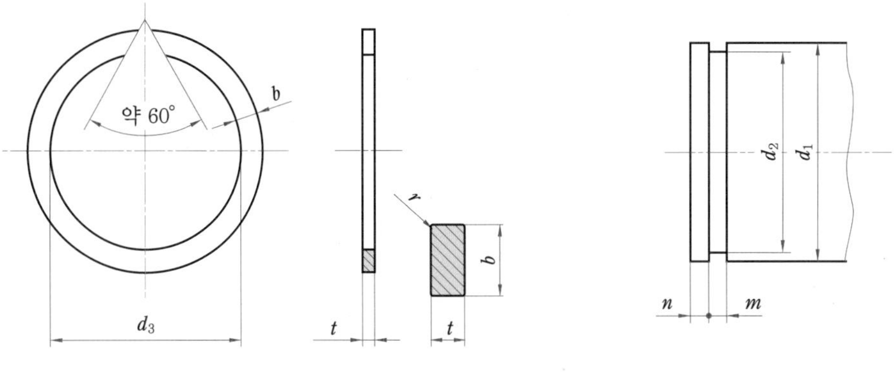

단면 모양

(단위 : mm)

호칭([1])			멈춤링							적용하는 축(참고)					
			d_3		t		b		r	d_1	d_2		m		n
1	2	3	기준치수	허용차	기준치수	허용차	기준치수	허용차	최대		기준치수	허용차	기준치수	허용차	최소
20			18.7	0 −0.5	1.2	±0.07	2	±0.1	0.3	20	19	0 −0.21	1.35	+0.14 0	1.5
22			20.7							22	21				
		22.4	21.1							22.4	21.5				
25			23.4							25	23.9				
28			26.1		([2]) 1.6		2.8		0.5	28	26.6		([2]) 1.75		
30			28.1							30	28.6				
		31.5	29.3							31.5	29.8	0 −0.25			
32			29.8							32	30.3				
35			32.5	0 −1						35	33				
		35.5	33							35.5	33.5				
40			37.4		1.75	±0.08	3.5	±0.12	0.7	40	38		1.9		2
	42		38.9							42	39.5				
45			41.9							45	42.5				
50			46.3		2		4			50	47		2.2		

주 ([1]) : 호칭은 1란의 것을 우선으로 하고, 필요에 따라서 2란, 3란의 순으로 한다.
또한, 3란은 앞으로 폐지할 예정이다.

([2]) : 두께 t=1.6mm는 당분간 1.5mm로 할 수 있다. 이 경우 m=1.65mm로 한다.

비고 : 1. 적용하는 축의 치수는 권장하는 치수를 참고로 표시한 것이다.
2. 멈춤링 절단 끝모양은 그림에 나타낸 것이 아니라도 좋다.

릴리프 홈

39. C형 동심 멈춤링(구멍용)

KS B 1338

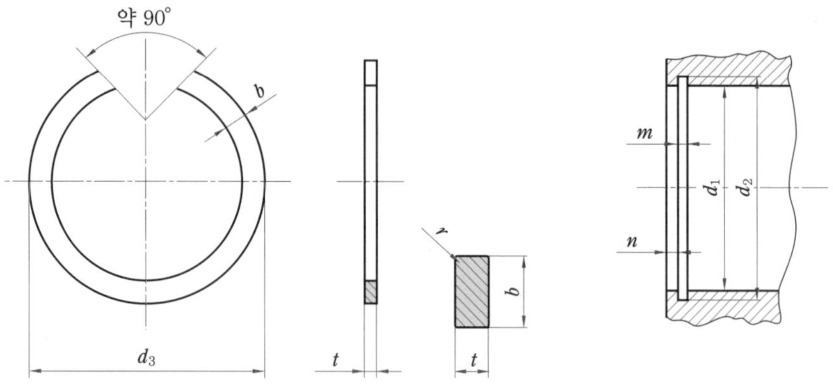

단면 모양

(단위 : mm)

호칭(1)			멈춤링							적용하는 축(참고)					
			d_3		t		b		r	d_1	d_2		m		n
1	2	3	기준 치수	허용차	기준 치수	허용차	기준 치수	허용차	최대		기준 치수	허용차	기준 치수	허용차	최소
20			21.3	+0.5 0	1	±0.07	2	±0.1	0.3	20	21	+0.21 0	1.15	+0.14 0	1.5
22			23.3							22	23				
		24	25.7		1.2					24	25.2		1.35		
25			26.7							25	26.2				
		26	27.7							26	27.2				
28			29.9							28	29.4				
30			31.9	+1 0						30	31.4				
	32		34.2							32	33.7	+0.25 0			
35			37.5		(2) 1.6		2.8		0.5	35	37		(2) 1.75		2
	37		39.5							37	39				
40			43.1		1.75	±0.08	3.5	±0.12	0.7	40	42.5		1.9		
	42		45.1							42	44.5				
45			48.1							45	47.5				
	47		50.1	+1.2 0						47	49.5				
50			53.8		2		4			50	53		2.2		

주 (1) : 호칭은 1란의 것을 우선으로 하고, 필요에 따라서 2란, 3란의 순으로 한다.
또한, 3란은 앞으로 폐지할 예정이다.

(2) : 두께 t=1.6mm는 당분간 1.5mm로 할 수 있다. 이 경우 m=1.65mm로 한다.

비고 : 1. 적용하는 구멍의 치수는 권장하는 치수를 참고로 표시한 것이다.
2. 멈춤링 절단 끝모양은 그림에 나타낸 것이 아니라도 좋다.

40. 절삭 가공품의 둥글기 및 모떼기

1. 적용 범위

이 규격은 절삭 가공에 의하여 제작되는 기계부품의 모서리 및 구석의 모떼기와 모서리 및 구석의 둥글기 값에 대하여 규정한다. 다만, 기능상의 고려가 필요한 곳에는 적용하지 않는다.

2. 모떼기 및 둥글기의 값

모떼기 및 둥글기의 값은 다음 표에 따른다.

모떼기 및 둥글기의 값

모서리의 모떼기

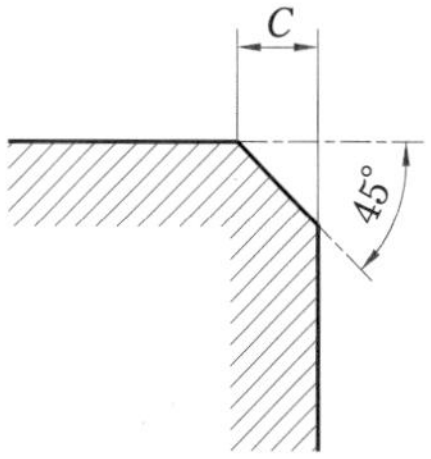

구석의 모떼기

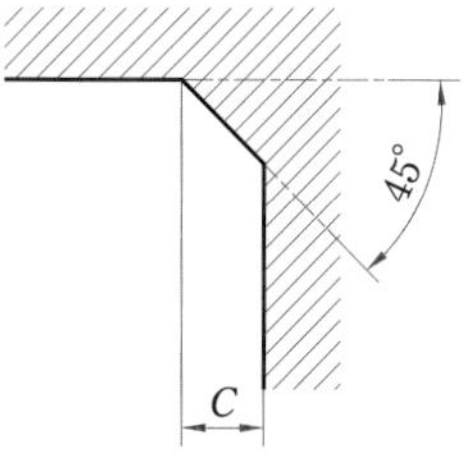

모서리의 둥글기

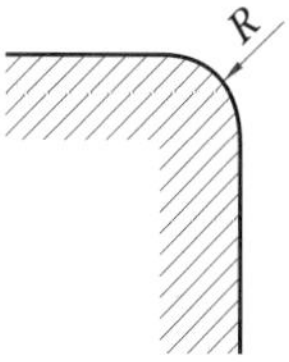

구석의 둥글기

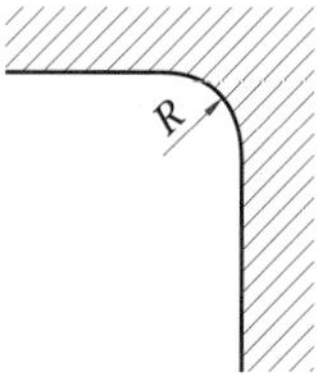

모떼기 C 및 둥글기 R의 값 (단위 : mm)

0.1	1.0	10
–	1.2	12
–	1.6	16
0.2	2.0	20
–	2.5(2.4)	25
0.3	3(3.2)	32
0.4	4	40
0.5	5	50
0.6	6	–
0.8	8	–

비고 : ( )의 수치는 절삭공구 팁을 사용하여 구석의 둥글기를 가공하는 경우에만 사용하여도 좋다.

41. 릴리프 홈

DIN 509

A형

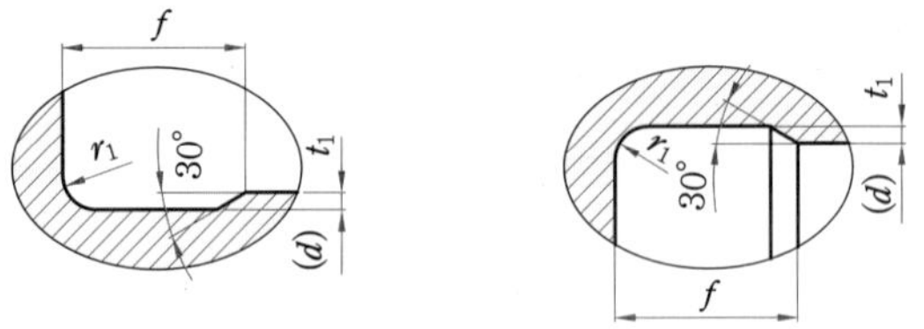

B형

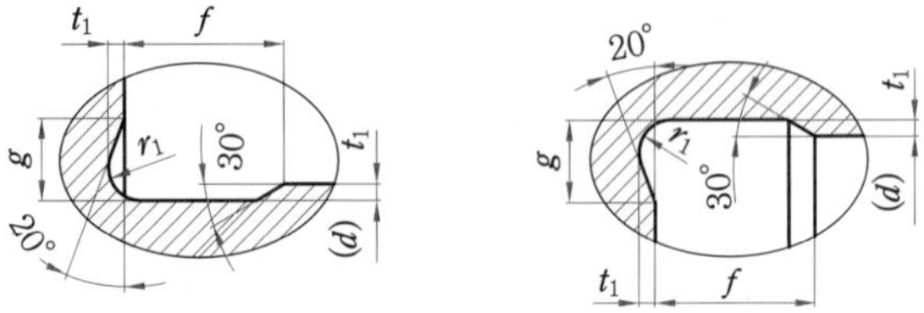

C형

D형

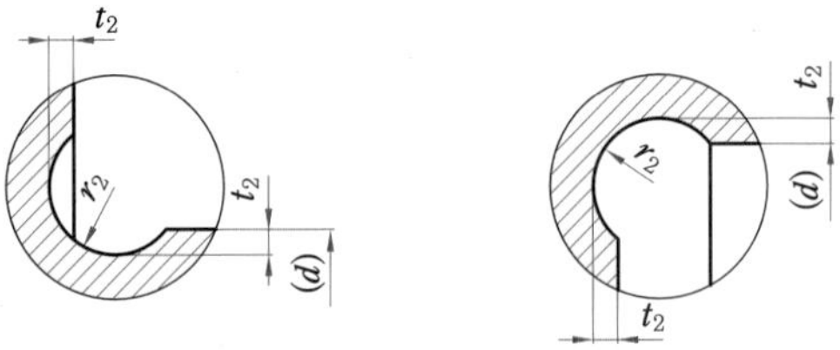

(단위 : mm)

A형, B형					C형, D형	
(d)	t_1	f	g	r_1	r_2	t_2
3까지	0.1	1	0.5	0.2	–	–
3~10	0.2	2	1	0.4	–	–
10~18	0.2	2	1	0.4	1	0.2
18~30	0.2	2	1	0.4	1.6	0.3
30~80	0.3	4	1.5	0.6	2.5	0.3
80 이상	0.4	6	2.3	1	2.5	0.3

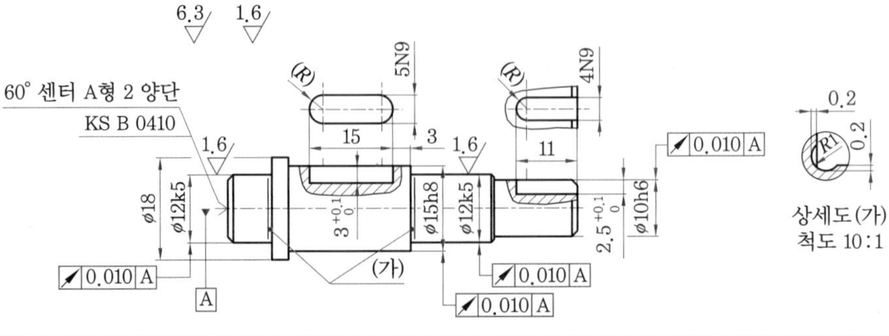

42. 미끄럼 베어링용 부시

KS B 2005

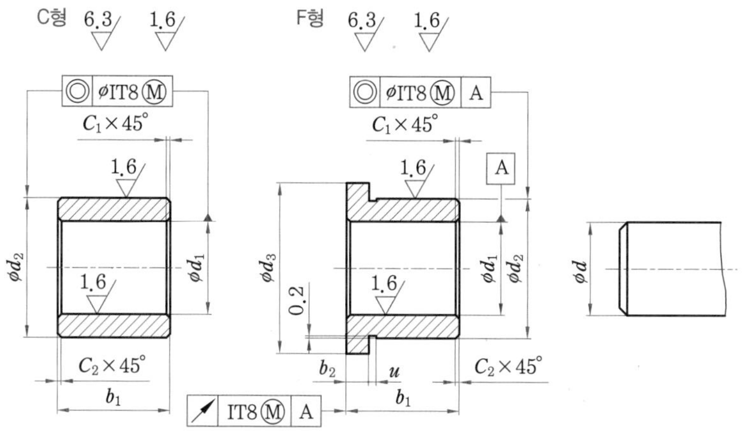

재질 : HBsC4
(고력황동주물 4종)

C형

(단위 : mm)

d_1	d_2			b_1			모떼기 45° C_1, C_2 최대	모떼기 15° C_2 최대
6	8	10	12	6	10	–	0.3	1
8	10	12	14	6	10	–	0.3	1
10	12	14	16	6	10	–	0.3	1
12	14	16	18	10	15	20	0.5	2
14	16	18	20	10	15	20	0.5	2
15	17	19	21	10	15	20	0.5	2
16	18	20	22	12	15	20	0.5	2
18	20	22	24	12	20	30	0.5	2
20	23	24	26	15	20	30	0.5	2

F형

(단위 : mm)

d_1	시리즈 1			시리즈 2			b_1			모떼기		u
	d_2	d_3	b_2	d_2	d_3	b_2				45° C_1, C_2 최대	15° C_2 최대	
6	8	10	1	12	14	3	–	10	–	0.3	1	1
8	10	12	1	14	18	3	–	10	–	0.3	1	1
10	12	14	1	16	20	3	–	10	–	0.3	1	1
12	14	16	1	18	22	3	10	15	20	0.5	2	1
14	16	18	1	20	25	3	10	15	20	0.5	2	1
15	17	19	1	21	27	3	10	15	20	0.5	2	1
16	18	20	1	22	28	3	12	15	20	0.5	2	1.5
18	20	22	1	24	30	3	12	20	30	0.5	2	1.5
20	23	26	1.5	26	32	3	15	20	30	0.5	2	1.5

공차

d_1	d_2		d_3	b_1	하우징 구멍	축지름 d
E6	≤120	s6	d11	h13	H7	e7 또는 g7
	>120	r6				

43. 미끄럼 베어링-윤활 구멍, 홈 및 포켓

KS B ISO 12128

윤활 구멍의 치수

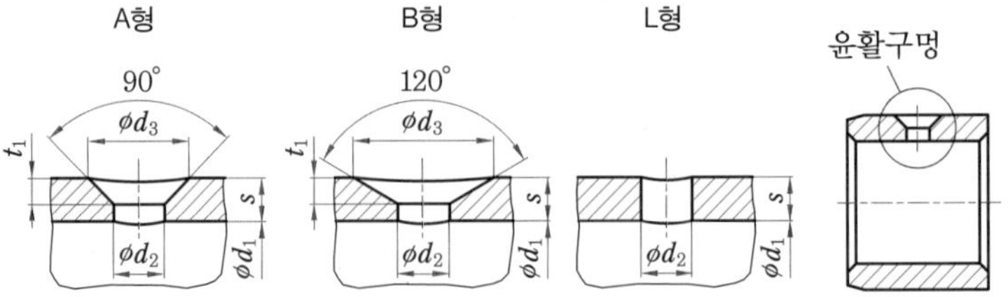

일반사항 : 윤활 구멍, 홈 및 포켓의 치수는 베어링 벽 두께 s와 관계가 있다. 주어진 지름 d_1은 보조치수 역할만을 할 것이다. 모든 치수는 mm로 주어진다.

$d_2 \approx$		2.5	3	4	5	6	8	10	12
$t_1 \approx$		1	1.5	2	2.5	3	4	5	6
$d_3 \approx$	A형	4.5	6	8	10	12	16	20	24
	B형	6	8.2	10.8	13.6	16.2	21.8	27.2	32.6
s	초과	–	2	2.5	3	4	5	7.5	10
	이하	2	2.5	3	4	5	7.5	10	–
d_1	공칭	$d_1 \leq 30$		$30 < d_1 \leq 100$			$d_1 > 100$		

베어링 부시의 유형

부시유형	윤활 구멍, 홈 및 포켓		부시유형	윤활 구멍, 홈 및 포켓	
	유 형	적 용		유 형	적 용
A	중심에 있거나 중심에서 벗어난 윤활 구멍	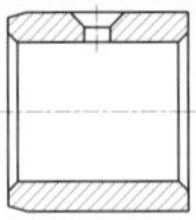	J	양 끝이 열린 길이 방향 홈	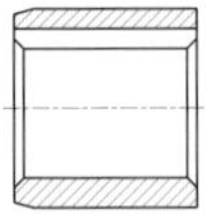
C	양쪽 끝이 닫힌 길이 방향 홈	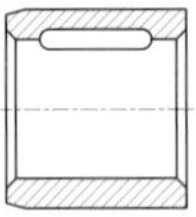	K	오른 나사식 나선형 홈	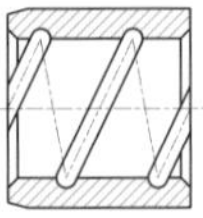
E	중심에 있거나 중심에서 벗어난 원둘레 방향 홈	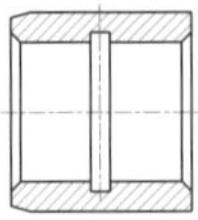	L	왼 나사식 나선형 홈	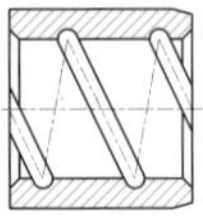
G	삽입면 반대쪽 끝이 열린 길이 방향 홈	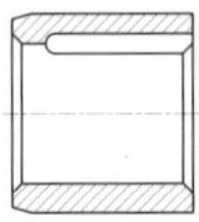	M	8각형 홈	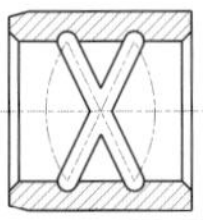
H	삽입면쪽 끝이 열린 길이 방향 홈	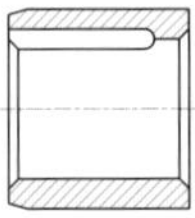	N	타원형 홈	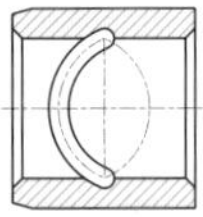

43. 미끄럼 베어링-윤활 구멍, 홈 및 포켓(계속)

윤활 홈의 치수

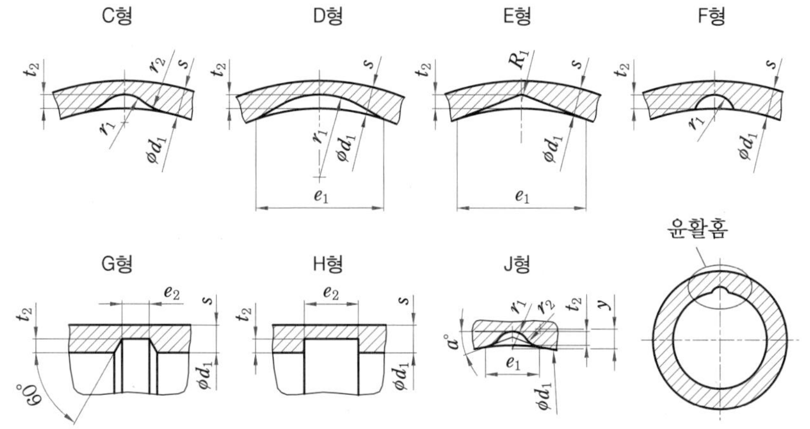

t_2 $^{+0.2}_{0}$	e_1 ≈		e_2 ≈		r_1 ≈				r_2 ≈		y ≈	$a°$ ≈	s		d_1	
C~J형	D, E형	J형	G형	H형	C형	D형	F형	J형	C형	J형	J형	J형	초과	이하	C~H형	J형
0.4	3	3	1.2	3	1.5	1.5	1	1	1.5	1	1.5	28	–	1	d_1 ≤ 30	16
0.6	4	4	1.6	3	1.5	1.5	1	1.5	2	1.5	2.1	25	1	1.5		20
0.8	5	5	1.8	3	1.5	2.5	1	1.5	3	1.5	2.2	25	1.5	2		30
1	8	6	2	4	2	4	1.5	2	4.5	2	2.8	22	2	2.5		40
1.2	10.5	6	2.5	5	2.5	6	2	2	6	2	2.6	22	2.5	3	d_1 ≤ 100	40
1.6	14	7	3.5	6	3	8	3	2.5	9	2.5	3	20	3	4		50
2	19	8	4.5	8	4	12	4	2.5	12	2.5	2.6	20	4	5		60
2.5	28	8	7.5	10	5	20	5	3	15	3	2.8	20	5	7.5	d_1 ≤ 100	70
3.2	38	–	11	12	7	28	7	–	21	–	–	–	7.5	10		–
4	49	–	14	15	9	35	9	–	27	–	–	–	10	–		–

윤활구멍과 윤활홈이 있는 미끄럼 베어링

44. 구름 베어링 – 호칭 방법

KS B 2012

기본 번호						보조 기호	
베어링 계열 기호		내경 번호		접촉각 기호		실·실드 기호	
기호	내용	기호	내용	기호	내용	기호	내용
68 69 60 ⋮	단열 깊은홈 볼 베어링	1 2 3 ⋮	내경 1mm 2 3 ⋮	앵귤러 볼 베어링		Z	편측 강판 실드
70 72 73 ⋮	단열 앵귤러 볼 베어링	⋮ 9 00 01	⋮ 9 10 12	A	표준접촉각 30°	ZZ	양측 강판 실드
12 13 22 ⋮	자동조심 볼 베어링	02 03 /22	15 17 22	A5	표준접촉각 25°	V	편측 비접촉 고무 실
NU10 NJ2 N3 NN30 ⋮	원통 롤러 베어링	/28 /32 04 05	28 32 20 25	B	표준접촉각 40°	VV	양측 비접촉 고무 실
NA48 NA49 NA69 ⋮	니들 롤러 베어링	06 ⋮ ⋮ 88	30 ⋮ ⋮ 440	C	표준접촉각 15°	D	편측 접촉 고무 실
320 322 323 ⋮	테이퍼 롤러 베어링	92 96 /500 /530	460 480 500 530	테이퍼 롤러 베어링		DD	양측 접촉 고무 실
230 222 223 ⋮	자동조심 롤러 베어링	/560 ⋮ ⋮ /2 360	560 2360	생략	접촉각 17° 이하		
511 512 513 ⋮	평면자리 스러스트 볼 베어링	/2 500	2500	C	접촉각 약 20°		
				D	접촉각 약 28°		

호칭방법의 예

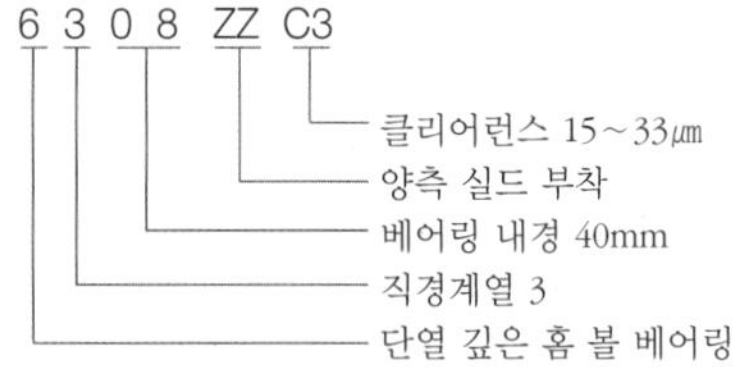

보조 기호							
궤도륜 형상 기호		조합 기호		내부 클리어런스 기호		정도 등급 기호	
기호	내용	기호	내용	기호	내용	기호	내용
K	내륜 내경 테이퍼구멍	DB	배면조합	C1	↑	생략	0급 ↑
N	외륜 외경에 스냅링 홈 부착	DF	정면조합	C2	작다	P6	6급 낮다
NR	외륜 외경에 스냅링 홈, 스냅링 부착	DT	병렬조합	CN		P6X	6X급
				C3		P5	5급
				C4	크다	P4	4급 높다
				C5	↓	P2	2급 ↓

정도 등급 내용: 내륜 및 외륜의 지름과 폭의 치수 허용차에 관한 등급

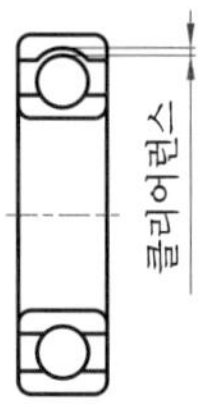

45. 구름 베어링의 부착 관계 치수 및 끼워 맞춤

KS B 2051

1. 레이디얼 베어링(0급, 6X급, 6급)에 대하여 일반적으로 사용하는 축의 공차 범위 등급

조 건		볼 베어링		원통롤러 베어링 / 원뿔롤러 베어링		자동조심 롤러 베어링		축의 공차 범위 등급	비 고
		축 지름 (mm)							
		초과	이하	초과	이하	초과	이하		
원통구멍 베어링(0급, 6X급, 6급)									
내륜 회전 하중 또는 방향부정하중	경하중(1) 또는 변동 하중	–	18	–	–	–	–	h5	정밀도를 필요로 하는 경우 js6, k6, m6 대신에 js5, k5, m5를 사용한다.
		18	100	–	40	–	–	js6	
		100	200	40	140	–	–	k6	
		–	–	140	200	–	–	m6	
	보통 하중(1)	–	18	–	–	–	–	js5	단열 앵귤러 볼 베어링 및 원뿔 롤러 베어링인 경우 끼워맞춤으로 인한 내부 틈새의 변화를 생각할 필요가 없으므로 k5, m5 대신에 k6, m6을 사용할 수 있다.
		18	100	–	40	–	40	k5	
		100	140	40	100	40	65	m5	
		140	200	100	140	65	100	m6	
		200	280	140	200	100	140	n6	
		–	–	200	400	140	280	p6	
		–	–	–	–	280	500	r6	
	중하중(1) 또는 충격 하중	–	–	50	140	50	100	n6	보통 틈새의 베어링보다 큰 내부 틈새의 베어링이 필요하다.
		–	–	140	200	100	140	p6	
		–	–	200	–	140	200	r6	
내륜 정지 하중	내륜이 축 위를 쉽게 움직일 필요가 있다.	전체 축 지름						g6	정밀도를 필요로 하는 경우 g5를 사용한다. 큰 베어링에서는 쉽게 움직일 수 있도록 f6을 사용해도 된다.
	내륜이 축 위를 쉽게 움직일 필요가 없다.	전체 축 지름						h6	정밀도를 필요로 하는 경우 h5를 사용한다.
중심 축 하중		전체 축 지름						js6	–
테이퍼 구멍 베어링(0급)(어댑터 부착 또는 분리 슬리브 부착)									
전체 하중		전체 축 지름						h9/IT5(2)	전동축 등에서는 h10/IT7로 해도 좋다.

주 (1) : 경하중, 보통하중 및 중하중은 동등가 레이디얼 하중을 사용하는 베어링의 기본 동 레이디얼 정격하중의 각각 6% 이하, 6%를 초과, 12% 이하 및 12%를 초과하는 하중을 말한다.

(2) : IT5 급 IT7은 축의 진원도 공차, 원통도 공차 등의 값을 나타낸다.

비고 : 이 표는 강제 중 실축에 적용한다.

2. 레이디얼 베어링(0급, 6X급, 6급)에 대하여 일반적으로 사용하는 하우징 구멍의 공차 범위 등급

조건 하우징	하중의 종류 등		외륜의 축 방향의 이동([3])	하우징 구멍의 공차범위 등급	비 고
일체 하우징 또는 2분할 하우징	외륜정지 하중	모든 종류의 하중	쉽게 이동할 수 있다.	H7	대형 베어링 또는 외륜과 하우징의 온도차가 큰 경우 G7을 사용해도 된다.
		경하중([1]) 또는 보통하중([1])	쉽게 이동할 수 있다.	H8	–
일체 하우징		축과 내륜이 고온으로 된다.	쉽게 이동할 수 있다.	G7	대형 베어링 또는 외륜과 하우징의 온도차가 큰 경우 F7을 사용해도 된다.
		경하중 또는 보통하중에서 정밀 회전을 요한다.	원칙적으로 이동할 수 없다.	K6	주로 롤러 베어링에 적용한다.
			이동할 수 있다.	JS6	주로 볼 베어링에 적용한다.
		조용한 운전을 요한다.	쉽게 이동할 수 있다.	H6	–
	방향부정 하중	경하중 또는 보통하중	통상, 이동할 수 있다.	JS7	정밀을 요하는 경우 JS7, K7 대신에 JS6, K6을 사용한다.
		보통하중 또는 중하중([1])	원칙적으로 이동할 수 없다.	K7	
		큰 충격하중	이동할 수 없다.	M7	–
	외륜회전 하중	경하중 또는 변동하중	이동할 수 없다.	M7	–
		보통하중 또는 중하중	이동할 수 없다.	N7	주로 볼 베어링에 적용한다.
		얇은 하우징에서 중하중 또는 큰 충격하중	이동할 수 없다.	P7	주로 롤러 베어링에 적용한다.

주 ([1]) : 앞쪽의 주([1])과 같다.
([3]) : 분리되지 않는 베어링에 대하여 외륜이 축 방향으로 이동할 수 있는지 없는지의 구별을 나타낸다.

비고 : 1. 이 표는 주철제 하우징 또는 강제 하우징에 적용한다.
2. 베어링에 중심 축 하중만 걸리는 경우 외륜에 레이디얼 방향의 틈새를 주는 공차범위 등급을 선정한다.

3. 스러스트 베어링(0급, 6급)에 대하여 일반적으로 사용하는 축의 공차 범위 등급

조 건		축 지름(mm) 초과	축 지름(mm) 이하	축의 공차 범위 등급	비 고
중심 축 하중 (스러스트 베어링 전반)		전체 축 지름		js6	h6도 사용할 수 있다.
합성 하중 (스러스트 자동 조심롤러베어링)	내륜정지하중	전체 축 지름		js6	–
	내륜회전하중 또는 방향부정하중	–	200	k6	k6, m6, n6 대신에 각각 js6, k6, m6도 사용할 수 있다.
		200	400	m6	
		400	–	n6	

45. 구름 베어링의 부착 관계 치수 및 끼워 맞춤(계속)

KS B 2051

4. 스러스트 베어링(0급, 6급)에 대하여 일반적으로 사용하는 하우징 구멍의 공차 범위 등급

조 건		하우징 구멍의 공차범위 등급	비 고
중심 축 하중 (스러스트 베어링 전반)		–	외륜에 레이디얼 방향의 틈새를 주도록 적절한 공차 범위 등급을 선정한다.
		H8	스러스트 볼 베어링에서 정밀을 요하는 경우
합성하중 (스러스트 자동 조심롤러베어링)	외륜정지하중	H7	–
	방향부정하중 또는 외륜회전하중	K7	보통 사용 조건인 경우
		M7	비교적 레이디얼 하중이 큰 경우

비고 : 이 표는 주철제 하우징 또는 강제 하우징에 적용한다.

(1) 내륜 회전 하중 : 베어링의 내륜에 대하여 하중의 작용선이 상대적으로 회전하고 있는 하중
(2) 내륜 정지 하중 : 베어링의 내륜에 대하여 하중의 작용선이 상대적으로 회전하고 있지 않은 하중
(3) 외륜 정지 하중 : 베어링의 외륜에 대하여 하중의 작용선이 상대적으로 회전하고 있지 않은 하중
(4) 외륜 회전 하중 : 베어링의 외륜에 대하여 하중의 작용선이 상대적으로 회전하고 있는 하중
(5) 방향 부정 하중 : 하중의 방향을 확정할 수 없는 하중
비고 하중의 방향이 양 궤도륜에 대하여 상대적으로 회전 또는 요동하고 있다고 생각되어지는 하중이다.
(6) 중심 축 하중 : 하중의 작용선이 베어링 중심축과 일치하고 있는 축 하중
(7) 합성 하중 : 레이디얼 하중과 축 하중이 합성되어서 베어링에 작동하는 하중

5. 축·하우징의 기하공차와 표면거칠기

항 목	베어링 등급	축	하우징 구멍
진원도 공차	0급, 6급	$\frac{IT3}{2} \sim \frac{IT4}{2}$	$\frac{IT4}{2} \sim \frac{IT5}{2}$
	5급, 4급	$\frac{IT2}{2} \sim \frac{IT3}{2}$	$\frac{IT2}{2} \sim \frac{IT3}{2}$
원통도 공차	0급, 6급	$\frac{IT3}{2} \sim \frac{IT4}{2}$	$\frac{IT4}{2} \sim \frac{IT5}{2}$
	5급, 4급	$\frac{IT2}{2} \sim \frac{IT3}{2}$	$\frac{IT2}{2} \sim \frac{IT3}{2}$
턱의 흔들림 공차	0급, 6급	$IT3$	$IT3 \sim IT4$
	5급, 4급	$IT3$	$IT3$
끼워맞춤면의 거칠기 R_a	소형 베어링	0.8	1.6
	대형 베어링	1.6	3.2

베어링

46. 깊은 홈 볼 베어링

KS B 2023

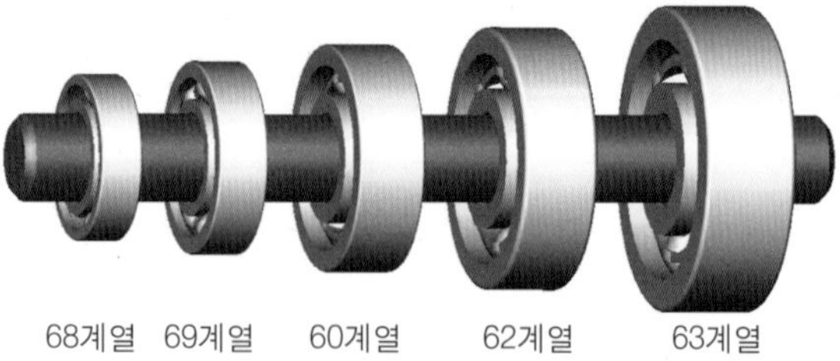

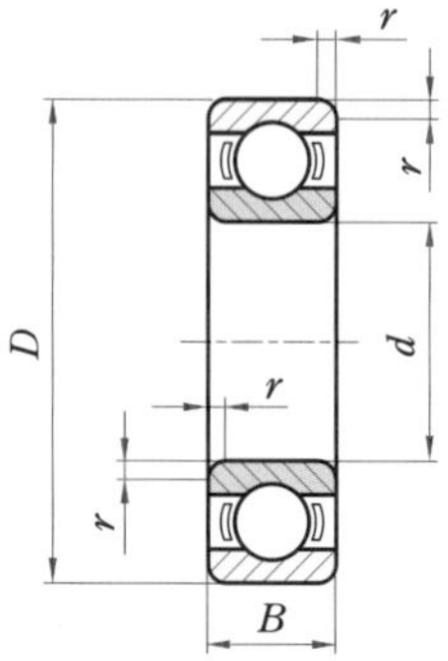

지름 계열 8(치수계열 18)

(단위 : mm)

호칭번호	*d*	*D*	*B*	*r*
683	3	7	2	0.1
684	4	9	2.5	0.1
685	5	11	3	0.15
686	6	13	3.5	0.15
687	7	14	3.5	0.15
688	8	16	4	0.2
689	9	17	4	0.2
6800	10	19	5	0.3
6801	12	21	5	0.3
6802	15	24	5	0.3
6803	17	26	5	0.3
6804	20	32	7	0.3
68/22	22	34	7	0.3
6805	25	37	7	0.3
68/28	28	40	7	0.3
6806	30	42	7	0.3
68/32	32	44	7	0.3
6807	35	47	7	0.3
6808	40	52	7	0.3

지름 계열 9(치수계열 19)

(단위 : mm)

호칭번호	*d*	*D*	*B*	*r*
693	3	8	3	0.15
694	4	11	4	0.15
695	5	13	4	0.2
696	6	15	5	0.2
697	7	17	5	0.3
698	8	19	6	0.3
699	9	20	6	0.3
6900	10	22	6	0.3
6901	12	24	6	0.3
6902	15	28	7	0.3
6903	17	30	7	0.3
6904	20	37	9	0.3
68/22	22	39	9	0.3
6905	25	42	9	0.3
69/28	28	45	9	0.3
6906	30	47	9	0.3
69/32	32	52	10	0.6
6907	35	55	10	0.6
6908	40	62	12	0.6

46. 깊은 홈 볼 베어링(계속)

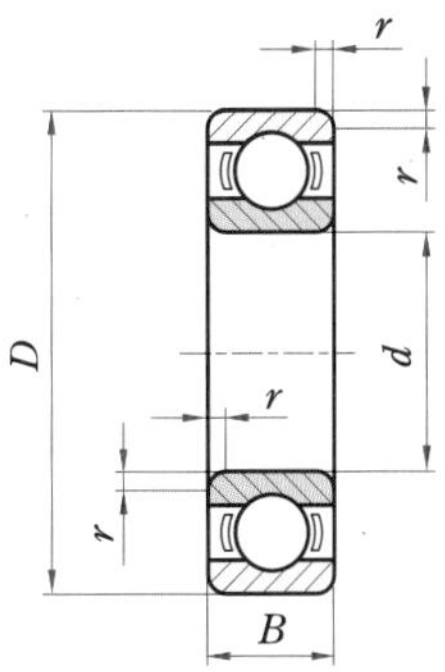

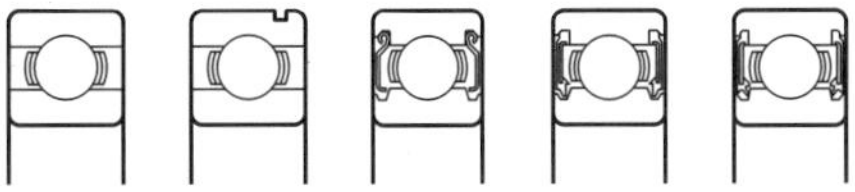

개방형 스냅링 홈형 실드형 비접촉고무 실형 접촉고무 실형

실드형 베어링

지름 계열 0(치수계열 10) (단위 : mm)

호칭번호	*d*	*D*	*B*	*r*
603	3	9	3	0.15
604	4	12	4	0.2
605	5	14	5	0.2
606	6	17	6	0.3
607	7	19	6	0.3
608	8	22	7	0.3
609	9	24	7	0.3
6000	10	26	8	0.3
6001	12	28	8	0.3
6002	15	32	9	0.3
6003	17	35	10	0.3
6004	20	42	12	0.6
60/22	22	44	12	0.6
6005	25	47	12	0.6
60/28	28	52	12	0.6
6006	30	55	13	1
60/32	32	58	13	1
6007	35	62	14	1
6008	40	68	15	1
6009	45	75	16	1
6010	50	80	16	1
6011	55	90	18	1.1
6012	60	95	18	1.1
6013	65	100	18	1.1
6014	70	110	20	1.1

지름 계열 2(치수계열 02) (단위 : mm)

호칭번호	*d*	*D*	*B*	*r*
623	3	10	4	0.15
624	4	13	5	0.2
625	5	16	5	0.3
626	6	19	6	0.3
627	7	22	7	0.3
628	8	24	8	0.3
629	9	26	8	0.3
6200	10	30	9	0.6
6201	12	32	10	0.6
6202	15	35	11	0.6
6203	17	40	12	0.6
6204	20	47	14	1
62/22	22	50	14	1
6205	25	52	15	1
62/28	28	58	16	1
6206	30	62	16	1
62/32	32	65	17	1
6207	35	72	17	1.1
6208	40	80	18	1.1
6209	45	85	19	1.1
6210	50	90	20	1.1
6211	55	100	21	1.5
6212	60	110	22	1.5
6213	65	120	23	1.5
6214	70	125	24	1.5

46. 깊은 홈 볼 베어링(계속)

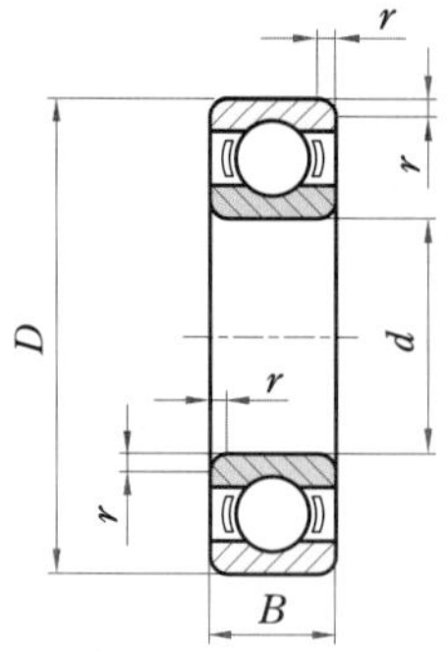

실드형 베어링

지름 계열 3(치수계열 03) (단위 : mm)					지름 계열 4(치수계열 04) (단위 : mm)				
호칭번호	*d*	*D*	*B*	*r*	호칭번호	*d*	*D*	*B*	*r*
633	3	13	5	0.2	–	–	–	–	–
634	4	16	5	0.3	–	–	–	–	–
635	5	19	6	0.3	–	–	–	–	–
636	6	22	7	0.3	–	–	–	–	–
637	7	26	9	0.3	–	–	–	–	–
638	8	28	9	0.3	648	8	30	10	0.6
639	9	30	10	0.6	649	9	32	11	0.6
6300	10	35	11	0.6	6400	10	37	12	0.6
6301	12	37	12	1	6401	12	42	13	1
6302	15	42	13	1	6402	15	52	15	1.1
6303	17	47	14	1	6403	17	62	17	1.1
6304	20	52	15	1.1	6404	20	72	19	1.1
63/22	22	56	16	1.1	–	–	–	–	–
6305	25	62	17	1.1	6405	25	80	21	1.5
63/28	28	68	18	1.1	–	–	–	–	–
6306	30	72	19	1.1	6406	30	90	23	1.5
63/32	32	75	20	1.1	–	–	–	–	–
6307	35	80	21	1.5	6407	35	100	25	1.5
6308	40	90	23	1.5	6408	40	110	27	2
6309	45	100	25	1.5	6409	45	120	29	2
6310	50	110	27	2	6410	50	130	31	2.1
6311	55	120	29	2	6411	55	140	33	2.1
6312	60	130	31	2.1	6412	60	150	35	2.1
6313	65	140	33	2.1	6413	65	160	37	2.1
6314	70	150	35	2.1	6414	70	180	42	3

47. 앵귤러 볼 베어링

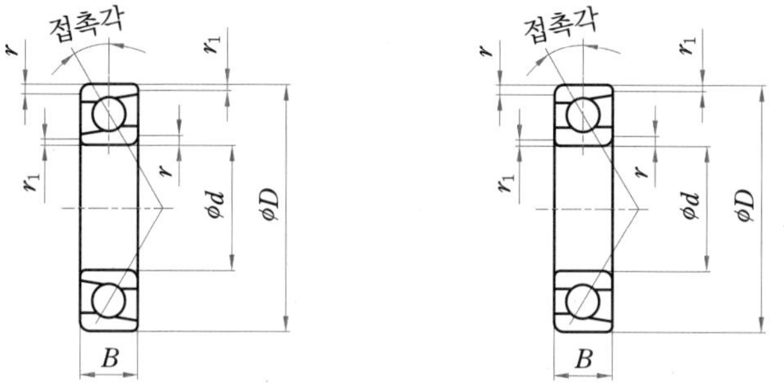

호칭 접촉각	
C	10° 초과 22° 이하
A	20° 초과 32° 이하
B	32° 초과 45° 이하

(단위 : mm)

베어링 계열 70 호칭 번호(1)			치 수				
			d	*D*	*B*	r_{min}(2)	참 고 $r_{1\,min}$(2)
7000A	7000B	7000C	10	26	8	0.3	0.15
7001A	7001B	7001C	12	28	8	0.3	0.15
7002A	7002B	7002C	15	32	9	0.3	0.15
7003A	7003B	7003C	17	35	10	0.3	0.15
7004A	7004B	7004C	20	42	12	0.6	0.3
7005A	7005B	7005C	25	47	12	0.6	0.3
7006A	7006B	7006C	30	55	13	1	0.6
7007A	7007B	7007C	35	62	14	1	0.6
7008A	7008B	7008C	40	68	15	1	0.6
7009A	7009B	7009C	45	75	16	1	0.6
7010A	7010B	7010C	50	80	16	1	0.6
7011A	7011B	7011C	55	90	18	1.1	0.6
7012A	7012B	7012C	60	95	18	1.1	0.6
7013A	7013B	7013C	65	100	18	1.1	0.6
7014A	7014B	7014C	70	110	20	1.1	0.6

주 (1) : 접촉각 기호 A는 생략할 수 있다.
(2) : 내륜 및 외륜의 최소 허용 모떼기 치수이다.

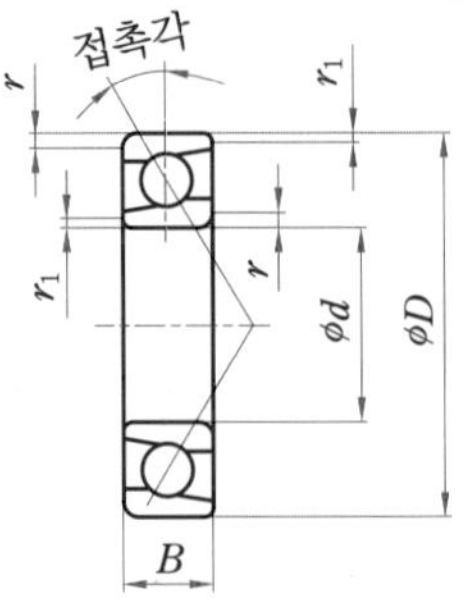

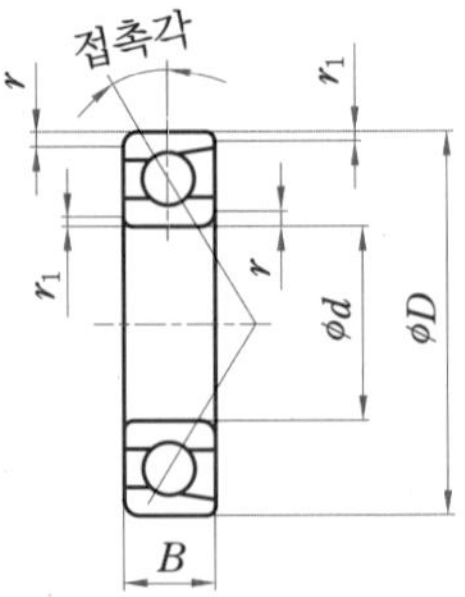

호칭 접촉각	
C	10° 초과 22° 이하
A	20° 초과 32° 이하
B	32° 초과 45° 이하

(단위 : mm)

베어링 계열 72 호칭 번호([1])			치 수				참 고
			d	D	B	r_{min}([2])	$r_{1\,min}$([2])
7200A	7200B	7200C	10	30	9	0.6	0.3
7201A	7201B	7201C	12	32	10	0.6	0.3
7202A	7202B	7202C	15	35	11	0.6	0.3
7203A	7203B	7203C	17	40	12	0.6	0.3
7204A	7204B	7204C	20	47	14	1	0.6
7205A	7205B	7205C	25	52	15	1	0.6
7206A	7206B	7206C	30	62	16	1	0.6
7207A	7207B	7207C	35	72	17	1.1	0.6
7208A	7208B	7208C	40	80	18	1.1	0.6
7209A	7209B	7209C	45	85	19	1.1	0.6
7210A	7210B	7210C	50	90	20	1.1	0.6
7211A	7211B	7211C	55	100	21	1.5	1
7212A	7212B	7212C	60	110	22	1.5	1
7213A	7213B	7213C	65	120	23	1.5	1
7214A	7214B	7214C	70	125	24	1.5	1

주 ([1]) : 접촉각 기호 A는 생략할 수 있다.
([2]) : 내륜 및 외륜의 최소 허용 모떼기 치수이다.

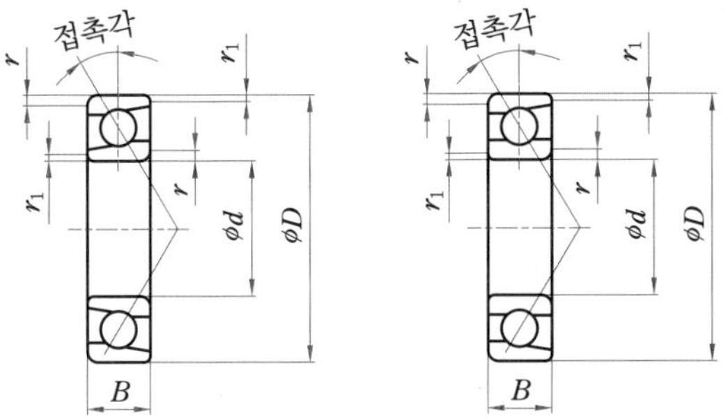

호칭 접촉각	
C	10° 초과 22° 이하
A	20° 초과 32° 이하
B	32° 초과 45° 이하

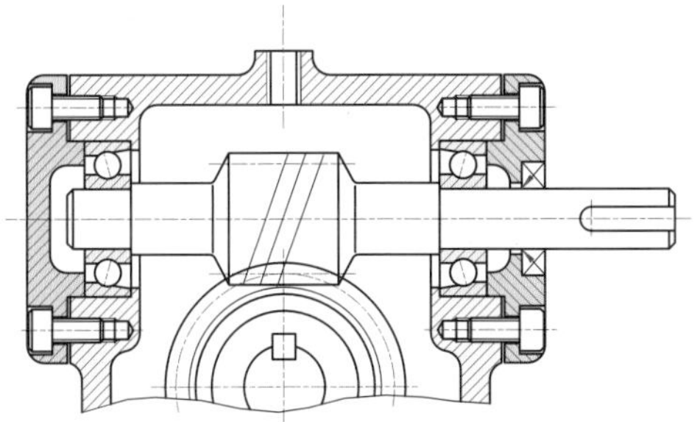

웜기어 전동장치는 웜에 축방향 힘이 작용하게 되므로 앵귤러 볼 베어링을 사용한다.

(단위 : mm)

베어링 계열 73 호칭 번호([1])			치수				참고
			d	D	B	r_{min}([2])	$r_{1\,min}$([2])
7300A	7300B	7300C	10	35	11	0.6	0.3
7301A	7301B	7301C	12	37	12	1	0.6
7302A	7302B	7302C	15	42	13	1	0.6
7303A	7303B	7303C	17	47	14	1	0.6
7304A	7304B	7304C	20	52	15	1.1	0.6
7305A	7305B	7305C	25	62	17	1.1	0.6
7306A	7306B	7306C	30	72	19	1.1	0.6
7307A	7307B	7307C	35	80	21	1.5	1
7308A	7308B	7308C	40	90	23	1.5	1
7309A	7309B	7309C	45	100	25	1.5	1
7310A	7310B	7310C	50	110	27	2	1
7311A	7311B	7311C	55	120	29	2	1
7312A	7312B	7312C	60	130	31	2.1	1.1
7313A	7313B	7313C	65	140	33	2.1	1.1
7314A	7314B	7314C	70	150	35	2.1	1.1
7315A	7315B	7315C	75	160	37	2.1	1.1
7316A	7316B	7316C	80	170	39	2.1	1.1
7317A	7317B	7317C	85	180	41	3	1.1

주 ([1]) : 접촉각 기호 A는 생략할 수 있다.
([2]) : 내륜 및 외륜의 최소 허용 모떼기 치수이다.

47. 앵귤러 볼 베어링 (계속)

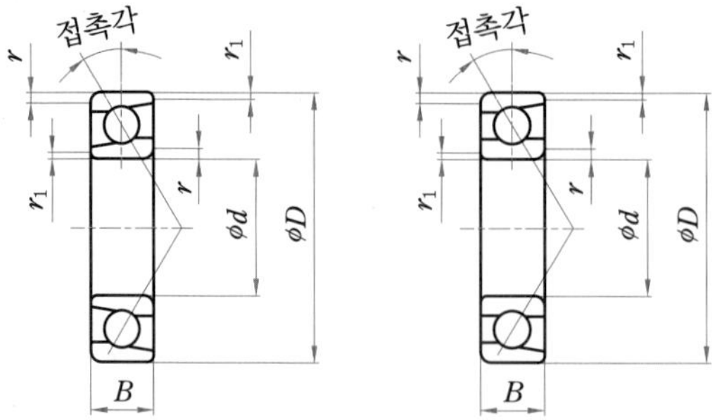

호칭 접촉각	
C	10° 초과 22° 이하
A	20° 초과 32° 이하
B	32° 초과 45° 이하

(단위 : mm)

호칭 번호([1])	치 수				참 고
	d	D	B	r_{min}([2])	$r_{1\,min}$([2])
7404A	20	72	10	1.1	0.6
7405A	25	80	21	1.5	1
7406A	30	100	23	1.5	1
7407A	35	100	25	1.5	1
7408A	40	110	27	2	1
7409A	45	120	29	2	1
7410A	50	130	31	2.1	1.1
7411A	55	140	33	2.1	1.1
7412A	60	150	35	2.1	1.1
7413A	65	160	37	2.1	1.1
7414A	70	180	42	3	1.1
7415A	75	190	45	3	1.1
7416A	80	200	48	3	1.1
7417A	85	210	52	4	1.5
7418A	90	225	54	4	1.5

주 ([1]) : 접촉각 기호 A는 생략할 수 있다.
([2]) : 내륜 및 외륜의 최소 허용 모떼기 치수이다.

조합 앵귤러 볼 베어링의 형식

조합 베어링	형 식	특 징
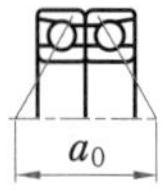	배면 조합형	레이디얼 하중과 양방향 액시얼 하중을 부하할 수 있다. 작용점 거리 a_0가 크기 때문에 모멘트 하중이 작용하는 경우에 적합하다.
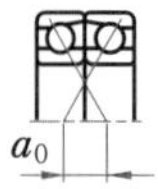	정면 조합형	레이디얼 하중과 양방향 액시얼 하중을 부하할 수 있다. 배면 조합에 비해 작용점 거리 a_0가 작기 때문에 모멘트 하중에 대한 부하능력은 떨어진다.
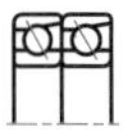	병렬 조합형	레이디얼 하중과 한 방향의 액시얼 하중을 부하할 수 있다. 액시얼 하중이 큰 경우에 사용한다.

48. 자동 조심 볼 베어링

KS B 2025

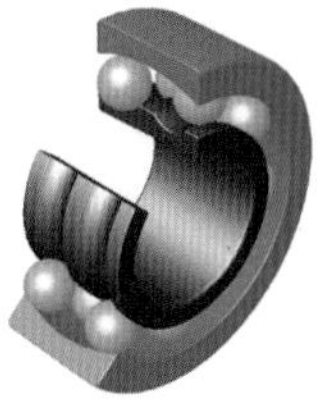

원통 구멍

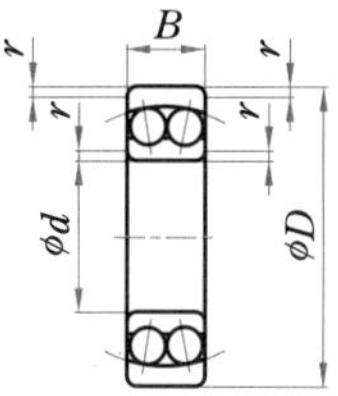

테이퍼 구멍

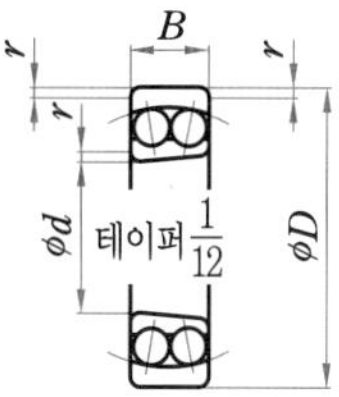

외륜의 궤도가 구면으로 되어 있어서 내륜을 외륜에 대해 임의의 각도로 기울일 수 있다. 하우징의 설치 불량에 의한 축 중심의 뒤틀림이 자동적으로 조정된다.

(단위 : mm)

베어링 계열 12						베어링 계열 22					
호칭 번호		치 수				호칭 번호		치 수			
원통 구멍	테이퍼 구멍	d	D	B	r	원통 구멍	테이퍼 구멍	d	D	B	r
1200	–	10	30	9	0.6	2200	–	10	30	14	0.6
1201	–	12	32	10	0.6	2201	–	12	32	14	0.6
1202	–	15	35	11	0.6	2202	–	15	35	14	0.6
1203	–	17	40	12	0.6	2203	–	17	40	16	0.6
1204	1204K	20	47	14	1	2204	2204K	20	47	18	1
1205	1205K	25	52	15	1	2205	2205K	25	52	18	1
1206	1206K	30	62	16	1	2206	2206K	30	62	20	1
1207	1207K	35	72	17	1.1	2207	2207K	35	72	23	1.1
1208	1208K	40	80	18	1.1	2208	2208K	40	80	23	1.1
1209	1209K	45	85	19	1.1	2209	2209K	45	85	23	1.1
1210	1210K	50	90	20	1.1	2210	2210K	50	90	23	1.1
1211	1211K	55	100	21	1.5	2211	2211K	55	100	25	1.5
1212	1212K	60	110	22	1.5	2212	2212K	60	110	28	1.5
1213	1213K	65	120	23	1.5	2213	2213K	65	120	31	1.5
1214	–	70	125	24	1.5	2214	–	70	125	31	1.5
1215	1215K	75	130	25	1.5	2215	2215K	75	130	31	1.5
1216	1216K	80	140	26	2	2216	2216K	80	140	33	2
1217	1217K	85	150	28	2	2217	2217K	85	150	36	2
1218	1218K	90	160	30	2	2218	2218K	90	160	40	2
1219	1219K	95	170	32	2.1	2219	2219K	95	170	43	2.1
1220	1220K	100	180	34	2.1	2220	2220K	100	180	46	2.1
1221	–	105	190	36	2.1	2221	–	105	190	50	2.1
1222	1222K	110	200	38	2.1	2222	2222K	110	200	53	2.1

48. 자동 조심 볼 베어링(계속)

원통 구멍 테이퍼 구멍

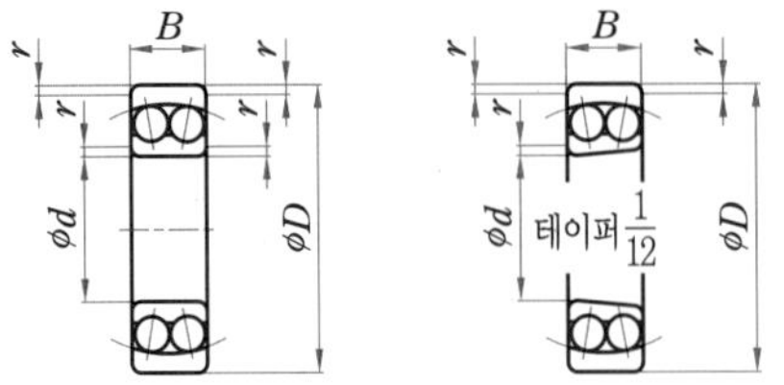

자동 조심 볼 베어링은 플러머 블록에 삽입하여 설치한다.

(단위 : mm)

베어링 계열 13						베어링 계열 23					
호칭 번호		치 수				호칭 번호		치 수			
원통 구멍	테이퍼 구멍	*d*	*D*	*B*	*r*	원통 구멍	테이퍼 구멍	*d*	*D*	*B*	*r*
1300	–	10	35	11	0.6	2300	–	10	35	17	0.6
1301	–	12	37	12	1	2301	–	12	37	17	1
1302	–	15	42	13	1	2302	–	15	42	17	1
1303	–	17	47	14	1	2303	–	17	47	19	1
1304	1304K	20	52	15	1.1	2304	2304K	20	52	21	1.1
1305	1305K	25	62	17	1.1	2305	2305K	25	62	24	1.1
1306	1306K	30	72	19	1.1	2306	2306K	30	72	27	1.1
1307	1307K	35	80	21	1.5	2307	2307K	35	80	31	1.5
1308	1308K	40	90	23	1.5	2308	2308K	40	90	33	1.5
1309	1309K	45	100	25	1.5	2309	2309K	45	100	36	1.5
1310	1310K	50	110	27	2	2310	2310K	50	110	40	2
1311	1311K	55	120	29	2	2311	2311K	55	120	43	2
1312	1312K	60	130	31	2.1	2312	2312K	60	130	46	2.1
1313	1313K	65	140	33	2.1	2313	2313K	65	140	48	2.1
1314	–	70	150	35	2.1	2314	–	70	150	51	2.1

플러머 블록

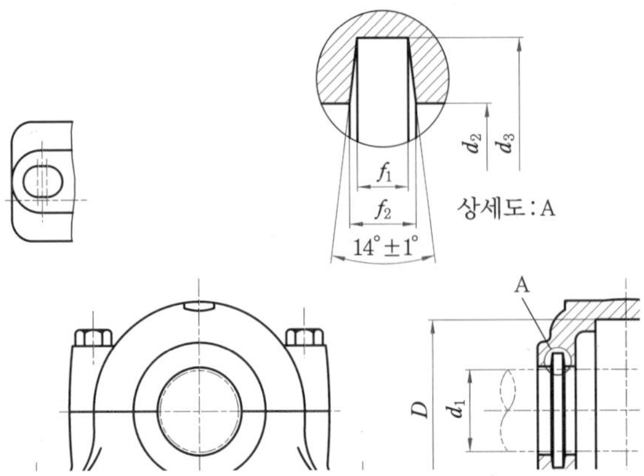

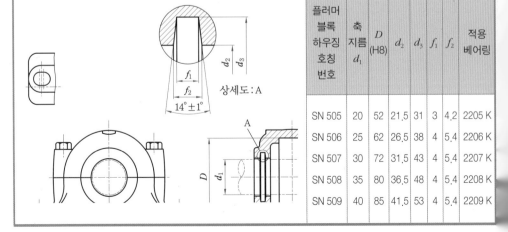

플러머 블록 하우징 호칭 번호	축 지름 d_1	D (H8)	d_2	d_3	f_1	f_2	적용 베어링
SN 505	20	52	21.5	31	3	4.2	2205 K
SN 506	25	62	26.5	38	4	5.4	2206 K
SN 507	30	72	31.5	43	4	5.4	2207 K
SN 508	35	80	36.5	48	4	5.4	2208 K
SN 509	40	85	41.5	53	4	5.4	2209 K

49. 자동 조심 롤러 베어링

KS B 2028

원통 구멍 / 테이퍼 구멍

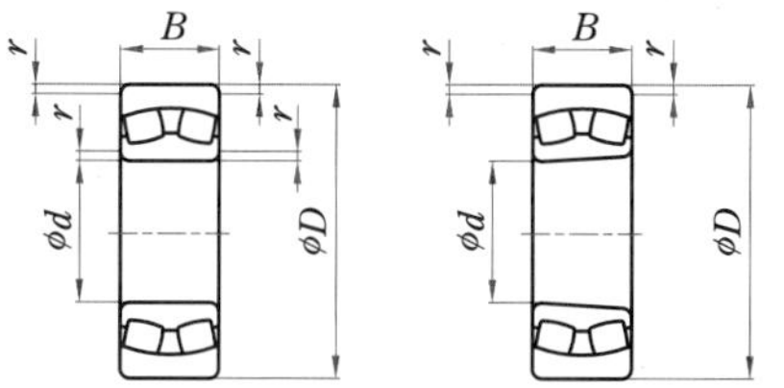

베어링 계열
230, 231 222, 232 213, 223

(단위 : mm)

베어링 계열 222						베어링 계열 232					
호칭 번호		치 수				호칭 번호		치 수			
원통 구멍	테이퍼 구멍	*d*	*D*	*B*	*r*	원통 구멍	테이퍼 구멍	*d*	*D*	*B*	*r*
22205	22205K	25	52	18	1	–	–	–	–	–	–
22206	22206K	30	62	20	1	–	–	–	–	–	–
22207	22207K	35	72	23	1.1	–	–	–	–	–	–
22208	22208K	40	80	23	1.1	–	–	–	–	–	–
22209	22209K	45	85	23	1.1	–	–	–	–	–	–
22210	22210K	50	90	23	1.1	–	–	–	–	–	–
22211	22211K	55	100	25	1.5	–	–	–	–	–	–
22212	22212K	60	110	28	1.5	–	–	–	–	–	–
22213	22213K	65	120	31	1.5	–	–	–	–	–	–
22214	22214K	70	125	31	1.5	–	–	–	–	–	–
22215	22215K	75	130	31	1.5	–	–	–	–	–	–
22216	22216K	80	140	33	2	–	–	–	–	–	–

비고 : 1. 베어링 계열 222 및 232 베어링의 치수 계열은 각각 22 및 32이다.
2. 내륜에 턱이 없는 구조 등이 있다.

50. 그리스 니플

KS B 2801

A형

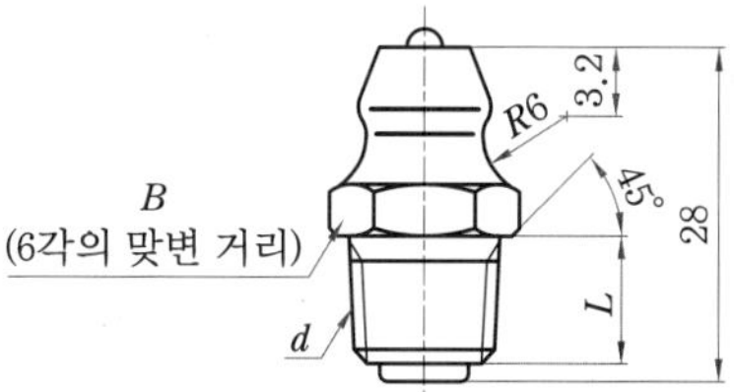

(단위 : mm)

형 식	나사의 호칭지름 (*d*)	*H*	*L*	*B*	나사의 종류
A–M6F	M6×0.75	14.5±0.4	5	$7^{\ 0}_{-0.2}$	미터 가는 나사
A–MT6×0.75	MT6×0.75	14.5±0.4	5	$7^{\ 0}_{-0.2}$	테이퍼 나사 (나사산의 각도 60°)
A–PT 1/8	PT 1/8	20±0.4	8	$10^{\ 0}_{-0.2}$	관용 테이퍼 나사 (나사산의 각도 55°)
A–PT 1/4	PT 1/4	25±0.4	11	$14^{\ 0}_{-0.2}$	

51 원통 롤러 베어링

베어링 형식 기호

단 열	내륜 턱 없음	외륜 양쪽 턱붙이	NU	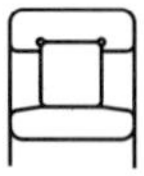	NU 10 NU 2, NU 22 NU 3, NU 23 NU 4
	내륜 한쪽 턱붙이		NJ	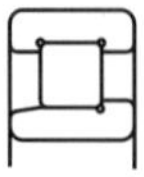	NJ 2, NJ 22 NJ 3, NJ 23 NJ 4
	내륜 한쪽 턱붙이, 칼라 있음		NH	 (L형 칼라 조합)	NH 2, NH 22 NH 3, NH 23 NH 4
			NUP	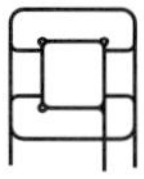	NUP 2, NUP 22 NUP 3, NUP 23 NUP 4
	내륜 양쪽 턱붙이	외륜 턱 없음	N	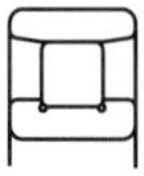	N 2 N 3 N 4
		외륜 한쪽 턱붙이	NF	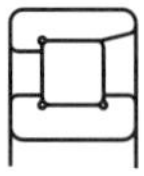	NF 2 NF 3 NF 4
복 렬	내륜 턱붙이	외륜 턱 없음	NN		NN 30
	내륜 턱 없음	외륜 턱붙이	NNU	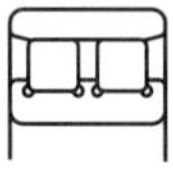	NNU 30

51. 원통 롤러 베어링(계속)

KS B 2026

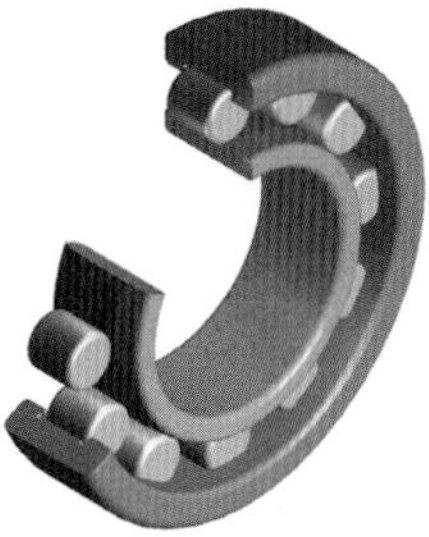

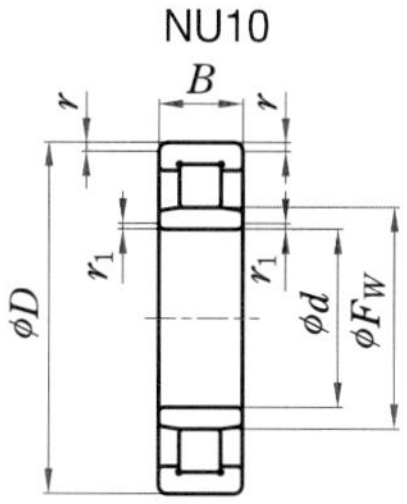

(단위 : mm)

호칭번호	치 수					참 고
	d	D	B	r	F_w	r_1
NU1005	25	47	12	0.6	30.5	0.3
NU1006	30	55	13	1	36.5	0.6
NU1007	35	62	14	1	42	0.6
NU1008	40	68	15	1	47	0.6
NU1009	45	75	16	1	52.5	0.6
NU1010	50	80	16	1	57.5	0.6
NU1011	55	90	18	1.1	64.5	1
NU1012	60	95	18	1.1	69.5	1
NU1013	65	100	18	1.1	74.5	1
NU1014	70	110	20	1.1	80	1
NU1015	75	115	20	1.1	85	1
NU1016	80	125	22	1.1	91.5	1
NU1017	85	130	22	1.1	96.5	1
NU1018	90	140	24	1.5	103	1.1
NU1019	95	145	24	1.5	108	1.1
NU1020	100	150	24	1.5	113	1.1
NU1021	105	160	26	2	119.5	1.1
NU1022	110	170	28	2	125	1.1
NU1024	120	180	28	2	135	1.1
NU1026	130	200	33	2	148	1.1
NU1028	140	210	33	2	158	1.1
NU1030	150	225	35	2.1	169.5	1.5
NU1032	160	240	38	2.1	180	1.5
NU1034	170	260	42	2.1	193	2.1
NU1036	180	280	46	2.1	205	2.1
NU1038	190	290	46	2.1	215	2.1
NU1040	200	310	51	2.1	229	2.1

베어링

51. 원통 롤러 베어링(계속)

KS B 2026

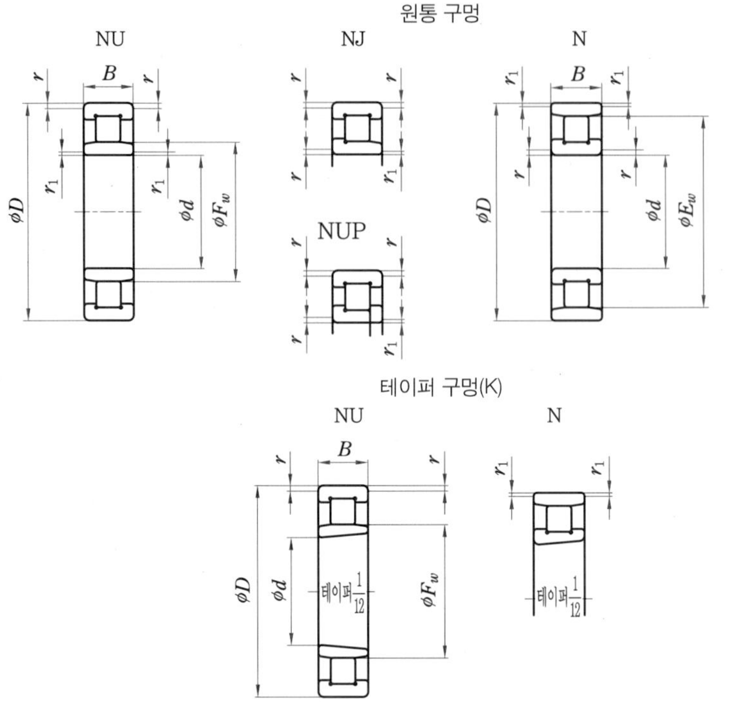

(단위 : mm)

호칭 번호							치 수				
원통 구멍					테이퍼 구멍		d	D	B	r	r_1
NU2, NJ2, NUP2,N2,NF2 계열											
–	–	–	N203	–	–	–	17	40	12	0.6	0.3
NU204	NJ204	NUP204	N204	NF204	NU204K	–	20	47	14	1	0.6
NU205	NJ205	NUP205	N205	NF205	NU205K	–	25	52	15	1	0.6
NU206	NJ206	NUP206	N206	NF206	NU206K	N206K	30	62	16	1	0.6
NU207	NJ207	NUP207	N207	NF207	NU207K	N207K	35	72	17	1.1	0.6
NU208	NJ208	NUP208	N208	NF208	NU208K	N208K	40	80	18	1.1	1.1
NU209	NJ209	NUP209	N209	NF209	NU209K	N209K	45	85	19	1.1	1.1
NU3, NJ3, NUP3, N3, NF3 계열											
NU304	NJ304	NUP304	N304	NF304	NU304K	–	20	52	15	1.1	0.6
NU305	NJ305	NUP305	N305	NF305	NU305K	–	25	62	17	1.1	1.1
NU306	NJ306	NUP306	N306	NF306	NU306K	N306K	30	72	19	1.1	1.1
NU307	NJ307	NUP307	N307	NF307	NU307K	N307K	35	80	21	1.5	1.1
NU308	NJ308	NUP308	N308	NF308	NU308K	N308K	40	90	23	1.5	1.5
NU309	NJ309	NUP309	N309	NF309	NU309K	N309K	45	100	25	1.5	1.5
NU310	NJ310	NUP310	N310	NF310	NU310K	N310K	50	110	27	2	2
NU4, NJ4, NUP4, N4, NF4 계열											
NU406	NJ406	NUP406	N406	NF406			30	90	23	1.5	1.5
NU407	NJ407	NUP407	N407	NF407			35	100	25	1.5	1.5
NU408	NJ408	NUP408	N408	NF408			40	110	27	2	2
NU409	NJ409	NUP409	N409	NF409			45	120	29	2	2
NU410	NJ410	NUP410	N410	NF410			50	130	31	2.1	2.1
NU411	NJ411	NUP411	N411	NF411			55	140	33	2.1	2.1

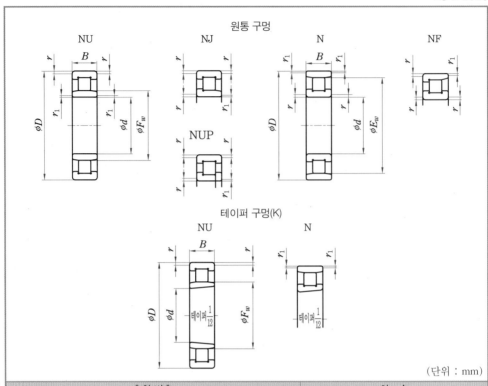

51. 원통 롤러 베어링(계속)

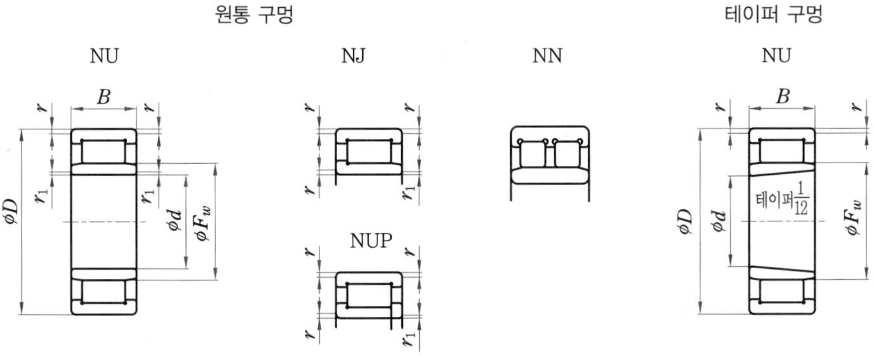

(단위 : mm)

호칭 번호				치 수				
원통 구멍			테이퍼 구멍	d	D	B	r	r_1
NU22, NJ22, NUP22 계열								
NU2204	NJ2204	NUP2204	NU2204K	20	47	18	1	0.6
NU2205	NJ2205	NUP2205	NU2205K	25	52	18	1	0.6
NU2206	NJ2206	NUP2206	NU2206K	30	62	20	1	0.6
NU2207	NJ2207	NUP2207	NU2207K	35	72	23	1.1	0.6
NU2208	NJ2208	NUP2208	NU2208K	40	80	23	1.1	1.1
NU2209	NJ2209	NUP2209	NU2209K	45	85	23	1.1	1.1
NU23, NJ23, NUP23 계열								
NU2305	NJ2305	NUP2305	NU2305K	25	62	24	1.1	1.1
NU2306	NJ2306	NUP2306	NU2306K	30	72	27	1.1	1.1
NU2307	NJ2307	NUP2307	NU2307K	35	80	31	1.5	1.1
NU2308	NJ2308	NUP2308	NU2308K	40	90	33	1.5	1.5
NU2309	NJ2309	NUP2309	NU2309K	45	100	36	1.5	1.5
NU2310	NJ2310	NUP2310	NU2310K	50	110	40	2	2
NN30 계열								
NN3005			NN3005K	25	47	16	0.6	0.6
NN3006			NN3006K	30	55	19	1	1
NN3007			NN3007K	35	62	20	1	1
NN3008			NN3008K	40	68	21	1	1
NN3009			NN3009K	45	75	23	1	1
NN3010			NN3010K	50	80	23	1	1

베어링

52. 테이퍼 롤러 베어링(ISO 355의 호칭방법 적용)

KS B 2027

치수 계열 호칭 방법

① 첫 번째 기호는 접촉각 범위를 나타내는 각도 계열의 숫자 문자이다.

② 두 번째 기호는 안지름에 관계되는 바깥지름의 수치적 범위를 나타내는 지름 계열의 알파벳 문자이다.

③ 세 번째 기호는 단면 높이에 관계되는 너비의 수치적 범위를 나타내는 너비 계열의 알파벳 문자이다.

각도 계열 호칭	접촉각	
	초 과	이 하
1	장래 사용을 위해 비워둔다.	
2	10°	13° 52′
3	13° 52′	15° 59′
4	15° 59′	18° 55′
5	18° 55′	23°
6	23°	27°
7	27°	30°

지름 계열 호칭	$\frac{D}{d^{0.77}}$	
	초 과	이 하
A	장래 사용을 위해 비워둔다.	
B	3.40	3.80
C	3.80	4.40
D	4.40	4.70
E	4.70	5.00
F	5.00	5.60
G	5.60	7.00

나비 계열 호칭	$\frac{T}{(D-d)^{0.95}}$	
	초 과	이 하
A	장래 사용을 위해 비워둔다.	
B	0.50	0.68
C	0.68	0.80
D	0.80	0.88
E	0.88	1.00

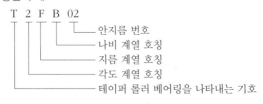

호칭 방법의 예

T 2 F B 02

- 02 — 안지름 번호
- B — 나비 계열 호칭
- F — 지름 계열 호칭
- 2 — 각도 계열 호칭
- T — 테이퍼 롤러 베어링을 나타내는 기호

52. 테이퍼 롤러 베어링(계속)

KS B 2027

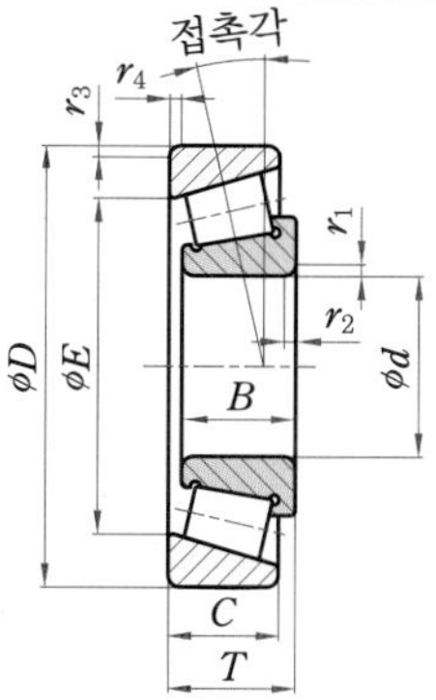

d : 베어링 호칭 안지름
D : 베어링 호칭 바깥지름
T : 호칭 베어링 너비
B : 호칭 내륜 너비
C : 호칭 컵(외륜) 너비
E : 호칭 외륜의 작은 안지름
r_1 : 내륜 배면 모떼기 높이
r_2 : 내륜 배면 모떼기 너비
r_3 : 외륜 배면 모떼기 높이
r_4 : 외륜 배면 모떼기 너비

접촉각 계열 2

(단위 : mm)

d	D	T	B	C	r_1 r_2	r_3 r_4	접촉각	E	치수 계열
15	42	14.25	13	11	1	1	10° 45′ 29″	33.272	2FB
17	40	13.25	12	11	1	1	12° 57′ 10″	31.408	2DB
17	40	17.25	16	14	1	1	11° 45′	31.170	2DD
17	47	15.25	14	12	1	1	10° 45′ 29″	37.420	2FB
17	47	20.25	19	16	1	1	10° 45′ 29″	36.090	2FD
20	37	12	12	9	0.3	0.3	12°	29.621	2BD
20	45	17	17.5	13.5	1	1	12°	35.815	2DC
20	47	15.25	14	12	1	1	12° 57′ 10″	37.304	2DB
20	47	19.25	18	15	1	1	12° 28′	35.810	2DD
20	50	22	22	18.5	2	1.5	12° 30′	38.063	2ED
20	52	16.25	15	13	1.5	1.5	11° 18′ 36″	41.318	2FB
20	52	22.25	21	18	1.5	1.5	11° 18′ 36″	39.518	2FD
22	40	12	12	9	0.3	0.3	12°	32.665	2BC
22	47	17	17.5	13.5	1	1	12° 35′	37.542	2CC
22	52	22	22	18.5	2	1.5	12° 14′	40.548	2ED
25	42	12	12	9	0.3	0.3	12°	34.608	2BD
25	47	17	17	14	0.6	0.6	10° 55′	38.278	2CE
25	50	17	17.5	13.5	1.5	1	13° 30′	40.205	2CC
25	52	19.25	18	16	1	1	13° 30′	41.331	2CD
25	52	22	22	18	1	1	13° 10′	40.441	2DE
25	58	26	26	21	2	1.5	12° 30′	44.805	2EE
25	62	18.25	17	15	1.5	1.5	11° 18′ 36″	50.637	2FE
25	62	25.25	24	20	1.5	1.5	11° 18′ 36″	48.637	2FD

접촉각 계열 3

(단위 : mm)

d	D	T	B	C	r_1 r_2	r_3 r_4	접촉각	E	치수 계열
20	42	15	15	12	0.6	0.6	14°	32.781	3CC
22	44	15	15	11.5	0.6	0.6	14° 50′	34.708	3CC
25	52	16.25	15	13	1	1	14° 02′ 10″	41.135	3CC
30	62	17.25	16	14	1	1	14° 02′ 10″	49.990	3DB
30	62	21.25	20	17	1	1	14° 02′ 10″	48.982	3DC
32	65	18.25	17	15	1	1	14°	52.500	3DB
35	72	18.25	17	15	1.5	1.5	14° 02′ 10″	58.844	3DB
35	72	24.25	23	19	1.5	1.5	14° 02′ 10″	57.087	3DC
40	68	19	19	14.5	1	1	14° 10′	56.897	3CD
40	80	19.75	18	16	1.5	1.5	14° 02′ 10″	65.730	3DB
40	80	24.75	23	19	1.5	1.5	14° 02′ 10″	64.715	3DC

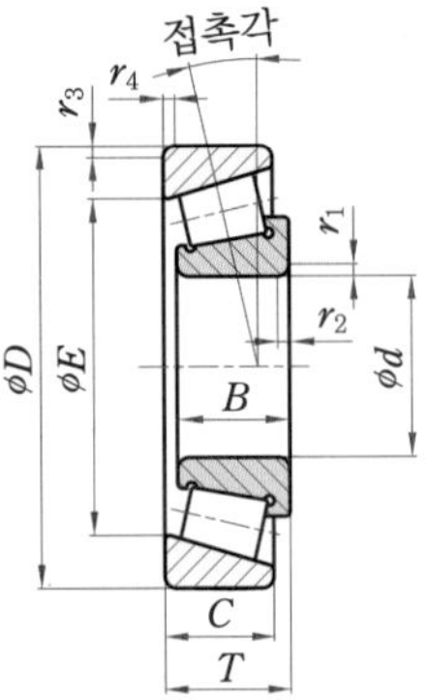

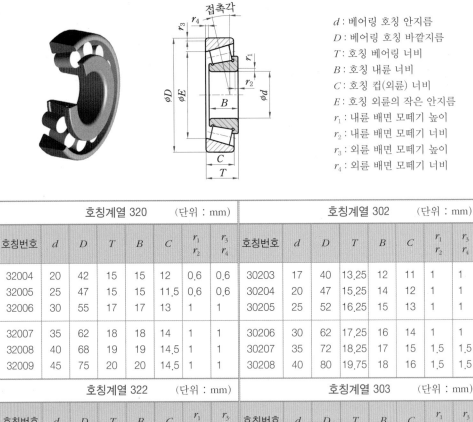

d : 베어링 호칭 안지름
D : 베어링 호칭 바깥지름
T : 호칭 베어링 너비
B : 호칭 내륜 너비
C : 호칭 컵(외륜) 너비
E : 호칭 외륜의 작은 안지름
r_1 : 내륜 배면 모떼기 높이
r_2 : 내륜 배면 모떼기 너비
r_3 : 외륜 배면 모떼기 높이
r_4 : 외륜 배면 모떼기 너비

호칭계열 320 (단위 : mm)

호칭번호	d	D	T	B	C	r_1 r_2	r_3 r_4
32004	20	42	15	15	12	0.6	0.6
32005	25	47	15	15	11.5	0.6	0.6
32006	30	55	17	17	13	1	1
32007	35	62	18	18	14	1	1
32008	40	68	19	19	14.5	1	1
32009	45	75	20	20	14.5	1	1

호칭계열 302 (단위 : mm)

호칭번호	d	D	T	B	C	r_1 r_2	r_3 r_4
30203	17	40	13.25	12	11	1	1
30204	20	47	15.25	14	12	1	1
30205	25	52	16.25	15	13	1	1
30206	30	62	17.25	16	14	1	1
30207	35	72	18.25	17	15	1.5	1.5
30208	40	80	19.75	18	16	1.5	1.5

호칭계열 322 (단위 : mm)

호칭번호	d	D	T	B	C	r_1 r_2	r_3 r_4
32203	17	40	17.25	16	14	1	1
32204	20	47	19.25	18	15	1	1
32205	25	52	19.25	18	16	1	1
32206	30	62	21.25	20	17	1	1
32207	35	72	24.25	23	19	1.5	1.5
32208	40	80	25.75	23	19	1.5	1.5

호칭계열 303 (단위 : mm)

호칭번호	d	D	T	B	C	r_1 r_2	r_3 r_4
30302	15	42	14.25	13	11	1	1
30303	17	47	15.25	14	12	1	1
30304	20	52	16.25	15	13	1	1
30305	25	62	18.25	17	15	1	1
30306	30	72	20.75	18	16	1.5	1.5
30307	35	80	22.75	21	18	1.5	1.5

호칭계열 323 (단위 : mm)

호칭번호	d	D	T	B	C	r_1 r_2	r_3 r_4
30203	17	47	20.25	19	16	1	1
30204	20	52	22.25	21	18	1.5	1.5
30205	25	62	25.25	24	20	1.5	1.5
30206	30	72	28.75	27	23	1.5	1.5
30207	35	80	32.75	31	25	2	1.5
30208	40	90	35.25	33	27	2	1.5

호칭계열 303 D 급경사형 (단위 : mm)

호칭번호	d	D	T	B	C	r_1 r_2	r_3 r_4
30305 D	25	62	18.25	17	13	1.5	1.5
30306 D	30	72	20.75	19	14	1.5	1.5
30307 D	35	80	22.75	21	15	2	1.5

계열 303의 D부호가 붙은 것은 접촉각이 큰 경우에 해당된다.

53. 니들 롤러 베어링

KS B 2029

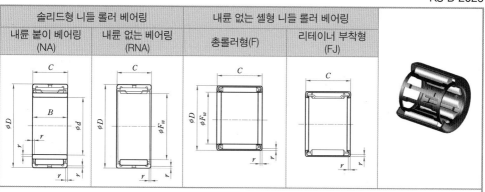

솔리드형 니들 롤러 베어링		내륜 없는 셀형 니들 롤러 베어링		
내륜 붙이 베어링 (NA)	내륜 없는 베어링 (RNA)	총롤러형(F)	리테이너 부착형 (FJ)	
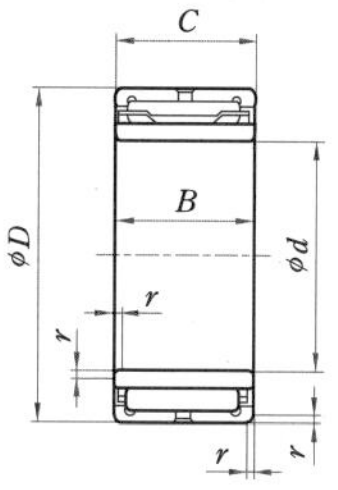	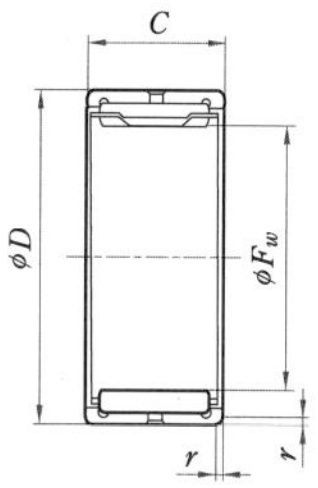	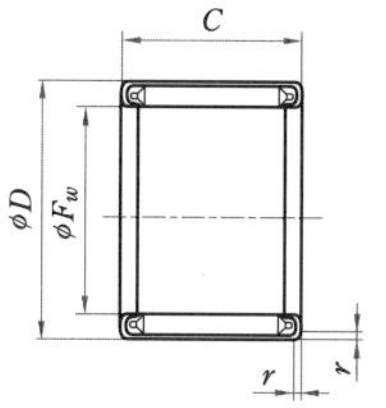	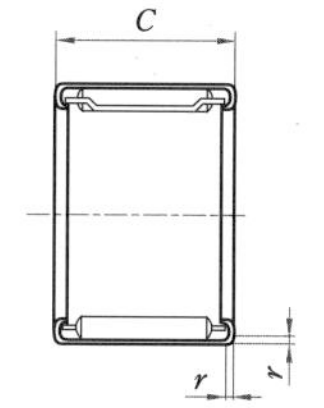	

베어링 계열 NA 49와 RNA 49의 호칭 번호 및 치수 (단위 : mm)

내륜 붙이 베어링					내륜 없는 베어링				
호칭 번호	d	D	B 및 C	r	호칭 번호	F_w	D	C	r
–	–	–	–	–	RNA 493	5	11	10	0.15
–	–	–	–	–	RNA 494	6	12	10	0.15
NA 495	5	13	10	0.15	RNA 495	7	13	10	0.15
NA 496	6	15	10	0.15	RNA 496	8	15	10	0.15
NA 497	7	17	10	0.15	RNA 497	9	17	10	0.15
NA 498	8	19	11	0.2	RNA 498	10	19	11	0.2
NA 499	9	20	11	0.3	RNA 499	12	20	11	0.3
NA 4900	10	22	13	0.3	RNA 4900	14	22	13	0.3
NA 4901	12	24	13	0.3	RNA 4901	16	24	13	0.3
–	–	–	–	–	RNA 49/14	18	26	13	0.3
NA 4902	15	28	13	0.3	RNA 4902	20	28	13	0.3
NA 4903	17	30	13	0.3	RNA 4903	22	30	13	0.3
NA 4904	20	37	17	0.3	RNA 4904	25	37	17	0.3
NA 49/22	22	39	17	0.3	RNA 49/22	28	39	17	0.3
NA 4905	25	42	17	0.3	RNA 4905	30	42	17	0.3
NA 49/28	28	45	17	0.3	RNA 49/28	32	45	17	0.3
NA 4906	30	47	17	0.3	RNA 4906	35	47	17	0.3
NA 49/32	32	52	20	0.6	RNA 49/32	40	52	20	0.6
NA 4907	35	55	20	0.6	RNA 4907	42	55	20	0.6
–	–	–	–	–	RNA 49/38	45	58	20	0.6
NA 4908	40	62	22	0.6	RNA 4908	48	62	22	0.6
–	–	–	–	–	RNA 49/42	50	65	22	0.6
NA 4909	45	68	22	0.6	RNA 4909	52	68	22	0.6
–	–	–	–	–	RNA 49/48	55	70	22	0.6
NA 4910	50	72	22	0.6	RNA 4910	58	72	22	0.6
–	–	–	–	–	RNA 49/52	60	75	22	0.6
NA 4911	55	80	25	1	RNA 4911	63	80	25	1
–	–	–	–	–	RNA 49/58	65	82	25	1
NA 4912	60	85	25	1	RNA 4912	68	85	25	1
–	–	–	–	–	RNA 49/62	70	88	25	1
NA 4913	65	90	25	1	RNA 4913	72	90	25	1
–	–	–	–	–	RNA 49/68	75	95	30	1
NA 4914	70	100	30	1	RNA 4914	80	100	30	1
NA 4915	75	105	30	1	RNA 4915	85	105	30	1
NA 4916	80	110	30	1	RNA 4916	90	110	30	1
–	–	–	–	–	RNA 49/82	95	115	30	1

비고 : 케이지가 없는 베어링의 경우에는 호칭 번호 앞에 기호 V를 붙인다.

베어링

54. 평면 자리 스러스트 볼 베어링

KS B 2022

단식(한방향형)

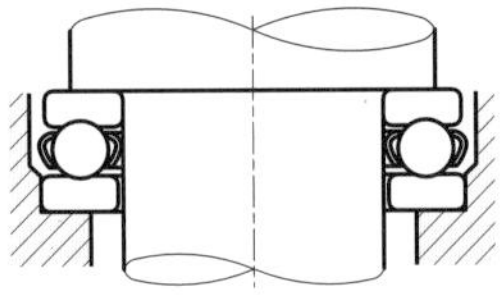

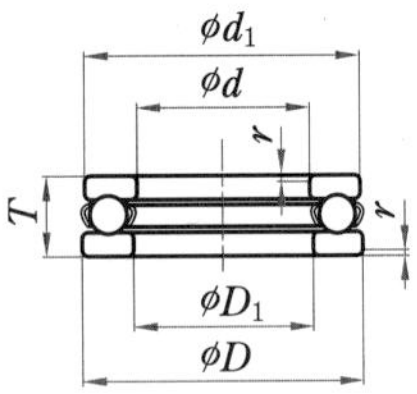

$$D=d+f_D d^{0.8}$$

지름계열	0	1	2	3	4	5
f_D	0.36	0.72	1.2	1.84	2.68	3.8

$$T=f_r\frac{D-d}{2}$$

높이 계열	7	9	1
f_r	0.9	1.2	1.6

d : 단식 베어링 내륜의 안지름

d_1 : 단식 베어링 내륜의 바깥지름

D : 외륜의 바깥지름

D_1 : 외륜의 안지름

r : 내륜의 배면 모떼기 치수

T : 단식 베어링의 베어링 높이

치수계열 11 (단위 : mm)

호칭번호	d	D	r	T	d_1	D_1
51100	10	24	0.3	9	24	11
51101	12	26	0.3	9	26	13
51102	15	28	0.3	9	28	16
51103	17	30	0.3	9	30	18
51104	20	35	0.3	10	35	21
51105	25	42	0.6	11	42	26
51106	30	47	0.6	11	47	32
51107	35	52	0.6	12	52	37
51108	40	60	0.6	13	60	42
51109	45	65	0.6	14	65	47
51110	50	70	0.6	14	70	52
51111	55	78	0.6	16	78	57
51112	60	85	1	17	85	62
51113	65	90	1	18	90	67
51114	70	95	1	18	95	72

치수계열 12 (단위 : mm)

호칭번호	d	D	r	T	d_1	D_1
51200	10	26	0.6	11	26	12
51201	12	28	0.6	11	28	14
51202	15	32	0.6	12	32	17
51203	17	35	0.6	12	35	19
51204	20	40	0.6	14	40	22
51205	25	47	0.6	15	47	27
51206	30	52	0.6	16	52	32
51207	35	62	1	18	62	37
51208	40	68	1	19	68	42
51209	45	73	1	20	73	47
51210	50	78	1	22	78	52
51211	55	90	1	25	90	57
51212	60	95	1	26	95	62
51213	65	100	1	27	100	67
51214	70	105	1	27	105	72

치수계열 13 (단위 : mm)

호칭번호	d	D	r	T	d_1	D_1
51300	10	30	0.6	14	30	10
51301	12	32	0.6	14	32	12
51302	15	37	0.6	15	37	15
51303	17	40	0.6	16	40	19
51304	20	47	1	18	47	22
51305	25	52	1	18	52	27
51306	30	60	1	21	60	32
51307	35	68	1	24	68	37
51308	40	78	1	26	78	42
51309	45	85	1	28	85	47
51310	50	95	1.1	31	95	52
51311	55	105	1.1	35	105	57
51312	60	110	1.1	35	110	62
51313	65	115	1.1	36	115	67
51314	70	125	1.1	40	125	72

치수계열 14 (단위 : mm)

호칭번호	d	D	r	T	d_1	D_1
51400	–	–	–	–	–	–
51401	–	–	–	–	–	–
51402	–	–	–	–	–	–
51403	–	–	–	–	–	–
51404	–	–	–	–	–	–
51405	25	60	1	24	60	27
51406	30	70	1	28	70	32
51407	35	80	1.1	32	80	37
51408	40	90	1.1	36	90	42
51409	45	100	1.1	39	100	47
51410	50	110	1.5	43	110	52
51411	55	120	1.5	48	120	57
51412	60	130	1.5	51	130	62
51413	65	140	2	56	140	68
51414	70	150	2	60	150	73

54. 평면 자리 스러스트 볼 베어링(계속)

KS B 2022

복식(양방향형)

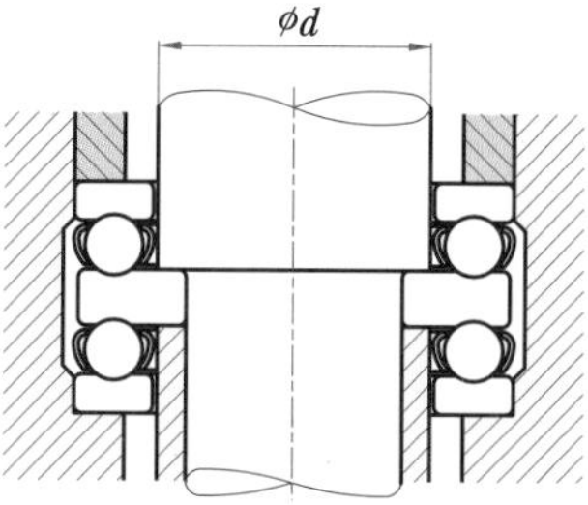

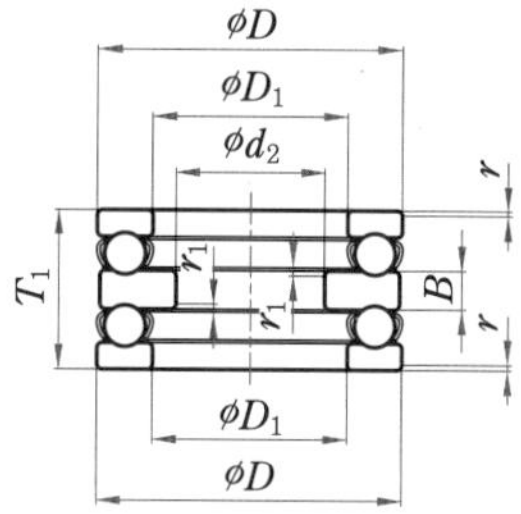

B : 중앙 내륜의 호칭 높이
d_2 : 중앙 내륜의 안지름
D : 외륜의 바깥지름
D_1 : 외륜의 안지름
r : 외륜의 배면 모떼기 치수
r_1 : 중앙 내륜의 모떼기 치수
T_1 : 복식 베어링의 베어링 높이

치수계열 22

(단위 : mm)

호칭 번호	d ([1])	d_2	D	r	r_1	T_1	B	D_1
52202	15	10	32	0.6	0.3	22	5	17
52204	20	15	40	0.6	0.3	26	6	22
52205	25	20	47	0.6	0.3	28	7	27
52206	30	25	52	0.6	0.3	29	7	32
52207	35	30	62	1	0.3	34	8	37
52208	40	30	68	1	0.6	36	9	42
52209	45	35	73	1	0.6	37	9	47
52210	50	40	78	1	0.6	39	9	52
52211	55	45	90	1	0.6	45	10	57
52212	60	50	95	1	0.6	46	10	62
52213	65	55	100	1	0.6	47	10	67
52214	70	55	105	1	1	47	10	72
52215	75	60	110	1	1	47	10	77
52216	80	65	115	1	1	48	10	82
52217	85	70	125	1	1	55	12	88

주 ([1]) : d는 단식 베어링 지름 계열 2에 관계되는 내륜의 안지름이다.

복식(양방향형)

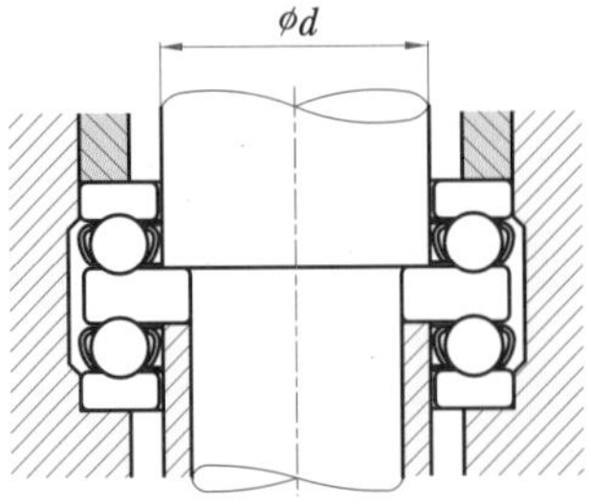

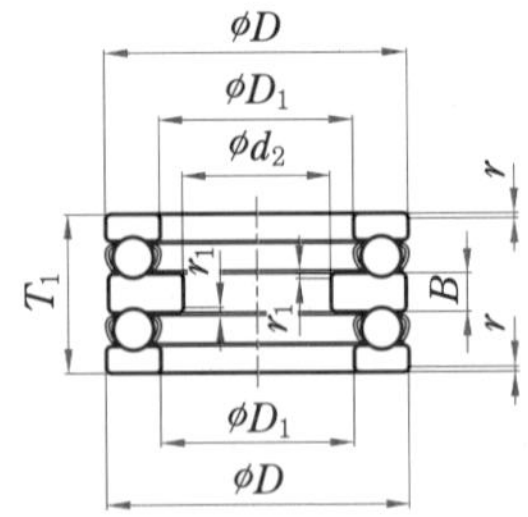

B : 중앙 내륜의 호칭 높이
d_2 : 중앙 내륜의 안지름
D : 외륜의 바깥지름
D_1 : 외륜의 안지름
r : 외륜의 배면 모떼기 치수
r_1 : 중앙 내륜의 모떼기 치수
T_1 : 복식 베어링의 베어링 높이

치수계열 23

(단위 : mm)

호칭 번호	d[1]	d_2	D	r	r_1	T_1	B	D_1
52305	25	20	52	1	0.3	34	8	27
52306	30	25	60	1	0.3	38	9	32
52307	35	30	68	1	0.3	44	10	37
52308	40	30	78	1	0.6	49	12	42
52309	45	35	85	1	0.6	52	12	47
52310	50	40	95	1.1	0.6	58	14	52
52311	55	45	105	1.1	0.6	64	15	57
52312	60	50	110	1.1	0.6	64	15	62
52313	65	55	115	1.1	0.6	65	15	67
52314	70	55	125	1.1	1	72	16	72
52315	75	60	135	1.5	1	79	18	77
52316	80	65	140	1.5	1	79	18	82
52317	85	70	150	1.5	1	87	19	88

치수계열 24

호칭 번호	d	d_2	D	r	r_1	T_1	B	D_1
52405	25	15	60	1.5	1	45	11	27
52406	30	20	70	1.5	1	52	12	32
52407	35	25	80	2	1	59	14	37
52408	40	30	90	2	1	65	15	42
52409	45	35	100	2	1	72	17	47
52410	50	40	110	2.5	1	78	18	52

주 (1) : d는 단식 베어링 지름 계열 3에 관계되는 내륜의 안지름이다.

55. 구름 베어링용 어댑터 및 어댑터 슬리브

KS B 2044

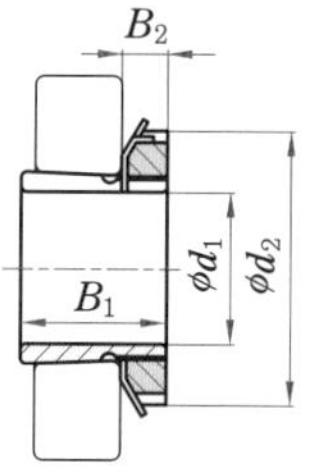

와셔를 사용하는 어댑터

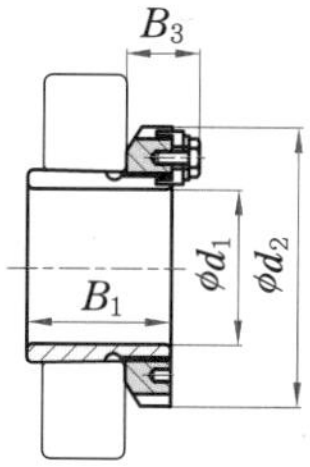

멈춤쇠를 사용하는 어댑터

와셔를 사용하는 경우의 조립방법

어댑터 계열 H2의 어댑터 호칭 번호 및 치수

(단위 : mm)

호칭번호	치 수				조합하는 부품의 호칭 번호			베어링의 안지름 번호 (참고)
	d_1	d_2	B_1	B_2	어댑터 슬리브	로크 너트	와셔	
H202X	12	25	19	6	A202X	AN02	AW02X	02
H203X	14	28	20	6	A203X	AN03	AW03X	03
H204X	17	32	24	7	A204X	AN04	AW04X	04
H205X	20	38	26	8	A205X	AN05	AW05X	05
H206X	25	45	27	8	A206X	AN06	AW06X	06
H207X	30	52	29	9	A207X	AN07	AW07X	07
H208X	35	58	31	10	A208X	AN08	AW08X	08
H209X	40	65	33	11	A209X	AN09	AW09X	09
H210X	45	70	35	12	A210X	AN10	AW10X	10
H211X	50	75	37	12	A211X	AN11	AW11X	11
H212X	55	80	38	13	A212X	AN12	AW12X	12
H213X	60	85	40	14	A213X	AN13	AW13X	13
H214X	60	92	41	14	A214X	AN14	AW14X	14
H215X	65	98	43	15	A215X	AN15	AW15X	15
H216X	70	105	46	17	A216X	AN16	AW16X	16

55. 구름 베어링용 어댑터 및 어댑터 슬리브(계속)

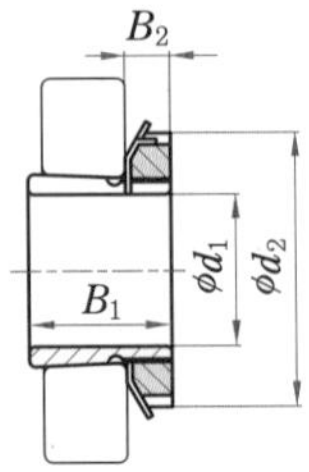

와셔를 사용하는 어댑터

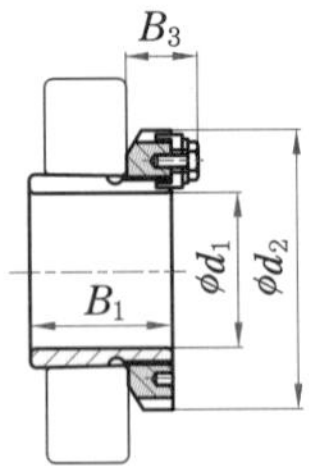

멈춤쇠를 사용하는 어댑터

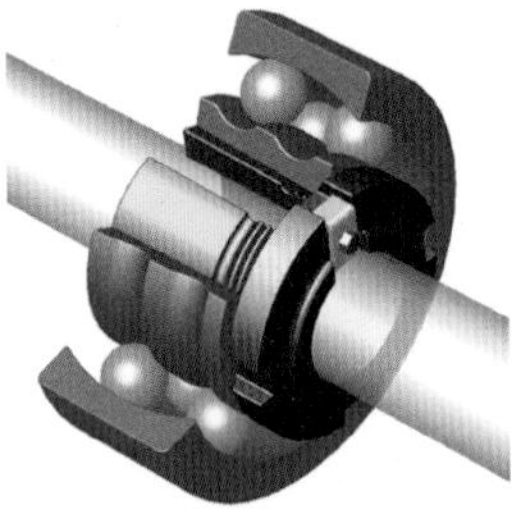

멈춤쇠를 사용하는 경우의 조립방법

어댑터 계열 H3의 어댑터 호칭 번호 및 치수

(단위 : mm)

호칭번호	치 수				조합하는 부품의 호칭 번호			베어링의 안지름 번호 (참고)
	d_1	d_2	B_1	B_2	어댑터 슬리브	로크 너트	와셔	
H302X	12	25	22	6	A302X	AN02	AW02X	02
H303X	14	28	24	6	A303X	AN03	AW03X	03
H304X	17	32	28	7	A304X	AN04	AW04X	04
H305X	20	38	29	8	A305X	AN05	AW05X	05
H306X	25	45	31	8	A306X	AN06	AW06X	06
H307X	30	52	35	9	A307X	AN07	AW07X	07
H308X	35	58	36	10	A308X	AN08	AW08X	08
H309X	40	65	39	11	A309X	AN09	AW09X	09
H310X	45	70	42	12	A310X	AN10	AW10X	10
H311X	50	75	45	12	A311X	AN11	AW11X	11
H312X	55	80	47	13	A312X	AN12	AW12X	12
H313X	60	85	50	14	A313X	AN13	AW13X	13
H314X	60	92	52	14	A314X	AN14	AW14X	14
H315X	65	98	55	15	A315X	AN15	AW15X	15
H316X	70	105	59	17	A316X	AN16	AW16X	16

55. 구름 베어링용 어댑터 및 어댑터 슬리브(계속)

KS B 2044

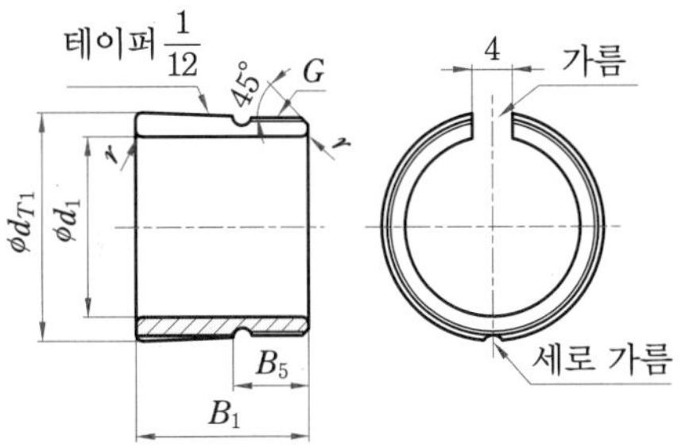

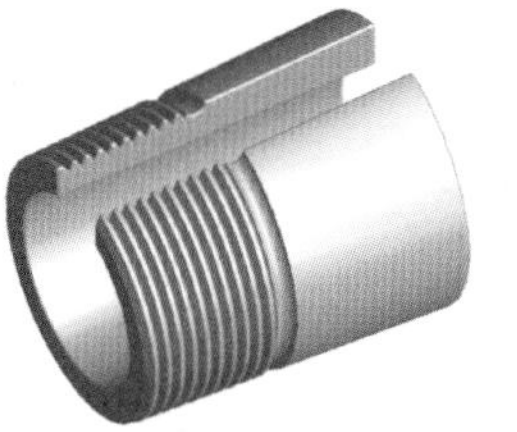

가름 너비가 넓은 어댑터 슬리브

호칭번호	나사의 호칭 G	치수 d_1	치수 B_1	치수 d_{T1}	치수 B_5	치수 e	치수 r	베어링의 안지름 번호
A202X	M15×1	12	19	16.08	10	5	0.2	02
A203X	M17×1	14	20	18.17	10	5	0.2	03
A204X	M20×1	17	24	21.42	11	5	0.2	04
A205X	M25×1.5	20	26	26.50	12	6	0.3	05
A206X	M30×1.5	25	27	31.58	12	6	0.3	06
A207X	M35×1.5	30	29	36.67	13	8	0.3	07
A208X	M40×2	35	31	41.75	14	8	0.3	08
A209X	M45×2	40	33	46.83	15	8	0.3	09
A210X	M50×2	45	35	51.92	16	8	0.3	10
A211X	M55×2	50	37	57.08	17	10	0.3	11
A212X	M60×2	55	38	62.08	18	10	0.3	12
A213X	M65×2	60	40	67.17	19	10	0.3	13
A214X	M70×2	60	41	72.25	19	10	0.5	14
A215X	M75×2	65	43	77.33	20	10	0.5	15
A216X	M80×2	70	46	82.42	22	12	0.5	16
A217X	M85×2	75	50	87.67	24	12	0.5	17
A218X	M90×2	80	52	92.83	24	12	0.5	18
A219X	M95×2	85	55	98.00	25	12	0.5	19
A220X	M100×2	90	58	103.17	26	14	0.5	20
A221X	M105×2	95	60	108.34	26	14	0.5	21
A222X	M110×2	100	63	113.50	27	14	0.5	22

56. 구름 베어링용 로크 너트, 와셔 및 멈춤쇠

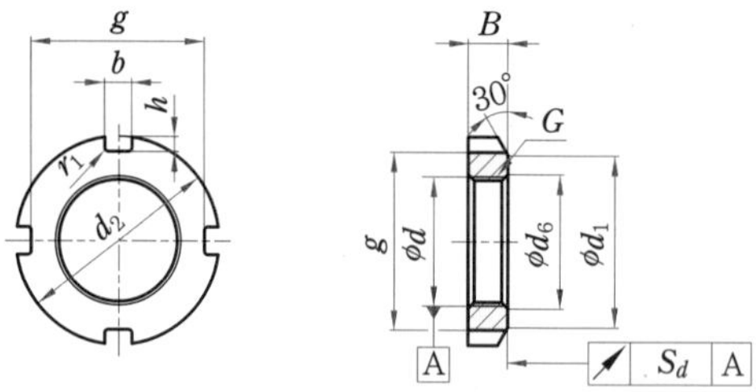

와셔를 사용하는 로크 너트

d : 로크 너트의 나사의 호칭 지름
d_1 : 로크 너트의 자리면의 호칭 바깥 지름
d_2 : 로크 너트의 호칭 바깥 지름
d_6 : 로크 너트의 자리면의 호칭 안지름
g : 로크 너트의 노치부 사이의 호칭 길이
S_d : 로크 너트의 자리면의 흔들림

로크 너트 계열 AN의 로크 너트의 호칭 번호 및 치수 (단위 : mm)

호칭 번호	나사의 호칭 G	치수						참고				
								치수				조합하는 와셔의 호칭 번호
		d	d_1	d_2	B	b	h	d_6	g	r_1 (최대)	S_d (최대)	
AN 02	M 15×1	15	21	25	5	4	2	15.5	21	0.4	0.04	AW 02
AN 03	M 17×1	17	24	28	5	4	2	17.5	24	0.4	0.04	AW 03
AN 04	M 20×1	20	26	32	6	4	2	20.5	28	0.4	0.04	AW 04
AN/22	M 22×1	22	28	34	6	4	2	22.5	30	0.4	0.04	AW/22
AN 05	M 25×1.5	25	32	38	7	5	2	25.8	34	0.4	0.04	AW 05
AN/28	M 28×1.5	28	36	42	7	5	2	28.8	38	0.4	0.04	AW/28
AN 06	M 30×1.5	30	38	45	7	5	2	30.8	41	0.4	0.04	AW 06
AN/32	M 32×1.5	32	40	48	8	5	2	32.8	44	0.4	0.04	AW/32
AN 07	M 35×1.5	35	44	52	8	5	2	35.8	48	0.4	0.04	AW 07
AN 08	M 40×1.5	40	50	58	9	6	2.5	40.8	53	0.5	0.04	AW 08
AN 09	M 45×1.5	45	56	65	10	6	2.5	45.8	60	0.5	0.04	AW 09
AN 10	M 50×1.5	50	61	70	11	6	2.5	50.8	65	0.5	0.04	AW 10
AN 11	M 55×2	55	67	75	11	7	3	56	69	0.5	0.05	AW 11
AN 12	M 60×2	60	73	80	11	7	3	61	74	0.5	0.05	AW 12
AN 13	M 65×2	65	79	85	12	7	3	66	79	0.5	0.05	AW 13
AN 14	M 70×2	70	85	92	12	8	3.5	71	85	0.5	0.05	AW 14
AN 15	M 75×2	75	90	98	13	8	3.5	76	91	0.5	0.05	AW 15
AN 16	M 80×2	80	95	105	15	8	3.5	81	98	0.6	0.05	AW 16

56. 구름 베어링용 로크 너트, 와셔 및 멈춤쇠(계속)

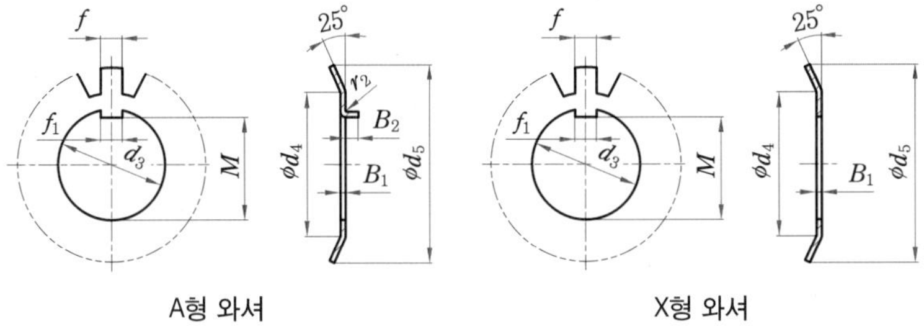

와셔 계열 AW의 와셔의 호칭 번호 및 치수 (단위 : mm)

호칭 번호	치수								N (최소)	참고 치수
	d_3	d_4	d_5	f_1	M	f	B_1	B_2		r_2
AW 02A	15	21	28	4	13.5	4	1	2.5	11	1
AW 02X	15	21	28	4	13.5	4	1	—	11	—
AW 03A	17	24	32	4	15.5	4	1	2.5	11	1
AW 03X	17	24	32	4	15.5	4	1	—	11	—
AW 04A	20	26	36	4	18.5	4	1	2.5	11	1
AW 04X	20	26	36	4	18.5	4	1	—	11	—
AW/22X	22	28	38	4	20.5	4	1	—	11	—
AW 05A	25	32	42	5	23	5	1.25	2.5	13	1
AW 05X	25	32	42	5	23	5	1.25	—	13	—
AW/28X	28	36	46	5	26	5	1.25	—	13	—
AW 06A	30	38	49	5	27.5	5	1.25	2.5	13	1
AW 06X	30	38	49	5	27.5	5	1.25	—	13	—
AW/32X	32	40	52	5	29.5	5	1.25	—	13	—
AW 07A	35	44	57	6	32.5	5	1.25	2.5	13	1
AW 07X	35	44	57	6	32.5	5	1.25	—	13	—
AW 08A	40	50	62	6	37.5	6	1.25	2.5	13	1
AW 08X	40	50	62	6	37.5	6	1.25	—	13	—
AW 09A	45	56	69	6	42.5	6	1.25	2.5	13	1
AW 09X	45	56	69	6	42.5	6	1.25	—	13	—
AW 10A	50	61	74	6	47.5	6	1.25	2.5	13	1
AW 10X	50	61	74	6	47.5	6	1.25	—	13	—
AW 11A	55	67	81	8	52.5	7	1.5	4	17	1
AW 11X	55	67	81	8	52.5	7	1.5	—	17	—
AW 12A	60	73	86	8	57.5	7	1.5	4	17	1.2
AW 12X	60	73	86	8	57.5	7	1.5	—	17	—
AW 13A	65	79	92	8	62.5	7	1.5	4	17	1.2
AW 13X	65	79	92	8	62.5	7	1.5	—	17	—
AW 14A	70	85	98	8	66.5	8	1.5	4	17	1.2
AW 14X	70	85	98	8	66.5	8	1.5	—	17	—
AW 15A	75	90	104	8	71.5	8	1.5	4	17	1.2
AW 15X	75	90	104	8	71.5	8	1.5	—	17	—
AW 16A	80	95	112	10	76.5	8	1.8	4	17	1.2
AW 16X	80	95	112	10	76.5	8	1.8	—	17	—

57. 오일 실

KS B 2804

종 류	기 호	비 고	참고 그림
스프링들이 바깥둘레 고무	S	스프링을 사용한 단일 립과 금속링으로 구성되어 있고, 바깥둘레면이 고무로 씌워진 형식의 것.	
스프링들이 바깥둘레 금속	SM	스프링을 사용한 단일 립과 금속링으로 구성되어 있고, 바깥둘레면이 금속링으로 구성되어 있는 형식의 것.	
스프링들이 조립	SA	스프링을 사용한 단일 립과 금속링으로 구성되어 있고, 바깥둘레면이 금속링으로 구성되어 있는 조립 형식의 것.	
스프링 없는 바깥둘레 고무	G	스프링을 사용하지 않은 단일 립과 금속링으로 구성되어 있고, 바깥둘레면이 고무로 씌워진 형식의 것.	
스프링 없는 바깥둘레 금속	GM	스프링을 사용하지 않은 단일 립과 금속링으로 구성되어 있고, 바깥둘레면이 금속링으로 구성되어 있는 조립 형식의 것.	
스프링 없는 조립	GA	스프링을 사용하지 않은 단일 립과 금속링으로 구성되어 있고, 바깥둘레면이 금속링으로 구성되어 있는 조립 형식의 것.	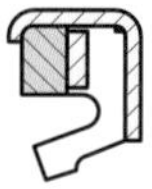
스프링들이 바깥둘레 고무 먼지막이붙이	D	스프링을 사용한 단일 립과 금속링 및 스프링을 사용하지 않은 먼지막이로 되어 있고, 바깥둘레면이 고무로 씌워진 형식의 것.	
스프링들이 바깥둘레 금속 먼지막이붙이	DM	스프링을 사용한 단일 립과 금속링 및 스프링을 사용하지 않은 먼지막이로 되어 있고, 바깥둘레면이 금속링으로 구성되어 있는 형식의 것.	
스프링들이 조립먼지막이붙이	DA	스프링을 사용한 단일 립과 금속링 및 스프링을 사용하지 않은 먼지막이로 되어 있고, 바깥둘레면이 금속링으로 구성되어 있는 조립 형식의 것.	

비고 : 1. 참고 그림은 각 종류의 한 보기를 표시한 것이다.
2. 종류 이외는 각 단체 도면을 참조한다.

참고 : 오일 실은 실용 신안의 특허와 관련이 있다.

호칭 번호

SM 40 62 11 A

- 고무 : 재료
- 나비 : 11mm
- 바깥지름 : 62mm
- 호칭안지름 : 40mm
- 종류 : 스프링들이 바깥 둘레 금속

고무 재료의 물리적 성질

시험 항목		고무 재료의 종류 A	B	C	D
공기 가열 노화 시험	시험 온도 및 시간	100℃ 70시간	120℃ 70시간	150℃ 70시간	220℃ 70시간
	경도의 변화(Hs)	+15	+10	+10	+10
	인장 강도의 변화율(%)	−20	−20	−40	−30
	연신율의 변화율(%)	−50	−40	−50	−40

종류별 참고 치수표

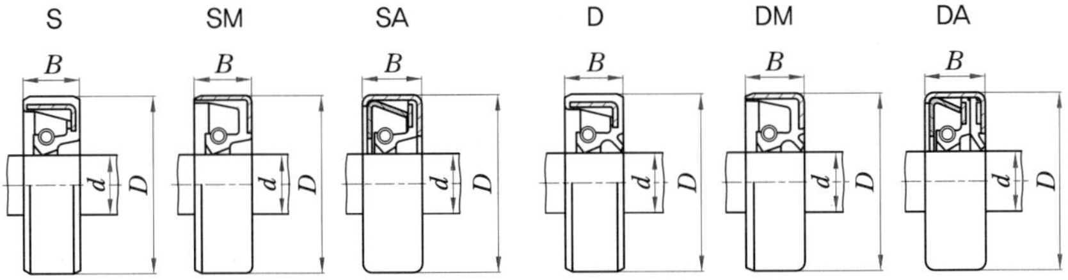

(단위 : mm)

호칭 안지름 d	바깥지름 D	너비 B
7	18	7
	20	
8	18	7
	22	
9	20	7
	22	
10	20	7
	25	
11	22	7
	25	
12	22	7
	25	
*13	25	7
	28	
14	25	7
	28	
15	25	7
	30	
16	28	7
	30	
17	30	8
	32	
18	30	8
	35	
20	32	8
	35	
22	35	8
	38	
24	38	8
	40	

호칭 안지름 d	바깥지름 D	너비 B
25	38	8
	40	
*26	38	8
	42	
28	40	8
	45	
30	42	8
	45	
32	52	11
35	55	11
38	58	11
40	62	11
42	65	12
45	68	12
48	70	12
50	72	12
*52	75	12
55	78	12
56	78	12
*58	80	12
60	82	12
*62	85	12
63	85	12
65	90	13
*68	95	13
70	95	13
(71)	(95)	(13)
75	100	13
80	105	13
85	110	13

비고 : 1. ( ) 안의 것은 되도록 사용하지 않는다.
2. *을 붙인 것은 KS B 0406에 없는 것을 표시한다.

종류별 참고 치수표

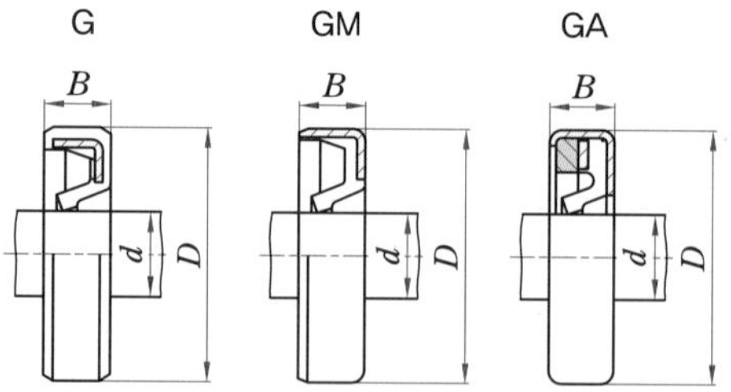

(단위 : mm)

호칭 안지름 d	바깥지름 D	너비 B	호칭 안지름 d	바깥지름 D	너비 B
7	18	4	24	38	5
	20	7		40	8
8	18	4	25	38	5
	22	7		40	8
9	20	4	*26	38	5
	22	7		42	8
10	20	4	28	40	5
	25	7		45	8
11	22	4	30	42	5
	25	7		45	8
12	22	4	32	45	5
	25	7		52	11
*13	25	4	35	48	5
	28	7		55	11
14	25	4	38	50	5
	28	7		58	11
15	25	4	40	52	5
	30	7		62	11
16	28	4	42	55	6
	30	7		65	12
17	30	5	45	60	6
	32	8		68	12
18	30	5	48	62	6
	35	8		70	12
20	32	5	50	65	6
	35	8		72	12
22	35	5	*52	65	6
	38	8		75	12

비고 : 1. GA는 되도록 사용하지 않는다.
2. ( ) 안의 것은 되도록 사용하지 않는다.
3. *을 붙인 것은 KS B 0406에 없는 것을 표시한다.

57. 오일 실(계속)

KS B 2804

축 끝의 모떼기

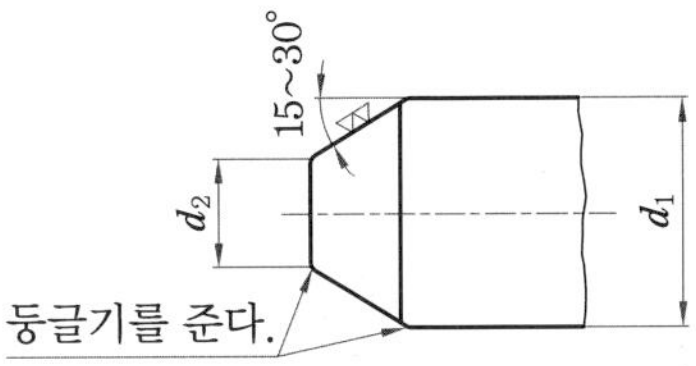

하우징 구멍의 모떼기 및 구석의 둥글기

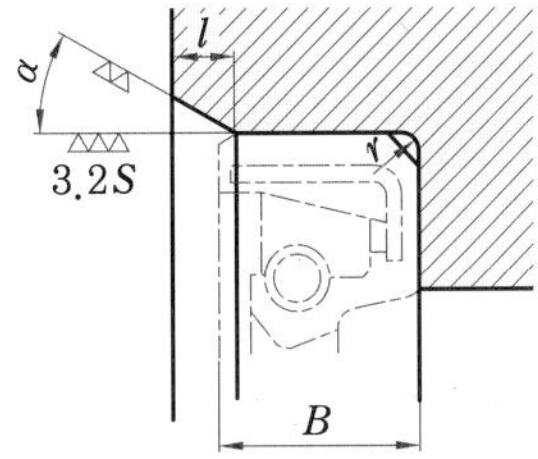

모 떼 기	$\alpha = 15 \sim 30°$ $l = 0.1B \sim 0.15B$
구석의 둥글기	$r \geq 0.5$ mm

(단위 : mm)

d_1	d_2(최대)	d_1	d_2(최대)	d_1	d_2(최대)
7	5.7	55	51.3	170	163
8	6.6	56	52.3	180	173
9	7.5	*58	54.2	190	183
10	8.4	60	56.1	200	193
11	9.3	*62	58.1	*210	203
12	10.2	63	59.1	220	213
*13	11.2	65	61	(224)	(217)
14	12.1	*68	63.9	*230	223
15	13.1	70	65.8	240	233
16	14	(71)	(66.8)	250	243
17	14.9	75	70.7	260	249
18	15.8	80	75.5	*270	259
20	17.7	85	80.4	280	268
22	19.6	90	85.3	*290	279
24	21.5	95	90.1	300	289
25	22.5	100	95	(315)	(304)
*26	23.4	105	99.9	320	309
28	25.3	110	104.7	340	329
30	27.3	(112)	(106.7)	(355)	(344)
32	29.2	*115	109.6	360	349
35	32	120	114.5	380	369
38	34.9	125	119.4	400	389
40	36.8	130	124.3	420	409
42	38.7	*135	129.2	440	429
45	41.6	140	133	(450)	(439)
48	44.5	*145	138	460	449
50	46.4	150	143	480	469
*52	48.3	160	153	500	489

비고 : *을 붙인 것은 KS B 0406에 없는 것이고, ( ) 안의 것은 되도록 사용하지 않는다.

58. 상세 간략 표시

상세 간략 표시의 예

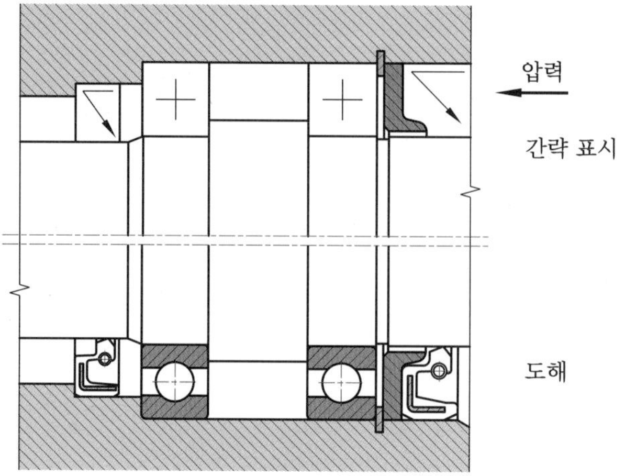

회전축 립 형식 실(유체에 대한 실링)

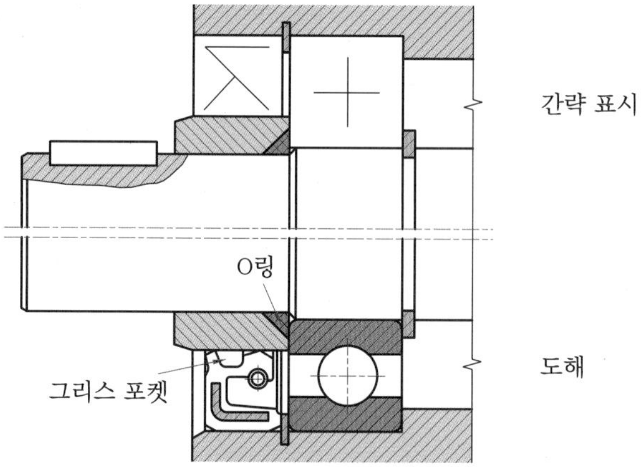

더스트 립이 있는 회전축 립 형식 실

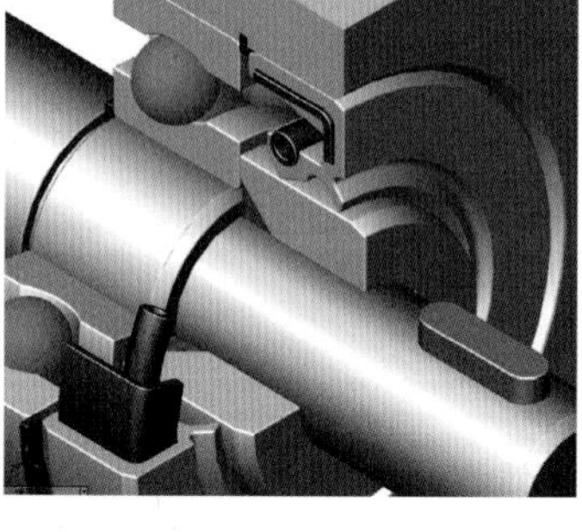

59. O링

O링

실린더 조립

1. O링의 재료별 종류

종 류		재료의 기호	비 고	스프링 경도 (Hs)	인장 강도 (MPa)	노화시험 온도(℃) 및 시간	참 고
재료별	1종 A	1A	내광물유용	70±5	9.8	120℃, 70시간	니트릴 고무
	1종 B	1B	내광물유용	90±5	14	120℃, 70시간	니트릴 고무
	2종	2	내가솔린용	70±5	9.8	100℃, 70시간	니트릴 고무
	3종	3	내동식물유용	70±5	9.8	100℃, 70시간	스티렌부타디엔 고무 에틸렌프로필렌 고무
	4종 C	4C	내열용	70±5	3.4	230℃, 24시간	실리콘 고무
	4종 D	4D	내열용	70±5	9.8	230℃, 24시간	불소 고무
ISO 일반 공업용		1A	내광물유용에서 스프링 경도 Hs70인 것으로서 재료별 종류는 1종 A를 적용하고 모양 · 치수는 ISO 3601-1에 따른다.				니트릴 고무

비고 : 4종 C와 같은 기계적 강도가 작은 재료는 운동용에 사용하지 않는 것이 바람직하다.

2. O링의 용도별 종류

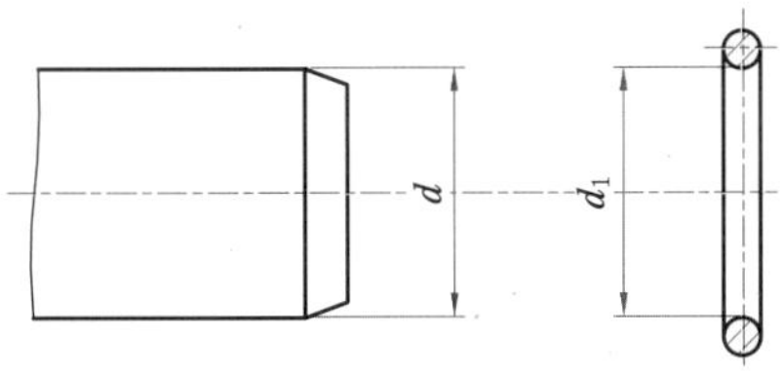

(단위 : mm)

종 류		기 호	호칭지름(d)과 O링 안지름(d_1)의 차 (d)	($d-d_1$)	용 도
용도별	운동용(패킹)	P (packing)	3~10 10~22 22~50 48~150 150~400	0.2 0.2 0.3 0.4 0.5	운동용 또는 고정용
	고정용(개스킷)	G (gasket)	25~145 150~300	0.6 0.7	고정용
	진공 플랜지용	V (vacuum)	15~55 70~175 225~430	0.5 1~2 2.5~4.5	–

60. O링 부착 홈부의 모양 및 치수

KS B 2799

1. 백업 링을 사용하지 않는 경우의 틈새(2g)의 최대값

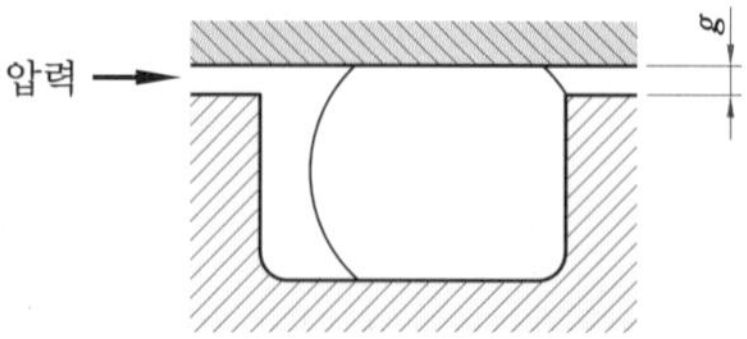

O링의 경도 (스프링 경도 Hs)	틈새 (2g)				
	사용압력 (MPa) {kgf/cm^2}				
	4.0{41} 이하	4.0{41} 초과 6.3{64} 이하	6.3{64} 초과 10.0{102} 이하	10.0{102} 초과 15.0{163} 이하	16.0{163} 초과 25.0{255} 이하
70	0.35	0.30	0.15	0.07	0.03
90	0.65	0.60	0.50	0.30	0.17

비고 : 사용 상태에서 틈새(2g)가 표의 값 이하인 경우는 백업 링을 사용하지 않아도 되지만 표의 값을 초과하는 경우에는 백업 링을 병용한다.

2. 부착부의 예리한 모서리를 제거하는 방법

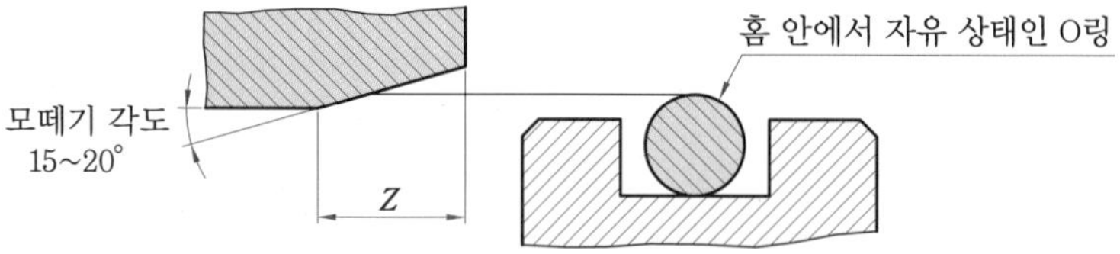

(단위 : mm)

O링의 호칭 번호	O링의 굵기	Z(최소)
P3 ~ P10	1.9±0.08	1.2
P10A ~ P22	2.4±0.09	1.4
P22A ~ P50	3.5±0.10	1.8
P48A ~ P150	5.7±0.13	3.0
P150A ~ P400	8.4±0.15	4.3
G25 ~ G145	3.1±0.10	1.7
G150 ~ G300	5.7±0.13	3.0

3. 홈부의 표면 거칠기

(단위 : mm)

기기 부분	용 도	압력이 걸리는 방법		표면 거칠기	
				R_a	(참고) R_{max}
홈의 측면 및 바닥면	고정용	맥동 없음	평 면	3.2	12.5
			원통면	1.6	6.3
		맥동 있음		1.6	6.3
	운동용	백업링을 사용하는 경우		1.6	6.3
		백업링을 사용하지 않는 경우		0.8	3.2
O링과 실부의 접촉면	고정용	맥동 없음		1.6	6.3
		맥동 있음		0.8	3.2
	운동용	–		0.4	1.6
O링의 장착용 모떼기부	–	–		3.2	12.5

60. O링 부착 홈부의 모양 및 치수(계속)

KS B 2799

P시리즈 　　운동용 및 고정용(원통면)의 홈부의 모양·치수

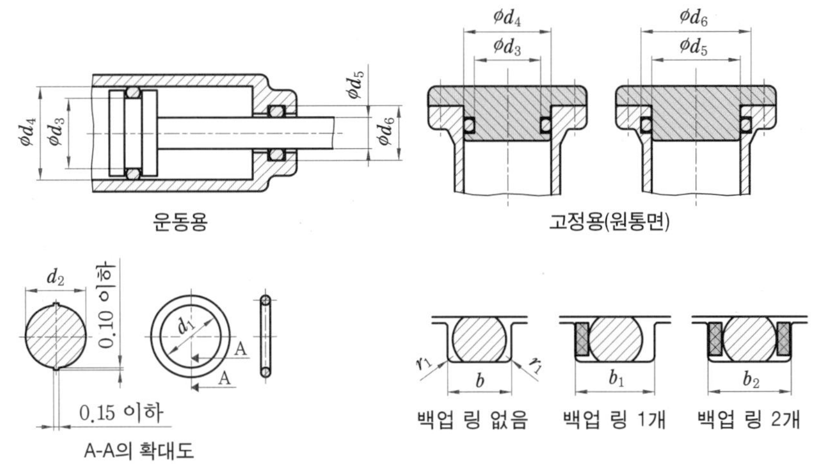

(단위 : mm)

호칭 번호 d	O링의 치수 굵기 d_2	O링의 치수 안지름 d_1	안지름 허용 공차	홈부의 치수 d_3, d_5	허용 공차 $h9$	d_4, d_6	허용 공차 $H9$	b (+0.25 0) 백업링 없음	b_1 (+0.25 0) 백업링 1개	b_2 (+0.25 0) 백업링 2개	r_1 (최대)
P3	1.9 ±0.08	2.8	±0.14	3	0 −0.05	6	+0.05 0	2.5	3.9	5.4	0.4
P4		3.8		4		7					
P5		4.8	±0.15	5		8					
P6		5.8		6		9					
P7		6.8	±0.16	7		10					
P8		7.8		8		11					
P9		8.8	±0.17	9		12					
P10		9.8		10		13					
P10A	2.4 ±0.09	9.8		10	0 −0.06	14	+0.06 0	3.2	4.4	6.0	0.4
P11		10.8	±0.18	11		15					
P11.2		11.0		11.2		15.2					
P12		11.8	±0.19	12		16					
P12.5		12.3		12.5		16.5					
P14		13.8		14		18					
P15		14.8	±0.20	15		19					
P16		15.8		16		20					
P18		17.8	±0.21	18		22					
P20		19.8	±0.22	20		24					
P21		20.8	±0.23	21		25					
P22		21.8	±0.24	22		26					

O링

60. O링 부착 홈부의 모양 및 치수(계속)

P시리즈

운동용 및 고정용(원통면)의 홈부의 모양·치수

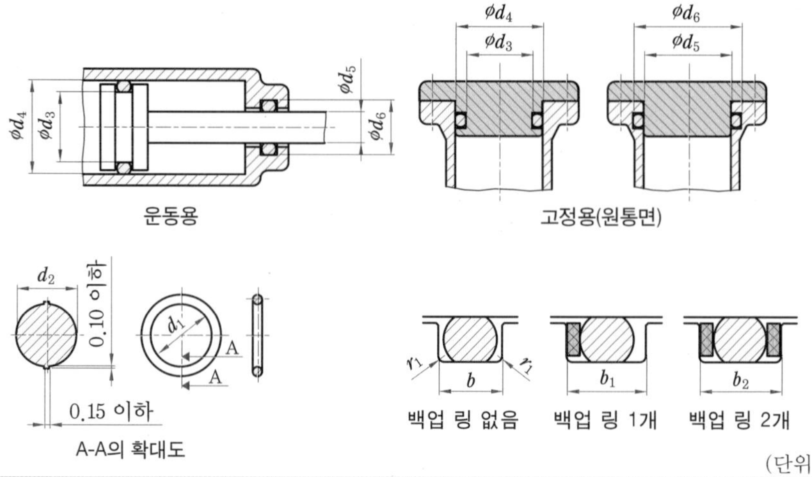

(단위 : mm)

호칭 번호 d	O링의 치수			홈부의 치수							
	굵기 d_2	안지름		d_3, d_5	허용 공차 $h9$	d_4, d_6	허용 공차 $H9$	b	b_1	b_2	r_1 (최대)
		d_1	허용 공차					+0.25 0			
								백업링 없음	백업링 1개	백업링 2개	
P22A	3.5 ±0.10	21.7	±0.24	22	0 −0.08	28	+0.08 0	4.7	6.0	7.8	0.8
P22.4		22.1		22.4		28.4					
P24		23.7		24		30					
P25		24.7	±0.25	25		31					
P25.5		25.2		25.5		31.5					
P26		25.7	±0.26	26		32					
P28		27.7	±0.28	28		34					
P29		28.7	±0.29	29		35					
P29.5		29.2		29.5		35.5					
P30		29.7		30		36					
P31		30.7	±0.30	31		37					
P31.5		31.2	±0.31	31.5		37.5					
P32		31.7		32		38					
P34		33.7	±0.33	34		40					
P35		34.7	±0.34	35		41					
P35.5		35.2		35.5		41.5					
P36		35.7		36		42					
P38		37.7	±0.37	38		44					
P39		38.7		39		45					
P40		39.7		40		46					
P41		40.7	±0.38	41		47					
P42		41.7	±0.39	42		48					
P44		43.7	±0.41	44		50					
P45		44.7		45		51					
P46		45.7	±0.42	46		52					
P48		47.7	±0.44	48		54					
P49		48.7	±0.45	49		55					
P50		49.7	±0.45	50		56					

P시리즈

고정용(평면)의 홈부의 모양·치수

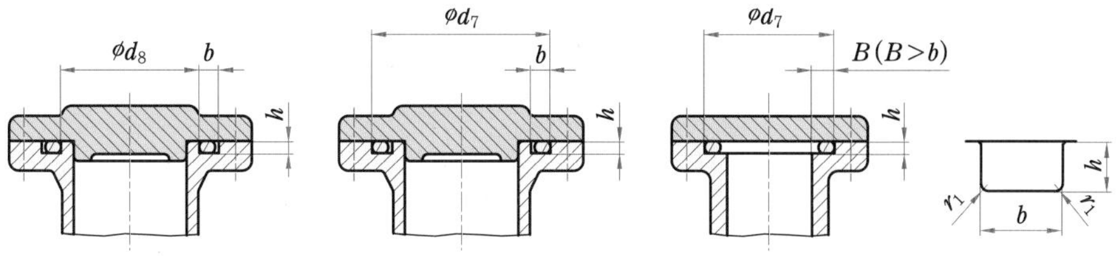

외압용 내압용 내압용

비고 : 1. 고정용(평면)에서는 내압이 걸리는 경우에는 O링의 바깥둘레가 홈의 외벽에 밀착하도록 설계하고, 외압이 걸리는 경우에는 반대로 O링의 안둘레가 홈의 내벽에 밀착하도록 설계한다.
2. d_8 및 d_7의 허용차에 대해서는 특별히 규정하지 않는다.

(단위 : mm)

호칭 번호 d	O링의 치수			홈부의 치수				
	굵기 d_2	안지름 d_1	허용공차	d_8	d_7	b +0.25 0	h ±0.05	r_1 (최대)
P3	1.9 ±0.08	2.8	±0.14	3	6.2	2.5	1.4	0.4
P4		3.8		4	7.2			
P5		4.8	±0.15	5	8.2			
P6		5.8		6	9.2			
P7		6.8	±0.16	7	10.2			
P8		7.8		8	11.2			
P9		8.8	±0.17	9	12.2			
P10		9.8		10	13.2			
P10A	2.4 ±0.09	9.8		10	14	3.2	1.8	0.4
P11		10.8	±0.18	11	15			
P11.2		11.0		11.2	15.2			
P12		11.8	±0.19	12	16			
P12.5		12.3		12.5	16.5			
P14		13.8		14	18			
P15		14.8	±0.20	15	19			
P16		15.8		16	20			
P18		17.8	±0.21	18	22			
P20		19.8	±0.22	20	24			
P21		20.8	±0.23	21	25			
P22		21.8	±0.24	22	26			

O링

60. O링 부착 홈부의 모양 및 치수(계속)

P시리즈

고정용(평면)의 홈부의 모양·치수

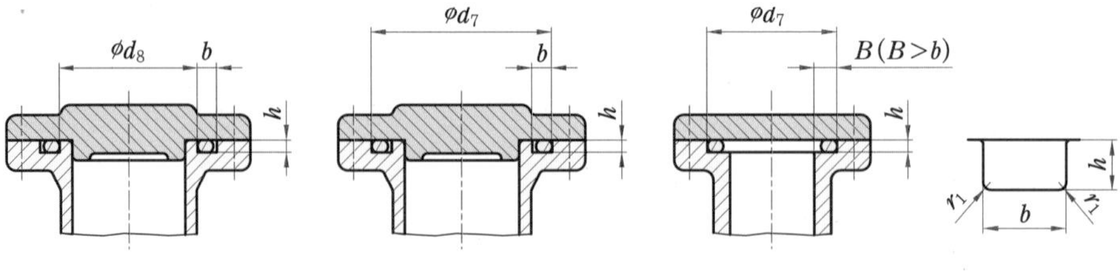

외압용 내압용 내압용

비고 : 1. 고정용(평면)에서는 내압이 걸리는 경우에는 O링의 바깥둘레가 홈의 외벽에 밀착하도록 설계하고, 외압이 걸리는 경우에는 반대로 O링의 안둘레가 홈의 내벽에 밀착하도록 설계한다.

2. d_8 및 d_7의 허용차에 대해서는 특별히 규정하지 않는다.

(단위 : mm)

호칭 번호 d	O링의 치수			홈부의 치수				
	굵기 d_2	안지름		d_8	d_7	b +0.25 0	h ±0.05	r_1 (최대)
		d_1	허용공차					
P22A		21.7		22	28			
P22.4		22.1	±0.24	22.4	28.4			
P24		23.7		24	30			
P25		24.7	±0.25	25	31			
P25.5		25.2		25.5	31.5			
P26		25.7	±0.26	26	32			
P28		27.7	±0.28	28	34			
P29		28.7		29	35			
P29.5		29.2	±0.29	29.5	35.5			
P30		29.7		30	36			
P31		30.7	±0.30	31	37			
P31.5		31.2	±0.31	31.5	37.5			
P32		31.7		32	38			
P34	3.5 ±0.10	33.7	±0.33	34	40	4.7	2.7	0.8
P35		34.7		35	41			
P35.5		35.2	±0.34	35.5	41.5			
P36		35.7		36	42			
P38		37.7		38	44			
P39		38.7	±0.37	39	45			
P40		39.7		40	46			
P41		40.7	±0.38	41	47			
P42		41.7	±0.39	42	48			
P44		43.7	±0.41	44	50			
P45		44.7		45	51			
P46		45.7	±0.42	46	52			
P48		47.7	±0.44	48	54			
P49		48.7	±0.45	49	55			
P50		49.7	±0.45	50	56			

G시리즈

고정용(원통면)의 홈부의 모양·치수

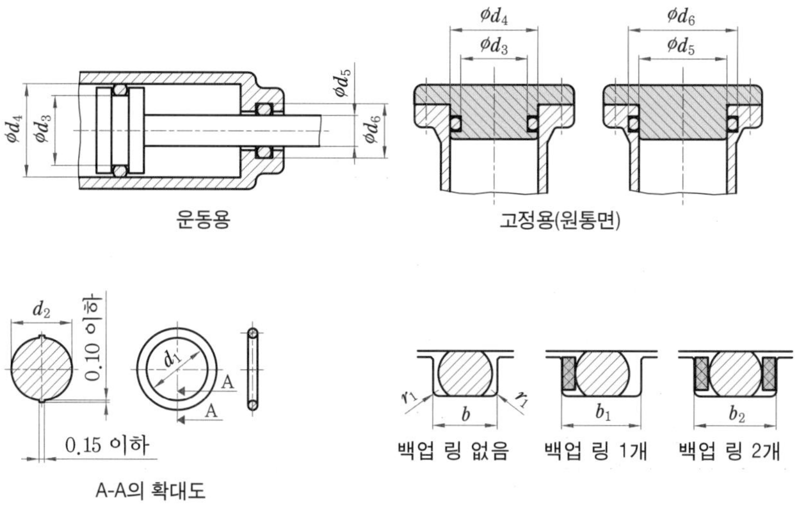

(단위 : mm)

호칭번호 d	O링의 치수			홈부의 치수							
	굵기 d_2	안지름		d_3, d_5	허용공차 0 −0.10	d_4, d_6	허용공차 +0.10 0	b	b_1	b_2	r_1 (최대)
		d_1	허용공차					+0.25 0			
								백업링 없음	백업링 1개	백업링 2개	
G25		24.4	±0.25	25		30					
G30		29.4	±0.29	30		35					
G35		34.4	±0.33	35		40	H10				
G40		39.4	±0.37	40		45					
G45		44.4	±0.41	45		50					
G50	3.1 ±0.1	49.4	±0.45	50	h9	55		4.1	5.6	7.3	0.7
G55		54.4	±0.49	55		60					
G60		59.4	±0.53	60		65					
G65		64.4	±0.57	65		70	H9				
G70		69.4	±0.61	70		75					
G75		74.4	±0.65	75		80					
G80		79.4	±0.69	80		85					

G시리즈

고정용(평면)의 홈부의 모양·치수

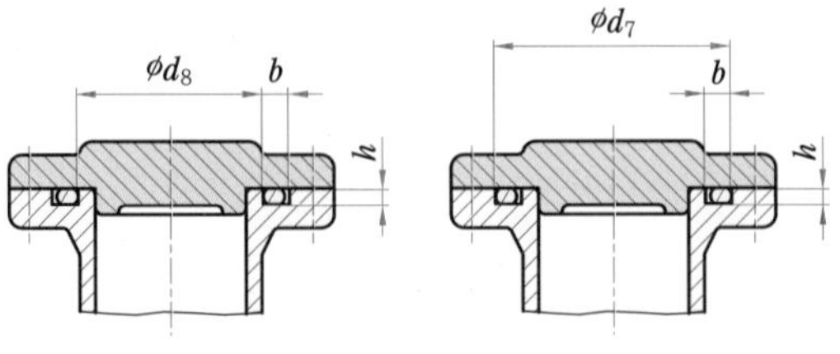

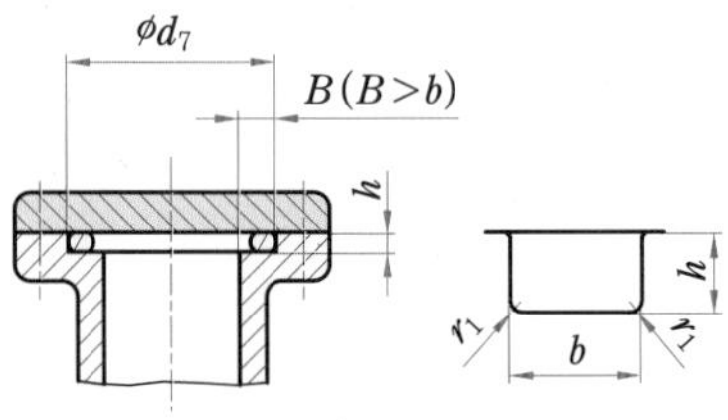

비고 : 1. 고정용(평면)에서는 내압이 걸리는 경우에는 O링의 바깥둘레가 홈의 외벽에 밀착하도록 설계하고, 외압이 걸리는 경우에는 반대로 O링의 안둘레가 홈의 내벽에 밀착하도록 설계한다.

2. d_8 및 d_7의 허용차에 대해서는 특별히 규정하지 않는다.

(단위 : mm)

호칭 번호 d	O링의 치수			홈부의 치수				
	굵기 d_2	안지름 d_1	안지름 허용 공차	d_8 (외압용)	d_7 (내압용)	b +0.25 0	h ±0.05	r_1 (최대)
G25	3.1 ±0.1	24.4	±0.25	25	30	4.1	2.4	0.7
G30		29.4	±0.29	30	35			
G35		34.4	±0.33	35	40			
G40		39.4	±0.37	40	45			
G45		44.4	±0.41	45	50			
G50		49.4	±0.45	50	55			
G55		54.4	±0.49	55	60			
G60		59.4	±0.53	60	65			
G65		64.4	±0.57	65	70			
G70		69.4	±0.61	70	75			
G75		74.4	±0.65	75	80			
G80		79.4	±0.69	80	85			

KS기계설계규격

동력전달용 기계요소

61. 기어 제도(3차원 모델링)

KS B 0002

1. 이뿌리 원기둥 만들기

❶ 이뿌리원을 그린다.

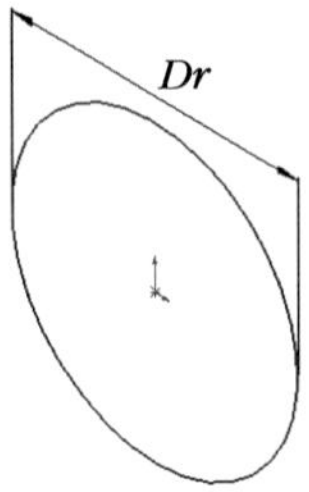

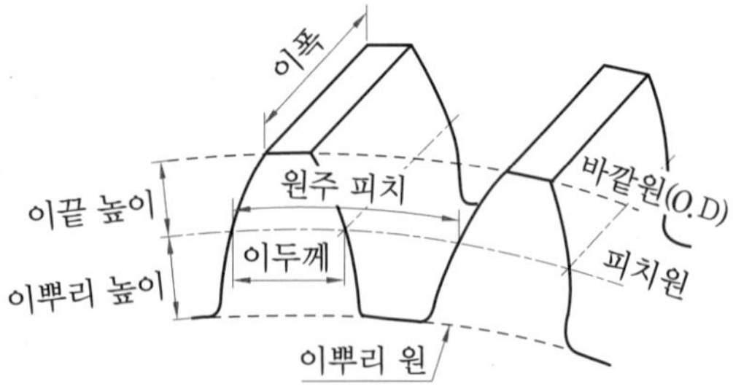

기어의 각부 명칭

❷ 이뿌리원을 이용해서 원기둥을 만든다.

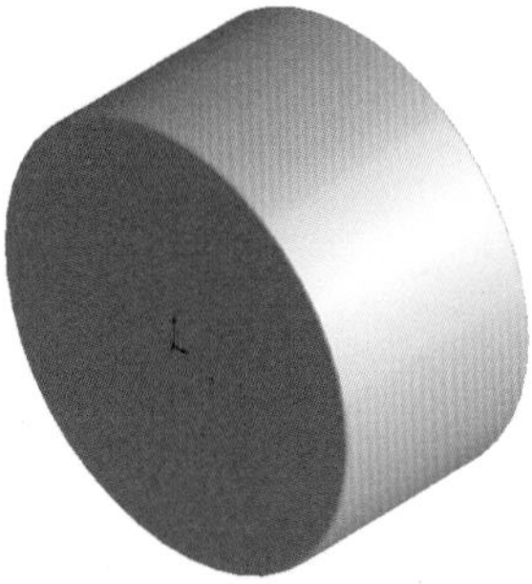

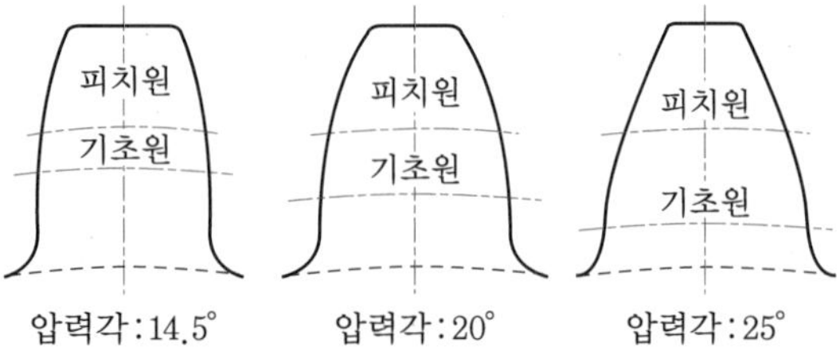

기초원의 위치

2. 기어 치형 그리기

❶ 이뿌리원과 동일한 중심으로 기초원(Dg)과 피치원(P.C.D)을 그린다.

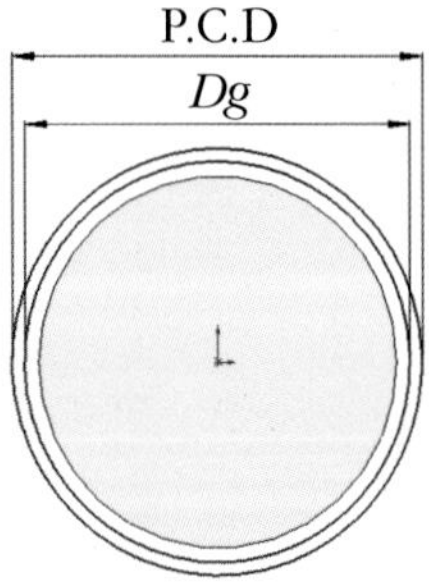

❷ 수직으로 중심선을 그린다.

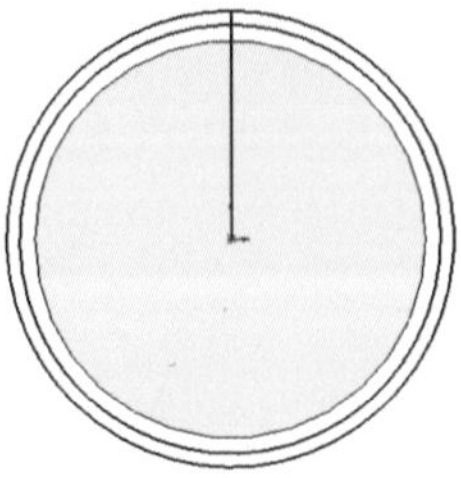

❸ 중심선의 윗부분만 남기고 잘라낸다.

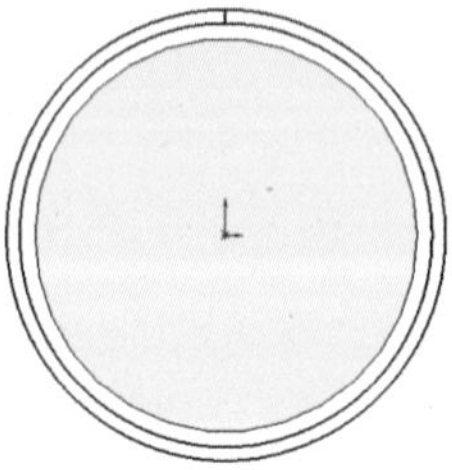

61. 기어 제도(3차원 모델링)(계속)

KS B 0002

❹ 중심선의 남은 부분을 잇수 (Z)의 2배로 원형 배열한다.

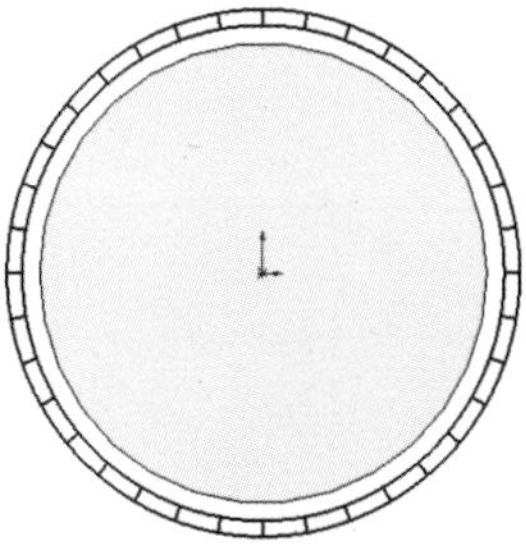

❺ 그림과 같이 윗부분만 남기고 삭제한다.

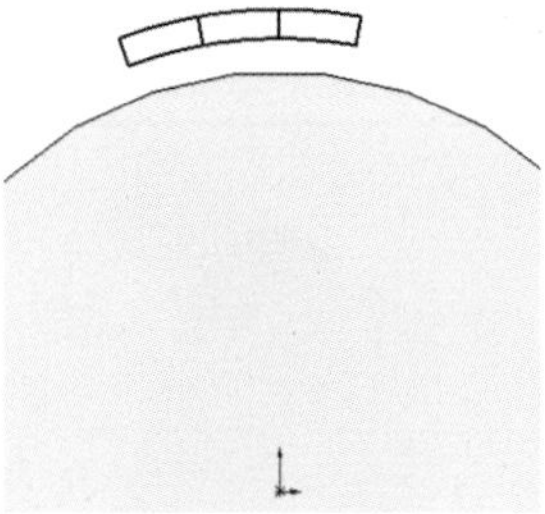

❻ 점 A를 중심으로 반지름이 $\overline{AB}$가 되는 원을 그린다.

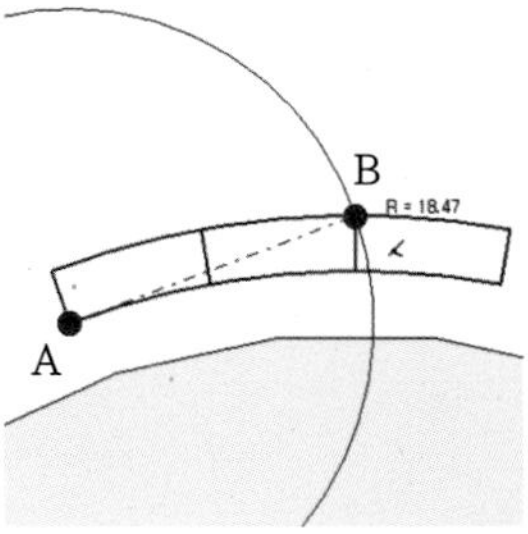

❼ 점 C를 중심으로 반지름이 $\overline{CD}$가 되는 원을 그린다.

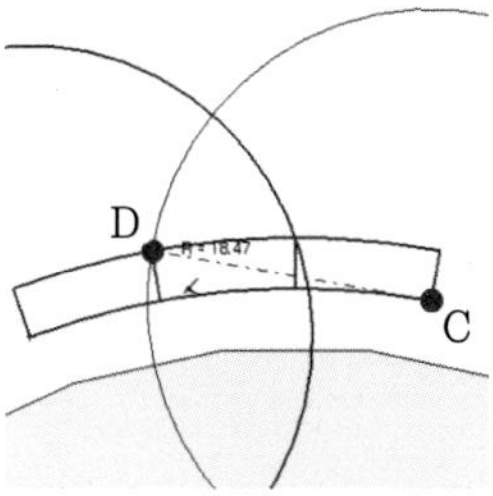

❽ 그림과 같은 부분만 남기고 나머지는 삭제한다.

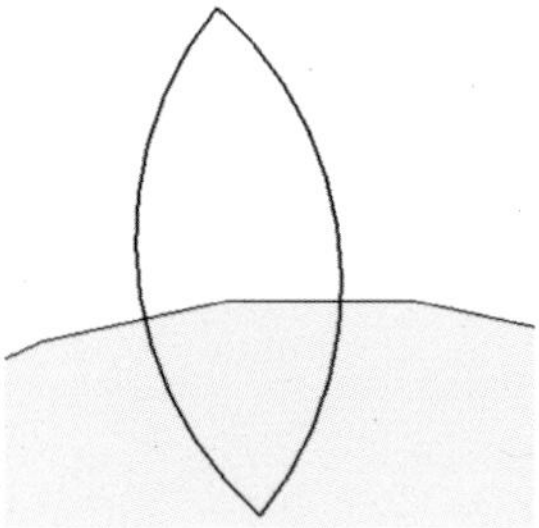

❾ 이뿌리원(Dr)과 바깥원 (O.D)를 그린다.

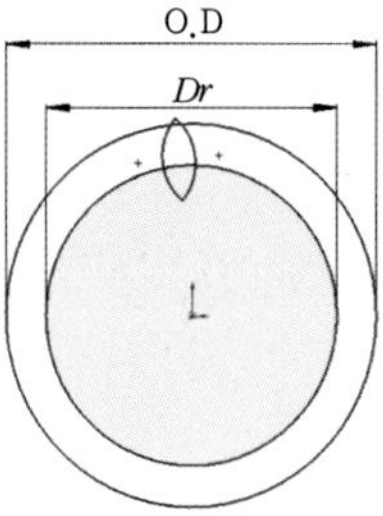

❿ 그림과 같은 부분만 남기고 잘라낸다.

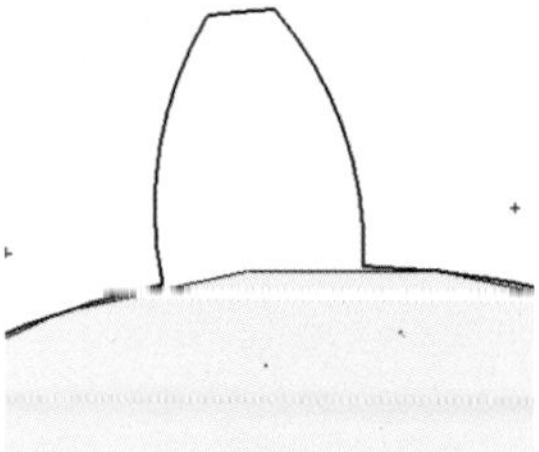

⓫ 이뿌리의 모서리 부분을 둥글게 한다.

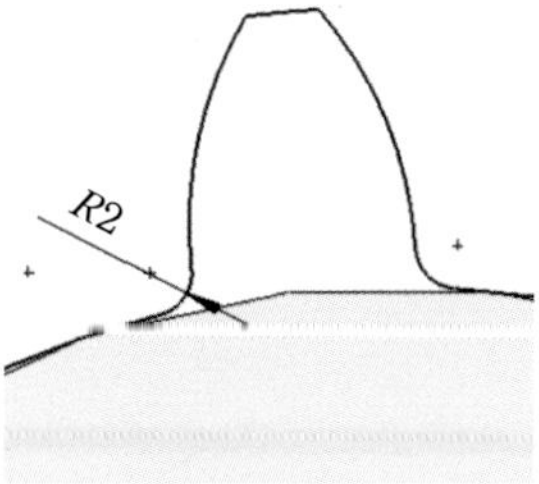

⓬ 치형 밖의 이뿌리원(Dr)을 삭제하고 치형 아랫부분에 이뿌리원(Dr)을 그려서 하나의 치형을 완성한다.

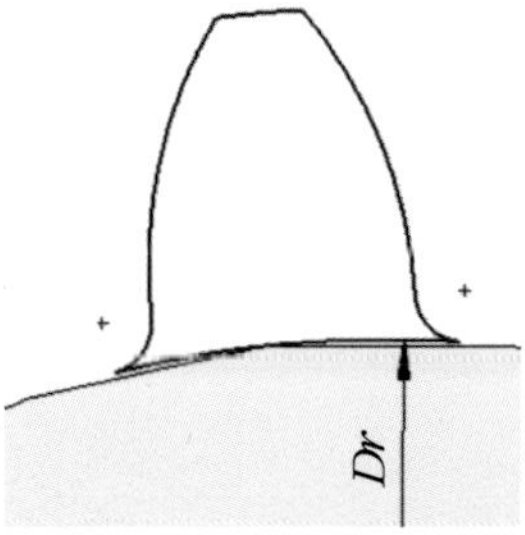

61. 기어 제도(3차원 모델링)(계속)

KS B 0002

3. 기어 치형 돌출시키기

❶ 치형을 3차원으로 돌출시킨다.

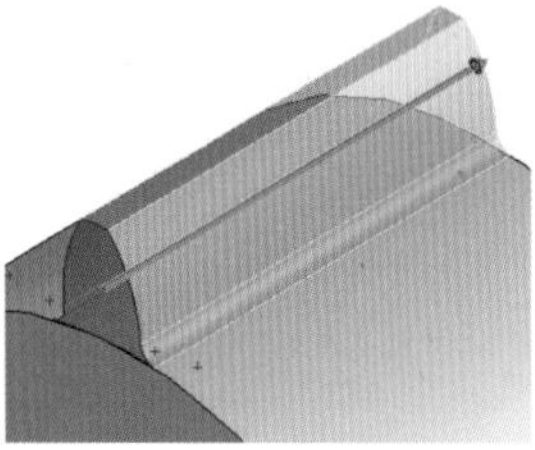

❷ 치형의 양 끝을 모따기 한다.

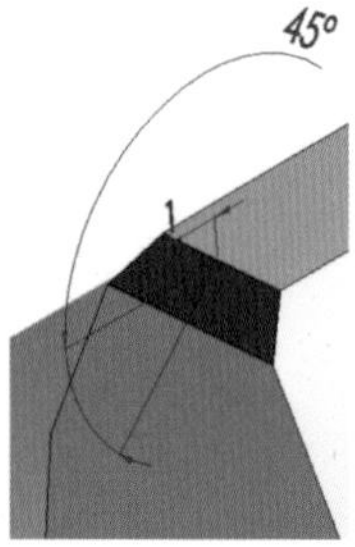

❸ 생성된 치형을 잇수(Z) 만큼 원형배열을 해서 3차원 기어 모델링을 완성한다.

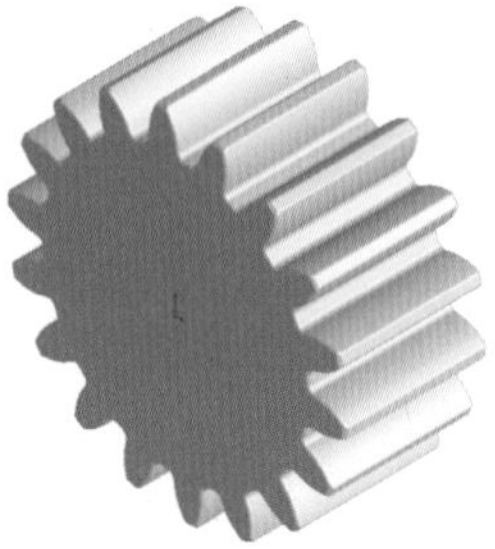

기어 각부의 계산식

기어 각부의 명칭	계산식
모 듈	$m=\frac{D}{Z}=\frac{t}{\pi}$
원주 피치	$t=\pi m$
피치원 지름	$D=m \cdot Z=t \cdot \frac{Z}{\pi}$
바깥원 지름	$D_0=(Z+2)m=D+2m$
이뿌리원 지름	$D_r=D-2.31416m$
잇 수	$Z=\frac{D}{m}$
이두께	$S=\frac{\pi m}{2}=\frac{t}{2}=1.5708m$
이끝 높이	$a=m=0.3183t$
이뿌리 높이	$e=a+c=1.15708m$
이 높이	$h=a+e=2.15708m$
클리어런스	$c=0.15708m=\frac{S}{10}$

61. 기어 제도(3차원 모델링)(계속)

KS B 0002

모듈 : 2 mm 압력각 : 20°					
잇수(Z) D/m	잇수(Z)의 2배 $2\times Z$	피치원(D) $P.C.D$	이뿌리원(Dr) $D-2.31416m$	기초원(Dg) $mZ\cdot\cos\alpha$	바깥원($O.D$) $D+2m$
12	24	24	19.37	22.55	28
13	26	26	21.37	24.43	30
14	28	28	23.37	26.31	32
15	30	30	25.37	28.19	34
16	32	32	27.37	30.07	36
17	34	34	29.37	31.95	38
18	36	36	31.37	33.83	40
19	38	38	33.37	35.71	42
20	40	40	35.37	37.59	44
21	42	42	37.37	39.47	46
22	44	44	39.37	41.35	48
23	46	46	41.37	43.23	50
24	48	48	43.37	45.11	52
25	50	50	45.37	46.98	54
26	52	52	47.37	48.86	56
27	54	54	49.37	50.74	58
28	56	56	51.37	52.62	60
29	58	58	53.37	54.5	62
30	60	60	55.37	56.38	64
31	62	62	57.37	58.26	66
32	64	64	59.37	60.14	68
33	66	66	61.37	62.02	70
34	68	68	63.37	63.9	72
35	70	70	65.37	65.78	74
36	72	72	67.37	67.66	76
37	74	74	69.37	69.54	78
38	76	76	71.37	71.42	80
39	78	78	73.37	73.3	82
40	80	80	75.37	75.18	84
41	82	82	77.37	77.05	86
42	84	84	79.37	78.93	88
43	86	86	81.37	80.81	90
44	88	88	83.37	82.69	92
45	90	90	85.37	84.57	94

모듈 : 3 mm 압력각 : 20°					
잇수(Z) D/m	잇수(Z)의 2배 $2 \times Z$	피치원(D) $P.C.D$	이뿌리원(Dr) $D-2.31416m$	기초원(Dg) $mZ \cdot \cos\ \alpha$	바깥원($O.D$) $D+2m$
12	24	36	29.06	33.83	42
13	26	39	32.06	36.65	45
14	28	42	35.06	39.47	48
15	30	45	38.06	42.29	51
16	32	48	41.06	45.11	54
17	34	51	44.06	47.92	57
18	36	54	47.06	50.74	60
19	38	57	50.06	53.56	63
20	40	60	53.06	56.38	66
21	42	63	56.06	59.2	69
22	44	66	59.06	62.02	72
23	46	69	62.06	64.84	75
24	48	72	65.06	67.66	78
25	50	75	68.06	70.48	81
26	52	78	71.06	73.3	84
27	54	81	74.06	76.12	87
28	56	84	77.06	78.93	90
29	58	87	80.06	81.75	93
30	60	90	83.06	84.57	96
31	62	93	86.06	87.39	99
32	64	96	89.06	90.21	102
33	66	99	92.06	93.03	105
34	68	102	95.06	95.85	108
35	70	105	98.06	98.67	111
36	72	108	101.06	101.49	114
37	74	111	104.06	104.31	117
38	76	114	107.06	107.12	120
39	78	117	110.06	109.94	123
40	80	120	113.06	112.76	126
41	82	123	116.06	115.58	129
42	84	126	119.06	118.4	132
43	86	129	122.06	121.22	135
44	88	132	125.06	124.04	138
45	90	135	128.06	126.86	141

모듈 : 4 mm 압력각 : 20°					
잇수(Z) D/m	잇수(Z)의 2배 $2 \times Z$	피치원(D) $P.C.D$	이뿌리원(Dr) $D-2.31416m$	기초원(Dg) $mZ \cdot \cos\ \alpha$	바깥원($O.D$) $D+2m$
12	24	48	38.74	45.11	56
13	26	52	42.74	48.86	60
14	28	56	46.74	52.62	64
15	30	60	50.74	56.38	68
16	32	64	54.74	60.14	72
17	34	68	58.74	63.9	76
18	36	72	62.74	67.66	80
19	38	76	66.74	71.42	84
20	40	80	70.74	75.18	88
21	42	84	74.74	78.93	92
22	44	88	78.74	82.69	96
23	46	92	82.74	86.45	100
24	48	96	86.74	90.21	104
25	50	100	90.74	93.97	108
26	52	104	94.74	97.73	112
27	54	108	98.74	101.49	116
28	56	112	102.74	105.25	120
29	58	116	106.74	109	124
30	60	120	110.74	112.76	128
31	62	124	114.74	116.52	132
32	64	128	118.74	120.28	136
33	66	132	122.74	124.04	140
34	68	136	126.74	127.8	144
35	70	140	130.74	131.56	148
36	72	144	134.74	135.32	152
37	74	148	138.74	139.07	156
38	76	152	142.74	142.83	160
39	78	156	146.74	146.59	164
40	80	160	150.74	150.35	168
41	82	164	154.74	154.11	172
42	84	168	158.74	157.87	176
43	86	172	162.74	161.63	180
44	88	176	166.74	165.39	184
45	90	180	170.74	169.14	188

61. 기어 제도(3차원 모델링)(계속)

모듈 : 5 mm 압력각 : 20°					
잇수(Z) D/m	잇수(Z)의 2배 $2\times Z$	피치원(D) $P.C.D$	이뿌리원(Dr) $D-2.31416m$	기초원(Dg) $mZ \cdot \cos\alpha$	바깥원($O.D$) $D+2m$
12	24	60	48.43	56.38	70
13	26	65	53.43	61.08	75
14	28	70	58.43	65.78	80
15	30	75	63.43	70.48	85
16	32	80	68.43	75.18	90
17	34	85	73.43	79.87	95
18	36	90	78.43	84.57	100
19	38	95	83.43	89.27	105
20	40	100	88.43	93.97	110
21	42	105	93.43	98.67	115
22	44	110	98.43	103.37	120
23	46	115	103.43	108.06	125
24	48	120	108.43	112.76	130
25	50	125	113.43	117.46	135
26	52	130	118.43	122.16	140
27	54	135	123.43	126.86	145
28	56	140	128.43	131.56	150
29	58	145	133.43	136.26	155
30	60	150	138.43	140.95	160
31	62	155	143.43	145.65	165
32	64	160	148.43	150.35	170
33	66	165	153.43	155.05	175
34	68	170	158.43	159.75	180
35	70	175	163.43	164.45	185
36	72	180	168.43	169.14	190
37	74	185	173.43	173.84	195
38	76	190	178.43	178.54	200
39	78	195	183.43	183.24	205
40	80	200	188.43	187.94	210
41	82	205	193.43	192.64	215
42	84	210	198.43	197.34	220
43	86	215	203.43	202.03	225
44	88	220	208.43	206.73	230
45	90	90	85.37	84.57	94

61. 기어 제도(3차원 모델링)(계속)

모듈 : 6 mm 압력각 : 20°					
잇수(Z) D/m	잇수(Z)의 2배 $2\times Z$	피치원(D) $P.C.D$	이뿌리원(Dr) $D-2.31416m$	기초원(Dg) $mZ \cdot \cos\alpha$	바깥원($O.D$) $D+2m$
12	24	72	84	67.66	58.12
13	26	78	90	73.3	64.12
14	28	84	96	78.93	70.12
15	30	90	102	84.57	76.12
16	32	96	108	90.21	82.12
17	34	102	114	95.85	88.12
18	36	108	120	101.49	94.12
19	38	114	126	107.12	100.12
20	40	120	132	112.76	106.12
21	42	126	138	118.4	112.12
22	44	132	144	124.04	118.12
23	46	138	150	129.68	124.12
24	48	144	156	135.32	130.12
25	50	150	162	140.95	136.12
26	52	156	168	146.59	142.12
27	54	162	174	152.23	148.12
28	56	168	180	157.87	154.12
29	58	174	186	163.51	160.12
30	60	180	192	169.14	166.12
31	62	186	198	174.78	172.12
32	64	192	204	180.42	178.12
33	66	198	210	186.06	184.12
34	68	204	216	191.7	190.12
35	70	210	222	197.34	196.12
36	72	216	228	202.97	202.12
37	74	222	234	208.61	208.12
38	76	228	240	214.25	214.12
39	78	234	246	219.89	220.12
40	80	240	252	225.53	226.12
41	82	246	258	231.16	232.12
42	84	252	264	236.8	238.12
43	86	258	270	242.44	244.12
44	88	264	276	248.08	250.12
45	90	270	282	253.72	256.12

61. 기어 제도(계속)

스퍼 기어

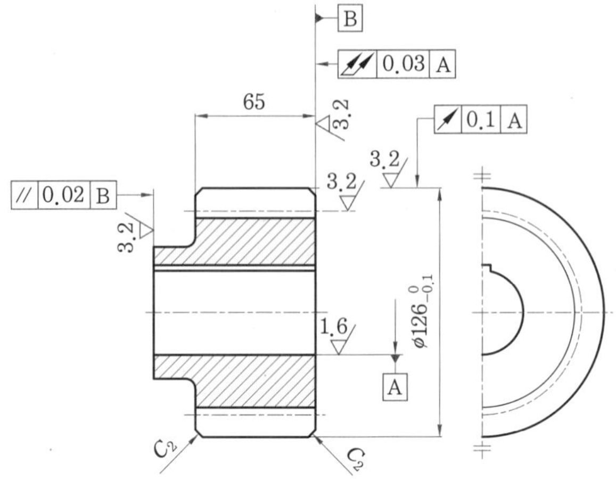

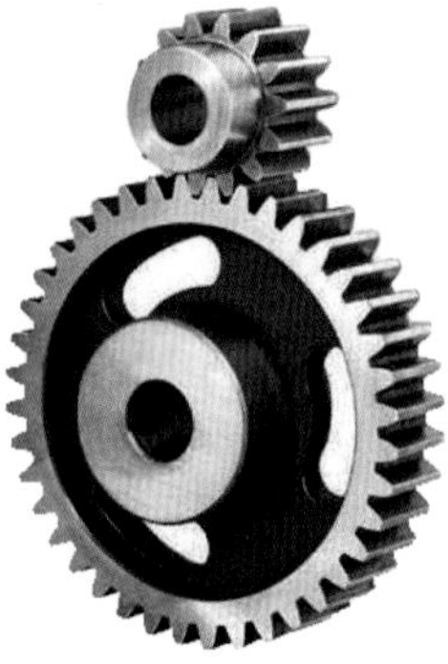

스퍼 기어 요목표		
기어 치형		표 준
공 구	모 듈	☐
	치 형	보통이
	압력각	20°
전체 이 높이		☐
피치원 지름		☐
잇 수		☐
다듬질 방법		호브 절삭
정밀도		KS B ISO 1328-1, 4급

(단위 : mm)

기어 치형		전 위
기준 래크	치 형	보통이
	모 듈	6
	압력각	20°
잇수(개)		18
기준 피치원 지름		108
전위량		+3.16
전체 이높이		13.34

이두께	벌림 이두께	$47.96^{-0.08}_{-0.38}$ (벌림 잇수=3)
다듬질 방법		호브 절삭
정밀도		KS B 1405 5급
비고	상대 기어 전위량	0
	상대 기어 잇수	50
	중심거리	207
	백래시	0.20~0.89
	*재료	
	*열처리	
	*경도	

헬리컬 기어

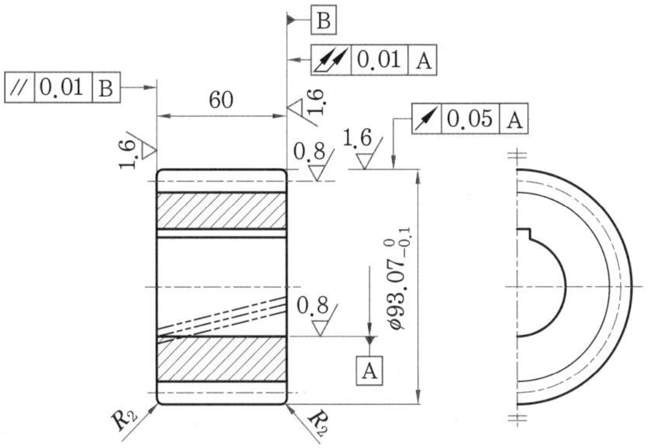

헬리컬 기어 요목표		
기어 치형		표 준
공 구	모 듈	□
	치 형	보통이
	압력각	20°
전체 이 높이		□
치형 기준면		치직각
피치원 지름		□
잇 수		□
리 드		□
방 향		□
비틀림 각		15°
다듬질 방법		호브 절삭
정밀도		KS B ISO 1328-1, 4급

(단위 : mm)

기어 치형		표 준	이두께	오버핀(볼) 치수	95.19 $^{-0.17}_{-0.29}$ (볼지름=7.144)
치형 기준 표면		치직각			
기준 래크	치 형	보통이			
	모 듈	4	다듬질 방법		연삭 다듬질
	압력각	20°	정밀도		KS B 1405 1급
잇수(개)		19	비고	상대 기어 잇수	24
비틀림각		26.7° (26° 42′)		중심거리	96.265
				기초원 지름	78.783
비틀림 방향		왼쪽		*재료	SNCM 415
				*열처리	침탄 퀜칭
*리드		531.385		*경도(표면)	HRC 55~61
기준 피치원 지름		85.071		유효 경화층 깊이	0.8~1.2
				백래시	0.15~0.31
전체 이높이		9.40		치형 수정 및 크라우닝을 할 것.	

내접 헬리컬 기어

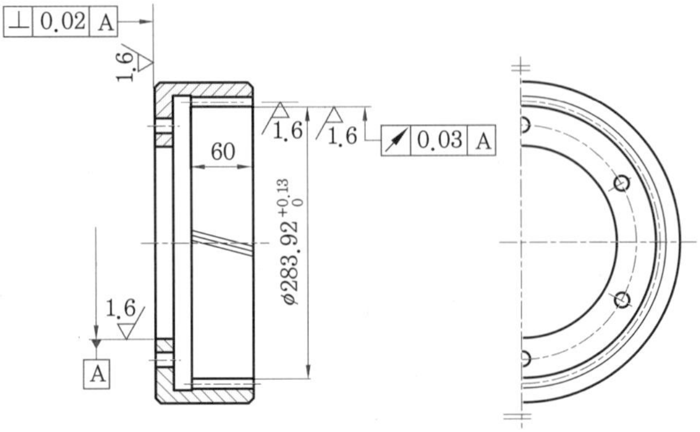

내접기어

(단위 : mm)

기어 치형		표 준	비틀림 방향		도시
치형 기준 표면		치직각	기준 피치원 지름		289.918
기준 래크	치 형	보통이	전체 이높이		6.75
	모 듈	3	이 두께	오버핀(볼) 치수	283.219 $^{+0.979}_{+0.221}$ (볼지름=5.000)
	압력각	20°	다듬질 방법		피니언 커터 절삭
잇수(개)		84	정밀도		KS B 1405 5급
비틀림각		29.6333° (29° 38′)	비고	백래시	0.15～0.69
*리드				*재료	SCM 435
				*열처리	퀜칭 템퍼링
				*경도	HB 241～302

이중 헬리컬 기어

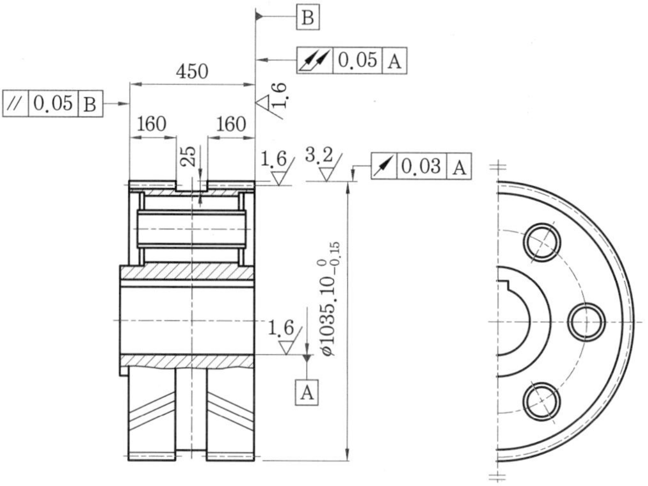

(단위 : mm)

기어 치형		표 준	전체 이높이		22.5
치형 기준 표면		치직각			
기준 래크	치 형	보통이	이 두께	활줄 이두께 (치직각)	15.71 +0.15 −0.50 (캘리퍼 이높이 = 10.05)
	모 듈	10			
	압력각	20°	다듬질 방법		호브 절삭
잇수 (개)		92	정밀도		KS B 1405 4급
비틀림각		25°	비 고	상대 기어 잇수	20
비틀림 방향		노시		중심 거리	617.89
*리드				백래시	0.3~0.85
기준 피치원 지름		1015.105		*재료	
				*열처리	
				*경도	

나사 기어

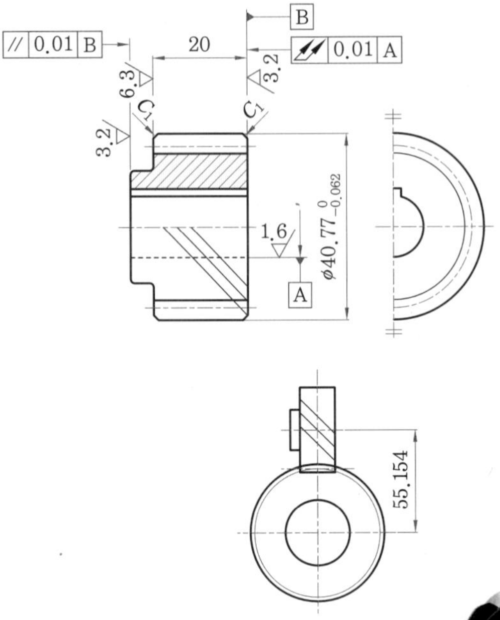

(단위 : mm)

구 별		피니언	(기어)
기어 치형		표 준	
치형 기준 평면		치직각	
기준래크	치 형	보통이	
기준래크	모 듈	2	
기준래크	압력각	20°	
잇수(개)		13	(26)
축 각		90°	
비틀림각		45°	(45°)
비틀림 방향		오른쪽	
*리드		115.51	

구 별		피니언	(기어)
기준 피치원 지름		36.769	(73.539)
이두께	벌림 이두께 (치직각)		
이두께	활줄 이두께 (치직각)	$3.14^{-0.06}_{-0.19}$ (캘리퍼 = 2.033)	
이두께	오버핀(볼) 치수		
다듬질 방법		호브 절삭	
정밀도		KS B 1405 4급	
비고	백래시	0.11 ~ 0.4	

직선 베벨 기어

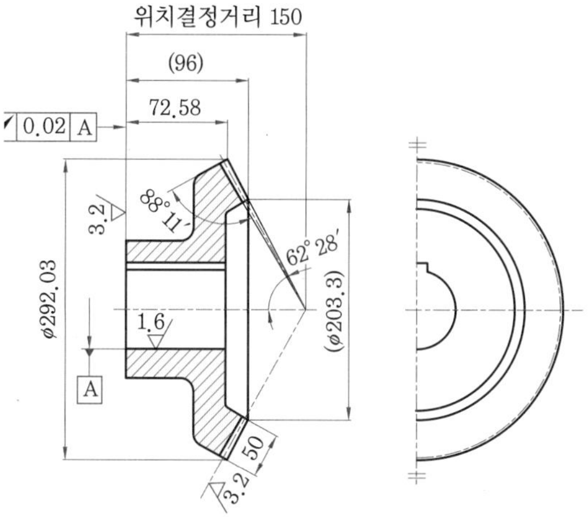

베벨 기어 요목표	
기어 치형	글리손식
모 듈	□
치 형	보통이
압력각	20°
축각	90°
전체 이 높이	□
피치원 지름	□
피치원 추각	□
잇 수	□
다듬질 방법	절삭
정밀도	KS B ISO 1328-1, 4급

(단위 : mm)

구 별	기 어	(피니언)
치 형	글리손식	
모 듈	6	
압력각	20°	
잇수(개)	48	(27)
축 각	90°	
이높이	288	(162)
이끝 높이	13.13	
기준 피치원 지름	4.11	
이뿌리 높이	9.02	
원추 거리	165.22	
기준 피치 원추각	60° 39′	(29° 21′)
이골 원추각	57° 32′	
잇봉우리 원추각	62° 28′	

구 별		기 어	(피니언)
이두께	측정 위치	바깥끝 잇봉우리원부	
	활줄 이두께 (치직각)	8.08 $^{-0.10}_{-0.15}$	
		캘리퍼 4.14	
다듬질 방법		절삭	
정밀도		KS B 1412 4급	
비고	백래시 이접촉 *재료 *열처리 *유효 경화층 깊이 *경도(표면)	0.2～0.5 KS B 1417 구분 B SCM 420 H 0.9～1.4 HRC 60±3	

스파이럴 베벨 기어

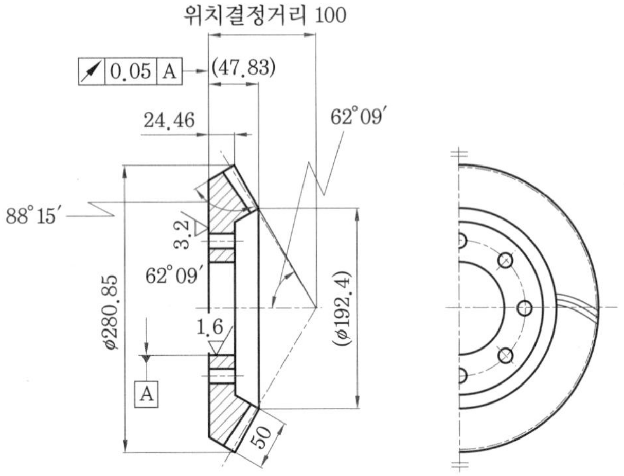

(단위 : mm)

구 별	기 어	(피니언)	구 별		기 어	(피니언)
치 형	글리손식		원추 거리		159.41	
이절삭 방법	스프레이드 블레이드법		기준 피치 원추각		62° 24′	(29° 36′)
커터 지름	304.8		이골 원추각		57° 27′	
모 듈	6.3		잇봉우리 원추각		62° 09′	
압력각	20°		이두께	측정 위치	바깥끝 잇봉우리원부	
잇수(개)	44	(25)		원호 이두께	8.06	
축 각	90°		다듬질 방법		연삭	
비틀림각	35°		정밀도		KS B 1412 4급	
비틀림 방향	오른쪽		비고	백래시 0.18～0.23 *재료 SCM 420 H *열처리 침탄 퀜칭 템퍼링 *유효 경화층 깊이 1.0～1.5 *경도(표면) HRC 60±3		
기준 피치원 지름	277.2					
이높이	11.89					
이끝 높이	3.69					
이뿌리 높이	8.20					

하이포이드 기어

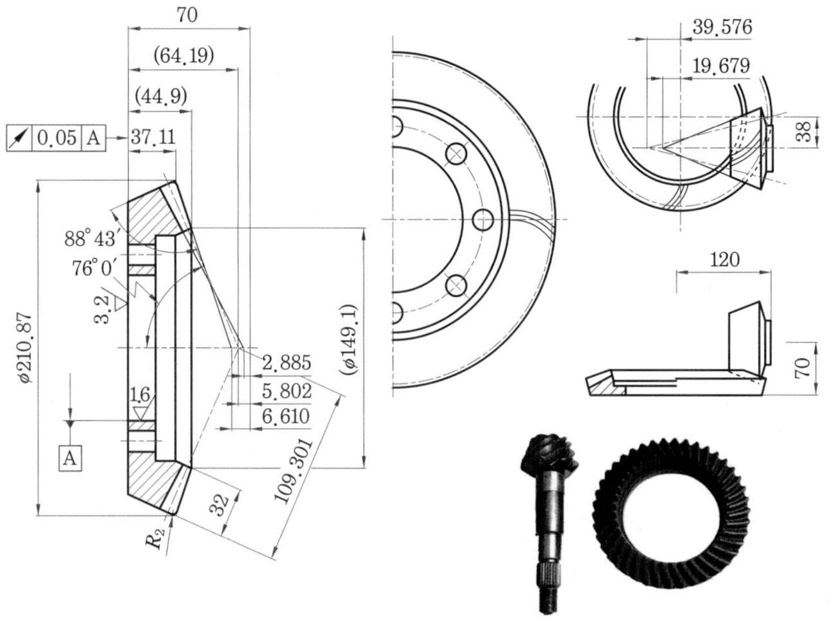

(단위 : mm)

구 별	기 어	(피니언)
치 형	글리손식	
이절삭 방법	성형 이절삭법	
커터 지름	228.6	
모 듈	5.12	
평균 압력각	21.15°	
잇수(개)	41	
축 각	90°	
비틀림각	26° 25′	(50° 0′)
비틀림 방향	오른쪽	
오프셋량	38	
오프셋 방향	아래쪽	
기준 피치원 지름	210	
이높이	10.886	
이끝 높이	1.655	
이뿌리 높이	9.231	

구 별		기 어	(피니언)
원추 거리		108.85	
기준 피치 원추각		74° 43′	
이골 원추각		68° 25′	
잇봉우리 원추각		76° 0′	
이두께	측정 위치	바깥끝 잇봉우리원부에서 16mm	
	활줄 이두께(치직각)	4.148 캘리퍼 = 1.298	
다듬질 방법		래핑 다듬질	
정밀도		KS B 1412 3급	
비고	백래시	0.16 ~ 0.26	
	이접촉	KS B 1417 구분 B	
	*재료	SCM 420 H	
	*열처리	침탄 퀜칭 템퍼링	
	*유효 경화층 깊이	0.8 ~ 1.3	
	*경도(표면)	HRC 60±3	

웜

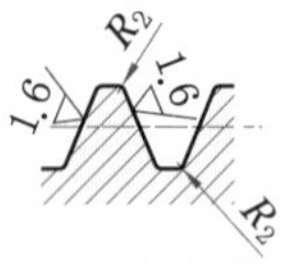

치직각 단면

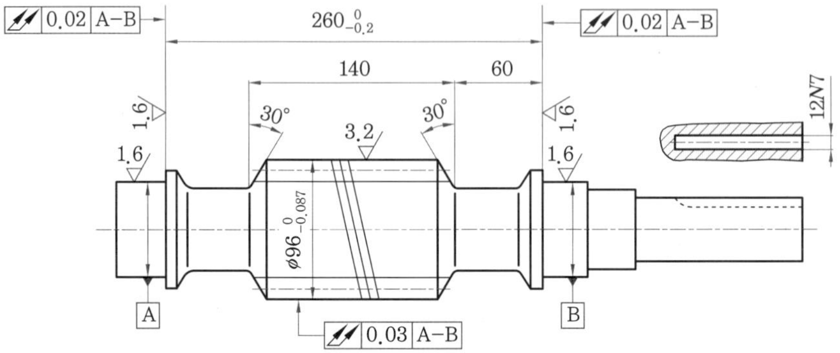

(단위 : mm)

<table>
<tr><td>치 형</td><td>KS B 1416 3형</td><td rowspan="4">이
두
께</td><td rowspan="2">활줄 이두께
(치직각)</td><td rowspan="2">$12.32\ ^{0}_{-0.15}$
캘리퍼 이높이=8</td></tr>
<tr><td>축방향 모듈</td><td>8</td></tr>
<tr><td>줄 수</td><td>2</td><td rowspan="2">오버핀 치수
핀 지름</td><td rowspan="2"></td></tr>
<tr><td>비틀림 방향</td><td>오른쪽</td></tr>
<tr><td>기준 피치원 지름</td><td>80</td><td rowspan="5">비
고</td><td colspan="2" rowspan="5">백래시 0.21～0.35
중심 거리 200
이접촉 KS B 1417 구분 B
*재료 SM 48C
*열처리 치면 고주파 퀜칭
*경도(표면) HRC 50～55</td></tr>
<tr><td>지름 계수</td><td>10.00</td></tr>
<tr><td>리드각</td><td>11° 18′ 36″</td></tr>
<tr><td>다듬질 방법</td><td>연삭</td></tr>
<tr><td>*정밀도</td><td></td></tr>
</table>

웜 휠

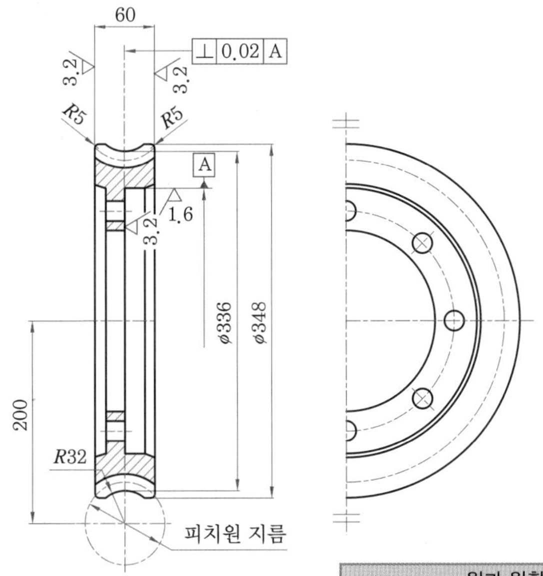

웜기어를 이용하여 기어비(gear ratio)가 $\frac{1}{10}$이 되는 웜감속기의 외형이다(커버를 분해한 모습).

웜과 웜휠 요목표		
구분 \ 품번	① (웜)	② (웜휠)
원주 피치	–	□
리 드	□	–
피치 원경	□	□
잇 수	–	□
치형 기준 단면	축직각	
줄 수, 방향	□	
압력각	20°	
진행각	□	
모 듈	□	
다듬질 방법	호브 절삭	연삭

(단위 : mm)

상대 웜 치형		KS B 1416 3형	다듬질 방법	호브 절삭
축방향 모듈		8	*정밀도	
잇수(개)		40	백래시 (피치 원둘레 방향)	0.21～0.35
기준 피치원 지름		320		
상대 웜	줄 수	2	**참고** 이두께 { 활줄 이두께(치직각) / 캘리퍼 이높이	12.32 / 8.12
	비틀림 방향	오른쪽		
	기준 피치원 지름	80	전위량	0
	리드각	11° 18′ 36″	이접촉	KS B 1417 구분 B
			*재료	PBC 2 B

기어제도

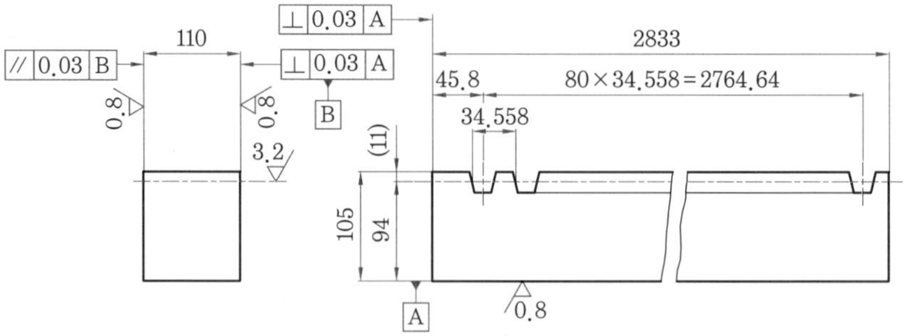

래크와 피니언 요목표			
구 분 \ 품 번		① (래크)	② (피니언)
기어 치형		표준	
공 구	모 듈	□	
	치 형	보통이	
	압력각	20°	
전체 이 높이		□	□
피치원 지름		–	□
잇 수		□	□
다듬질 방법		호브 절삭	
정밀도		KS B ISO 1328-1, 4급	

래크

래칫 휠	
종 류	구 분 \ 품 번
잇 수	□
원주 피치	□
이 높이	□

래칫 휠

62. 주철제 V벨트 풀리

V벨트 풀리 홈부분의 모양 및 치수

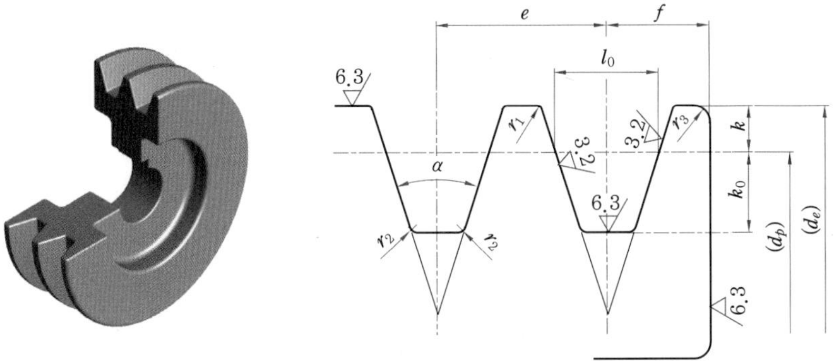

호칭 지름은 피치원 d_p의 기준 치수이며, 회전비 등의 계산에도 이를 사용한다.
d_p는 홈의 너비가 l_0인 곳의 지름이다.

(단위 : mm)

V벨트의 종류	호칭 지름	α(°)	l_0	k	k_0	e	f	r_1	r_2	r_3	V벨트의 두께 (참고)
M	50 이상 71 이하 71 초과 90 이하 90 초과	34 36 38	8.0	2.7	6.3	−(1)	9.5	0.2~0.5	0.5~1.0	1~2	5.5
A	71 이상 100 이하 100 초과 125 이하 125 초과	34 36 38	9.2	4.5	8.0	15.0	10.0	0.2~0.5	0.5~1.0	1~2	9
B	125 이상 169 이하 169 초과 200 이하 200 초과	34 36 38	12.5	5.5	9.5	19.0	12.5	0.2~0.5	0.5~1.0	1~2	11
C	200 이상 250 이하 250 초과 315 이하 315 초과	34 36 38	16.9	7.0	12.0	25.5	17.0	0.2~0.5	1.0~1.6	2~3	14
D	355 이상 450 이하 450 초과	36 38	24.6	9.5	15.5	37.0	24.0	0.2~0.5	1.6~2.0	3~4	19
E	500 이상 630 이하 630 초과	36 38	28.7	12.7	19.3	44.5	29.0	0.2~0.5	1.6~2.0	4~5	25.5

주 (1) : M형은 원칙적으로 한 줄만 걸친다.

62. 주철제 V벨트 풀리(계속)

V벨트 풀리의 종류

V벨트의 종류 \ 홈의 수	1	2	3	4	5	6
A	A1	A2	A3	–	–	–
B	B1	B2	B3	B4	B5	–
C	–	–	C3	C4	C5	C6

V벨트 풀리 바깥지름 d_e의 허용차 (단위 : mm)

호칭 지름	바깥지름 d_e의 허용차
75 이상 118 이하	±0.6
125 이상 300 이하	±0.8
315 이상 630 이하	±1.2
710 이상 900 이하	±1.6

홈부 각 부분의 치수 허용차 (단위 : mm)

V벨트의 종류	α의 허용차(°)	k의 허용차([1])	e의 허용차	f의 허용차
M	±0.5	$^{+0.2}_{0}$	–	±1
A			±0.4	
B				
C		$^{+0.3}_{0}$	±0.5	
D		$^{+0.4}_{0}$		$^{+2}_{-1}$
E		$^{+0.5}_{0}$		$^{+3}_{-1}$

주 ([1]) : k의 허용차는 바깥지름 d_e를 기준으로 하여, 홈의 너비가 l_0가 되는 d_p의 위치의 허용차를 나타낸다.

V벨트 풀리의 바깥둘레 흔들림 및 림 측면 흔들림의 허용값 (단위 : mm)

호칭 지름	바깥둘레 흔들림의 허용값	림 측면 흔들림의 허용값
75 이상 118 이하	0.3	0.3
125 이상 300 이하	0.4	0.4
315 이상 630 이하	0.6	0.6
710 이상 900 이하	0.8	0.8

63. 평 벨트 풀리

KS B 1402

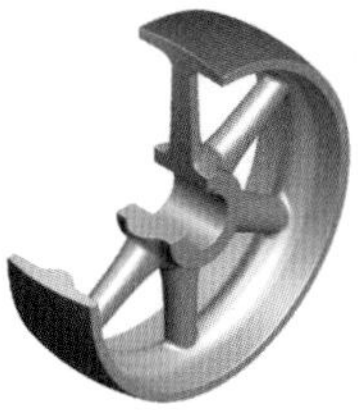

1. 종류

평 벨트 풀리의 종류는 일체형과 분할형이 있으며, 바깥둘레면의 모양에 따라 C와 F로 구분한다.

2. 다듬질

평 벨트 풀리의 바깥둘레면 다듬질은 원칙적으로 KS B 0161의 10점 평균 거칠기의 12.5 Z로 한다.

3. 치수

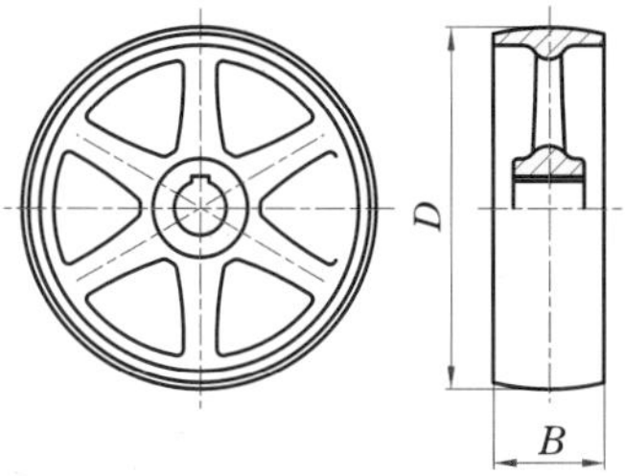

$$R \fallingdotseq \frac{B^2}{8h}$$

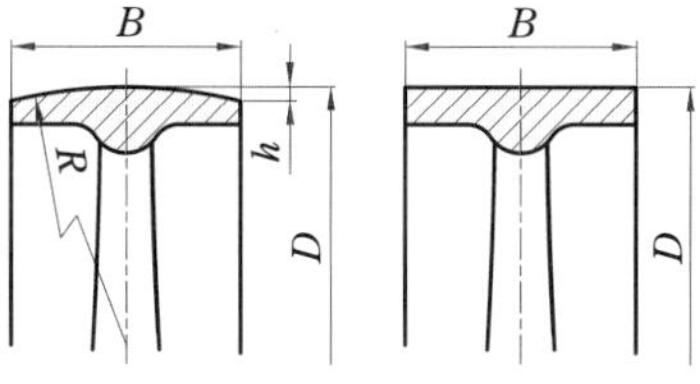

평 벨트 풀리의 호칭 너비 및 허용차

(단위 : mm)

호칭 너비 (B)	허용차
20	±1
25	
32	
40	
50	
63	
71	
80	±1.5
90	
100	
112	
125	
140	

평 벨트 풀리의 호칭 지름 및 허용차

(단위 : mm)

호칭 지름 (D)	허용차
40	±0.5
45	±0.6
50	
56	±0.8
63	
71	±1.0
80	
90	±1.2
100	
112	
125	±1.6
140	

크라운

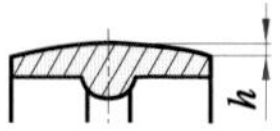

(단위 : mm)

호칭 지름 (D)	크라운 (h)
40~112	0.3
125, 140	0.4
160, 180	0.5
200, 224	0.6
250, 280	0.8
315, 355	1.0

4. 평 벨트의 길이

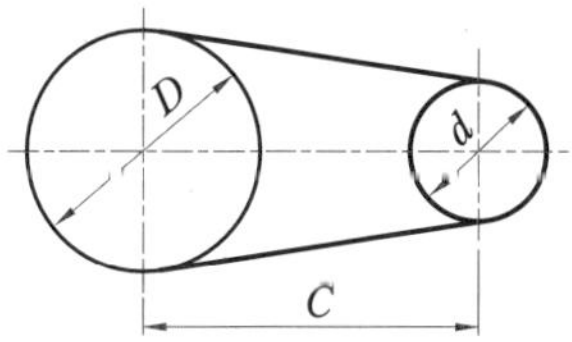

평행 걸기

$$L = 2C + \frac{\pi}{2}(D_1 + D_2) + \frac{(D_2 - D_1)^2}{4C}$$

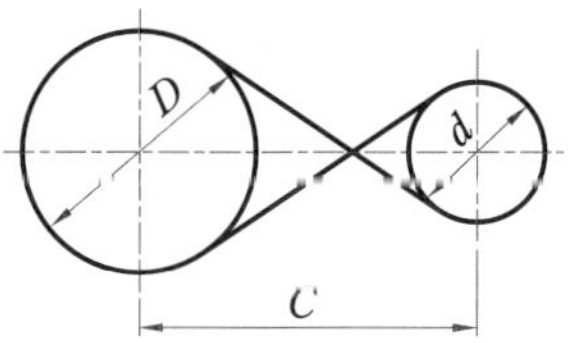

십자 걸기

$$L = 2C + \frac{\pi}{2}(D_1 + D_2) + \frac{(D_2 + D_1)^2}{4C}$$

64. 전동용 롤러 체인

KS B 1407

A계 롤러 체인의 치수

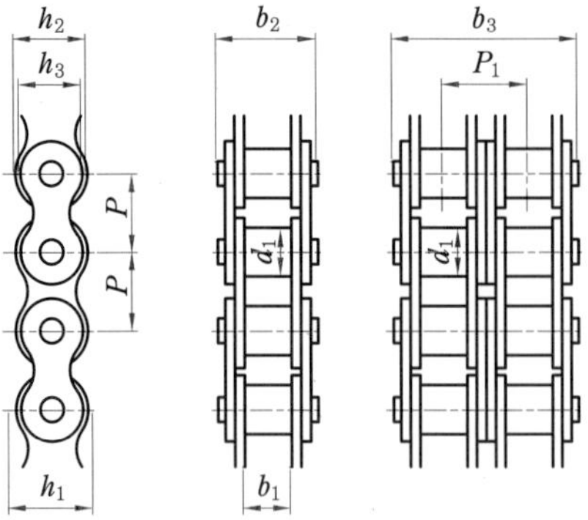

체인의 링크 수 계산

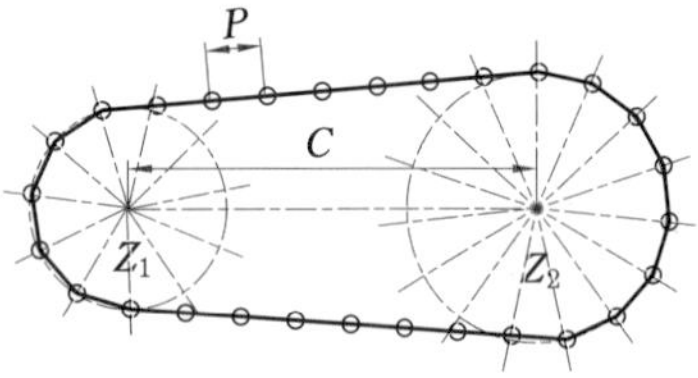

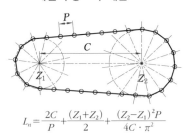

$$L_n = \frac{2C}{P} + \frac{(Z_1+Z_2)}{2} + \frac{(Z_2-Z_1)^2 P}{4C \cdot \pi^2}$$

여기서, Z_1, Z_2 : 스프로킷의 잇수
P : 롤러 체인의 피치
C : 스프로킷의 중심 간 거리

(단위 : mm)

호칭 번호		기준 피치 P	d_1	b_1	b_2	b_3	h_1	h_2	h_3	P_1
1종	2종									
25	04C	6.35	3.3	3.1	9.1	15.5	6.27	6.02	5.21	6.4
35	06C	9.525	5.08	4.68	13.2	23.4	9.30	9.05	7.80	10.1
41	085	12.7	7.77	6.25	14	–	10.17	9.91	9.91	–
40	08A	12.7	7.92	7.85	17.8	32.3	12.33	12.07	10.41	14.4
50	10A	15.875	10.16	9.4	21.8	39.3	15.35	15.09	13.04	18.1
60	12A	19.05	11.91	12.57	26.9	49.8	18.34	18.08	15.62	22.8
80	16A	25.4	15.88	15.75	33.5	62.7	24.39	24.13	20.83	29.3
100	20A	31.75	19.05	18.9	41.1	77	30.48	30.18	26.04	35.8
120	24A	38.1	22.23	25.22	50.8	96.3	36.55	36.2	31.24	45.4
140	28A	44.45	25.4	25.22	54.9	103.6	42.67	42.24	36.45	48.9
160	32A	50.8	28.58	31.55	65.5	124.2	48.74	48.26	41.66	58.5
180	36A	57.15	35.71	35.48	73.9	140	54.86	54.31	46.86	65.8
200	40A	63.5	39.68	37.85	80.3	151.9	60.93	60.33	52.07	71.6
240	48A	76.2	47.63	47.35	95.5	183.4	73.13	72.39	62.48	87.8

비고 : 1. A계 1종 롤러 체인은 미국 규격 ANSI B 29.1의 호칭번호와 일치하며 2종 롤러 체인은 유럽규격 ISO 606의 호칭번호와 일치한다.
2. 1종의 호칭 번호는 해당 번호의 기준 피치값을 3.175로 나눈 값에 10배수로 하여 나타낸 것이다.

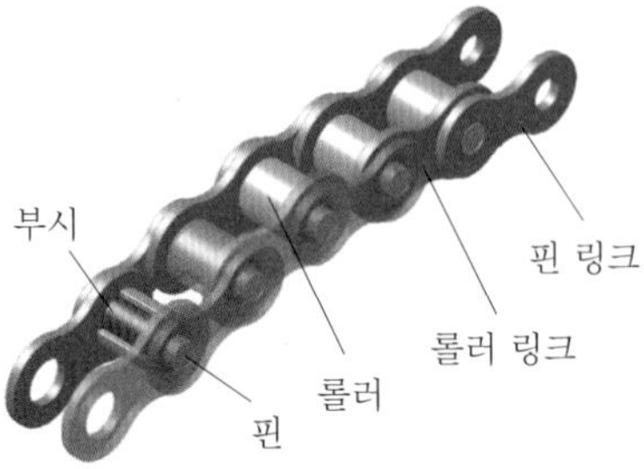

롤러 체인

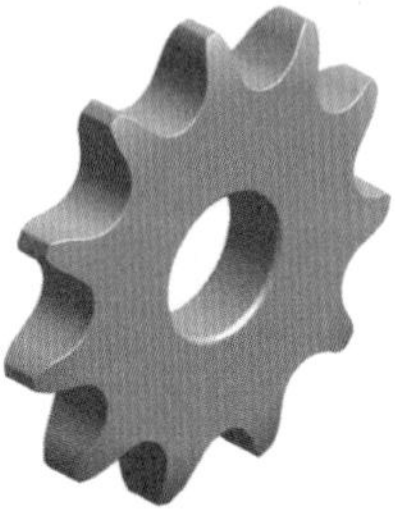

스프로킷

65. 롤러 체인용 스프로킷 치형

KS B 1408

모양 및 치수

1. 스프로킷의 기준 치형은 S치형 및 U치형의 2종류로 한다.

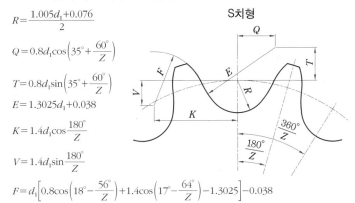

S치형

$$R=\frac{1.005d_1+0.076}{2}$$

$$Q=0.8d_1\cos\left(35^\circ+\frac{60^\circ}{Z}\right)$$

$$T=0.8d_1\sin\left(35^\circ+\frac{60^\circ}{Z}\right)$$

$$E=1.3025d_1+0.038$$

$$K=1.4d_1\cos\frac{180^\circ}{Z}$$

$$V=1.4d_1\sin\frac{180^\circ}{Z}$$

$$F=d_1\left[0.8\cos\left(18^\circ-\frac{56^\circ}{Z}\right)+1.4\cos\left(17^\circ-\frac{64^\circ}{Z}\right)-1.3025\right]-0.038$$

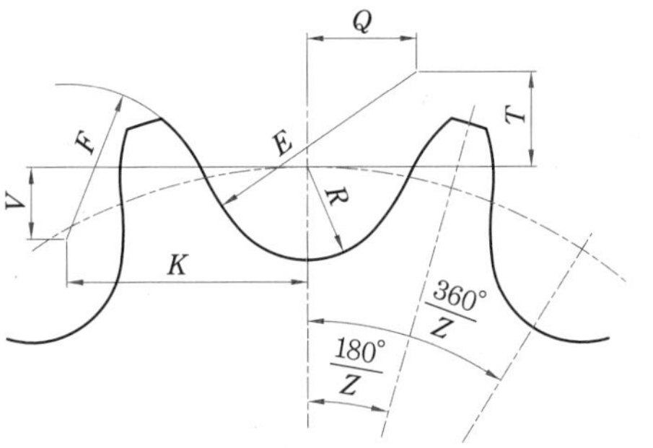

예 호칭번호 40
잇수 Z = 11인 경우
d_1 = 7.92
R = 4.0178
Q = 4.8212
T = 4.1111
K = 10.639
V = 3.1239

2. 스프로킷의 축을 포함하는 평면으로 절단했을 때의 단면 모양을 가로 치형이라 한다.

가로 치형

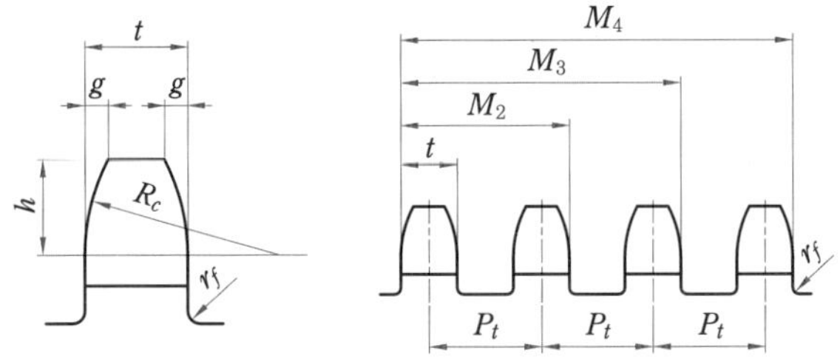

(단위 : mm)

호칭 번호	가로 치형							가로 피치 P_t	적용 롤러 체인(참고)		
	모떼기 너비 g (약)	모떼기 깊이 h (약)	모떼기 반지름 R_c (최소)	둥글기 r_f (대)	이너비 t(최대)				원주 피치 P	롤러 외경 d_1 (최대)	안쪽 링크 안쪽 너비 b_1 (최소)
					홑줄	2줄·3줄	4줄 이상				
25	0.8	3.2	6.8	0.3	2.8	2.7	2.4	6.4	6.35	3.30	3.10
35	1.2	4.8	10.1	0.4	4.3	4.1	3.8	10.1	9.525	5.08	4.68
41	1.6	6.4	13.5	0.5	5.8	–	–	–	12.70	7.77	6.25
40	1.6	6.4	13.5	0.5	7.2	7.0	6.5	14.4	12.70	7.95	7.85
50	2.0	7.9	16.9	0.6	8.7	8.4	7.9	18.1	15.875	10.16	9.40
60	2.4	9.5	20.3	0.8	11.7	11.3	10.6	22.8	19.05	11.91	12.57
80	3.2	12.7	27.0	1.0	14.6	14.1	13.3	29.3	25.40	15.88	15.75
100	4.0	15.9	33.8	1.3	17.6	17.0	16.1	35.8	31.75	19.05	18.90
120	4.8	19.0	40.5	1.5	23.5	22.7	21.5	45.4	38.10	22.23	25.22
140	5.6	22.2	47.3	1.8	23.5	22.7	21.5	48.9	44.45	25.40	25.22
160	6.4	25.4	54.0	2.0	29.4	28.4	27.0	58.5	50.80	28.58	31.55
200	7.9	31.8	67.5	2.5	35.3	34.1	32.5	71.6	63.50	39.68	37.85
240	9.5	38.1	81.0	3.0	44.1	42.7	40.7	87.8	76.20	47.63	47.35

비고 : 1. 총 이 너비 M_2, M_3, M_4, ……, $M_n=P_t(n-1)+t$
2. 호칭번호 41은 홑줄만으로 한다.

3. 기준 치수

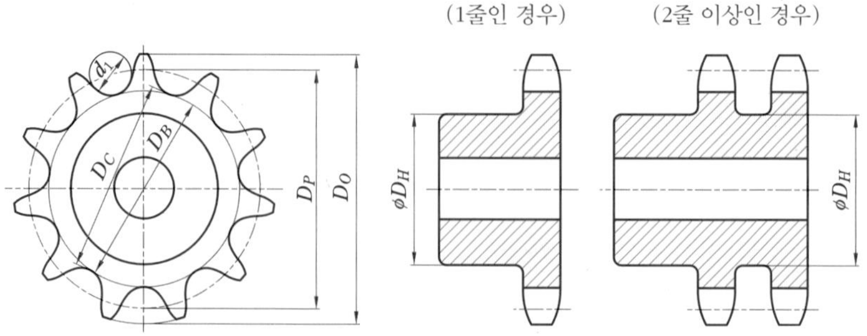

(단위 : mm)

항 목	계 산 식
피치원 지름(D_P)	$D_P=\dfrac{P}{\sin\dfrac{180°}{Z}}$
바깥지름(D_O)	$D_O=P\left(0.6+\cot\dfrac{180°}{Z}\right)$
이뿌리원 지름(D_B)	$D_B=D_P-d_1$
이뿌리 거리(D_C)	$D_C=D_B$ (짝수 톱니) $D_C=D_P\cos\dfrac{90°}{Z}-d_1$ (홀수 톱니) $=P\cdot\dfrac{1}{2\sin\dfrac{180°}{Z}}-d_1$
최대 보스 지름 및 최대 홈지름(D_H)	$D_H=P\left(\cot\dfrac{180°}{Z}-1\right)-0.76$

여기서, P : 롤러 체인의 피치, d_1 : 롤러 체인의 롤러 바깥지름, Z : 잇수

짝수 톱니인 경우의 이뿌리원 지름(D_B) 및 홀수 톱니인 경우의 이뿌리 거리(D_C)의 치수 허용차

(단위 : mm)

<table>
<tr><th>호칭번호
잇수 Z</th><th>25</th><th>35</th><th>41</th><th>40</th><th>50</th><th>60</th><th>80</th><th>100</th><th>120</th><th>140</th><th>160</th><th>200</th><th>240</th></tr>
<tr><td>11~15</td><td rowspan="3">0
−0.10</td><td>0
−0.10</td><td rowspan="2">0
−0.12</td><td rowspan="2">0
−0.12</td><td rowspan="2">0
−0.12</td><td>0
−0.12</td><td>0
−0.15</td><td>0
−0.15</td><td>0
−0.20</td><td>0
−0.20</td><td>0
−0.25</td><td>0
−0.25</td><td>0
−0.30</td></tr>
<tr><td>16~24</td><td rowspan="3">0
−0.12</td><td rowspan="2">0
−0.15</td><td rowspan="2">0
−0.20</td><td>0
−0.20</td><td rowspan="2">0
−0.25</td><td>0
−0.25</td><td>0
−0.30</td><td>0
−0.35</td><td>0
−0.40</td></tr>
<tr><td>25~35</td><td rowspan="3">0
−0.15</td><td rowspan="3">0
−0.15</td><td rowspan="2">0
−0.15</td><td rowspan="2">0
−0.25</td><td>0
−0.30</td><td>0
−0.35</td><td>0
−0.40</td><td>0
−0.45</td></tr>
<tr><td>36~48</td><td rowspan="4">0
−0.12</td><td rowspan="2">0
−0.20</td><td rowspan="2">0
−0.25</td><td>0
−0.30</td><td>0
−0.35</td><td>0
−0.40</td><td>0
−0.45</td><td>0
−0.55</td></tr>
<tr><td>49~63</td><td rowspan="4">0
−0.15</td><td rowspan="3">0
−0.20</td><td>0
-0.30</td><td>0
−0.35</td><td>0
−0.40</td><td>0
−0.45</td><td>0
−0.50</td><td>0
−0.60</td></tr>
<tr><td>64~80</td><td rowspan="3">0
−0.20</td><td rowspan="3">0
−0.20</td><td rowspan="3">0
−0.25</td><td rowspan="2">0
−0.30</td><td rowspan="2">0
−0.35</td><td rowspan="2">0
−0.40</td><td>0
−0.45</td><td>0
−0.50</td><td>0
−0.60</td><td>0
−0.70</td></tr>
<tr><td>81~99</td><td rowspan="2">0
−0.50</td><td>0
−0.55</td><td>0
−0.65</td><td>0
−0.75</td></tr>
<tr><td>100~120</td><td>0
−0.15</td><td>0
−0.25</td><td>0
−0.35</td><td>0
−0.40</td><td>0
−0.45</td><td>0
−0.60</td><td>0
−0.70</td><td>0
−0.85</td></tr>
</table>

65. 롤러 체인용 스프로킷 치형(계속)

KS B 1408

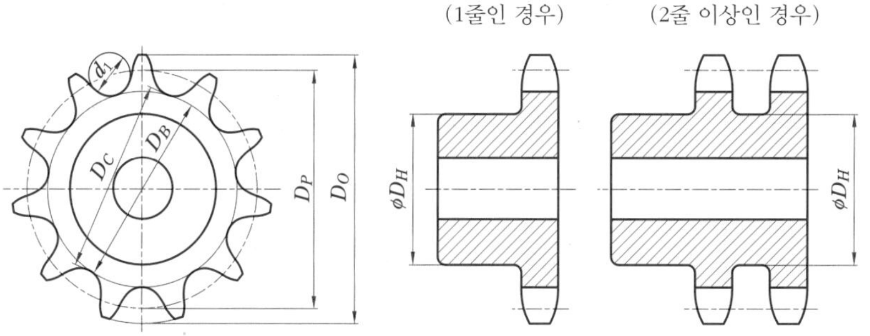

롤러 체인용 스프로킷의 기준 치수

스프로킷 25(d_1=3.30)

(단위 : mm)

잇수 Z	피치원 지름 D_P	바깥 지름 D_O	이뿌리 원지름 D_B	이뿌리 거리 D_C	최대 보스 지름 D_H	잇수 Z	피치원 지름 D_P	바깥 지름 D_O	이뿌리 원지름 D_B	이뿌리 거리 D_C	최대 보스 지름 D_H
11	22.54	25	19.24	19.01	15	31	62.77	66	59.47	59.39	55
12	24.53	28	21.23	21.23	17	32	64.78	68	61.48	61.48	57
13	26.53	30	23.23	23.04	19	33	66.80	70	63.50	63.43	59
14	28.54	32	25.24	25.24	21	34	68.82	72	65.52	65.52	61
15	30.54	34	27.24	27.07	23	35	70.84	74	67.54	67.47	63
16	32.55	36	29.25	29.25	25	36	72.86	76	69.56	69.56	65
17	34.56	38	31.26	31.11	27	37	74.88	78	71.58	71.51	67
18	36.57	40	33.27	33.27	29	38	76.90	80	73.60	73.60	70
19	38.58	42	35.28	35.15	31	39	78.91	82	75.61	75.55	72
20	40.59	44	37.29	37.29	33	40	80.93	84	77.63	77.63	74
21	42.61	46	39.31	39.19	35	41	82.95	87	79.65	79.59	76
22	44.62	48	41.32	41.32	37	42	84.97	89	81.67	81.67	78
23	46.63	50	43.33	43.23	39	43	86.99	91	83.69	83.63	80
24	48.65	52	45.35	45.35	41	44	89.01	93	85.71	85.71	82
25	50.66	54	47.36	47.27	43	45	91.03	95	87.73	87.68	84
26	52.68	56	49.38	49.38	45	46	93.05	97	89.75	89.75	86
27	54.70	58	51.40	51.30	47	47	95.07	99	91.77	91.72	88
28	56.71	60	53.41	53.41	49	48	97.09	101	93.79	93.79	90
29	58.73	62	55.43	55.35	51	49	99.11	103	95.81	95.76	92
30	60.75	64	57.45	57.45	53	50	101.13	105	97.83	97.83	94

65. 롤러 체인용 스프로킷 치형(계속)

KS B 1408

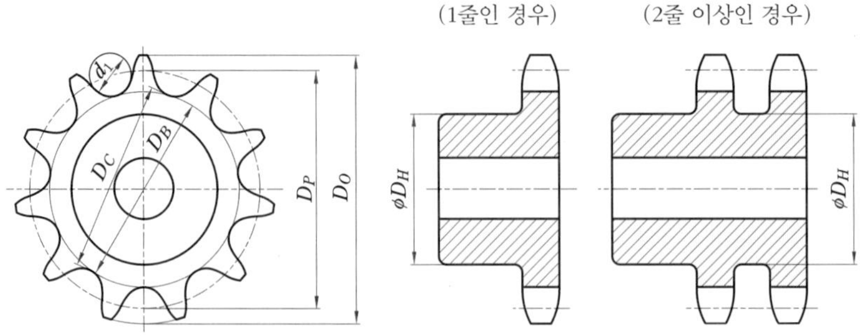

롤러 체인용 스프로킷의 기준 치수

스프로킷 35(d_1=5.08)

(단위 : mm)

잇수 Z	피치원 지름 D_P	바깥 지름 D_O	이뿌리 원지름 D_B	이뿌리 거리 D_C	최대 보스 지름 D_H	잇수 Z	피치원 지름 D_P	바깥 지름 D_O	이뿌리 원지름 D_B	이뿌리 거리 D_C	최대 보스 지름 D_H
11	33.81	38	28.73	28.38	22	31	94.15	99	89.07	88.95	83
12	36.80	41	31.72	31.72	25	32	97.18	102	92.10	92.10	86
13	39.80	44	34.72	34.43	28	33	100.20	105	95.12	95.01	89
14	42.81	47	37.73	37.73	31	34	103.23	109	98.15	98.15	93
15	45.81	51	40.73	40.48	35	35	106.26	112	101.18	101.07	96
16	48.82	54	43.74	43.74	38	36	109.29	115	104.21	104.21	99
17	51.84	57	46.76	46.54	41	37	112.31	118	107.23	107.13	102
18	54.85	60	49.77	49.77	44	38	115.34	121	110.26	110.26	105
19	57.87	63	52.79	52.59	47	39	118.37	124	113.29	113.20	108
20	60.89	66	55.81	55.81	50	40	121.40	127	116.32	116.32	111
21	63.91	69	58.83	58.65	53	41	124.43	130	119.35	119.26	114
22	66.93	72	61.85	61.85	56	42	127.46	133	122.38	122.38	117
23	69.95	75	64.87	64.71	59	43	130.49	136	125.41	125.32	120
24	72.97	78	67.89	67.89	62	44	133.52	139	128.44	128.44	123
25	76.00	81	70.92	70.77	65	45	136.55	142	131.47	131.38	126
26	79.02	84	73.94	73.94	68	46	139.58	145	134.50	134.50	129
27	82.05	87	76.97	76.83	71	47	142.61	148	137.53	137.45	132
28	85.07	90	79.99	79.99	74	48	145.64	151	140.56	140.56	135
29	88.10	93	83.02	82.89	77	49	148.67	154	143.59	143.51	138
30	91.12	96	86.04	86.04	80	50	151.70	157	146.62	146.62	141

65. 롤러 체인용 스프로킷 치형(계속)

KS B 1408

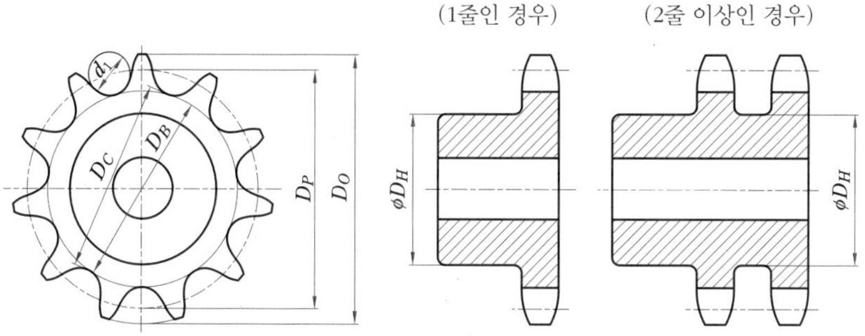

롤러 체인용 스프로킷의 기준 치수

스프로킷 41 (d_1=7.77)

(단위 : mm)

잇수 Z	피치 원지름 D_P	바깥 지름 D_O	이뿌리 원지름 D_B	이뿌리 거리 D_C	최대 보스 지름 D_H	잇수 Z	피치 원지름 D_P	바깥 지름 D_O	이뿌리 원지름 D_B	이뿌리 거리 D_C	최대 보스 지름 D_H
11	45.08	51	37.31	36.85	30	31	125.53	133	117.76	117.60	111
12	49.07	55	41.30	41.30	34	32	129.57	137	121.80	121.80	115
13	53.07	59	45.30	44.91	38	33	133.61	141	125.84	125.68	120
14	57.07	63	49.30	49.30	42	34	137.64	145	129.87	129.87	124
15	61.08	67	53.31	52.98	46	35	141.68	149	133.91	133.77	128
16	65.10	71	57.33	57.33	50	36	145.72	153	137.95	137.95	132
17	69.12	76	61.35	61.05	54	37	149.75	157	141.98	141.85	136
18	73.14	80	65.37	65.37	59	38	153.79	161	146.02	146.02	140
19	77.16	84	69.39	69.13	63	39	157.83	165	150.06	149.93	144
20	81.18	88	73.41	73.41	67	40	161.87	169	154.10	154.10	148
21	85.21	92	77.44	77.20	71	41	165.91	173	158.14	158.01	152
22	89.24	96	81.47	81.47	75	42	169.95	177	162.18	162.18	156
23	93.27	100	85.50	85.28	79	43	173.98	181	166.21	166.10	160
24	97.30	104	89.53	89.53	83	44	178.02	185	170.25	170.25	164
25	101.33	108	93.56	93.36	87	45	182.06	189	174.29	174.18	168
26	105.36	112	97.60	97.59	91	46	186.10	193	178.33	178.33	172
27	109.40	116	101.63	101.44	95	47	190.14	197	182.37	182.27	176
28	113.43	120	105.66	105.66	99	48	194.18	201	186.41	186.41	180
29	117.46	124	109.69	109.52	103	49	198.22	205	190.45	190.35	184
30	121.50	128	113.73	113.73	107	50	202.26	209	194.49	194.49	188

65. 롤러 체인용 스프로킷 치형(계속)

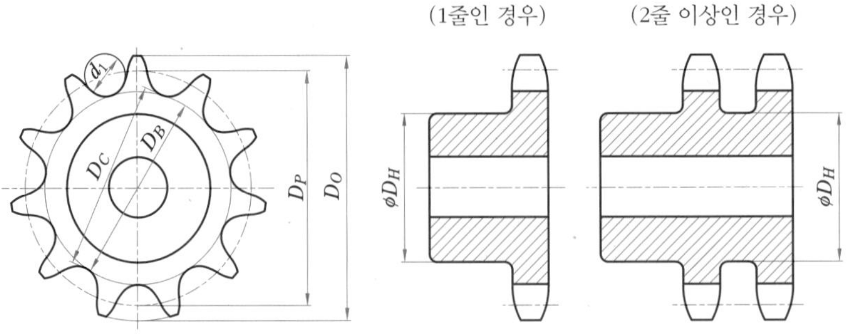

롤러 체인용 스프로킷의 기준 치수

스프로킷 40(d_1=7.95)

(단위 : mm)

잇수 Z	피치원 지름 D_P	바깥 지름 D_O	이뿌리 원지름 D_B	이뿌리 거리 D_C	최대 보스 지름 D_H	잇수 Z	피치원 지름 D_P	바깥 지름 D_O	이뿌리 원지름 D_B	이뿌리 거리 D_C	최대 보스 지름 D_H
11	45.08	51	37.13	36.67	30	31	125.53	133	117.58	117.42	111
12	49.07	55	41.12	41.12	34	32	129.57	137	121.62	121.62	115
13	53.07	59	45.12	44.73	38	33	133.61	141	125.66	125.50	120
14	57.07	63	49.12	49.12	42	34	137.64	145	129.69	129.69	124
15	61.08	67	53.13	52.80	46	35	141.68	149	133.73	133.59	128
16	65.10	71	57.15	57.15	50	36	145.72	153	137.77	137.77	132
17	69.12	76	61.17	60.87	54	37	149.75	157	141.80	141.67	136
18	73.14	80	65.19	65.19	59	38	153.79	161	145.84	145.84	140
19	77.16	84	69.21	68.95	63	39	157.83	165	149.88	149.75	144
20	81.18	88	73.23	73.23	67	40	161.87	169	153.92	153.92	148
21	85.21	92	77.26	77.02	71	41	165.91	173	157.96	157.83	152
22	89.24	96	81.29	81.29	75	42	169.95	177	162.00	162.00	156
23	93.27	100	85.32	85.10	79	43	173.98	181	166.03	165.92	160
24	97.30	104	89.35	89.35	83	44	178.02	185	170.07	170.07	164
25	101.33	108	93.38	93.18	87	45	182.06	189	174.11	174.00	168
26	105.36	112	97.41	97.41	91	46	186.10	193	178.15	178.15	172
27	109.40	116	101.45	101.26	95	47	190.14	197	182.19	182.09	176
28	113.43	120	105.48	105.48	99	48	194.18	201	186.23	186.23	180
29	117.46	124	109.51	109.34	103	49	198.22	205	190.27	190.17	184
30	121.50	128	113.55	113.55	107	50	202.26	209	194.31	194.31	188

65. 롤러 체인용 스프로킷 치형(계속)

KS B 1408

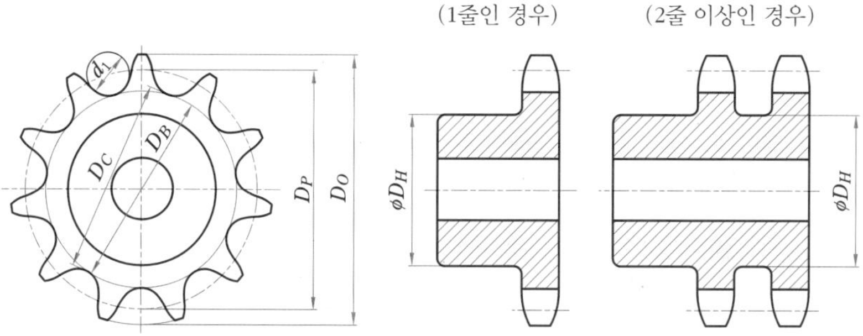

롤러 체인용 스프로킷의 기준 치수

스프로킷 50(d_1=10.16)

(단위 : mm)

잇수 Z	피치원 지름 D_P	바깥 지름 D_O	이뿌리 원지름 D_B	이뿌리 거리 D_C	최대 보스 지름 D_H	잇수 Z	피치원 지름 D_P	바깥 지름 D_O	이뿌리 원지름 D_B	이뿌리 거리 D_C	최대 보스 지름 D_H
11	56.35	64	46.19	45.61	37	31	156.92	166	146.76	146.55	139
12	61.34	69	51.18	51.18	43	32	161.96	171	151.80	151.80	145
13	66.34	74	56.18	55.69	48	33	167.01	176	156.85	156.66	150
14	71.34	79	61.18	61.18	53	34	172.05	181	161.89	161.89	155
15	76.35	84	66.19	65.78	58	35	177.10	186	166.94	166.76	160
16	81.37	89	71.21	71.21	63	36	182.14	191	171.98	171.98	165
17	86.39	94	76.23	75.87	68	37	187.19	196	177.03	176.86	170
18	91.42	100	81.26	81.26	73	38	192.24	201	182.08	182.08	175
19	96.45	105	86.29	85.96	79	39	197.29	206	187.13	186.97	180
20	101.48	110	91.32	91.32	84	40	202.33	211	192.17	192.17	185
21	106.51	115	96.35	96.05	89	41	207.38	216	197.22	197.07	190
22	111.55	120	101.39	101.39	94	42	212.43	221	202.27	202.27	195
23	116.58	125	106.42	106.15	99	43	217.48	226	207.32	207.18	200
24	121.62	130	111.46	111.46	104	44	222.53	231	212.37	212.37	205
25	126.66	135	116.50	116.25	109	45	227.58	237	217.42	217.28	210
26	131.70	140	121.54	121.54	114	46	232.63	242	222.47	222.47	215
27	136.74	145	126.58	126.35	119	47	237.68	247	227.52	227.38	221
28	141.79	150	131.63	131.63	124	48	242.73	252	232.57	232.57	226
29	146.83	155	136.67	136.45	129	49	247.78	257	237.62	237.49	231
30	151.87	161	141.71	141.71	134	50	252.83	262	242.67	242.67	236

65. 롤러 체인용 스프로킷 치형(계속)

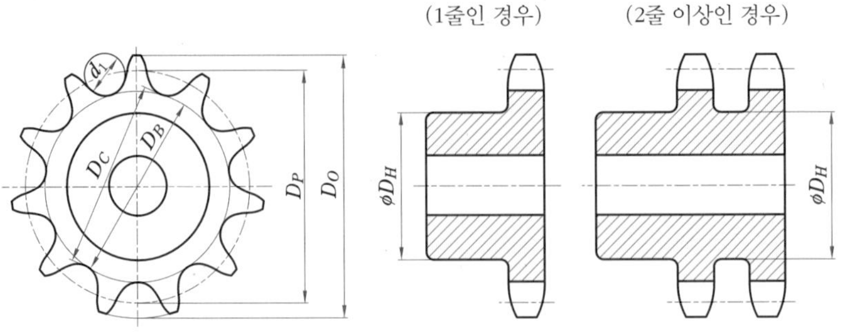

롤러 체인용 스프로킷의 기준 치수

스프로킷 60(d_1=11.91)

(단위 : mm)

잇수 Z	피치 원지름 D_P	바깥 지름 D_O	이뿌리 원지름 D_B	이뿌리 거리 D_C	최대 보스 지름 D_H	잇수 Z	피치 원지름 D_P	바깥 지름 D_O	이뿌리 원지름 D_B	이뿌리 거리 D_C	최대 보스 지름 D_H
11	67.62	76	55.71	55.02	45	31	188.30	199	176.39	176.15	168
12	73.60	83	61.69	61.69	51	32	194.35	205	182.44	182.44	174
13	79.60	89	67.69	67.11	57	33	200.41	211	188.50	188.27	180
14	85.61	95	73.70	73.70	64	34	206.46	217	194.55	194.55	186
15	91.62	101	79.71	79.21	70	35	212.52	223	200.61	200.39	192
16	97.65	107	85.74	85.74	76	36	218.57	229	206.66	206.66	198
17	103.67	113	91.76	91.32	82	37	224.63	235	212.72	212.52	204
18	109.71	119	97.80	97.80	88	38	230.69	241	218.78	218.78	210
19	115.74	126	103.83	103.43	94	39	236.74	247	224.83	224.64	216
20	121.78	132	109.87	109.87	100	40	242.80	253	230.89	230.89	222
21	127.82	138	115.91	115.55	107	41	248.86	260	236.95	236.77	228
22	133.86	144	121.95	121.95	113	42	254.92	266	243.01	243.01	234
23	139.90	150	127.99	127.67	119	43	260.98	272	249.07	248.89	240
24	145.95	156	134.04	134.04	125	44	267.03	278	255.12	255.12	247
25	151.99	162	140.08	139.79	131	45	273.09	284	261.18	261.02	253
26	158.04	168	146.13	146.13	137	46	279.15	290	267.24	267.24	259
27	164.09	174	152.18	151.90	143	47	285.21	296	273.30	273.14	265
28	170.14	180	158.23	158.23	149	48	291.27	302	279.36	279.36	271
29	176.20	187	164.29	164.03	155	49	297.33	308	285.42	285.27	277
30	182.25	193	170.34	170.34	161	50	303.39	314	291.48	291.48	283

65. 롤러 체인용 스프로킷 치형(계속)

KS B 1408

축 구멍의 중심에 대한 이뿌리의 흔들림 및 옆 흔들림의 허용값

(단위 : mm)

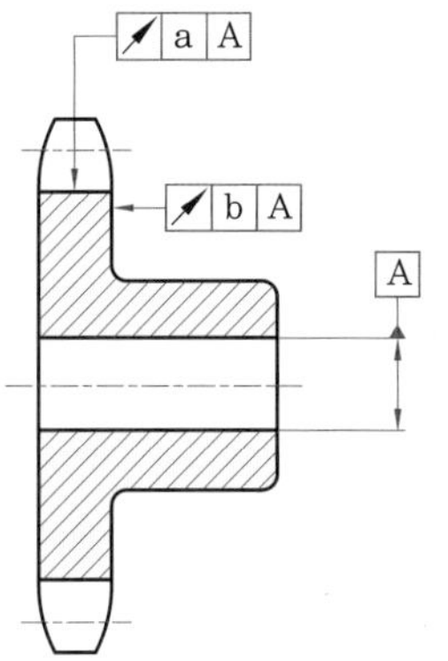

이뿌리원 지름(D_B)	이뿌리의 흔들림 a	옆 흔들림 b
100 이하	0.15	0.25
100 초과 150 이하	0.20	
150 초과 250 이하	0.25	
250 초과 650 이하	$0.001D_B$	$0.001D_B$
650 초과 1000 이하	0.65	
1000을 초과하는 것		1.00

스프로킷의 제도

(단위 : mm)

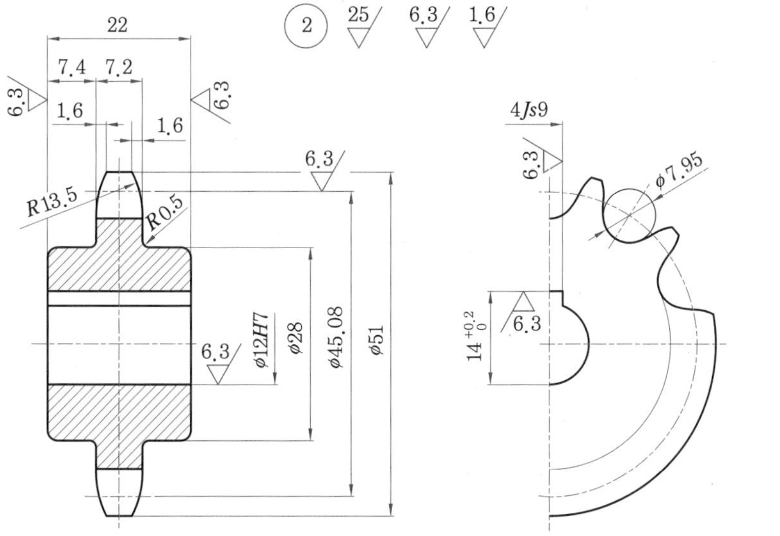

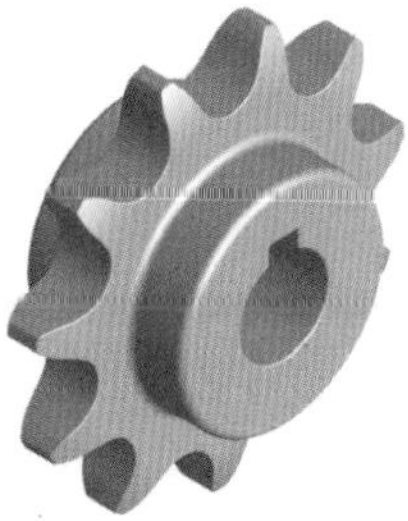

체인, 스프로킷 요목표		
종 류	구분 \ 품번	②
체 인	호 칭	40
	원주 피치	12.7
	롤러 외경	φ7.95
스프로킷	잇 수	11
	치 형	S
	피치 원경	φ45.08

Korean Industrial Standard

KS기계설계규격

지그용 기계요소

66. 지그용 부시 및 그 부속품

1. 고정 부시

드릴 및 리머의 안내 역할을 하며 자주 교환할 필요가 없을 때 사용된다.

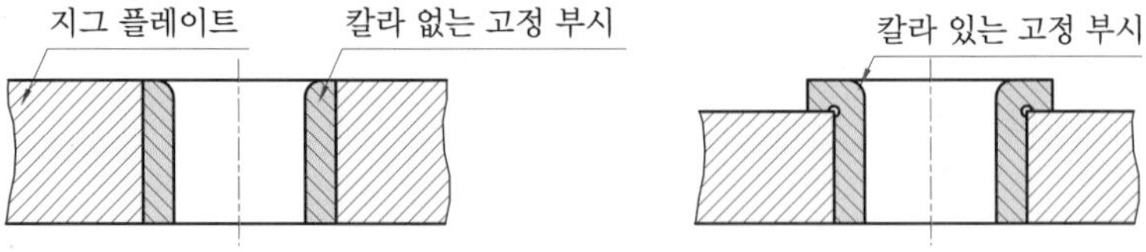

2. 삽입 부시

드릴 및 리머의 안내 역할을 하며 여러 가지 작업 공정을 위해서 한 구멍에 여러 개의 부시가 교환되어 사용하는 경우에 사용된다.

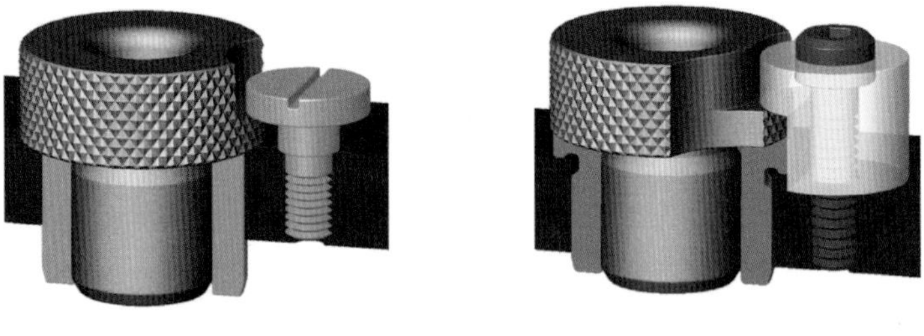

3. 고정 라이너

삽입 부시를 고정하기 위한 경화된 구멍이 필요할 경우 지그 플레이트에 영구적으로 설치한다.

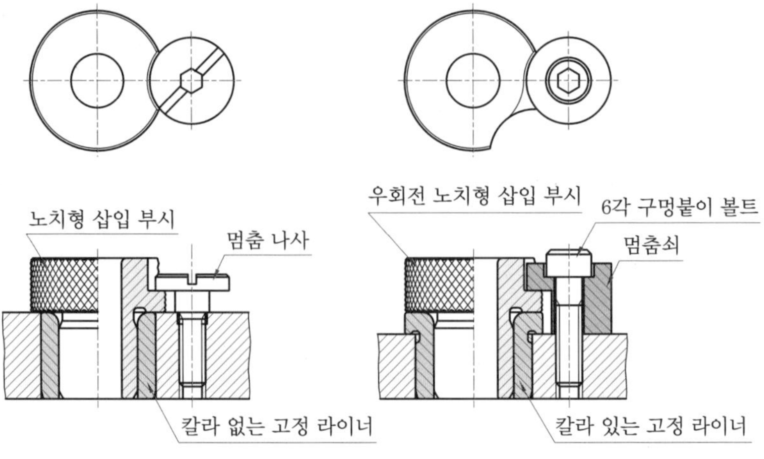

고정 라이너

칼라 있음

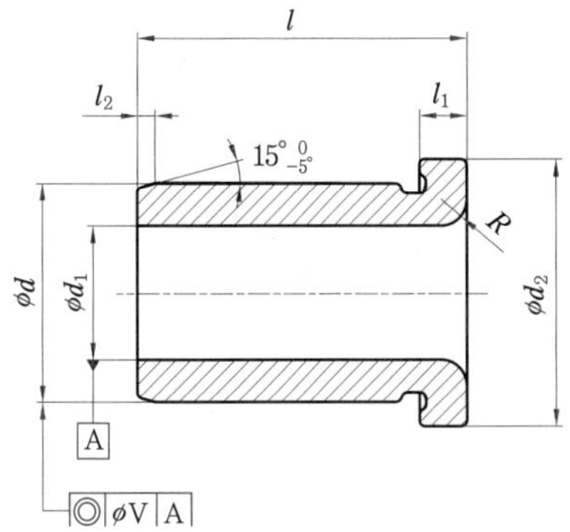

칼라 없음

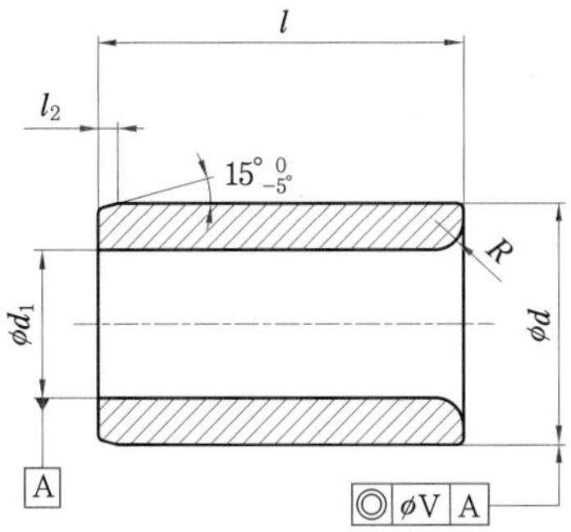

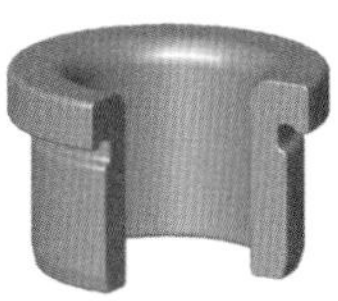

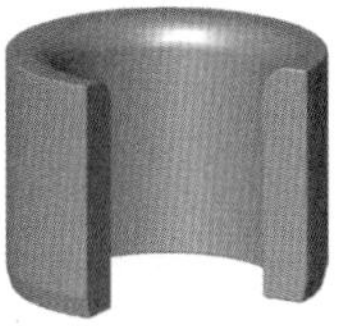

(단위 : mm)

d_1		d		d_2		l	l_1	l_2	R
기준 치수	허용차 (F7)	기준 치수	허용차 (p6)	기준 치수	허용차 (h13)				
8	+0.028 +0.013	12	+0.029 +0.018	16	0 −0.270	10, 12, 16	3	1.5	2
10		15		19	0 −0.330	12, 16, 20, 25			
12	+0.034 +0.016	18		22			4		
15		22	+0.035 +0.022	26		16, 20, (25), 28, 36			
18		26		30					
22	+0.041 +0.020	30		35	0 −0.390	20, 25, (30), 36, 45	5		3
26		35	+0.042 +0.026	40					
30		42		47		25, (30), 36, 45, 56			
35	+0.050 +0.025	48		53	0 −0.460		6		4
42		55	+0.051 +0.032	60		30, 35, 45, 56			
48		62		67					
55	+0.060 +0.030	70		75					
62		78		83	0 −0.540	35, 45, 56 ,67			
70		85	+0.059 +0.032	90					
78		95		100		40, 56, 67, 78			
85	+0.071 +0.036	105		110					
95		115		120		45, 50, 67, 89			
105		125	+0.068 +0.043	130	0 −0.630				

비고 : 1. d, d_1 및 d_2의 허용차는 KS B 0401의 규정에 따른다.
2. l_1, l_2 및 R의 허용차는 KS B 0412에 규정하는 보통급으로 한다.
3. l의 허용차는 $^{0}_{-0.500}$ mm로 한다.
4. ϕV의 공차치는 참고표 2 동심도에 따른다.
5. 표 중의 l 치수에서 ( )를 붙인 것은 되도록 사용하지 않는다.

66. 지그용 부시 및 그 부속품(계속)

KS B 1030

고정 부시

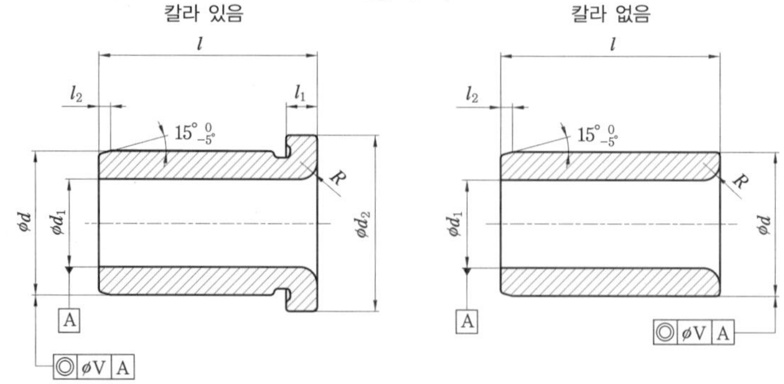

(단위 : mm)

d_1	d 기준 치수	d 허용차 (p6)	d_2 기준 치수	d_2 허용차 (h13)	l	l_1	l_2	R
1 이하	3	+0.012 +0.006	7	0 −0.220	6, 8	2	1.5	0.5
1 초과 1.5 이하	4	+0.020 +0.012	8					
1.5 초과 2 이하	5		9		6, 8, 10, 12			0.8
2 초과 3 이하	7	+0.024 +0.015	11	0 −0.270	8, 10, 12, 16	2.5		
3 초과 4 이하	8		12					1.0
4 초과 6 이하	10		14		10, 12, 16, 20	3		
6 초과 8 이하	12	+0.029 +0.018	16					2.0
8 초과 10 이하	15		19	0 −0.330	12, 16, 20, 25			
10 초과 12 이하	18		22			4		
12 초과 15 이하	22	+0.035 +0.022	26		16, 20, (25), 28, 36			
15 초과 18 이하	26		30		20, 25, (30), 36, 45			
18 초과 22 이하	30		35	0 −0.390		5		3.0
22 초과 26 이하	35	+0.042 +0.026	40					
26 초과 30 이하	42		47		25, (30), 36, 45, 56			
30 초과 35 이하	48		53	0 −0.460		6		4.0
35 초과 42 이하	55	+0.051 +0.032	60		30, 35, 45, 56			
42 초과 48 이하	62		67					
48 초과 55 이하	70		75					
55 초과 63 이하	78		83	0 −0.540	35, 45, 56, 67			
63 초과 70 이하	85	+0.059 +0.037	90					
70 초과 78 이하	95		100		40, 56, 67, 78			
78 초과 85 이하	105		110					
85 초과 95 이하	115		120		45, 50, 67, 89			
95 초과 105 이하	125		130	0 −0.630				

비고 : 1. d, d_1 및 d_2의 허용차는 KS B 0401의 규정에 따른다.
2. l_1, l_2 및 R의 허용차는 KS B 0412에 규정하는 보통급으로 한다.
3. l의 허용차는 $^{0}_{-0.500}$mm로 한다.
4. 드릴용 구멍지름 d_1의 허용차는 KS B 0401에 규정하는 G6으로 하고, 리머용 구멍지름 d_1의 허용차는 KS B 0401에 규정하는 F7로 한다.
5. ϕV의 공차치는 참고표 2 동심도에 따른다.
6. 표 중의 l치수에서 ( )를 붙인 것은 되도록 사용하지 않는다.

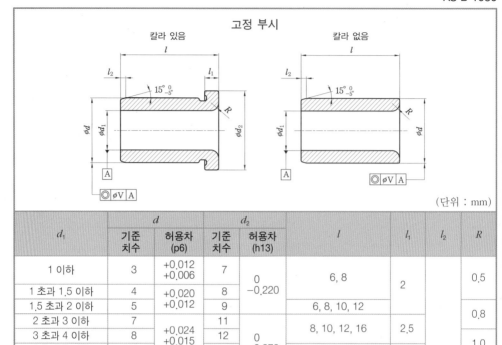

삽입 부시

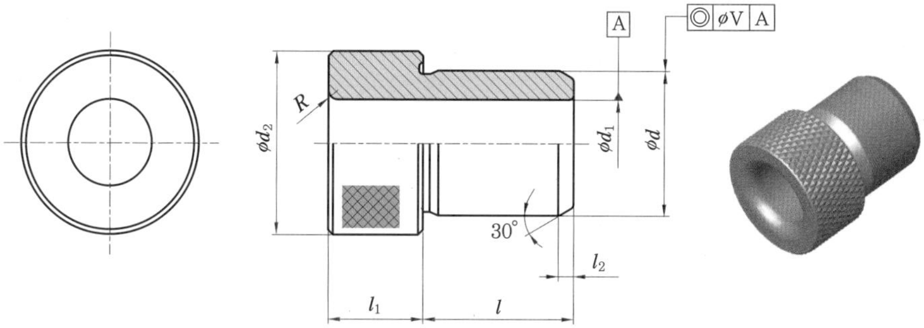

(단위 : mm)

d_1	d 기준치수	d 허용차 (m5)	d_2 기준치수	d_2 허용차 (h13)	l	l_1	l_2	R
4 이하	12	+0.012 +0.006	16	0 −0.270	10, 12, 16	8	1.5	2
4 초과 6 이하	15		19	0 −0.330	12, 16, 20, 25			
6 초과 8 이하	18		22			10		
8 초과 10 이하	22	+0.015 +0.007	26		16, 20, (25), 28, 36			
10 초과 12 이하	26		30					
12 초과 15 이하	30		35	0 −0.390	20, 25, (30), 36, 45	12		3
15 초과 18 이하	35	+0.017 +0.008	40					
18 초과 22 이하	42		47		25, (30), 36, 45, 56			
22 초과 26 이하	48		53	0 −0.460		16		4
26 초과 30 이하	55	+0.020 +0.009	60		30, 35, 45, 56			
30 초과 35 이하	62		67					
35 초과 42 이하	70		75					
42 초과 48 이하	78		83	0 −0.540	35, 45, 56, 67			
48 초과 55 이하	85	+0.024 +0.011	90					
55 초과 63 이하	95		100		40, 56, 67, 78			
63 초과 70 이하	105		110					
70 초과 78 이하	115		120		45, 50, 67, 89			
78 초과 85 이하	125	+0.028 +0.013	130	0 −0.630				

비고 : 1. d, d_1 및 d_2의 허용차는 KS B 0401의 규정에 따른다.
2. l_1, l_2 및 R의 허용차는 KS B 0412에 규정하는 보통급으로 한다.
3. l의 허용차는 $^{0}_{-0.500}$ mm로 한다.
4. 드릴용 구멍지름 d_1의 허용차는 KS B 0401에 규정하는 G6으로 하고, 리머용 구멍지름 d_1의 허용차는 KS B 0401에 규정하는 F7로 한다.
5. ϕV의 공차치는 참고표 2 동심도에 따른다.
6. 표 중의 l치수에서 ( )를 붙인 것은 되도록 사용하지 않는다.

66. 지그용 부시 및 그 부속품(계속)

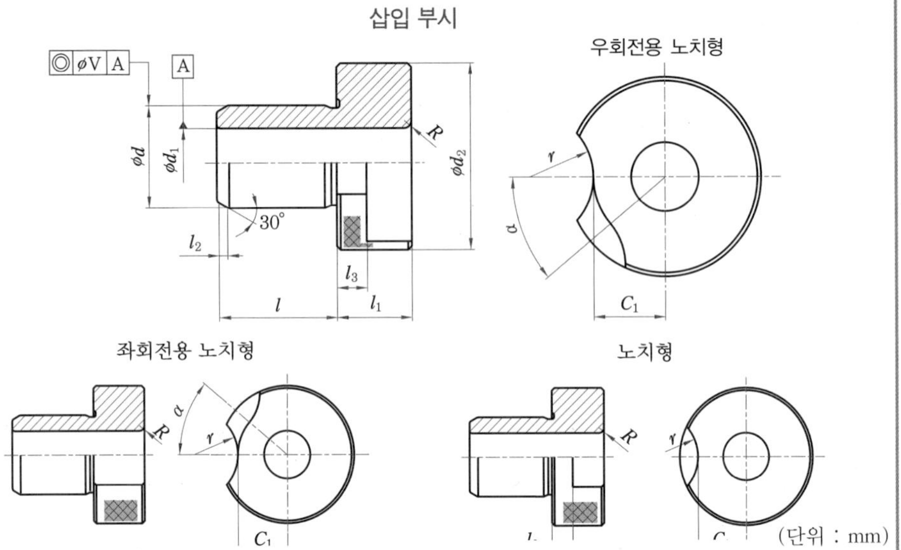

(단위 : mm)

d_1	d 기준 치수	d 허용차 (m6)	d_2 기준 치수	d_2 허용차 (h13)	l	l_1	l_2	R	l_3 기준 치수	l_3 허용 치수	C_1	r	α (도)
4 이하	8	+0.012 +0.006	15	0 −0.270	10, 12, 16	8	1.5	1	3	−0.1 −0.2	4.5	7	65
4 초과 6 이하	10		18	0 −0.330	12, 16, 20, 25						6		
6 초과 8 이하	12	+0.015 +0.007	22			10		2	4		7.5	8.5	60
8 초과 10 이하	15		26		16, 20, (25), 28, 36						9.5		50
10 초과 12 이하	18		30								11.5		
12 초과 15 이하	22	+0.017 +0.008	34	0 −0.390	20, 25, (30), 36, 45	12			5.5		13	10.5	35
15 초과 18 이하	26		39								15.5		
18 초과 22 이하	30		46		25, (30), 36, 45, 56			3			19		30
22 초과 26 이하	35	+0.020 +0.009	52	0 −0.460		16					22		
26 초과 30 이하	42		59		30, 35, 45, 56						25.5		
30 초과 35 이하	48		66								28.5	12.5	
35 초과 42 이하	55	+0.024 +0.011	74					4	7		32.5		25
42 초과 48 이하	62		82	0 −0.540	35, 45, 56, 67						36.5		
48 초과 55 이하	70		90								40.5		
55 초과 63 이하	78		100		40, 56, 67, 78						45.5		
63 초과 70 이하	85	+0.028 +0.013	110								50.5		20
70 초과 78 이하	95		120		45, 50, 67, 89						55.5		
78 초과 85 이하	105		130	0 −0.630							60.5		

비고 : 1. d, d_1 및 d_2의 허용차는 KS B 0401의 규정에 따른다.
2. l_1, l_2 및 R의 허용차는 KS B 0412에 규정하는 보통급으로 한다.
3. l의 허용차는 $^{\ 0}_{-0.500}$mm로 한다.
4. 드릴용 구멍지름 d_1의 허용차는 KS B 0401에 규정하는 G6으로 하고, 리머용 구멍지름 d_1의 허용차는 KS B 0401에 규정하는 F7로 한다.
5. ϕV의 공차치는 참고표 2 동심도에 따른다.

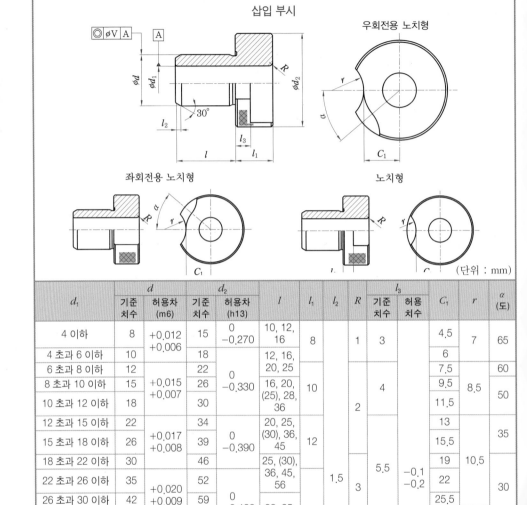

66. 지그용 부시 및 그 부속품(계속)

KS B 1030

멈춤쇠

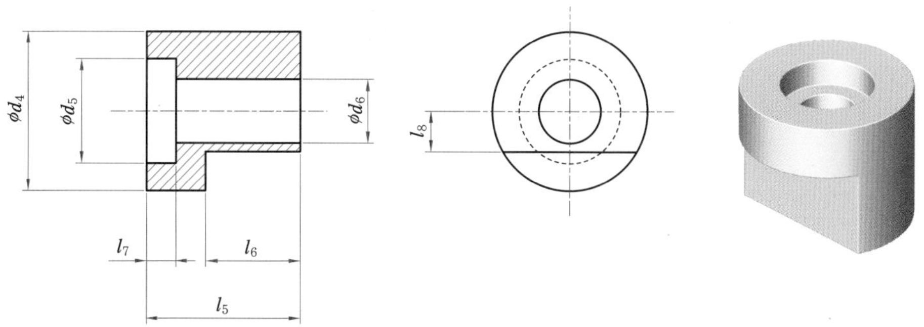

(단위 : mm)

삽입 부시의 구멍지름 d_1	l_5		l_6			l_7	d_4	d_5	d_6	l_8	6각 구멍붙이 볼트의 호칭
	칼라 없는 고정 라이너 사용 시	칼라 있는 고정 라이너 사용 시	칼라 없는 고정 라이너 사용 시	칼라 있는 고정 라이너 사용 시	허용차						
6 이하	8	11	3.5	6.5	+0.25 +0.15	2.5	12	8.5	5.2	3.3	M5
6 초과 12 이하	9	13	4	8		2.5	13	8.5	5.2	3.3	
12 초과 22 이하	12	17	5.5	10.5		3.5	16	10.5	6.3	4	M6
22 초과 30 이하	12	18	6	12		3.5	19	13.5	8.3	4.7	M8
30 초과 42 이하	15	21	7	13		5	20	13.5	8.3	5	
42 초과 85 이하	15	21	7	13		5	24	16.5	10.3	7.5	M10

멈춤 나사

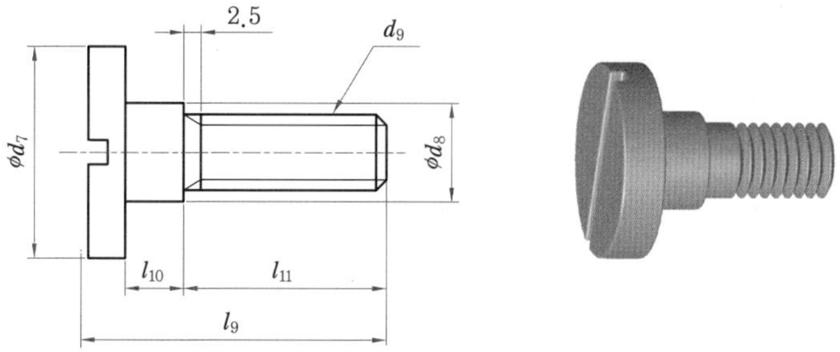

(단위 : mm)

삽입 부시의 구멍지름 d_1	l_9		l_{10}			l_{11}	d_7	d_8	d_9
	칼라 없는 고정 라이너 사용 시	칼라 있는 고정 라이너 사용 시	칼라 없는 고정 라이너 사용 시	칼라 있는 고정 라이너 사용 시	허용차				
6 이하	15.5	18.5	3.5	6.5	+0.25 +0.15	9	12	6	M5
6 초과 12 이하	16	20	4	8		9	13	6.5	
12 초과 22 이하	21.5	26.5	5.5	10.5		12	16	8	M6
22 초과 30 이하	25	31	6	12		14	19	9	M8
30 초과 42 이하	26	32	7	13		14	20	10	
42 초과 85 이하	31.5	37.5	7	13		18	24	15	M10

66. 지그용 부시 및 그 부속품(계속)

1. 멈춤나사 구멍의 위치와 크기

참고표 1

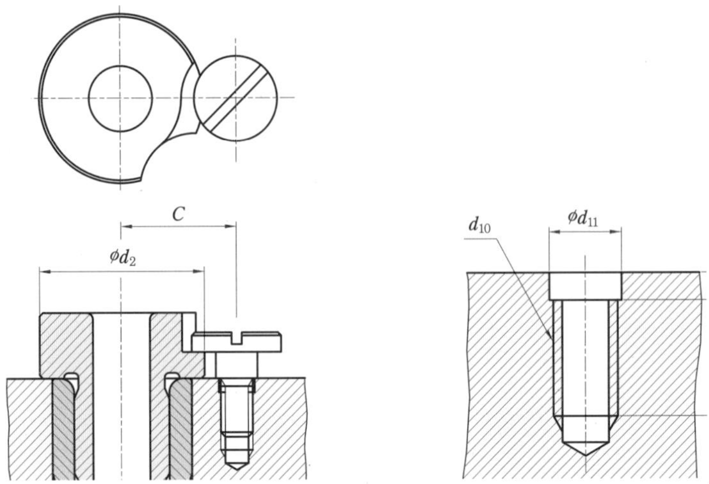

(단위 : mm)

삽입 부시의 구멍지름 d_1	d_2	d_{10}	c 기준 치수	c 허용차	d_{11}	l_{11}
4 이하	15	M5	11.5	±0.2	5.2	11
4 초과 6 이하	18		13			
6 초과 8 이하	22		16			
8 초과 10 이하	26		18			
10 초과 12 이하	30		20			
12 초과 15 이하	34	M6	23.5		6.2	14
15 초과 18 이하	39		26			
18 초과 22 이하	46		29.5			
22 초과 26 이하	52	M8	32.5		8.5	16
26 초과 30 이하	59		36			
30 초과 35 이하	66		41			
35 초과 42 이하	74		45			
42 초과 48 이하	82	M10	49		10.2	20
48 초과 55 이하	90		53			
55 초과 63 이하	100		58			
63 초과 70 이하	110		63			
70 초과 78 이하	120		68			
78 초과 85 이하	130		73			

2. 표면거칠기

부시의 내외 원통면의 표면 거칠기는 KS B 0161에 규정하는 0.8a(3.2S)로 한다.

3. 경도

부시의 경도는 HRC 60(HV 697) 이상으로 하고, 멈춤쇠의 경도는 HRC 40(HV 392) 이상, 멈춤 나사의 경도는 HRC 30～38(HV 302～373)로 한다.

4. 동심도

부시의 바깥지름(d)과 구멍지름(d_1)의 동심도는 참고표 2에 따른다.

참고표 2 동심도

(단위 : mm)

구멍지름 d_1	V		
	고정 라이너	고정 부시	삽입 부시
18.0 이하	0.012	0.012	0.012
18.0 초과 50.0 이하	0.020	0.020	0.020
50.0 초과 100.0 이하	0.025	0.025	0.025

5. 재료

부시 및 부속품의 재료는 참고표 3에 규정하는 것 또는 사용상 이들과 동등 이상의 성능을 가진 것으로 한다.

참고표 3 재료

(단위 : mm)

종 류		재 료
부 시		KS D 3711의 SCM 415 KS D 3751의 STC105 (구 STC 3) KS D 3753의 STS 3, STS 21 KS D 3725의 STB 2
부속품	멈춤쇠	KS D 3752의 SM45C
	멈춤나사	KS D 3711의 SCM 435

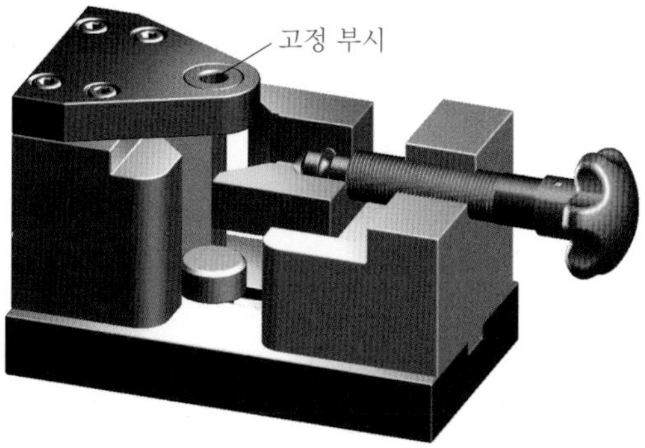

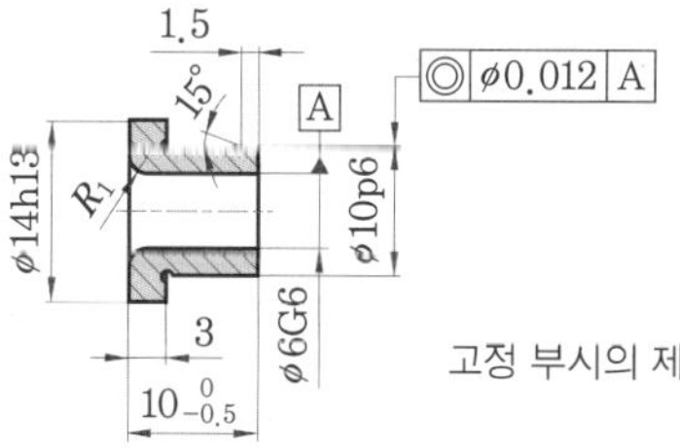

고정 부시의 제도 예

67. 지그 및 고정구용 6각 너트

KS B 1035

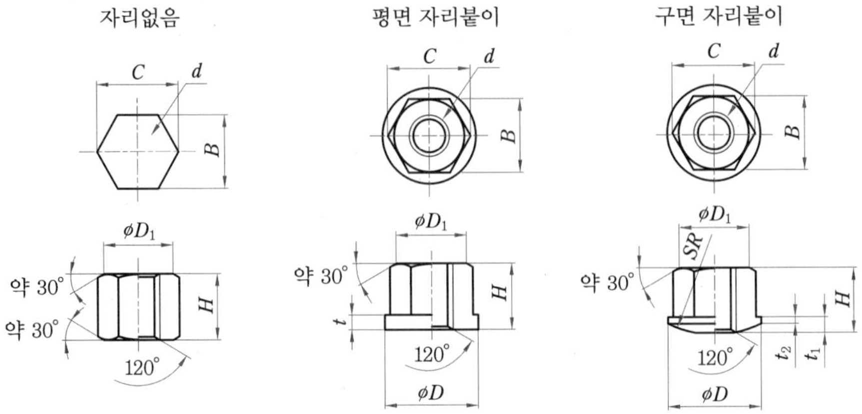

(단위 : mm)

너트의 호칭	d	H	B	C (약)	D_1 (약)	D	t	SR	t_1	t_2
6	M6	9	10	11.5	9.8	13	2	15	2.3	14
8	M8	12	13	15	12.5	17	2.5	20	3.1	1.9
10	M10	15	17	19.6	16.5	23	3	25	4.1	2.1
12	M12	18	19	21.9	18	25	3.5	30	4.5	2.8
(14)	M14	21	22	25.4	21	29	4	35	5.3	3.3
16	M16	24	24	27.7	23	32	4.5	40	6	3.9
(18)	M18	27	27	31.2	26	36	5	45	6.8	4.4
20	M20	30	30	34.6	29	40	5.5	50	7.6	4.9
(22)	M22	33	32	37	31	43	6	55	8.4	5.5
24	M24	36	36	41.6	34	48	6.5	60	9.3	5.9
(27)	M27	41	41	47.3	39	54	7.5	68	10.4	6.7

68. 지그 및 부착구용 와셔

KS B 1327

분할 와셔

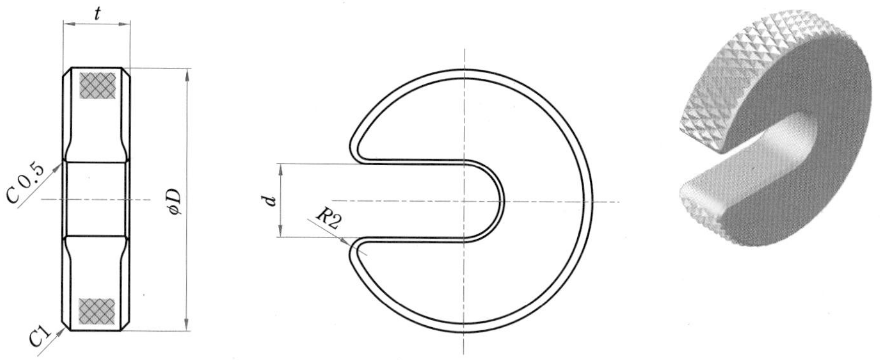

(단위 : mm)

호칭	d	t	D[1]											
6	6.4	6	20	25	–	–	–	–	–	–	–	–	–	–
8	8.4	6	–	25	–	–	–	–	–	–	–	–	–	–
		8	–	–	30	35	40	45	–	–	–	–	–	–
10	10.5	8	–	–	30	35	40	45	–	–	–	–	–	–
		10	–	–	–	–	–	–	50	60	70	–	–	–
12	13	8	–	–	–	35	40	45	–	–	–	–	–	–
		10	–	–	–	–	–	–	50	60	70	80	–	–
16	17	10	–	–	–	–	–	–	50	60	70	80	–	–
		12	–	–	–	–	–	–	–	–	–	–	90	100
20	21	10	–	–	–	–	–	–	–	–	70	80	–	–
		12	–	–	–	–	–	–	–	–	–	–	90	100
24	25	10	–	–	–	–	–	–	–	–	70	80	–	–
		12	–	–	–	–	–	–	–	–	–	–	90	100
(27)	28	10	–	–	–	–	–	–	–	–	70	80	–	–
		12	–	–	–	–	–	–	–	–	–	–	90	100

주 (1) : D의 치수는 널링 가공 전의 것으로 한다.

비고 : 1. 널링은 생략할 수 있다.

KS B 1327

열쇠형 와셔

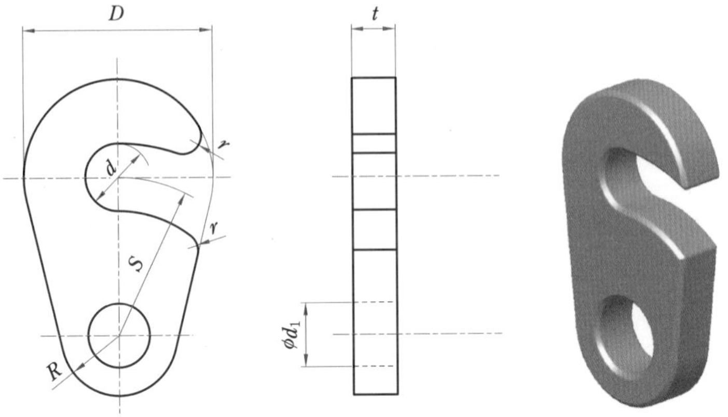

(단위 : mm)

호칭	d	d_1	D	r	R	S	t
6	6.6	8.5	20	2	8	18	6
8	9		26	3		21	
10	11		32			24	
12	13.5	10.5	40		10	27	8
16	18		50			33	
20	22		60			38	
24	26	12.5	65	4	12	42	10
(27)	29		70			45	

열쇠형 와셔에 사용하는 볼트

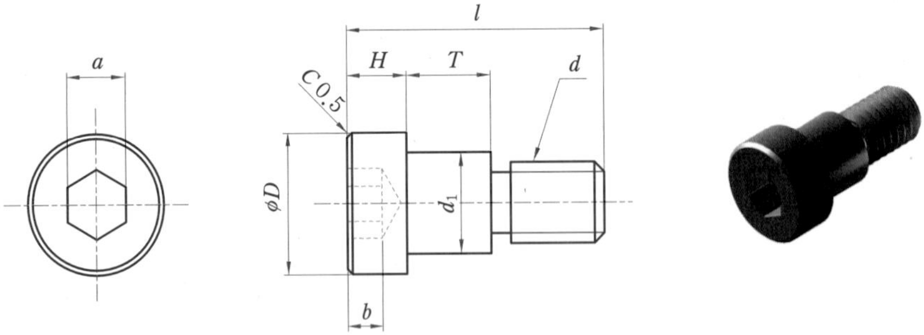

(단위 : mm)

호칭	d	d_1	D	H	a 기준치수	a 허용차	b	T	L
6	M6	8	11	6	5	+0.105 +0.030	3	6.5	21
8	M8	10	14		6		4	8.5	26
10	M10	12	16	8	8		5	10.5	33

68. 지그 및 부착구용 와셔(계속)

구면 와셔

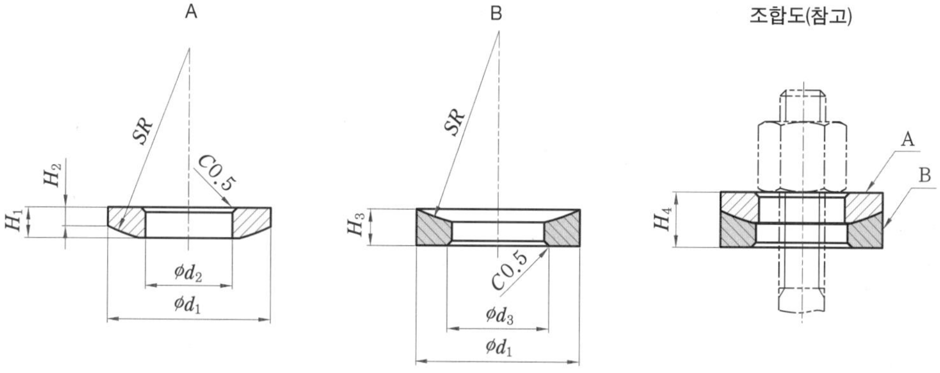

(단위 : mm)

호칭	d_1	d_2	d_3	H_1	H_2	H_3	SR	조임볼트의 호칭	참고 H_4
6	13	6.6	7.2	2.3	1.4	2.8	15	M 6	4.2
8	17	9	9.6	3.1	1.9	3.7	20	M 8	5.6
10	23	11	12	4.1	2.1	4.9	25	M10	7
12	25	14	15	4.5	2.8	5.6	30	M12	8.4
(14)	29	16	17	5.3	3.3	6.5	35	M14	9.8
16	32	18	20	6	3.9	7.3	40	M16	11.2
(18)	36	20	22	6.8	4.4	8.2	45	M18	12.6
20	40	22	24	7.6	4.9	9.1	50	M20	14
(22)	43	24	27	8.4	5.5	9.9	55	M22	15.4
24	48	26	29	9.3	5.9	10.9	60	M24	16.8
(27)	54	30	33	10.4	6.7	12.2	68	M27	18.9

비고 : 2. 이 와셔를 사용하면 최대 2° 이내의 기울기에 대응할 수 있다.
3. 표 중의 호칭에 ( )를 붙인 것은 되도록 사용하지 않는다.

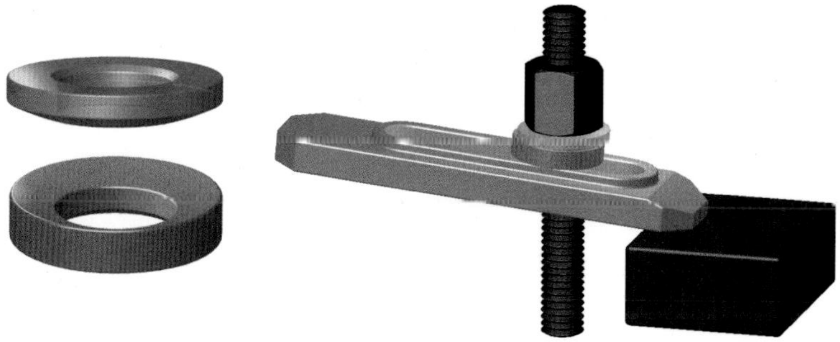

Korean Industrial Standard

용접 기호
유압 · 공기압 도면 기호

69. 용접 기호

KS B 0052

기본 기호 사용 보기					
번호	명칭, 기호	그 림	표 시	투상도 및 치수기입	
				정면도	측면도
1	플랜지형 맞대기 용접 	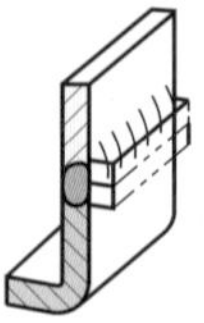	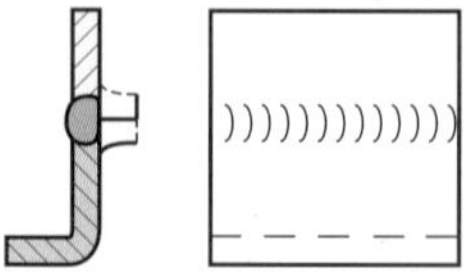	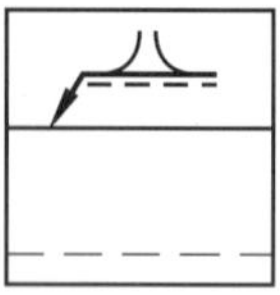	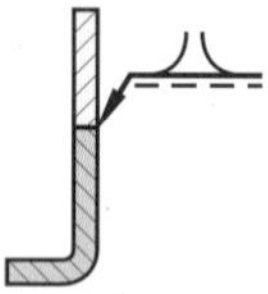
2	I 형 맞대기 용접 	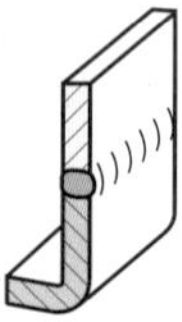	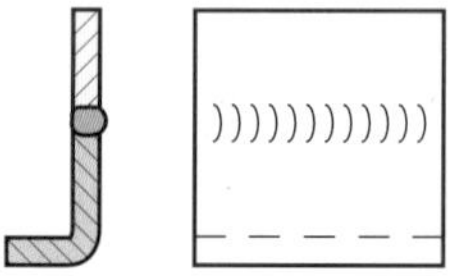	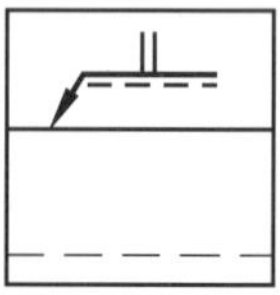	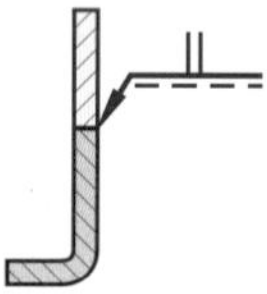
3		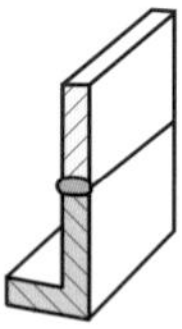	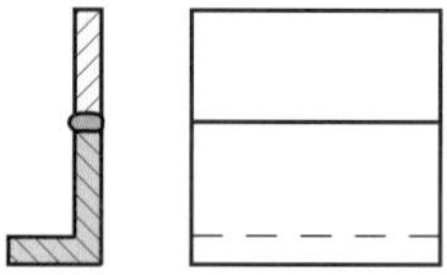	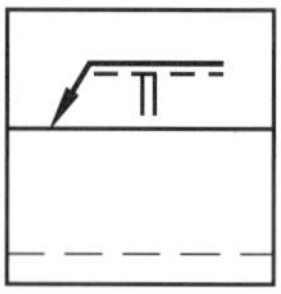	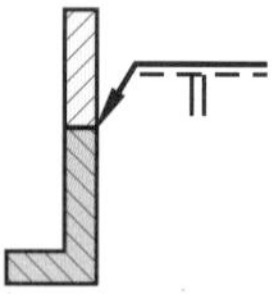
4		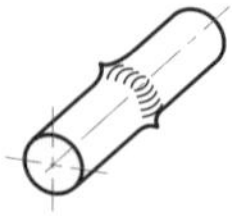	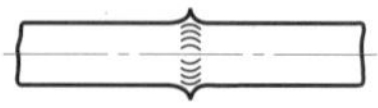	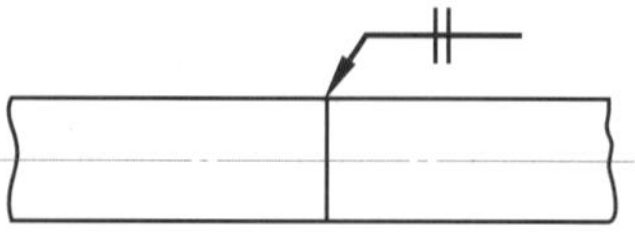	
5	V 형 맞대기 용접 	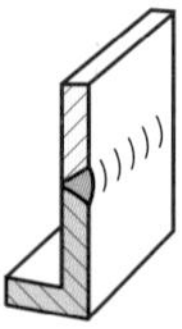	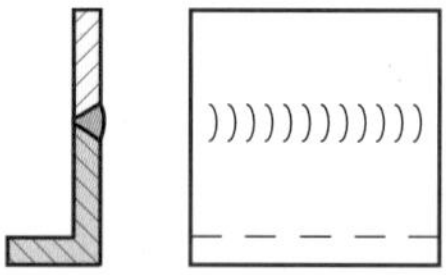		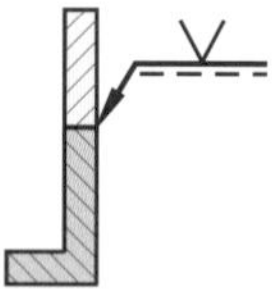
6		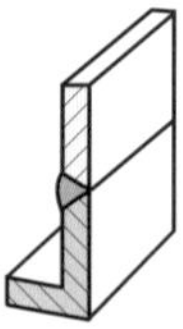	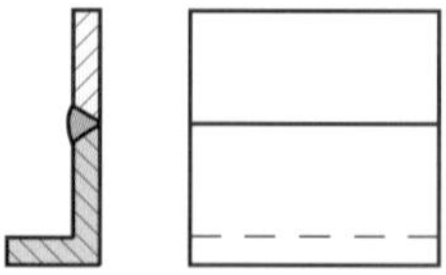		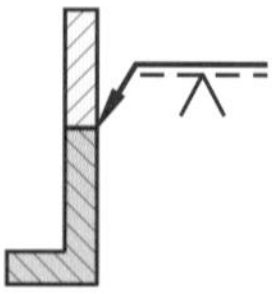
7	일면 개선형 맞대기 용접 	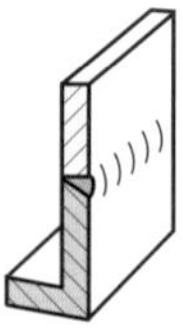	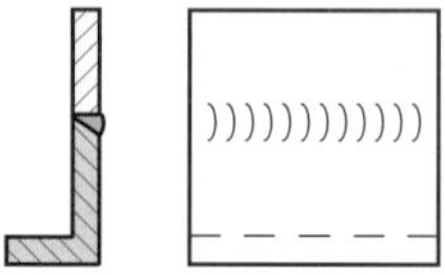	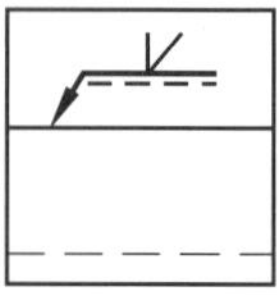	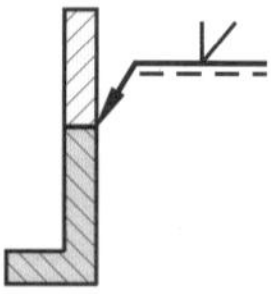

69. 용접 기호(계속)

KS B 0052

기본 기호 사용 보기(계속)					
번호	명칭, 기호	그 림	표 시	투상도 및 치수기입	
				정면도	측면도
8		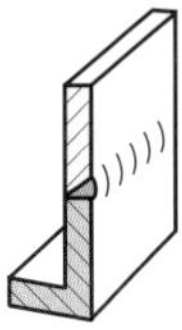	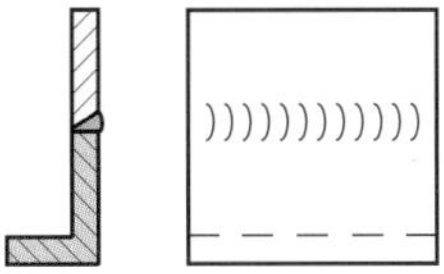		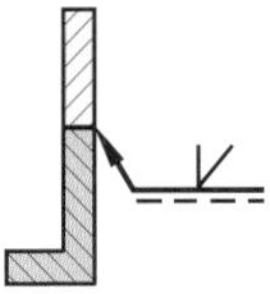
9		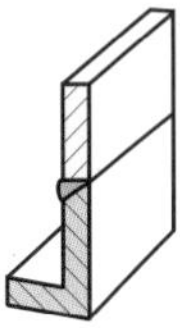	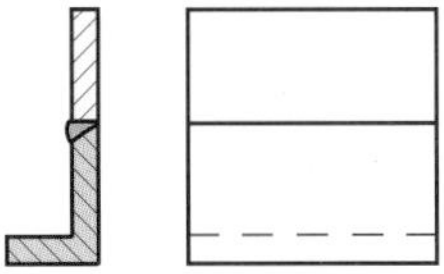		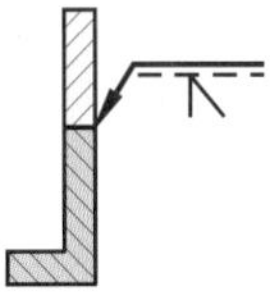
10	한 면 개선형 맞대기 용접 	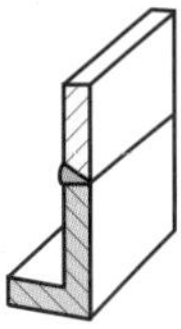	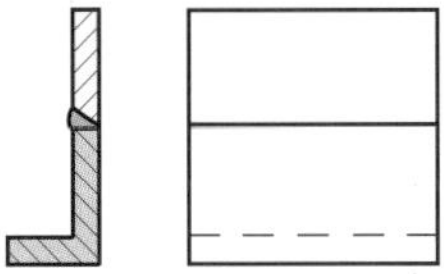	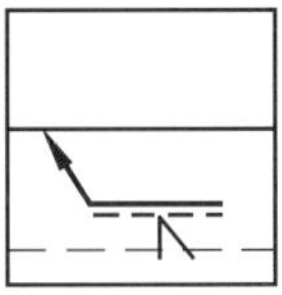	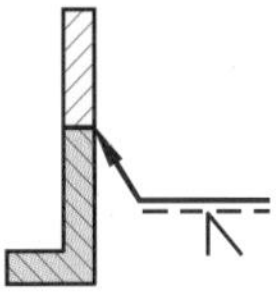
11	넓은 루트면이 있는 V형 맞대기 용접 	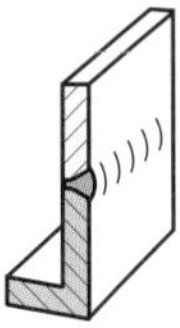	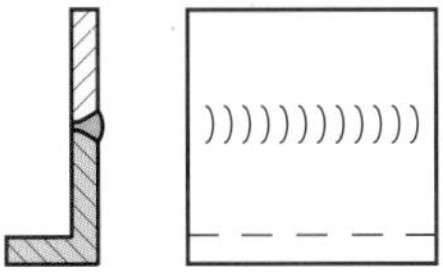	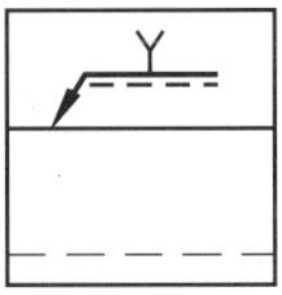	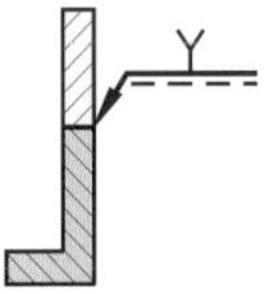
12	넓은 루트면이 있는 일면 개선형 맞대기 용접 	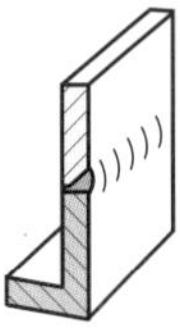	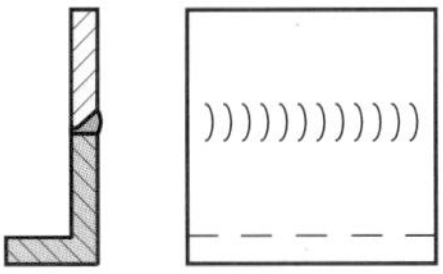	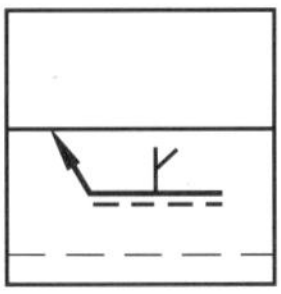	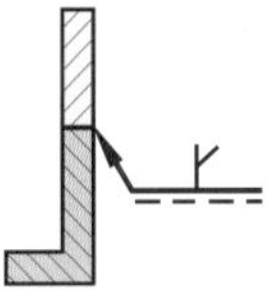
13		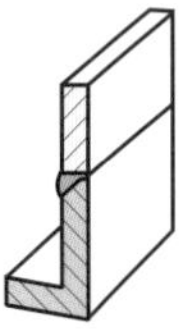	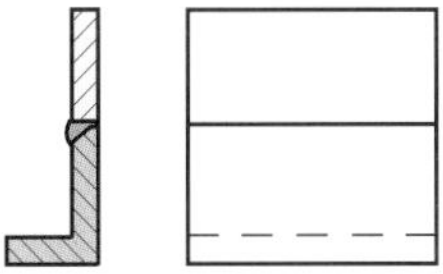		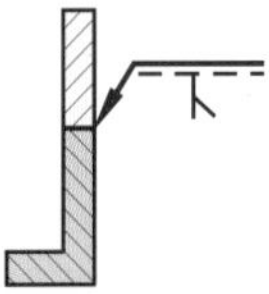
14	U형 맞대기 용접 	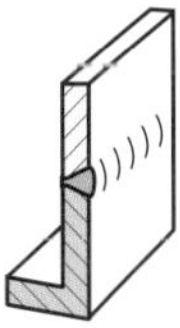	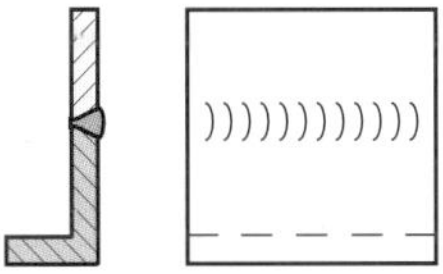	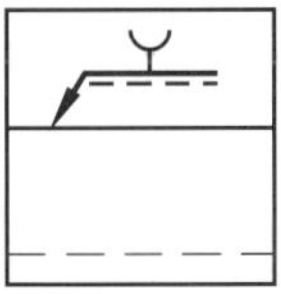	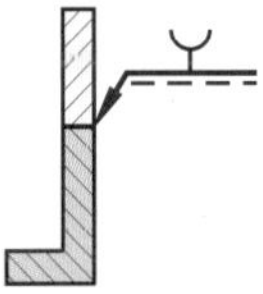

용접 기호

69. 용접 기호(계속)

KS B 0052

기본 기호 사용 보기(계속)

번호	명칭, 기호	그 림	표 시	투상도 및 치수기입	
				정면도	측면도
15	J형 맞대기 용접 	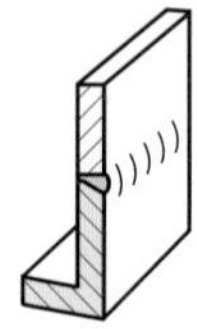	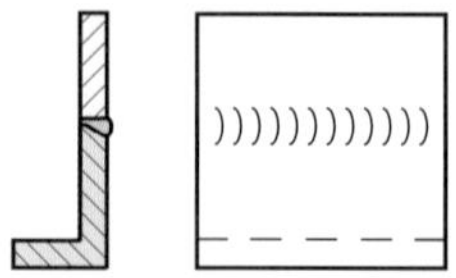	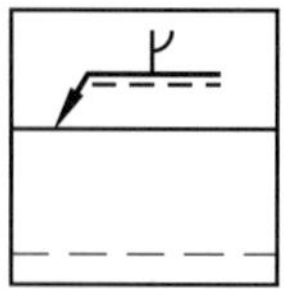	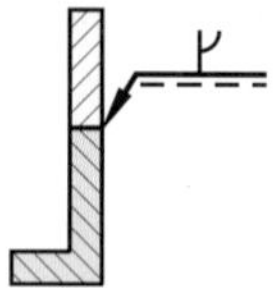
16		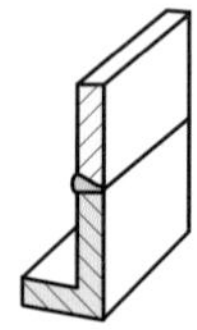	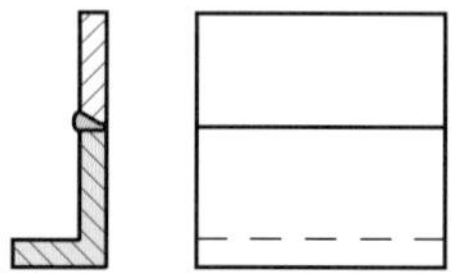	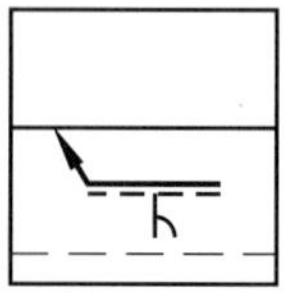	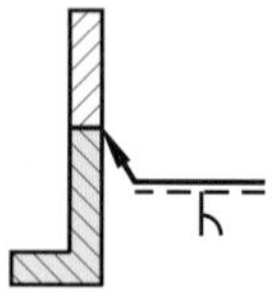
17	필릿 용접 		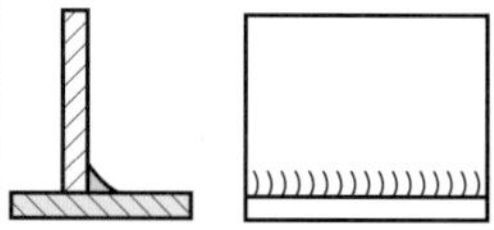	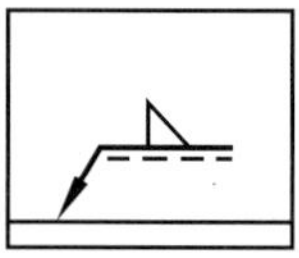	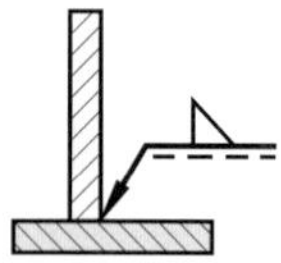
18		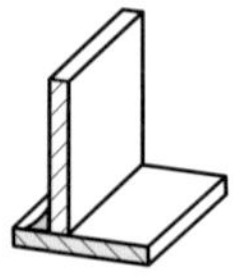	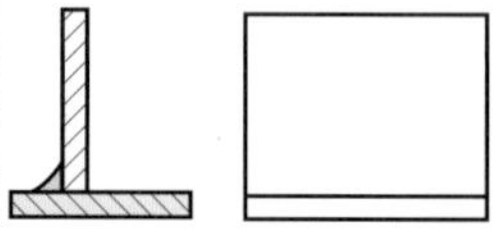	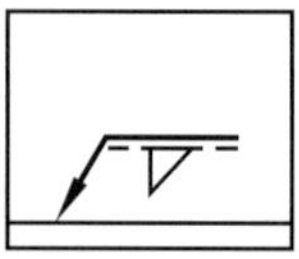	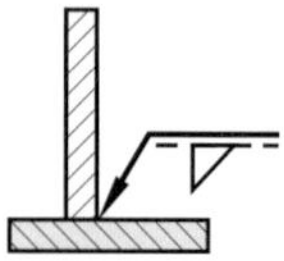
19		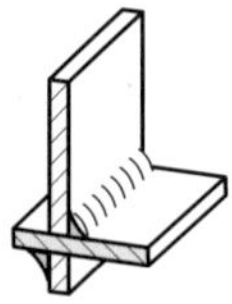	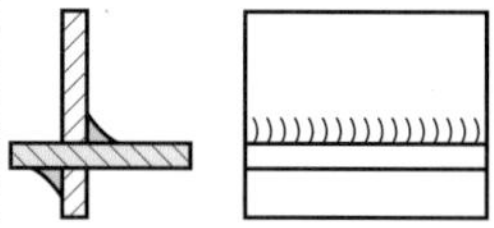	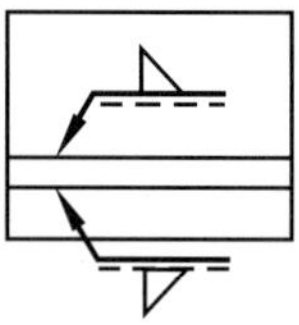	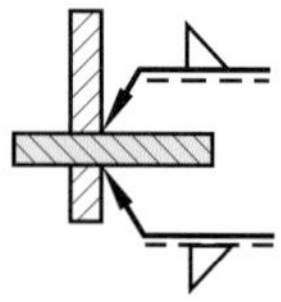
20		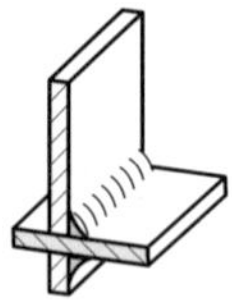	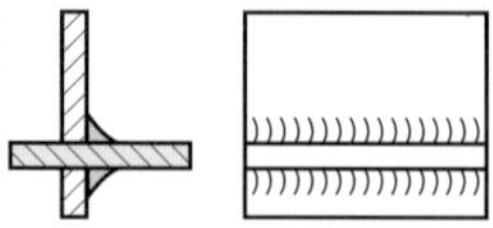	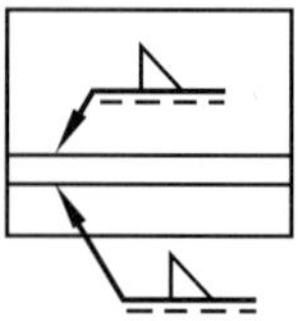	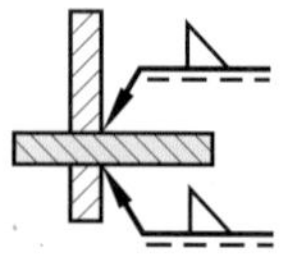
21		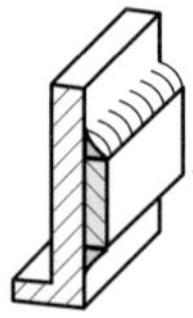	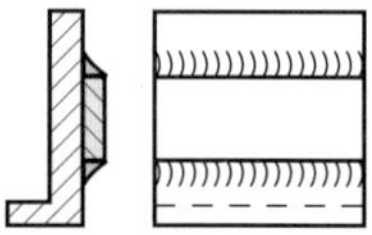	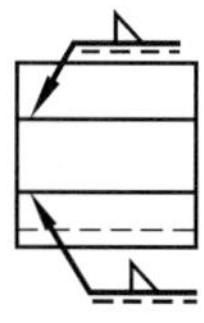	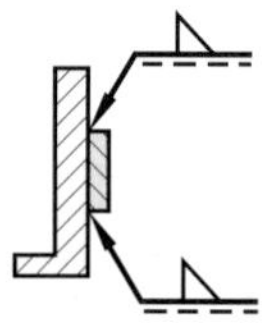

69. 용접 기호(계속)

기본 기호 사용 보기(계속)					
번호	명칭, 기호	그 림	표 시	투상도 및 치수기입	
				정면도	측면도
22	플러그 용접 	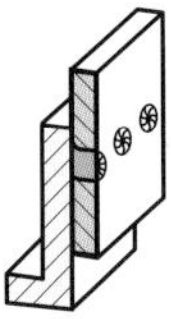	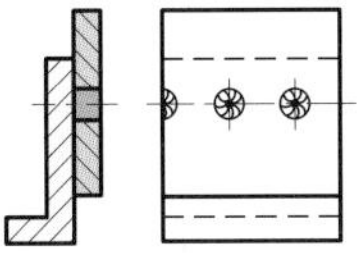	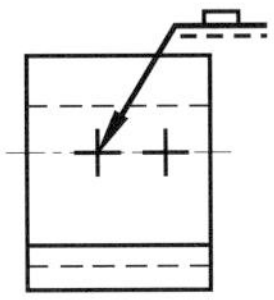	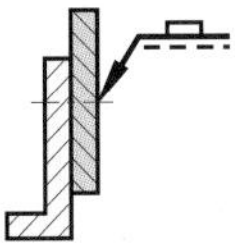
23		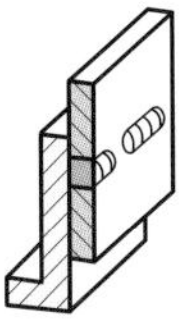	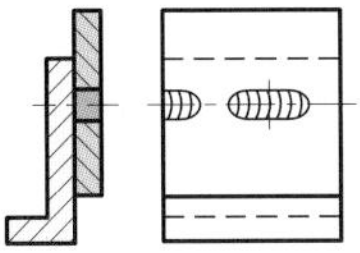	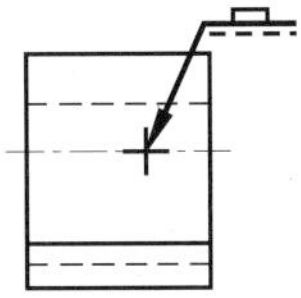	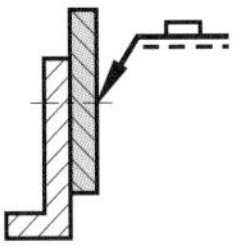
24	점 용접 	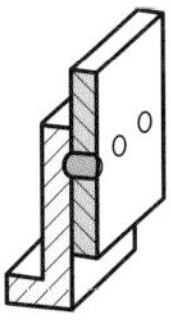	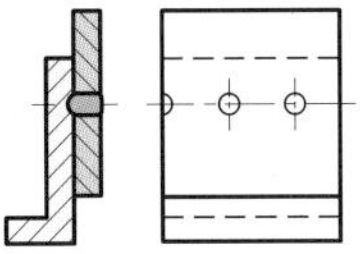	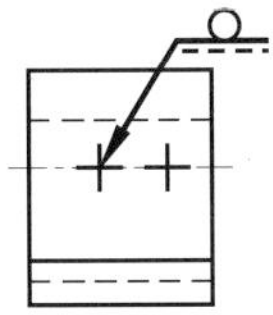	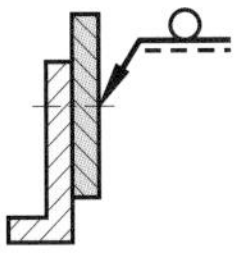
25		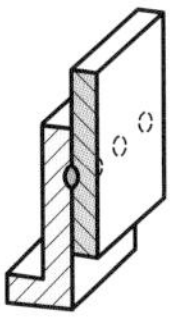	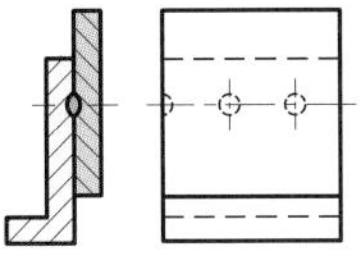	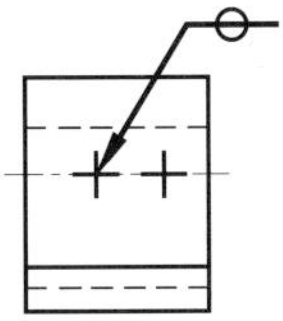	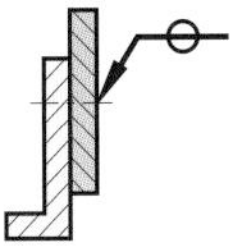
26	심(seam) 용접 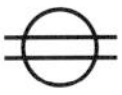	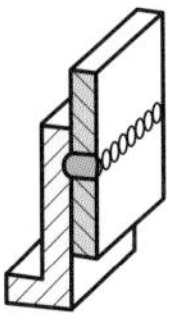	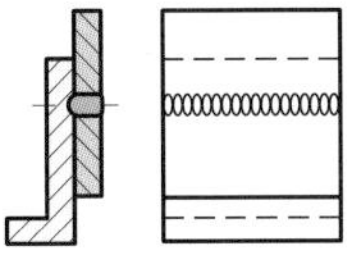	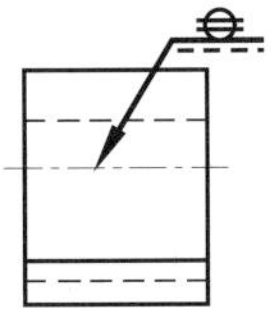	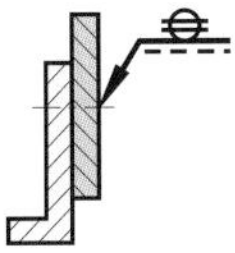
27		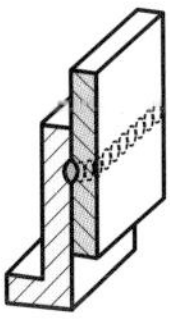	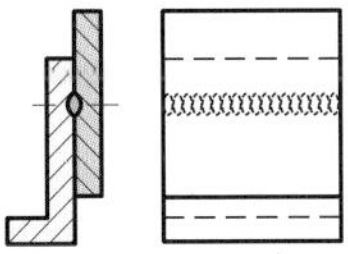	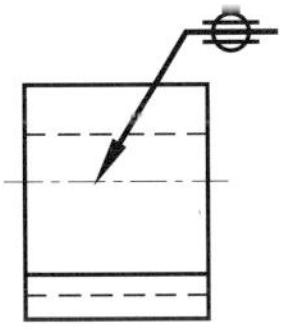	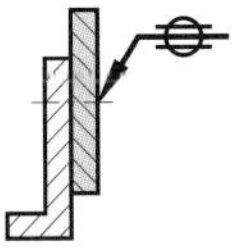

69. 용접 기호(계속)

기본 기호 조합 보기					
번호	명칭, 기호	그 림	표 시	투상도 및 치수기입	
				정면도	측면도
1	플랜지형 맞대기 용접 이면 용접	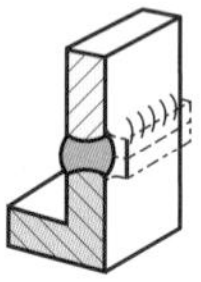	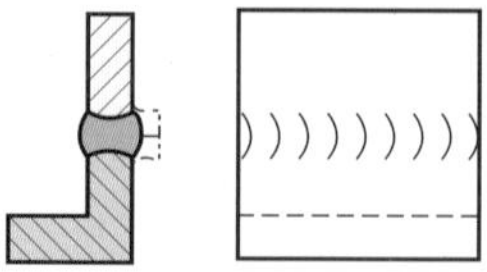	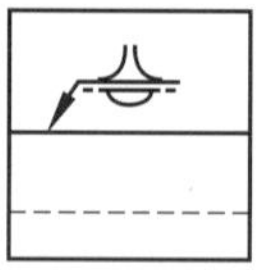	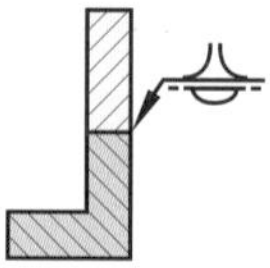
2	I형 맞대기 용접 (양면 용접)	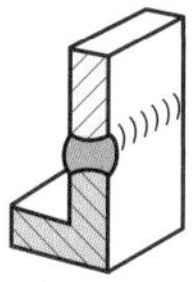	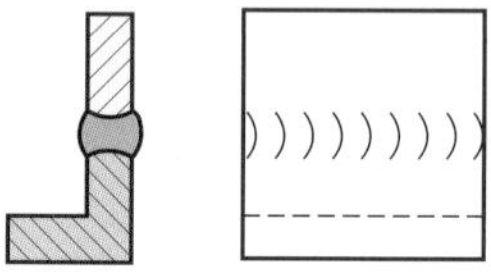	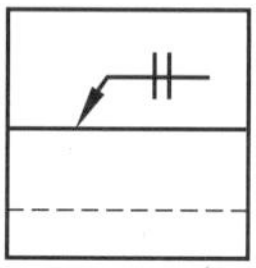	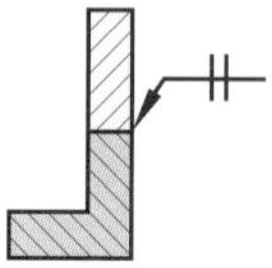
3	V형 용접 이면 용접	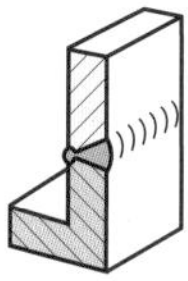	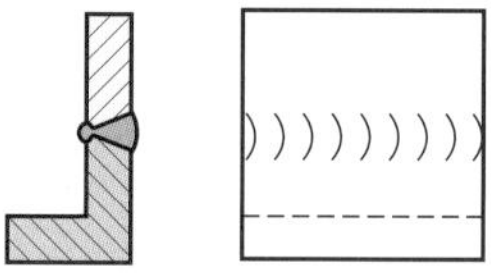		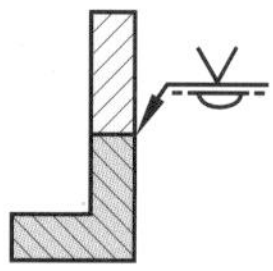
4		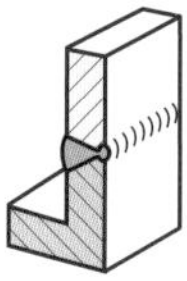	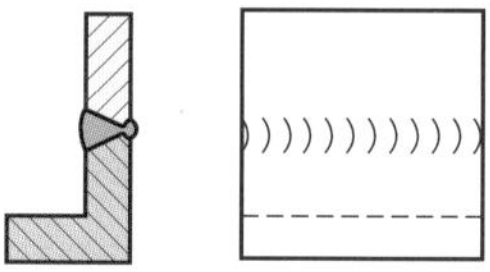	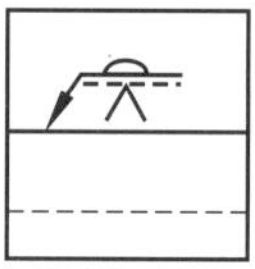	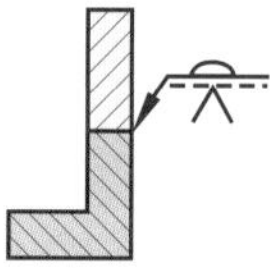
5	양면 V형 맞대기 용접 (X형 용접)	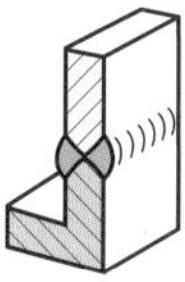	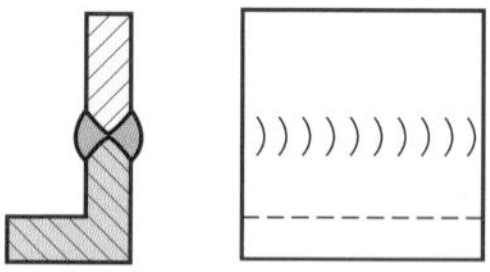	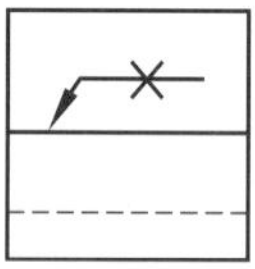	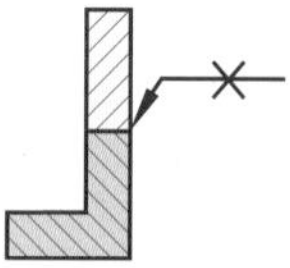
6	K형 맞대기 용접 (K형 용접)	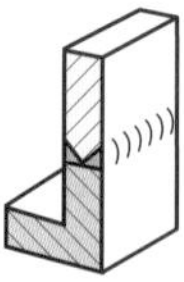	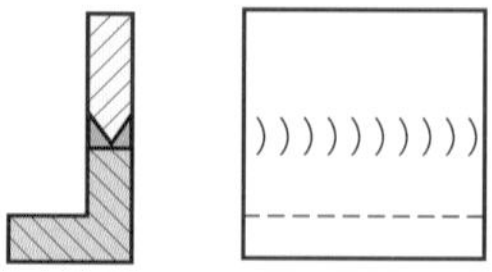	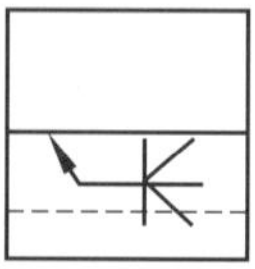	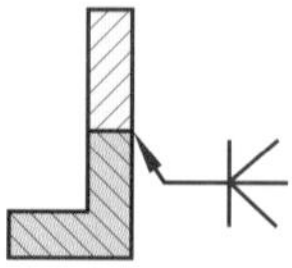
7		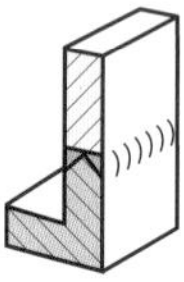	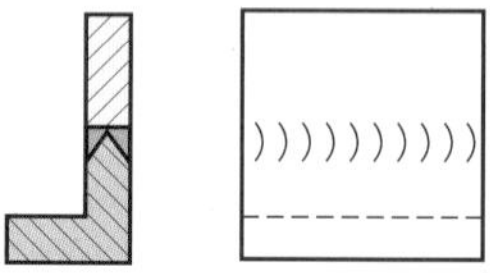	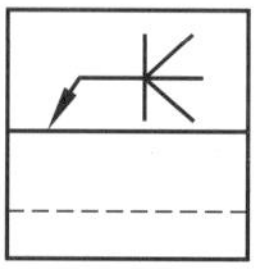	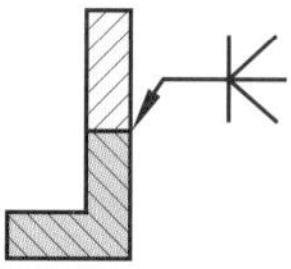

기본 기호 조합 보기(계속)					
번호	명칭, 기호	그 림	표 시	투상도 및 치수기입 정면도	투상도 및 치수기입 측면도
8	넓은 루트면 있는 양면 K형 맞대기 용접 	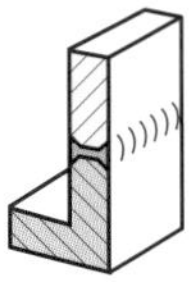	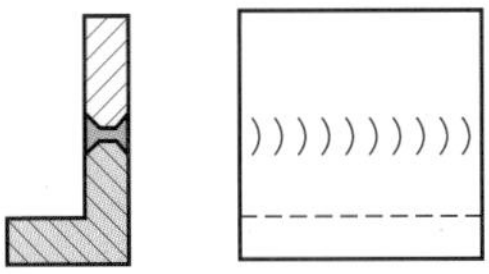	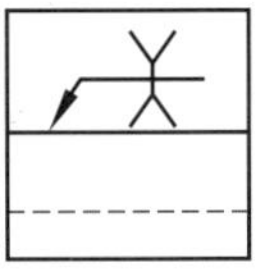	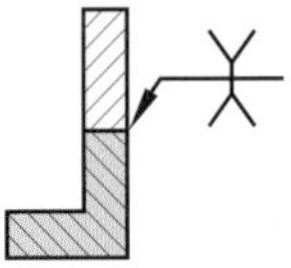
9	넓은 루트면 있는 K형 맞대기 용접 	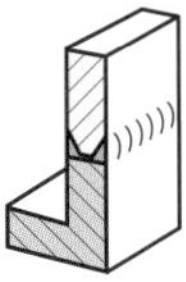	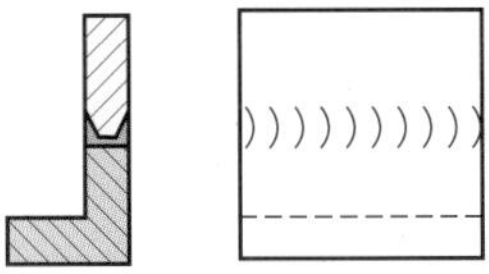	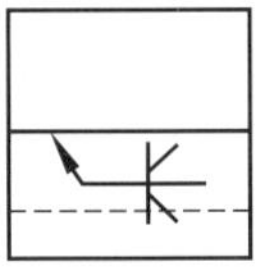	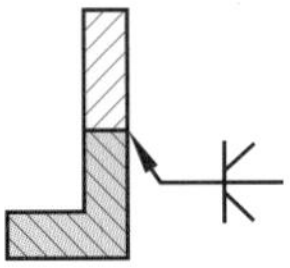
10	양면 U형 맞대기 용접 	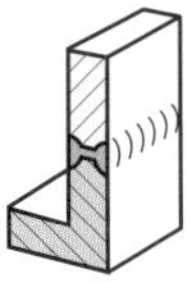	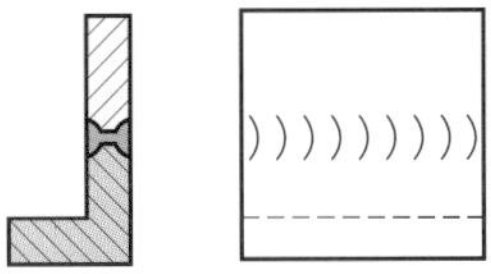	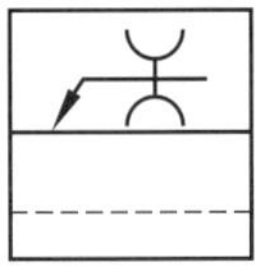	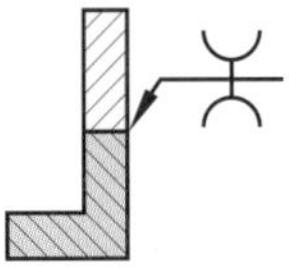
11	양면 J형 맞대기 용접 	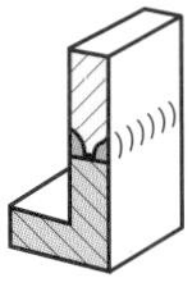	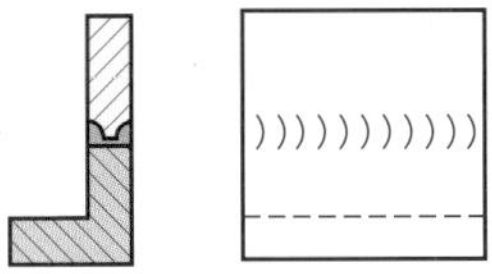	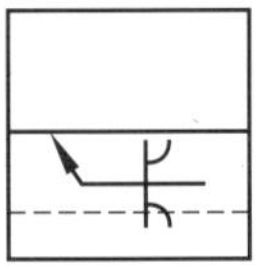	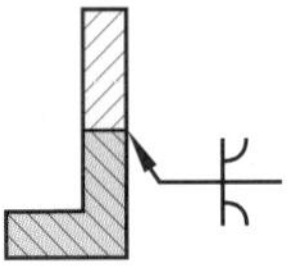
12	일면 V형 맞대기 용접  일면 U형 맞대기 용접 	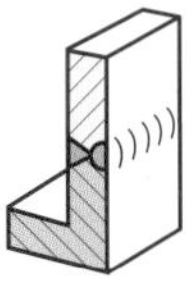	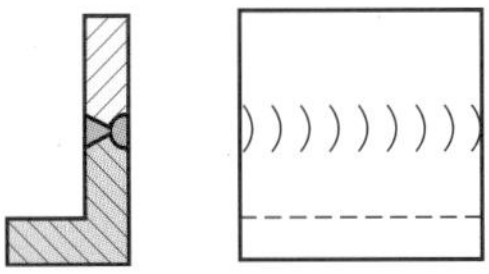		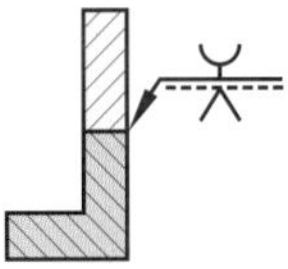
13	필릿 용접 	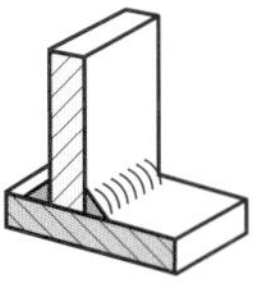	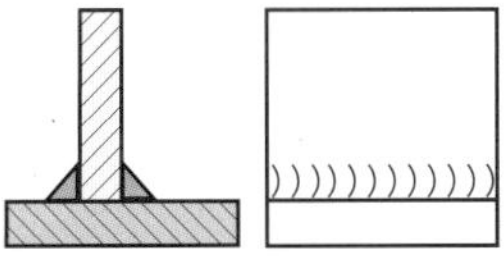	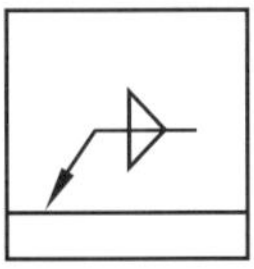	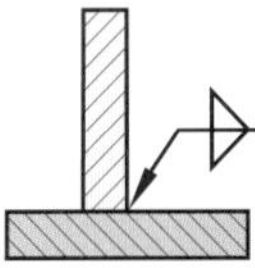
14		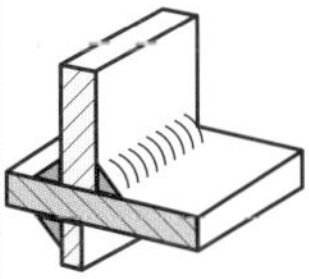	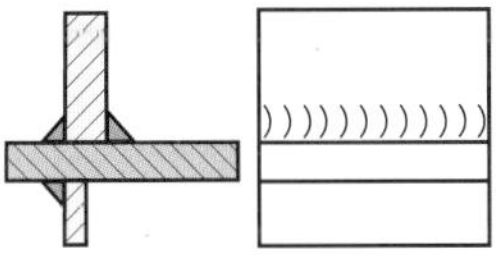	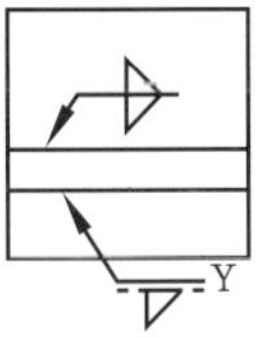	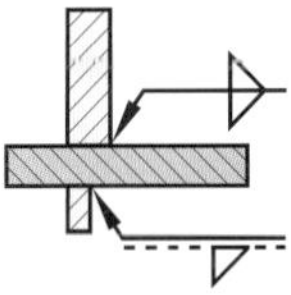

69. 용접 기호(계속)

KS B 0052

기본 기호와 보조 기호 조합 보기					
번호	명칭, 기호	그 림	표 시	투상도 및 치수기입	
				정면도	측면도
1		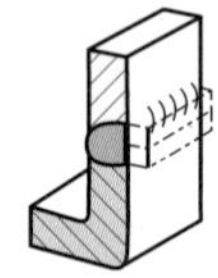	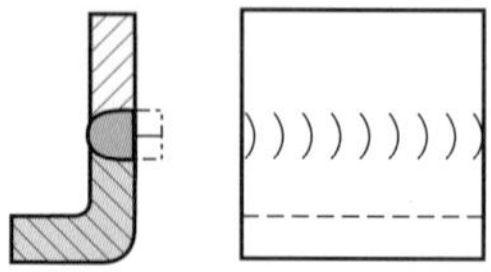		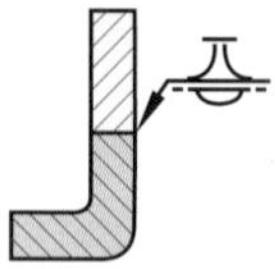
2		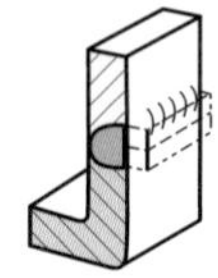	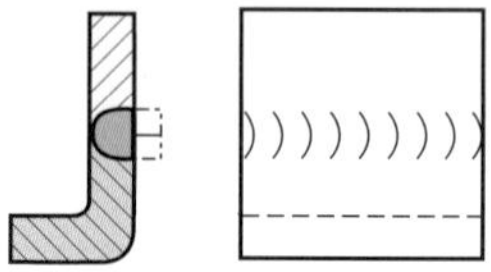	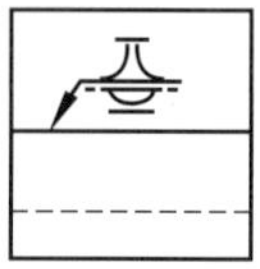	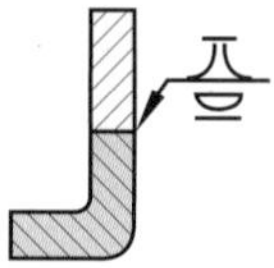
3		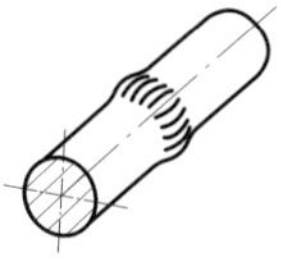	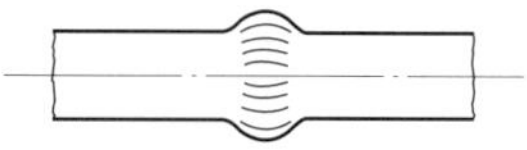	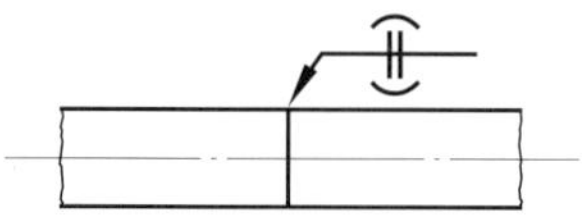	
4		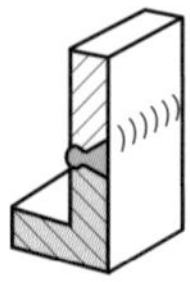	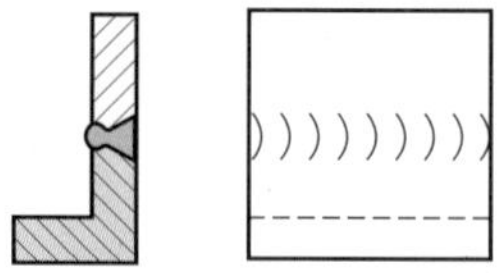		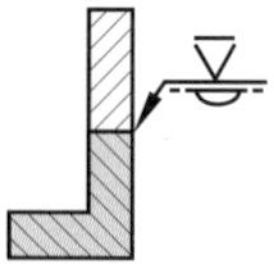
5		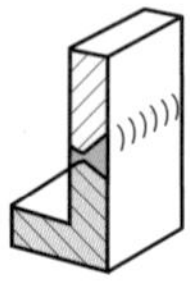	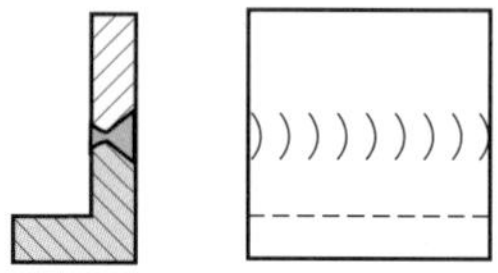		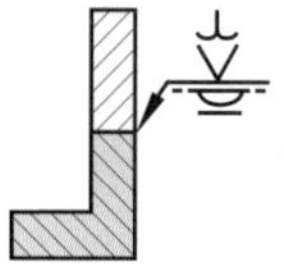
6		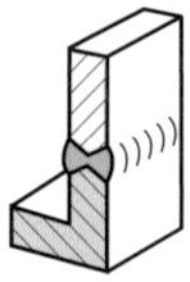	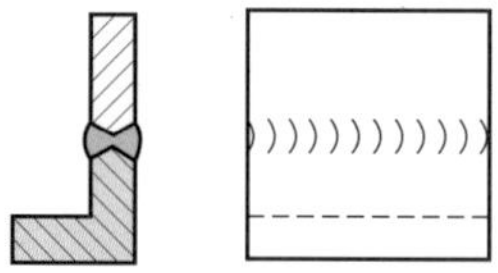	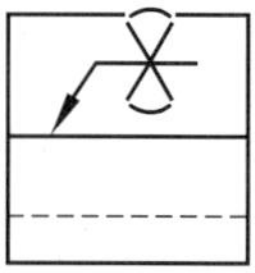	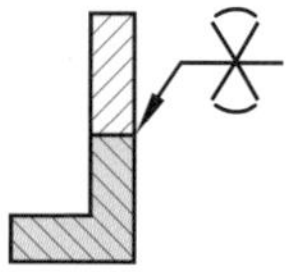
7			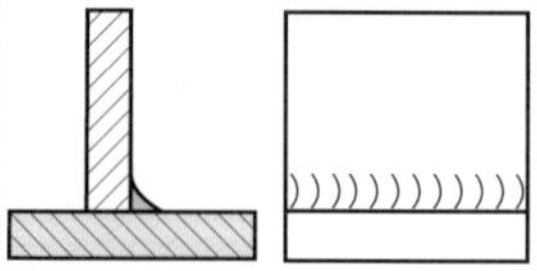		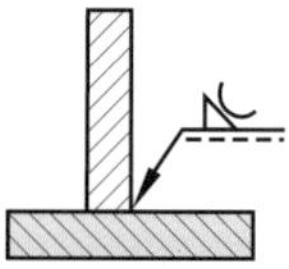
8		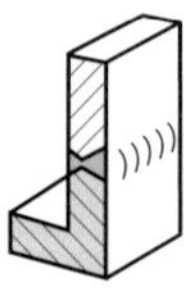	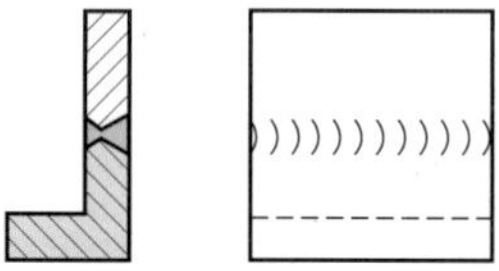	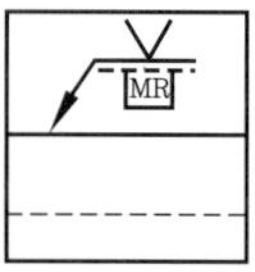	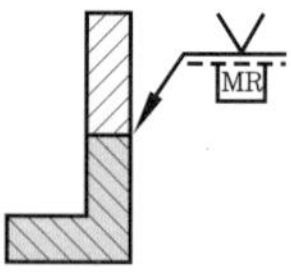

69. 용접 기호(계속)

1. 용접 기호의 표시 방법

점선은 실선의 위 또는 아래에 있을 수 있다. 다음 그림에서는 화살표의 위치를 명확하게 표시한다. 일반적으로 접합부의 바로 인접한 곳에 위치한다.

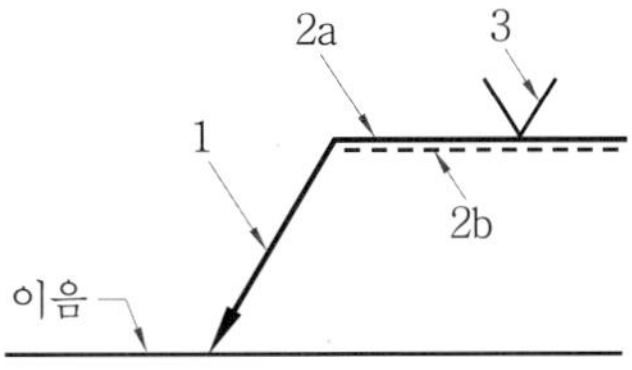

1 = 화살표
2a = 기준선(실선)
2b = 식별선(점선)
3 = 용접 기호

표시 방법

2. 화살표와 접합부의 관계

접합부(용접부)의 위치는 "화살표 쪽" 또는 "화살표 반대쪽"으로 구분된다.

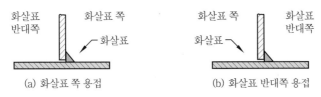

(a) 화살표 쪽 용접　　(b) 화살표 반대쪽 용접

한쪽 면 필릿 용접의 T 접합부

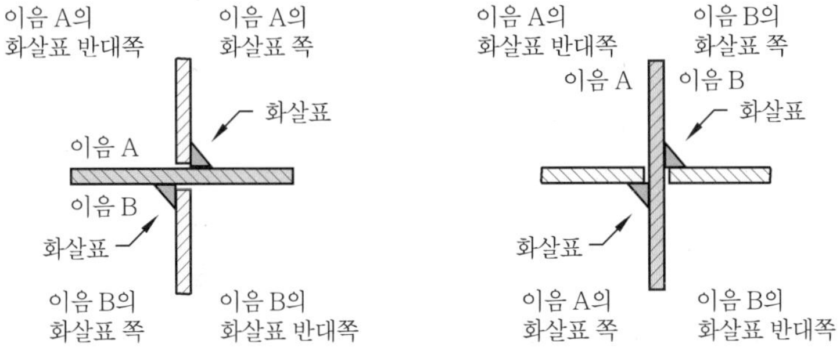

양면 필릿 용접의 십자(+)형 접합부

3. 화살표 위치

일반적으로 용접부에 관한 화살표의 위치는 특별한 의미가 없으나 [(a), (b) 참조] ⊬, Y, ⊬ 용접인 경우에는 화살표가 준비된 판 방향으로 표시된다. [(c), (d) 참조]

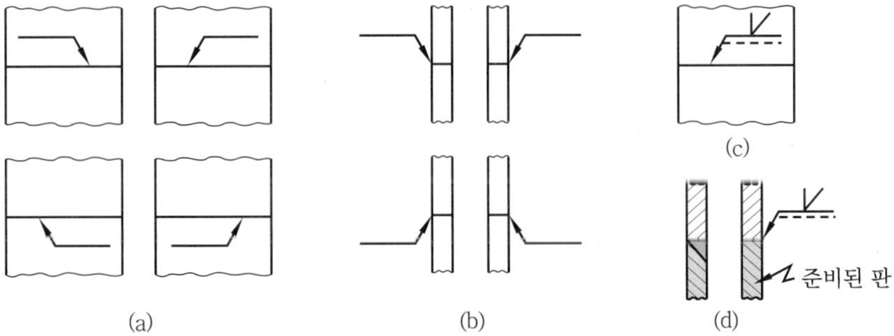

화살표의 위치

4. 기준선의 위치

기준선은 우선적으로 도면 아래 모서리에 평행하도록 표시하거나 또는 그것이 불가능한 경우에는 수직되게 표시한다.

① 용접부(용접 표면)가 접합부의 화살표 쪽에 있다면 기호는 기준선의 실선 쪽에 표시한다. [(a) 참조]

② 용접부(용접 표면)가 접합부의 화살표 반대쪽에 있다면 기호는 기준선의 점선 쪽에 표시한다. [(b) 참조]

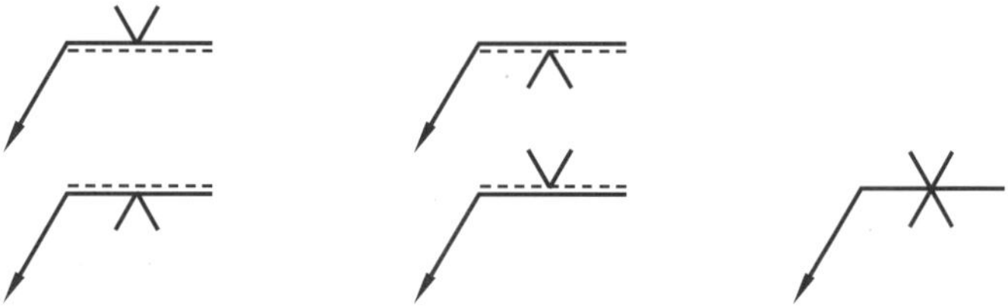

(a) 화살표 쪽의 용접　(b) 화살표 반대쪽의 용접　(c) 양면 대칭 용접

기준선에 따른 기호의 위치

5. 용접부 치수 표시

가로 단면에 대한 주요 치수는 기호의 왼편(즉, 기호의 앞)에 표시하고, 세로 단면의 치수는 기호의 오른편(즉, 기호의 뒤)에 표시한다.

기호에 이어서 어떤 표시도 없는 것은 용접 부재의 전체 길이로 연속 용접한다는 의미이다.

표시 원칙의 예

6. 필릿 용접부의 치수 표시

필릿 용접부에서는 치수 표시에 두 가지 방법이 있다. 그러므로 문자 a 또는 z는 항상 해당되는 치수의 앞에 다음과 같이 표시한다. 필릿 용접부에서 깊은 용입을 나타내는 경우 목두께는 s가 된다.

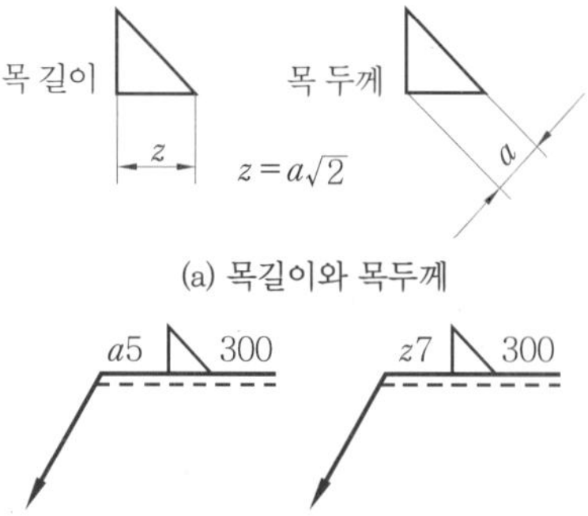

(a) 목길이와 목두께

(b) 치수 표시 예

필릿 용접부의 치수 표시 방법

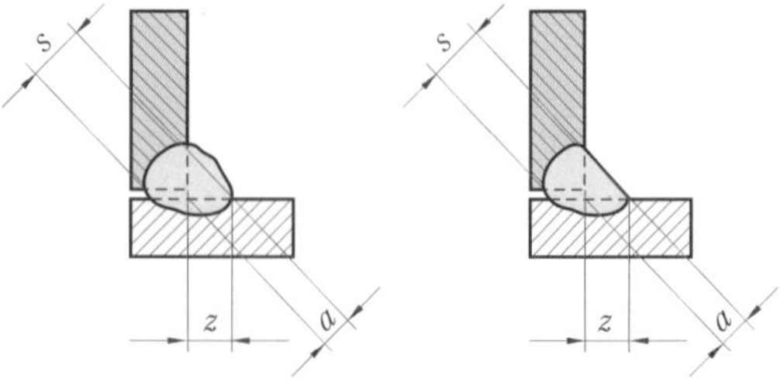

필릿 용접의 용입 깊이의 치수 표시 방법

69. 용접 기호(계속)

KS B 0052

주요 치수				
번호	명 칭	그 림	정 의	표 시
1	맞대기 용접	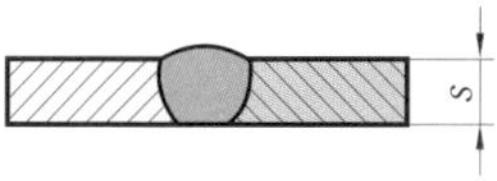	s : 얇은 부재의 두께보다 커질 수 없는 거리로서, 부재의 표면부터 용입의 바닥까지의 최소 거리	V
		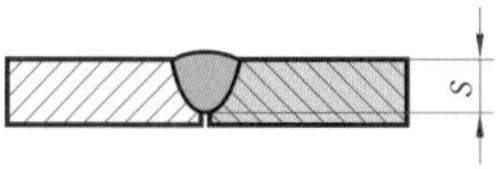		s‖
		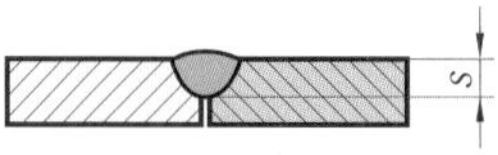		s Y
2	플랜지형 맞대기 용접	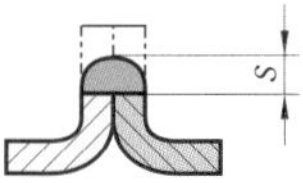	s : 용접부 외부 표면부터 용입의 바닥까지의 최소 거리	s‖
3	연속 필릿 용접	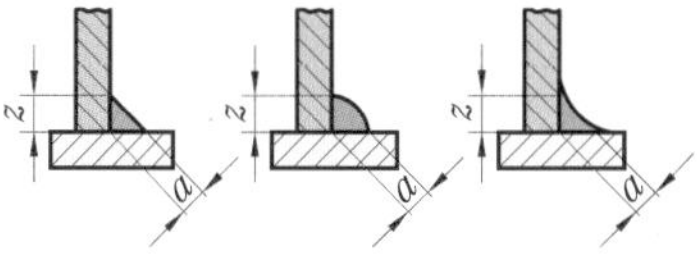	a : 단면에서 표시될 수 있는 최대 이등변삼각형의 높이 z : 단면에서 표시될 수 있는 최대 이등변삼각형의 변	 
4	단속 필릿 용접	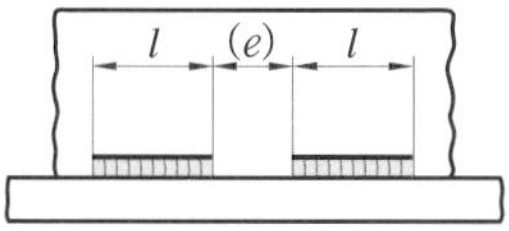	l : 용접 길이(크레이터 제외) (e) : 인접한 용접부 간격 n : 용접부 수 a, z : 번호 3 참조	 
5	지그재그 단속 필릿 용접	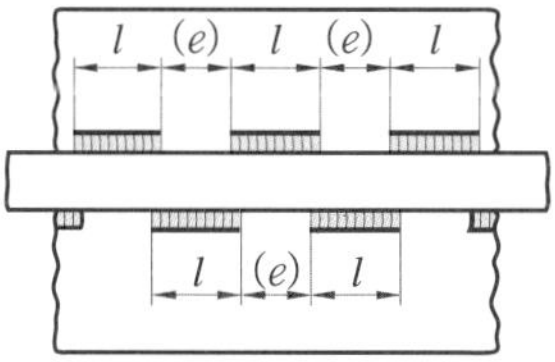	l : 번호 4 참조 (e) : 번호 4 참조 n : 번호 4 참조 a, z : 번호 3 참조	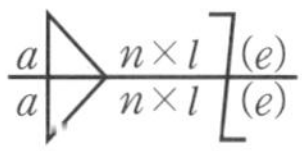 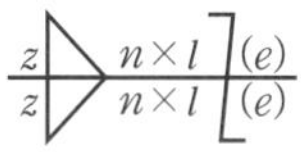

용접 기호

주요 치수				
번호	명 칭	그 림	정 의	표 시
6	플러그 또는 슬롯 용접	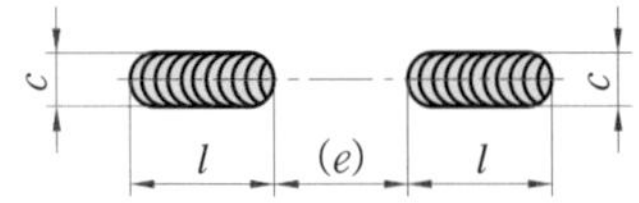	l : 번호 4 참조 (e) : 번호 4 참조 n : 번호 4 참조 c : 슬롯의 너비	c ⊓ $n \times l(e)$
7	심 용접	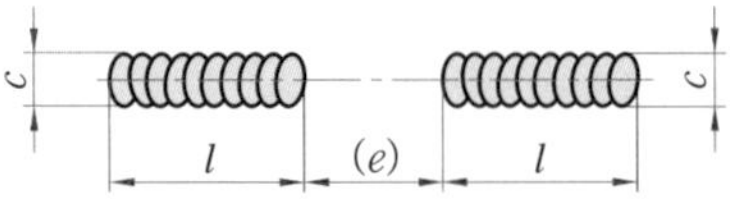	l : 번호 4 참조 (e) : 번호 4 참조 n : 번호 4 참조 c : 용접부 너비	c ⊖ $n \times l(e)$
8	플러그 용접	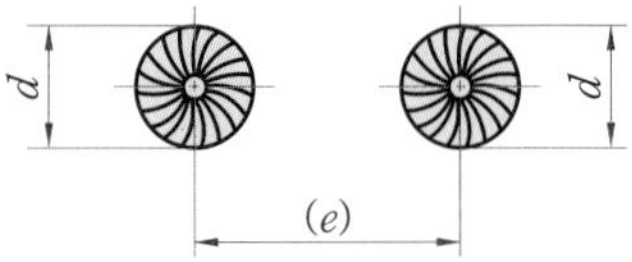	n : 번호 4 참조 (e) : 간격 d : 구멍의 지름	d ⊓ $n(e)$
9	점 용접	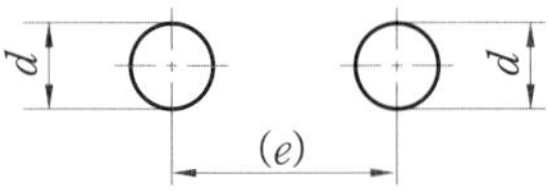	n : 번호 4 참조 (e) : 간격 d : 점(용접부)의 지름	d ○ $n(e)$

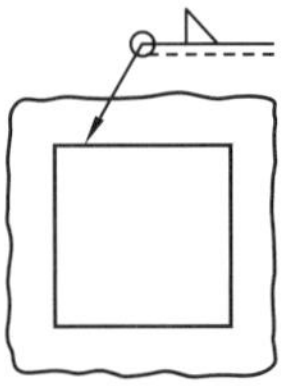

일주 용접의 표시

현장 용접의 표시

용접 방법의 표시

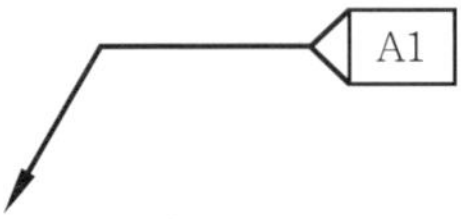

참고 정보

도시

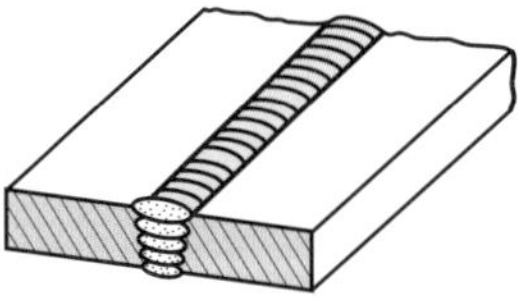

기호 표시

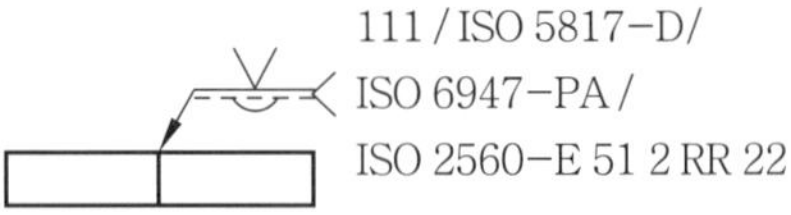

정면도

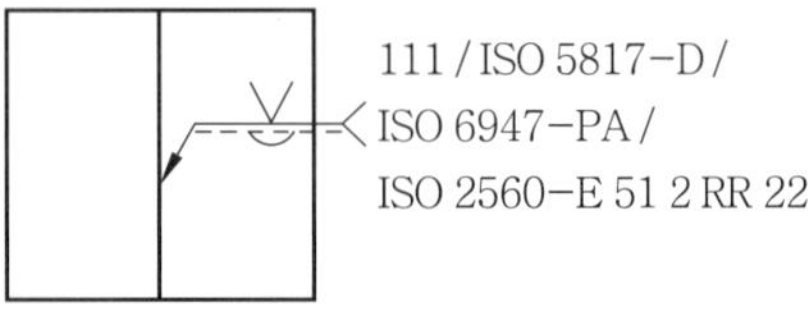

평면도

이면 용접이 있는 V형 맞대기 용접부

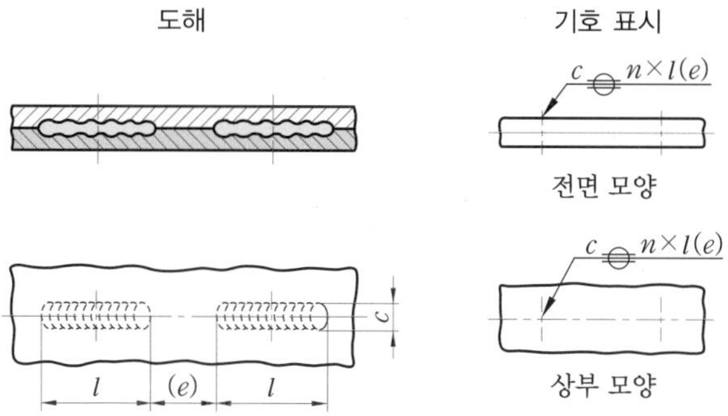

단속 저항 심 용접

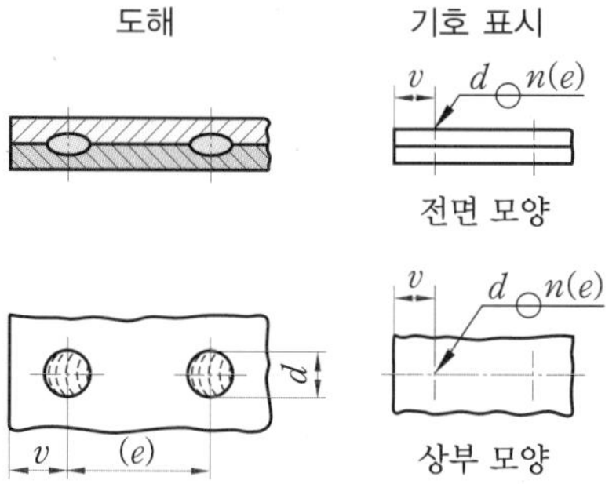

(a) 저항 점 용접

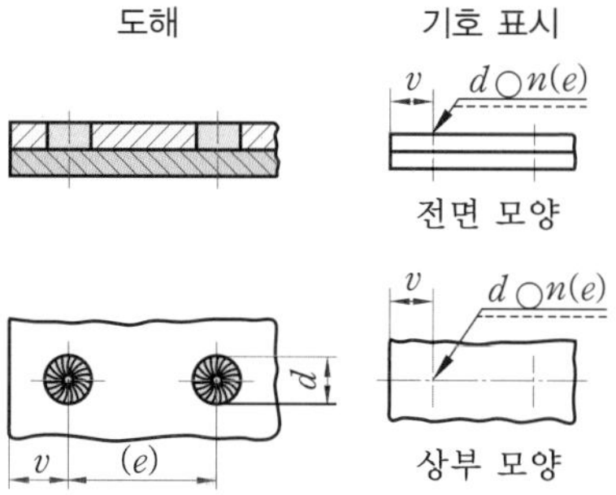

(b) 용융 점 용접

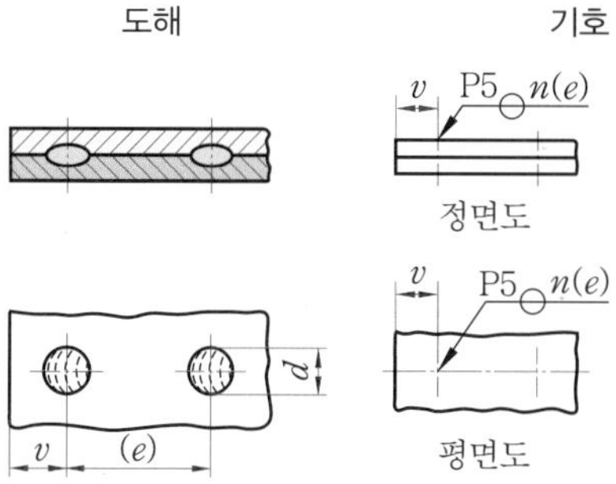

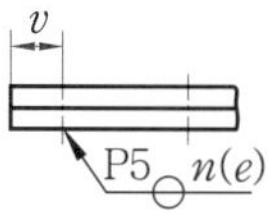

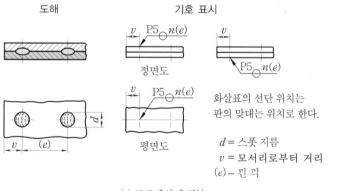

화살표의 선단 위치는
판의 맞대는 위치로 한다.

d = 스폿 지름
v = 모서리로부터 거리
(e) = 피치

(c) 프로젝션 용접부

점 용접부

70. 유압 · 공기압 도면 기호

표 1 기호 요소

번 호	명 칭	기 호	용 도	비 고
1-1	선			
1-1.1	실 선	────────	(1) 주관로 (2) 파일럿 밸브에의 공급 관로 (3) 전기신호선	• 귀환 관로를 포함 • 2-3.1을 부기하여 관로와의 구별을 명확히 한다.
1-1.2	파 선	- - - - - - -	(1) 파일럿 조작 관로 (2) 드레인 관로 (3) 필터 (4) 밸브의 과도 위치	• 내부 파일럿 • 외부 파일럿
1-1.3	1점 쇄선	—-—-—	포위선	• 2개 이상의 기능을 갖는 유닛을 나타내는 포위선
1-1.4	복 선	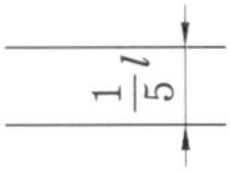	기계적 결합	• 회전축, 레버, 피스톤 로드 등
1-2	원			
1-2.1	대원		에너지 변환기기	• 펌프, 압축기, 전동기 등
1-2.2	중간원	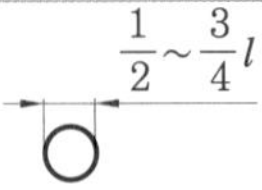	(1) 계측기 (2) 회전 이음	
1-2.3	소원	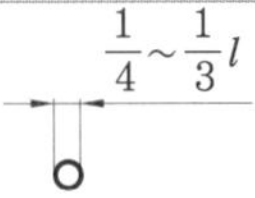	(1) 체크 밸브 (2) 링크 (3) 롤러	• 롤러 : 중앙에 점을 찍는다. ⊙
1-2.4	점	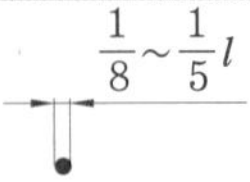	(1) 관로의 접속 (2) 롤러의 축	
1-3	반원		회전각도가 제한을 받는 펌프 또는 액추에이터	
1-4	정사각형			
1-4.1		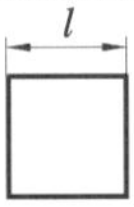	(1) 제어기기 (2) 전동기 이외의 원동기	
1-4.2		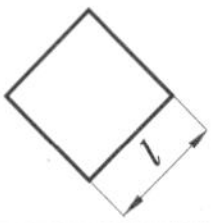	유체 조정기기	• 접속구가 변과 수직으로 교차한다. • 접속구가 각을 두고 변과 교차한다. • 필터, 드레인 분리기, 주유기, 열교환기 등
1-4.3		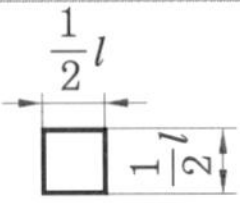	(1) 실린더 내의 쿠션 (2) 어큐뮬레이터 내의 추	

70. 유압 · 공기압 도면 기호(계속)

KS B 0054

표 1 기호 요소(계속)

번 호	명 칭	기 호	용 도	비 고
1-5	직사각형			
1-5.1		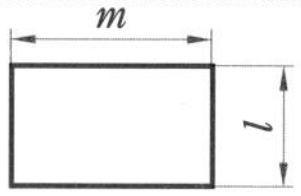	(1) 실린더 (2) 밸브	• $m > l$
1-5.2		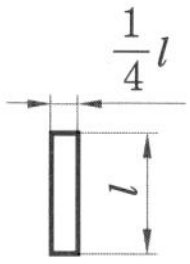	피스톤	
1-5.3		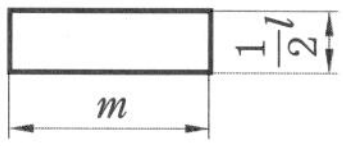	특정의 조작방법	• $l \leq m \leq 2l$ • 표 6 참조
1-6	기타			
1-6.1	요형(대)	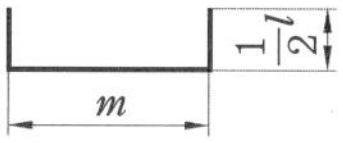	유압유 탱크(통기식)	• $m > l$
1-6.2	요형(소)	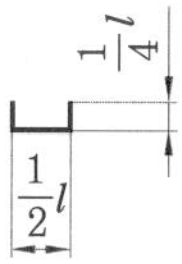	유압유 탱크(통기식)의 국소 표시	
1-6.3	캡슐형	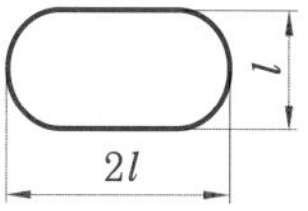	(1) 유압유 탱크(밀폐식) (2) 공기압 탱크 (3) 어큐뮬레이터 (4) 보조가스용기	• 접속구는 표 10과 16-2 참조

표 2 기능 요소

번 호	명 칭	기 호	용 도	비 고
2-1	정삼각형			• 유체 에너지의 방향 • 유체의 종류 • 에너지원의 표시
2-1.1	흑	▶	유 압	
2-1.2	백	▷	공기압 또는 기타의 기체압	• 대기중에의 배출을 포함
2-2	화살표 표시			
2-2.1	직선 또는 사선		(1) 직선 운동 (2) 밸브 내의 유체의 경로와 방향 (3) 열류의 방향	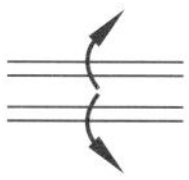

70. 유압 · 공기압 도면 기호(계속)

표 2 기능 요소(계속)				
번 호	명 칭	기 호	용 도	비 고
2-2.2	곡 선	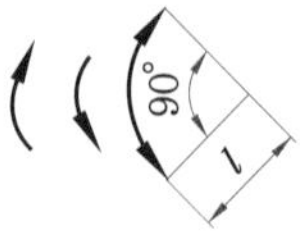	회전 운동	• 화살표는 축의 자유단에서 본 회전방향을 표시
2-2.3	사 선		가변조작 또는 조정수단	• 적당한 길이로 비스듬히 그린다. • 펌프, 스프링, 가변식 전자 액추에이터
2-3	기 타			
2-3.1			전 기	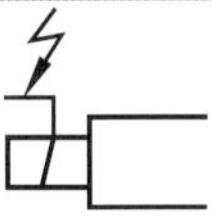
2-3.2			폐로 또는 폐쇄 접속구	폐로 접속구 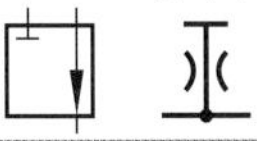
2-3.3			전자 액추에이터	
2-3.4			온도지시 또는 온도조정	
2-3.5		M	원동기	 • 11-3, 11-4 참조
2-3.6			스프링	• 산의 수는 자유
2-3.7			교 축	
2-3.8		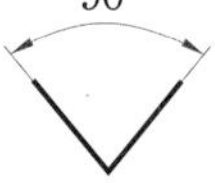	체크밸브의 간략기호의 밸브 시트	

표 3 관 로			
번 호	명 칭	기 호	비 고
3-1.1	접 속	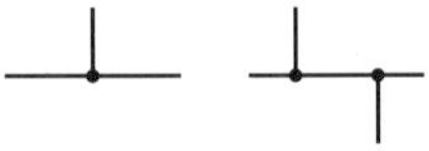	
3-1.2	교 차	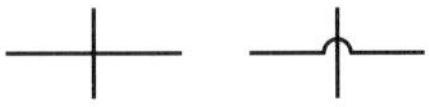	• 접속하고 있지 않음
3-1.3	처짐 관로		• 호스(통상 가동부분에 접속된다.)

70. 유압 · 공기압 도면 기호(계속)

KS B 0054

표 4 접속구			
번 호	명 칭	기 호	비 고
4-1	공기 구멍		
4-1.1		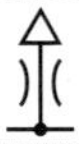	• 연속적으로 공기를 빼는 경우
4-1.2		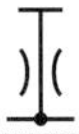	• 어느 시기에 공기를 빼고 나머지 시간은 닫아놓는 경우
4-1.3			• 필요에 따라 체크 기구를 조작하여 공기를 빼는 경우
4-2	배기구		
4-2.1			• 공기압 전용 • 접속구가 없는 것 • 접속구가 있는 것
4-2.2		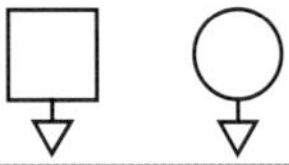	
4-3	급속 이음		
4-3.1		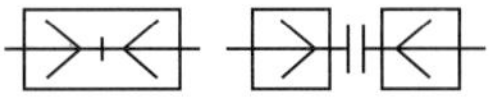	• 체크밸브 없음
4-3.2		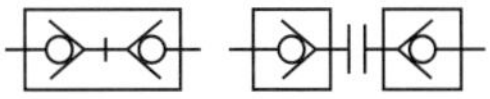 접속 상태 떨어진 상태	• 체크밸브 붙이 (셀프실 이음)
4-4	회전 이음		• 스위블 조인트 및 로터리 조인트
4-4.1	1 관로	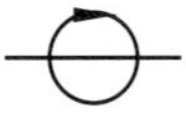	• 1 방향 회전
4-4.2	3 관로	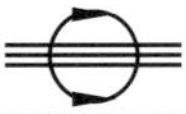	• 2 방향 회전

표 5 기계식 구성부품			
번 호	명 칭	기 호	비 고
5-1	로 드	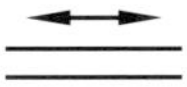	• 2방향 조작 • 화살표의 기입은 임의
5-2	회전축	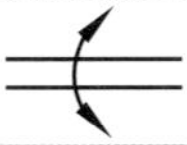	• 2방향 조작 • 화살표의 기입은 임의
5-3	멈춤쇠	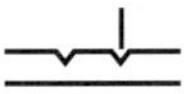	• 2방향 조작 • 고정용 그루브 위에 그린 세로선은 고정구를 나타낸다
5-4	래 치	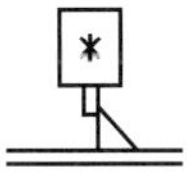	• 1방향 조작 • ✱ 해제의 방법을 표시하는 기호
5-5	오버센터 기구		• 2방향 조작

70. 유압 · 공기압 도면 기호(계속)

표 6 조작 방식			
번 호	명 칭	기 호	비 고
6-1	인력 조작	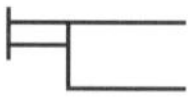	• 조작방법을 지시하지 않은 경우 또는 조작 방향의 수를 특별히 지정하지 않은 경우의 일반기호
6-1.1	누름 버튼	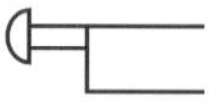	• 1방향 조작
6-1.2	당김 버튼	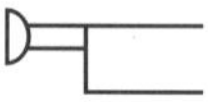	• 1방향 조작
6-1.3	누름 - 당김버튼	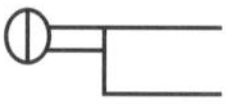	• 2방향 조작
6-1.4	레 버	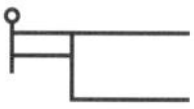	• 2방향 조작(회전운동을 포함)
6-1.5	페 달	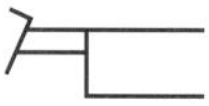	• 1방향 조작(회전운동을 포함)
6-1.6	2방향 페달	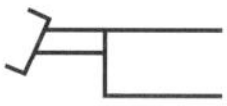	• 2방향 조작(회전운동을 포함)
6-2	기계 조작		
6-2.1	플린저	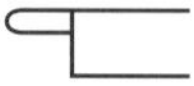	• 1방향 조작
6-2.2	가변행정 제한기구	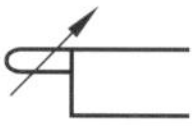	• 2방향 조작
6-2.3	스프링	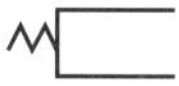	• 1방향 조작
6-2.4	롤 러	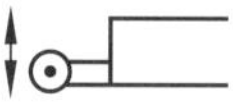	• 2방향 조작
6-2.5	편측 작동 롤러	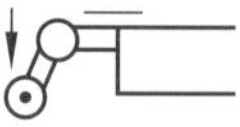	• 화살표는 유효 조작 방향을 나타낸다. 기입을 생략하여도 좋다. • 1방향 조작
6-3	전기 조작		
6-3.1	직선형 전기 액추에이터		• 솔레노이드, 토크 모터 등
6-3.1.1	단동 솔레노이드	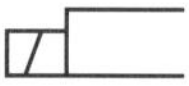	• 1방향 조작 • 사선은 우측으로 비스듬히 그려도 좋다.
6-3.1.2	복동 솔레노이드		• 2방향 조작 • 사선은 위로 넓어져도 좋다.

표 6 조작 방식(계속)			
번 호	명 칭	기 호	비 고
6-3.1.3	단동 가변식 전자 액추에이터	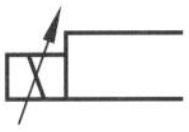	• 1방향 조작 • 비례식 솔레노이드, 포스 모터 등
6-3.1.4	복동 가변식 전자 액추에이터	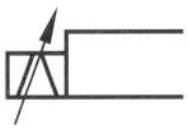	• 2방향 조작 • 토크 모터
6-3.2	회전형 전기 액추에이터	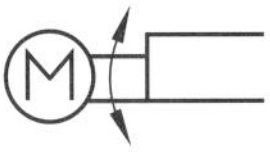	• 2방향 조작 • 전동기
6-4	파일럿 조작		
6-4.1	직접 파일럿 조작		
6-4.1.1		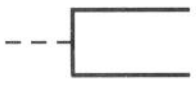	
6-4.1.2		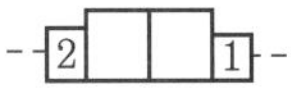	• 수압면적이 상이한 경우, 필요에 따라 면적비를 나타내는 숫자를 직사각형속에 기입한다.
6-4.1.3	내부 파일럿	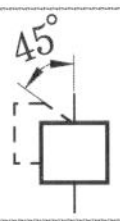	• 조작 유로는 기기의 내부에 있음
6-4-1.4	외부 파일럿	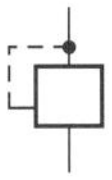	• 조작 유로는 기기의 외부에 있음
6-4.2	간접 파일럿 조작		
6-4.2.1	압력을 가하여 조작하는 방식		
(1)	공기압 파일럿	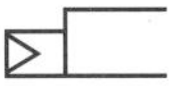	• 내부 파일럿 • 1차 조작 없음
(2)	유압 파일럿	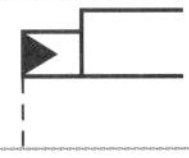	• 외부 파일럿 • 1차 조작 없음
(3)	유압 2단 파일럿	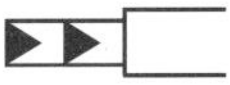	• 내부 파일럿, 내부 드레인 • 1차 조작 없음
(4)	공기압·유압 파일럿	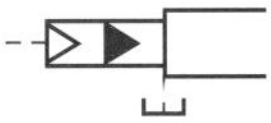	• 외부 공기압 파일럿, 내부 유압 파일럿, 외부 드레인 • 1차 조작 없음
(5)	전자·공기압 파일럿		• 단동 솔레노이드에 의한 1차 조작 붙이 • 내부 파일럿
(6)	전자 · 유압 파일럿	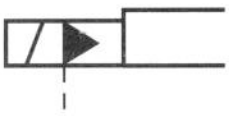	• 단동 솔레노이드에 의한 1차 조작 붙이 • 외부 파일럿, 내부 드레인

70. 유압 · 공기압 도면 기호(계속)

KS B 0054

표 6 조작 방식(계속)

번 호	명 칭	기 호	비 고
6-4.2.2	압력을 빼내어 조작하는 방식		
(1)	유압 파일럿	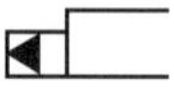	• 내부 파일럿 · 내부 드레인 • 1차 조작 없음
		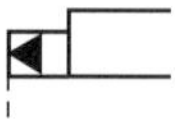	• 내부 파일럿 • 원격조작용 벤트 붙이 포트
(2)	전자 · 유압 파일럿	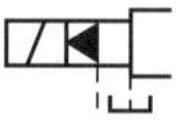	• 단동 솔레노이드에 의한 1차 조작 붙이 • 외부 파일럿, 외부 드레인
(3)	파일럿 작동형 압력제어 밸브	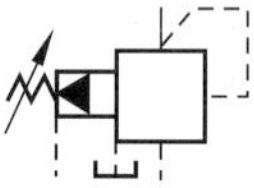	• 압력조정용 스프링 붙이 • 외부 드레인 • 원격조작용 벤트 포트 붙이
(4)	파일럿 작동형 비례전자식 압력제어 밸브	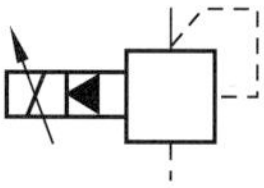	• 단동 비례식 액추에이터 • 내부 드레인
6-5	피드백		
6-5.1	전기식 피드백	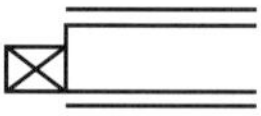	• 일반 기호 • 전위차계, 차동변압기 등의 위치검출기
6-5.2	기계식 피드백	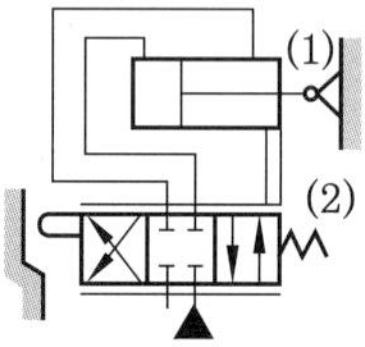	• 제어대상과 제어요소의 가동부분간의 기계적 접속은 1-1.4에 표시 (1) 제어 대상 (2) 제어 요소

표 7 펌프 및 모터

번 호	명 칭	기 호	비 고
7-1	펌프 및 모터	 유압 펌프 공기압 모터	• 일반기호
7-2	유압 펌프	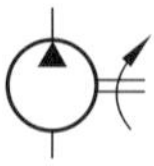	• 1방향 유동 • 정용량형 • 1방향 회전형
7-3	유압 모터	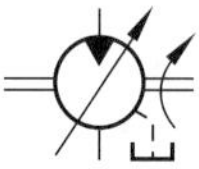	• 1방향 유동 • 가변용량형 • 조작기구를 특별히 지정하지 않는 경우 • 외부 드레인 • 1방향 회전형 • 양축형

70. 유압 · 공기압 도면 기호(계속)

표 7 펌프 및 모터(계속)

번 호	명 칭	기 호	비 고
7-4	공기압 모터	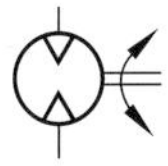	• 2방향 유동 • 정용량형 • 2방향 회전형
7-5	정용량형 펌프 · 모터	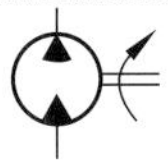	• 1방향 유동 • 정용량형 • 1방향 회전형
7-6	가변용량형 펌프 · 모터(인력조작)	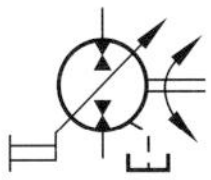	• 2방향 유동 • 가변용량형 • 외부 드레인 • 2방향 회전형
7-7	요동형 액추에이터	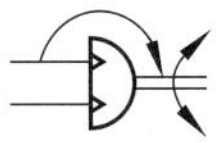	• 공기압 • 정각도 • 2방향 요동형 • 축의 회전방향과 유동방향과의 관계를 나타내는 화살표의 기입은 임의(부속서 참조)
7-8	유압 전도장치		• 1방향 회전형 • 가변용량형 펌프 • 일체형
7-9	가변용량형 펌프 (압력보상제어)	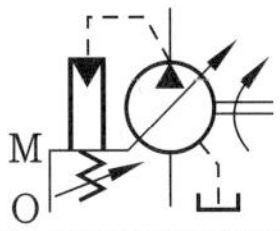	• 1방향 유동 • 압력조정 가능 • 외부 드레인(부속서 참조)
7-10	가변용량형 펌프 · 모터(파일럿 조작)	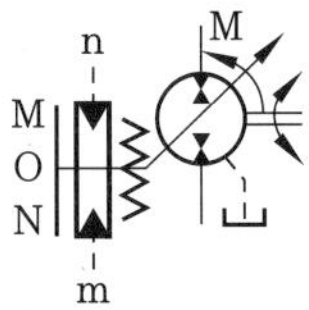	• 2방향 유동 • 2방향 회전형 • 스프링 힘에 의하여 중앙위치(배제용적 0)로 되돌아오는 방식 • 파일럿 조작 • 외부 드레인 • 신호 m은 M방향으로 변위를 발생시킴(부속서 참조)

표 8 실린더

번 호	명 칭	기 호	비 고
8-1	단동 실린더	상세 기호 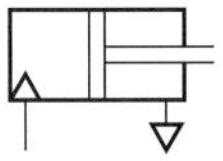 간략 기호 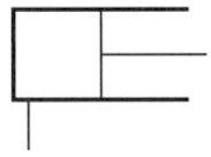	• 공기압 • 압출형 • 편로드형 • 대기중의 배기(유압의 경우는 드레인)
8-2	단동 실린더 (스프링붙이)	(1) 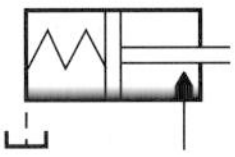 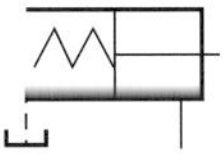 (2) 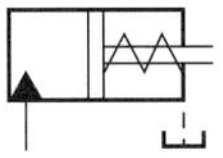 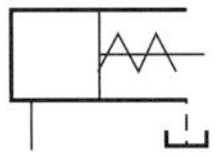	• 유압 • 편로드형 • 드레인측은 유압유 탱크에 개방 (1) 스프링 힘으로 로드 압출 (2) 스프링 힘으로 로드 흡인

70. 유압 · 공기압 도면 기호(계속)

KS B 005

표 8 실린더(계속)

번 호	명 칭	기 호	비 고
8-3	복동 실린더	(1) 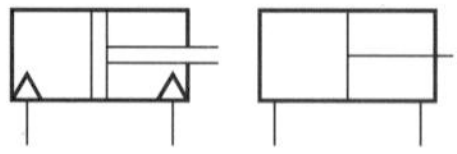	(1) • 편로드 • 공기압
		(2) 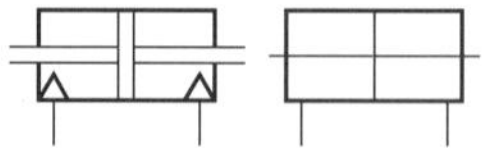	(2) • 양로드 • 공기압
8-4	복동 실린더 (쿠션붙이)	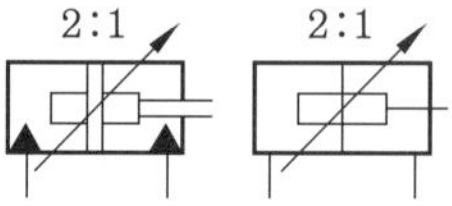	• 유압 • 편로드형 • 양 쿠션, 조정형 • 피스톤 면적비 2 : 1
8-5	단동 텔레스코프형 실린더	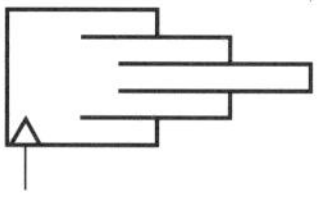	• 공기압
8-6	복동 텔레스코프형 실린더	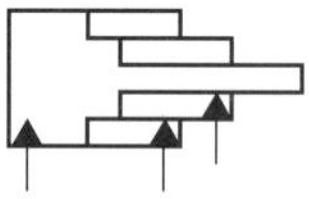	• 유압

표 9 특수 에너지 - 변환기기

번 호	명 칭	기 호	비 고
9-1	공기유압 변환기	 단동형  연속형	
9-2	증압기	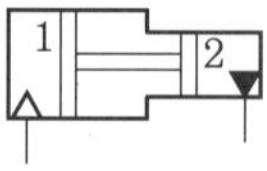 단동형  연속형	• 압력비 1 : 2 • 2종 유체용

표 10 에너지 - 용기

번 호	명 칭	기 호	비 고
10-1	어큐뮬레이터		• 일반기호 • 항상 세로형으로 표시 • 부하의 종류를 지시하지 않는 경우

70. 유압 · 공기압 도면 기호(계속)

KS B 0054

표 10 에너지 - 용기(계속)			
번 호	명 칭	기 호	비 고
10-2	어큐뮬레이터	기체식 중량식 스프링식 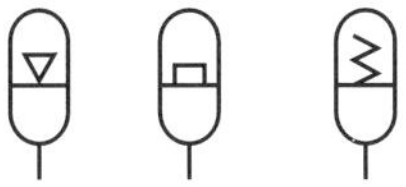	• 부하의 종류를 지시하는 경우
10-3	보조 가스용기		• 항상 세로형으로 표시 • 어큐뮬레이터와 조합하여 사용하는 보급용 가스용기
10-4	공기 탱크		
표 11 동력원			
번 호	명 칭	기 호	비 고
11-1	유압(동력)원		• 일반기호
11-2	공기압(동력)원		• 일반기호
11-3	전동기	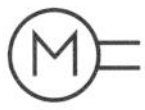	
11-4	원동기		(전동기를 제외)
표 12 전환 밸브			
번 호	명 칭	기 호	비 고
12-1	2 포트 수동 전환 밸브	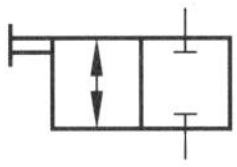	• 2 위치 • 폐지밸브
12-2	3 포트 전자 전환 밸브		• 2 위치 • 1 과도 위치 • 전자조작 스프링 리턴

70. 유압 · 공기압 도면 기호(계속)

표 12 전환 밸브(계속)			
번 호	명 칭	기 호	비 고
12-3	5 포트 파일럿 전환 밸브		• 2 위치 • 2 방향 파일럿 조작
12-4	4 포트 전자파일럿 전환 밸브	상세 기호 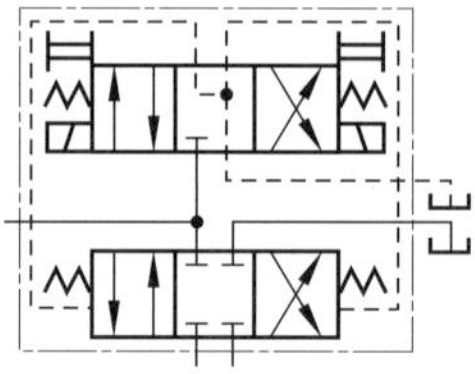 간략 기호 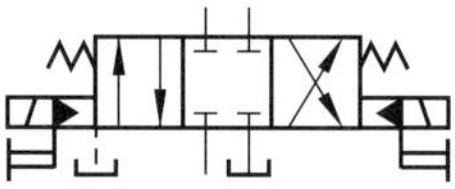	• 주 밸브 3 위치 스프링 센터 내부 파일럿 • 파일럿 밸브 4 포트 3 위치 스프링 센터 전자조작 (단동 솔레노이드) 수동 오버라이드 조작 붙이 외부 드레인
12-5	4 포트 전자파일럿 전환 밸브	상세 기호 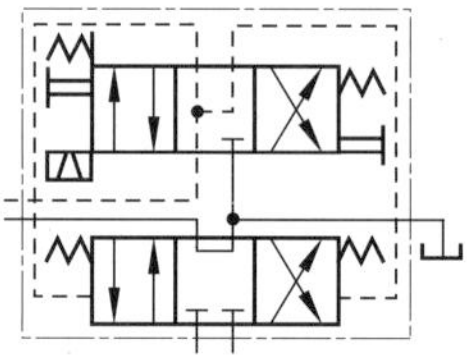 간략 기호 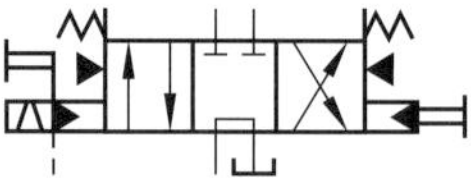	• 주 밸브 3 위치 프레셔센터 (스프링 센터 겸용) 파일럿압을 제거할 때 작동위치로 전환된다. • 파일럿 밸브 4 포트 3 위치 스프링 센터 전자조작 (복동 솔레노이드) 수동 오버라이드 조작 붙이 외부 파일럿 내부 드레인
12-6	4 포트 교축 전환밸브	중앙위치 언더랩 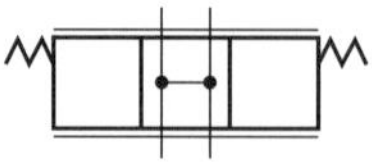 중앙위치 오버랩 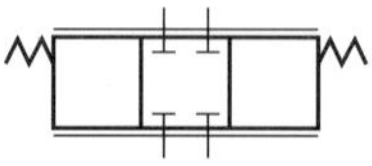	• 3 위치 • 스프링 센터 • 무단계 중간위치
12-7	서보 밸브	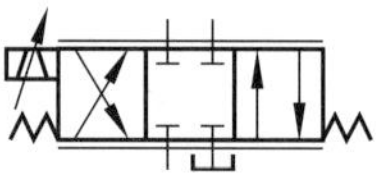	• 대표 보기

70. 유압 · 공기압 도면 기호(계속)

KS B 0054

표 13 체크밸브, 셔틀밸브, 배기밸브			
번 호	명 칭	기 호	비 고
13-1	체크밸브	상세 기호 (1) 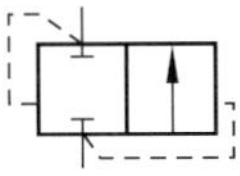 간략 기호 	(1) 스프링 없음
		상세 기호 (2) 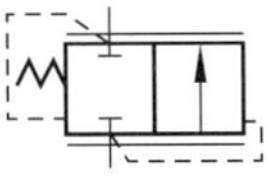 간략 기호 	(2) 스프링 붙이
13-2	파일럿 조작 체크밸브	상세 기호 (1) 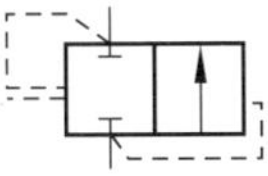 간략 기호 	(1) • 파일럿 조작에 의하여 밸브 폐쇄 • 스프링 없음
		상세 기호 (2) 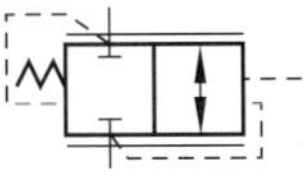 간략 기호 	(2) • 파일럿 조작에 의하여 밸브 열림 • 스프링 붙이
13-3	고압 우선형 셔틀밸브	상세 기호 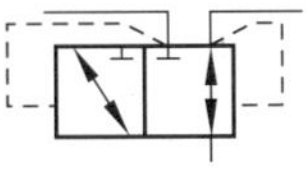 간략 기호 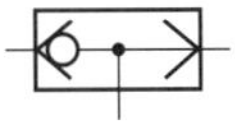	• 고압쪽 측의 입구가 출구에 접속되고, 저압쪽 측의 입구가 폐쇄된다.
13-4	저압 우선형 셔틀밸브	상세 기호 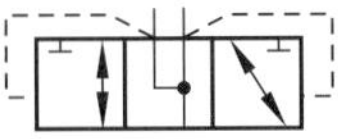 간략 기호 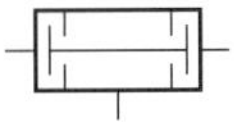	• 저압쪽 측의 입구가 저압 우선 출구에 접속되고, 고압쪽 측의 입구가 폐쇄된다.
13-5	급속 배기밸브	상세 기호 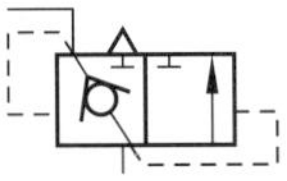 간략 기호 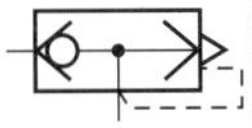	

70. 유압 · 공기압 도면 기호(계속)

표 14 압력제어 밸브			
번 호	명 칭	기 호	비 고
14-1	릴리프 밸브	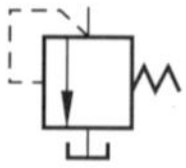	• 직동형 또는 일반기호
14-2	파일럿 작동형 릴리프 밸브	상세 기호 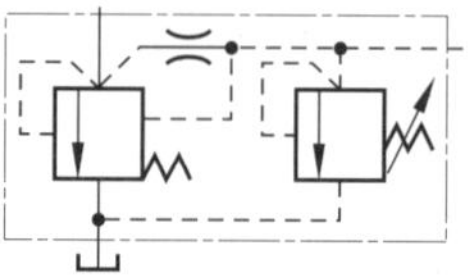 간략 기호 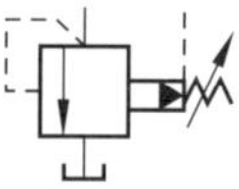	• 원격조작용 벤트 포트 붙이
14-3	전자밸브 장착 (파일럿 작동형) 릴리프 밸브	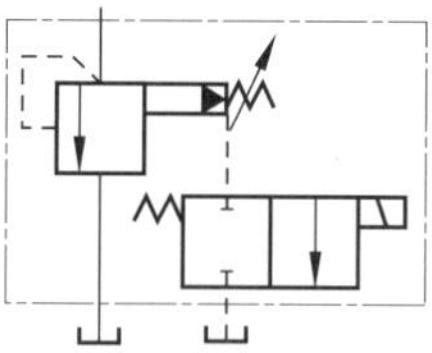	• 전자밸브의 조작에 의하여 벤트 포트가 열려 무부하로 된다.
14-4	비례전자식 릴리프 밸브 (파일럿 작동형)	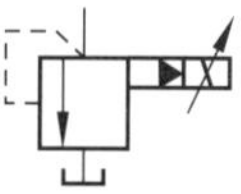	• 대표 보기
14-5	감압 밸브	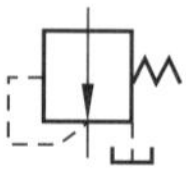	• 직동형 또는 일반기호
14-6	파일럿 작동형 감압밸브	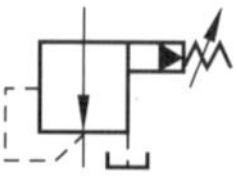	• 외부 드레인
14-7	릴리프 붙이 감압밸브	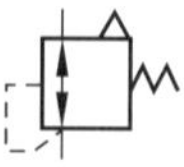	• 공기압용
14-8	비례전자식 릴리프 감압밸브 (파일럿 작동형)	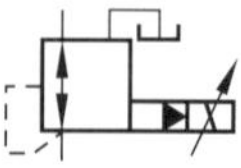	• 유압용 • 대표 보기
14-9	일정비율 감압밸브	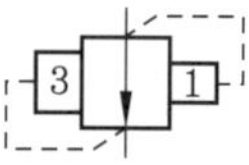	• 감압비 : $\frac{1}{3}$

표 14 압력제어 밸브(계속)			
번 호	명 칭	기 호	비 고
14-10	시퀀스 밸브	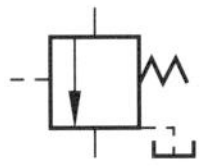	• 직동형 또는 일반기호 • 외부 파일럿 • 외부 드레인
14-11	시퀀스 밸브 (보조조작 장착)	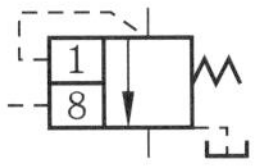	• 직동형 • 내부파일럿 또는 외부파일럿 조작에 의하여 밸브가 작동됨. • 파일럿압의 수압 면적비가 1 : 8인 경우 • 외부 드레인
14-12	파일럿 작동형 시퀀스 밸브	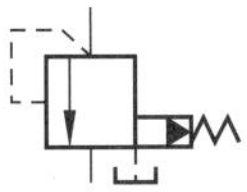	• 내부 파일럿 • 외부 드레인
14-13	무부하 밸브	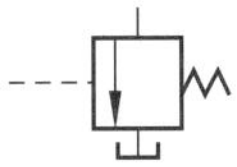	• 직동형 또는 일반기호 • 내부 드레인
14-14	카운터 밸런스 밸브	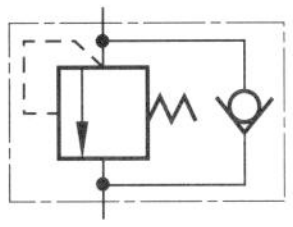	
14-15	무부하 릴리프 밸브	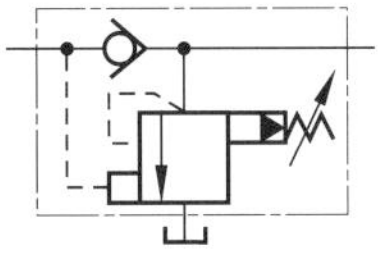	
14-16	양방향 릴리프 밸브	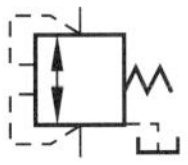	• 직동형 • 외부 드레인
14-17	브레이크 밸브	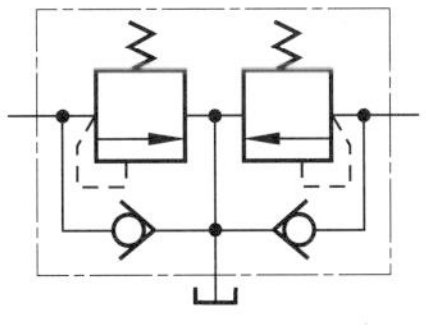	• 대표 보기

70. 유압 · 공기압 도면 기호(계속)

표 15 유량 제어밸브

번 호	명 칭	기 호	비 고
15-1	교축 밸브		
15-1.1	가변 교축 밸브	상세 기호 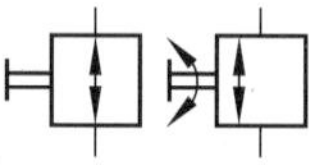 간략 기호 	• 간략기호에서는 조작방법 및 밸브의 상태가 표시되어 있지 않음. • 통상 완전히 닫혀진 상태는 없음.
15-1.2	스톱 밸브		
15-1.3	감압밸브 (기계조작 가변 교축 밸브)	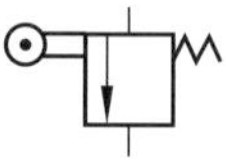	• 롤러에 의한 기계조작 • 스프링 부하
15-1.4	1방향 교축 밸브 속도제어 밸브 (공기압)	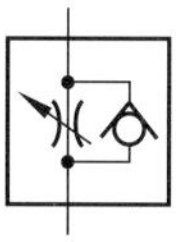	• 가변교축 장착 • 1방향으로 자유유동, 반대방향으로는 제어유동
15-2	유량조정 밸브		
15-2.1	직렬형 유량 조정 밸브	상세 기호 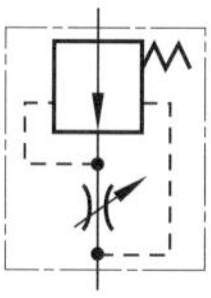 간략 기호 	• 간략기호에서 유로의 화살표는 압력의 보상을 나타낸다.
15-2.2	직렬형 유량 조정 밸브 (온도보상 붙이)	상세 기호 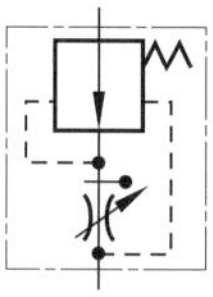 간략 기호 	• 온도보상은 2-3.4에 표시한다. • 간략기호에서 유로의 화살표는 압력의 보상을 나타낸다.
15-2.3	바이패스형 유량조정 밸브	상세 기호 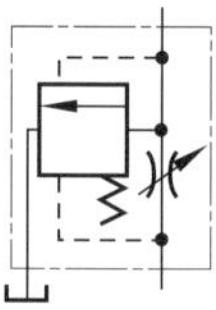 간략 기호 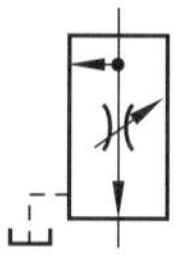	• 간략기호에서 유로의 화살표는 압력의 보상을 나타낸다.
15-2.4	체크밸브 붙이 유량조정 밸브 (직렬형)	상세 기호 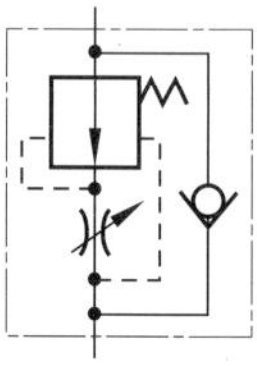 간략 기호 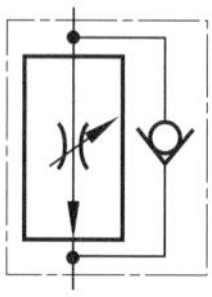	• 간략기호에서 유로의 화살표는 압력의 보상을 나타낸다.

표 15 유량 제어밸브(계속)

번 호	명 칭	기 호	비 고
15-2.5	분류 밸브	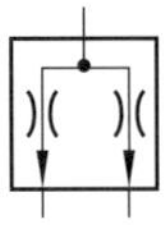	• 화살표는 압력보상을 나타낸다.
15-2.6	집류 밸브	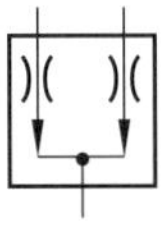	• 화살표는 압력보상을 나타낸다.

표 16 기름 탱크

번 호	명 칭	기 호	비 고
16-1	기름 탱크 (통기식)	(1) 	(1) 관 끝을 액체 속에 넣지 않는 경우
		(2) 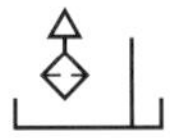	(2) • 관 끝을 액체 속에 넣는 경우 • 통기용 필터(17-1)가 있는 경우
		(3) 	(3) 관 끝을 밑바닥에 접속하는 경우
		(4) 	(4) 국소 표시기호
16-2	기름 탱크 (밀폐식)		• 3관로의 경우 • 가압 또는 밀폐된 것 • 각 관 끝을 액체 속에 집어 넣는다. • 관로는 탱크의 길 벽에 수직

표 17 유체조정 기기

번 호	명 칭	기 호	비 고
17-1	필터	(1) 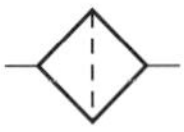	(1) 일반기호
		(2) 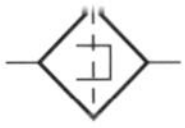	(2) 자석붙이
		(3) 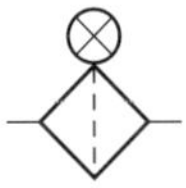	(3) 눈막힘 표시기 붙이

70. 유압 · 공기압 도면 기호(계속)

KS B 0054

표 17 유체조정 기기(계속)			
번 호	명 칭	기 호	비 고
17-2	드레인 배출기	(1) 	(1) 수동배출
		(2) 	(2) 자동배출
17-3	드레인 배출기 붙이 필터	(1) 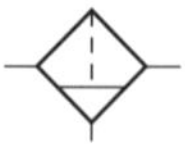	(1) 수동배출
		(2) 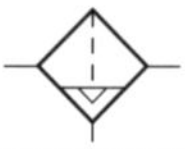	(2) 자동배출
17-4	기름분무 분리기	(1) 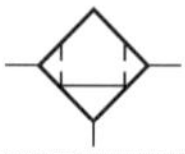	(1) 수동배출
		(2) 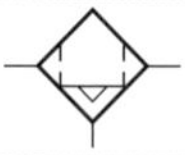	(2) 자동배출
17-5	에어드라이어	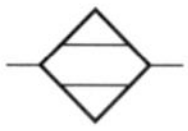	
17-6	루브리케이터	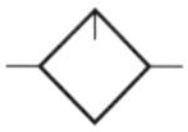	
17-7	공기압 조정 유닛	상세 기호 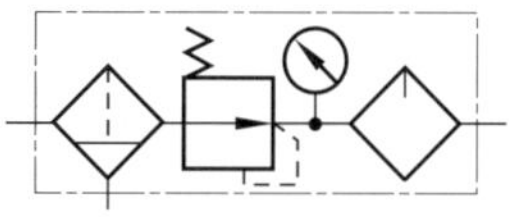 간략 기호 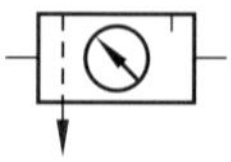	• 수직 화살표는 배출기를 나타낸다.
17-8	열교환기		
17-8.1	냉각기	(1) 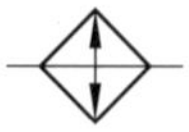	(1) 냉각액용 관로를 표시하지 않는 경우
		(2) 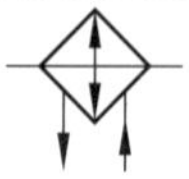	(2) 냉각액용 관로를 표시하는 경우
17-8.2	가열기		
17-8.3	온도 조절기	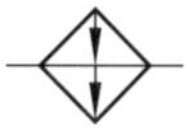	• 가열 및 냉각

70. 유압 · 공기압 도면 기호(계속)

KS B 0054

표 18 보조 기기

번 호	명 칭	기 호	비 고
18-1	압력 계측기		
18-1.1	압력 표시기		• 계측은 되지 않고 단지 지시만 하는 표시기
18-1.2	압력계		
18-1.3	차압계		
18-2	유면계		• 평행선은 수평으로 표시
18-3	온도계		
18-4	유량 계측기		
18-4.1	검류기		
18-4.2	유량계	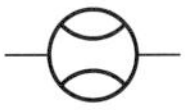	
18-4.3	적산 유량계		
18-5	회전 속도계		
18-6	토크계		

표 19 기타의 기기

번 호	명 칭	기 호	비 고
19-1	압력 스위치	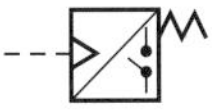	오해의 염려가 없는 경우에는 다음과 같이 표시하여도 좋다. 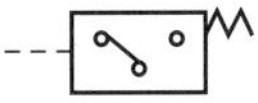
19-2	리밋 스위치	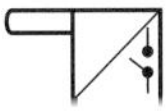	오해의 염려가 없는 경우에는 다음과 같이 표시하여도 좋다. 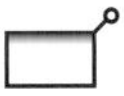
19-3	아날로그 변환기	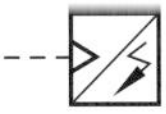	• 공기압
19-4	소음기	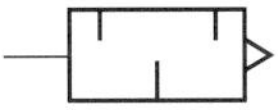	• 공기압

유압 · 공기압

70. 유압 · 공기압 도면 기호(계속)

KS B 005

표 19 기타의 기기(계속)

번 호	명 칭	기 호	비 고
19-5	경음기	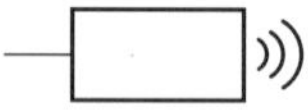	• 공기압용
19-6	마그넷 세퍼레이터		

부속서 표 기호 보기

번 호	명 칭	기 호	비 고
A−1	정용량형 유압모터	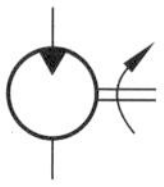	(1) 1방향 회전형 (2) 입구 포트가 고정되어 있으므로, 유동방향과의 관계를 나타내는 회전방향 화살표는 필요 없음
A−2	정용량형 유압펌프 또는 유압모터 (1) 가역회전형 펌프	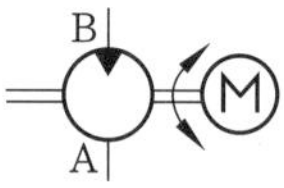	• 2방향 회전 · 양축형 • 입력축이 좌회전할 때 B포트가 송출구로 된다.
	(2) 가역회전형 모터		• B포트가 유입구일 때 출력축은 좌회전이 된다.
A−3	가변용량형 유압 펌프	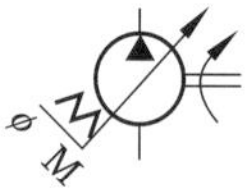	(1) 1방향 회전형 (2) 유동방향과의 관계를 나타내는 회전방향 화살표는 필요 없음. (3) 조작요소의 위치표시는 기능을 명시하기 위한 것으로서, 생략하여도 좋다.
A−4	가변용량형 유압 모터	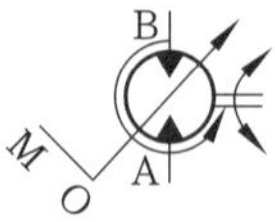	• 2방향 회전형 • B포트가 유입구일 때 출력축은 좌회전이 된다.
A−5	가변용량형 유압 오버센터 펌프		• 1방향 회전형 • 조작요소의 위치를 N의 방향으로 조작하였을 때, A포트가 송출구가 된다.

70. 유압 · 공기압 도면 기호(계속)

부속서 표 기호 보기(계속)			
번 호	명 칭	기 호	비 고
A-6	가변용량형 유압 펌프 또는 유압 모터 (1) 가역회전형 펌프	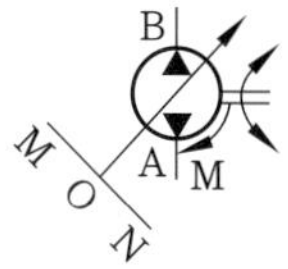	• 2방향 회전형 • 입력축이 우회전할 때, A포트가 송출구로 되고, 이때의 가변조작은 조작요소의 위치 M의 방향으로 된다.
	(2) 가역회전형 모터		• A포트가 유입구일 때, 출력축은 좌회전이 되고, 이때의 가변조작은 조작요소의 위치 N의 방향으로 된다.
A-7	정용량형 유압 펌프 · 모터		• 2방향 회전형 • 펌프로서의 기능을 하는 경우 입력축이 우회전할 때 A포트가 송출구로 된다.
A-8	가변용량형 유압 펌프 · 모터	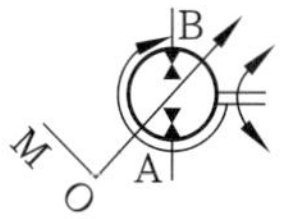	• 2방향 회전형 • 펌프 기능을 하고 있는 경우, 입력축이 우회전할 때 B포트가 송출구로 된다.
A-9	가변용량형 유압 펌프 · 모터	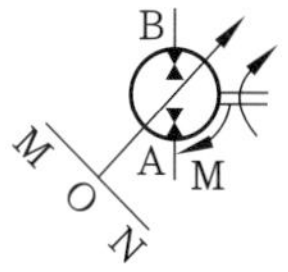	• 1방향 회전형 • 펌프 기능을 하고 있는 경우, 입력축이 우회전할 때 A포트가 송출구가 되고, 이때의 가변조작은 조작요소의 위치 M의 방향이 된다.
A-10	가변용량형 가역회전형 펌프 · 모터		• 2방향 회전형 • 펌프 기능을 하고 있는 경우, 입력축이 우회전할 때 A포트가 송출구가 되고, 이때의 가변조작은 조작요소의 위치 N의 방향이 된다.
A-11	정용량 · 가변용량 변환식 가역회전형 펌프	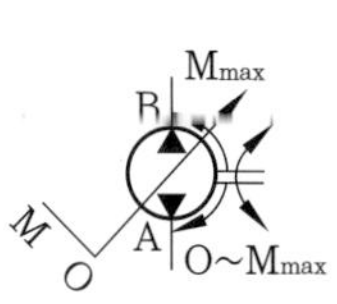	• 2방향 회전형 • 입력축이 우회전인 때는 A포트를 송출구로 하는 가변용량 펌프가 되고, 좌회전인 경우에는 최대 배제용적의 정용량 펌프가 된다.

Korean Industrial Standard

KS기계설계규격

부 록

부록 1. 기하 공차의 도시 방법

KS B 0608

1. 적용 범위

이 규격은 도면에 있어서 대상물의 모양, 자세, 위치 및 흔들림의 공차(이하 이들을 총칭하여 기하공차라 한다. 또 혼동되지 않을 때에는 단순히 공차라 한다.)의 기호에 의한 표시와 그들의 도시방법에 대하여 규정한다.

2. 용어와 정의

① **기하 공차** : 기하 편차의 허용값

② **공차역** : 기하 공차에 의하여 규제되는 형체(이하 공차붙이 형체라 한다.)에 있어서, 그 형체가 기하학적으로 옳은 모양, 자세 또는 위치로부터 벗어나는 것이 허용되는 영역

3. 일반사항

기하 공차를 지정할 때의 일반사항은 다음에 따른다.

① 도면에 지정하는 대상물의 모양, 자세 및 위치의 편차 그리고 흔들림의 허용값에 대하여는 원칙적으로 기하 공차에 의하여 도시한다.

② 형체에 지정한 치수의 허용한계는 특별히 지시가 없는 한, 기하 공차를 규제하지 않는다.

③ 기하 공차는 기능상의 요구, 호환성 등에 의거하여 불가결한 곳에만 지정한다.

④ 기하 공차의 지시는 생산 방식, 측정방법 또는 검사방법을 특정한 것에 한정하지 않는다. 다만, 특정한 경우에는 별도로 지시한다.

비고 : 특정한 측정방법 또는 검사방법이 별도로 지시되어 있지 않는 경우에는, 대상으로 하는 공차역의 정의에 대응하는 한, 임의의 측정방법 또는 검사방법을 선택할 수 있다.

기하 공차의 종류와 그 기호

적용하는 형체	공차의 종류		기 호
단독 형체	모양 공차	진직도 공차	—
		평면도 공차	⏥
		진원도 공차	○
		원통도 공차	⌭
단독 형체 또는 관련 형체		선의 윤곽도 공차	⌒
		면의 윤곽도 공차	⌓
관련 형체	자세 공차	평행도 공차	//
		직각도 공차	⊥
		경사도 공차	∠
	위치 공차	위치도 공차	⌖
		동축도 공차 또는 동심도 공차	◎
		대칭도 공차	⌯
	흔들림 공차	원주 흔들림 공차	↗
		온 흔들림 공차	⌰

부록 1. 기하 공차의 도시 방법(계속)

KS B 0608

부가 기호

표시하는 내용		기호 [a]
공차붙이 형체	직접 표시하는 경우	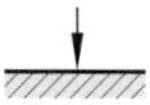
	문자 기호에 의하여 표시하는 경우	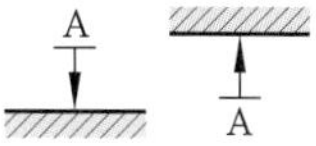
데이텀	직접 표시하는 경우	
	문자 기호에 의하여 표시하는 경우	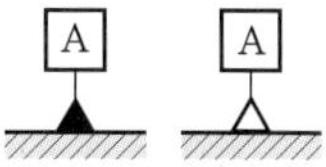
데이텀 타깃 기입틀		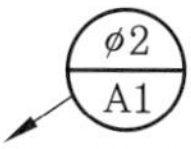
이론적으로 정확한 치수		50
돌출 공차역		Ⓟ
최대 실체 공차 방식		Ⓜ

a : 기호란의 문자 기호 및 수치는 P, M을 제외하고 한 보기를 나타낸다.

4. 공차역에 관한 일반사항

공차붙이 형체가 포함되어 있어야 할 공차역은 다음에 따른다.

① 형체(점, 선, 축선, 면 또는 중심면)에 적용하는 기하 공차는 그 형체가 포함되어야 할 공차역을 정한다.

② 공차의 종류와 그 공차값의 지시방법에 의하여 공차역은 다음 표에 나타내는 공차역 중의 어느 한 가지로 된다.

공차역과 공차값

공차역	공차값
원 안의 영역	원의 지름
두 개의 동심원 사이의 영역	동심원의 반지름의 차
두 개의 등간격의 선 또는 두 개의 평행한 직선 사이에 끼인 영역	두선 또는 두 직선의 간격
구 안의 영역	구의 지름
원통 안의 영역	원통의 지름
두 개의 동축의 원통 사이에 끼인 영역	동축 원통의 반지름 차
두 개의 등거리의 면 또는 두 개의 평행한 평면 사이에 끼인 영역	두 면 또는 두 평면의 간격
직육면체 안의 영역	직육면체의 각 변의 길이

③ 공차역이 원 또는 원통인 경우에는 공차값 앞에 기호 ϕ를 붙이고(그림 4), 공차역이 구인 경우에는 기호 $S\phi$를 붙여서 나타낸다.

④ 공차붙이 형체에는 기능상의 이유로 두 개 이상의 기하 공차를 지정하는 수가 있다(그림 5). 또 기하 공차 중에는 다른 종류의 기하 편차를 동시에 규제하는 것도 있다(보기를 들면, 평행도를 규제하면, 그 공차역 내에서는 선의 경우에는 진직도, 면의 경우에는 평면도도 규제한다). 반대로 기하 공차 중에는 다른 종류의 기하 편차를 규제하지 않는 것도 있다(보기를 들면, 진직도 공차는 평면도를 규제하지 않는다).

⑤ 공차붙이 형체는 공차역 내에 있어서 어떠한 모양 또는 자세라도 좋다. 다만, 보충의 주기(그림 42, 그림 43)나, 더욱 엄격한 공차역의 지정(그림 41)에 의하여 제한이 가해질 때에는 그 제한에 따른다.

⑥ 지정한 공차는 대상으로 하고 있는 형체의 온길이 또는 온면에 대하여 적용된다. 다만, 그 공차를 적용하는 범위가 지정되어 있는 경우에는 그것에 따른다(그림 39, 그림 46).

⑦ 관련 형체에 대하여 지정한 기하 공차는 데이텀 형체 자신의 모양 편차를 규정하지 않는다. 따라서 필요에 따라 데이텀 형체에 대하여 모양 공차를 지시한다.

비고 : 데이텀 형체의 모양은 데이텀으로서의 목적에 어울리는 정도로 충분히 기하 편차가 작은 것이 좋다.

5. 공차 기입틀에의 표시 사항

① 공차에 대한 표시 사항은 공차 기입틀을 두 구획 또는 그 이상으로 구분하여 그 안에 기입한다. 이들 구획에는 각각 다음의 내용을 ⓐ ~ ⓒ의 순서로 왼쪽에서 오른쪽으로 기입한다(그림 1, 그림 2, 그림 3).

ⓐ 공차의 종류를 나타내는 기호(그림 1, 그림 2, 그림 3)

ⓑ 공차값(그림 1, 그림 2, 그림 3)

ⓒ 데이텀을 지시하는 문자 기호(그림 2, 그림 3)

또한, 규제하는 형체가 단독 형체인 경우에는 문자 기호를 붙이지 않는다(그림 1).

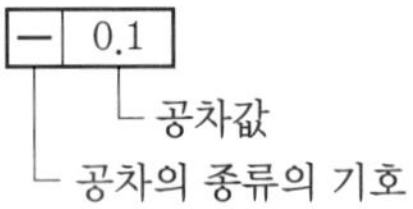

그림 1

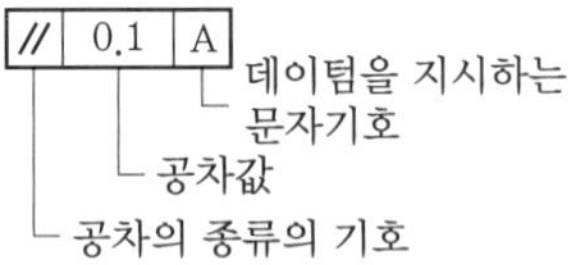

그림 2

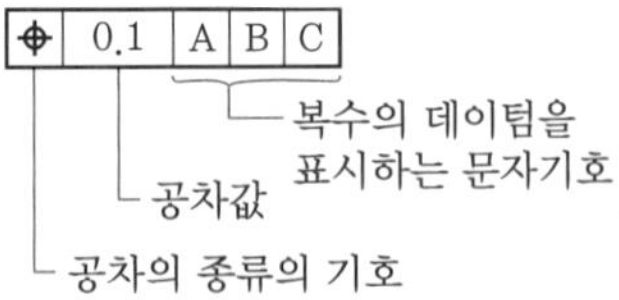

그림 3

② "6구멍", "4면"과 같은 공차붙이 형체에 연관시켜서 지시하는 주기는 공차 기입틀의 위쪽에 쓴다(그림 4).

③ 한 개의 형체에 두 개 이상의 종류의 공차를 지시할 필요가 있을 때에는 이들의 공차 기입틀을 상하로 겹쳐서 기입한다(그림 5).

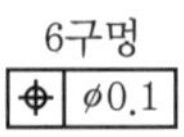

그림 4

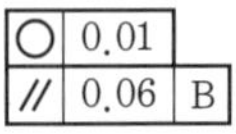

그림 5

6. 공차에 의하여 규제되는 형체의 표시방법

공차에 의하여 규제되는 형체는 공차 기입틀로부터 끌어내어, 끝에 화살표를 붙인 지시선에 의하여 다음의 규정에 따라 대상으로 하는 형체에 연결해서 나타낸다. 또한, 지시선에는 가는 실선을 사용한다.

① 선 또는 면 자체에 공차를 지정하는 경우에는 형체의 외형선 위 또는 외형선의 연장선 위에(치수선의 위치를 명확하게 피해서) 지시선의 화살표를 수직으로 한다(그림 6, 그림 7).

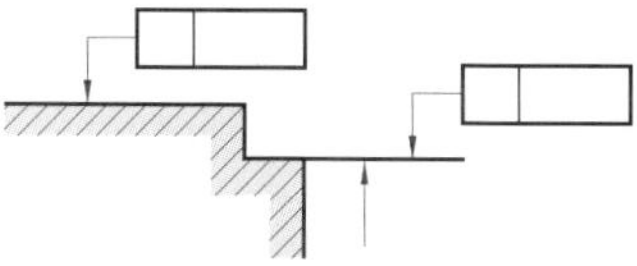

그림 6

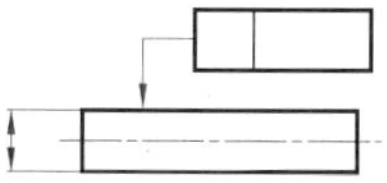

그림 7

② 치수가 지정되어 있는 형체의 축선 또는 중심면에 공차를 지정하는 경우에는 치수선의 연장선이 공차 기입틀로부터의 지시선이 되도록 한다(그림 8, 그림 9, 그림 10).

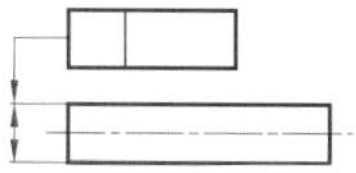

그림 8

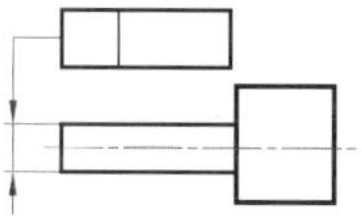

그림 9

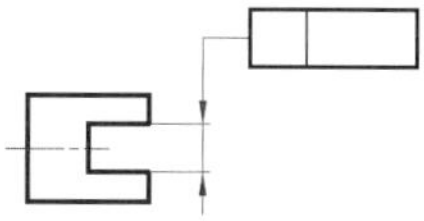

그림 10

③ 축선 또는 중심면이 공통인 모든 형체의 축선 또는 중심면에 공차를 지정하는 경우에는 축선 또는 중심면을 나타내는 중심선에 수직으로, 공차 기입틀로부터의 지시선의 화살표를 댄다(그림 11, 그림 12, 그림 13).

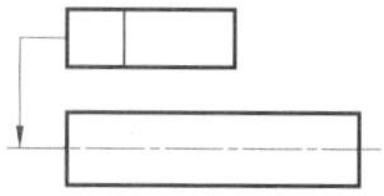

그림 11

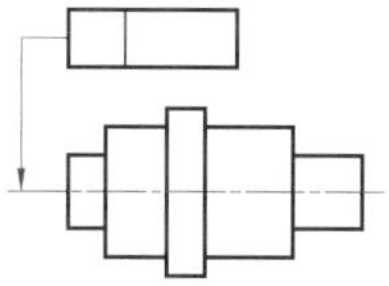

그림 12

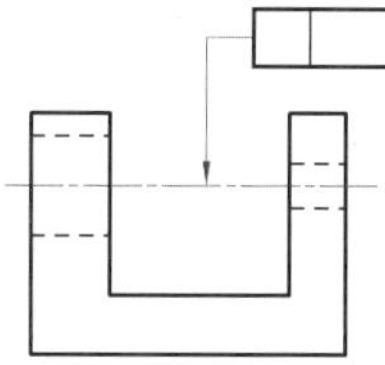

그림 13

④ 여러 개의 떨어져 있는 형체에 같은 공차를 지정하는 경우에는 개개의 형체에 각각 공차 기입틀로 지정하는 대신에 공통의 공차 기입틀로부터 끌어낸 지시선을 각각의 형체에 분기(지시선의 분기점에는 둥근 흑점을 붙인다.)해서 대거나(그림 14), 각각의 형체를 문자 기호로 나타낼 수 있다(그림 15).

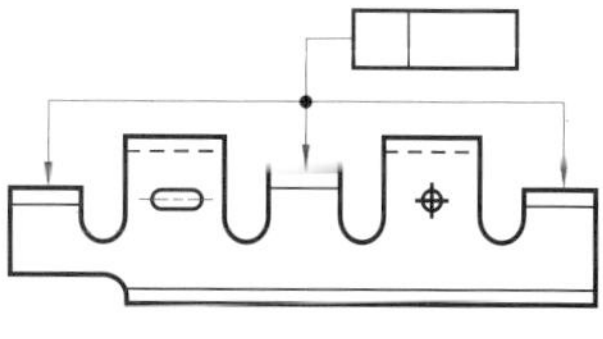

그림 14

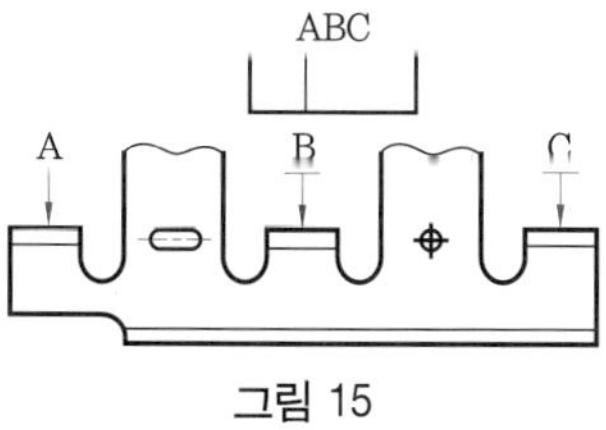

그림 15

7. 도시방법과 공차역의 관계

① 공차역은 공차값 앞에 기호 ϕ가 없는 경우에는 공차 기입틀과 공차붙이 형체를 연결하는 지시선의 화살방향에 존재하는 것으로서 취급한다(그림 16). 기호 ϕ가 부기되어 있는 경우에는 공차역은 원 또는 원통의 내부에 존재하는 것으로서 취급한다(그림 17).

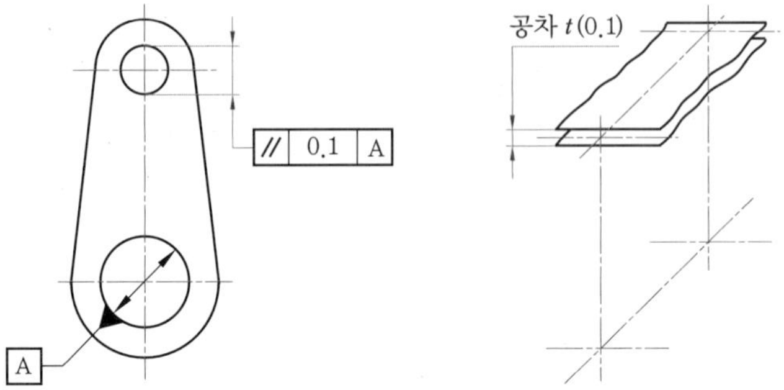

(a) 도시 보기 (b) (a)의 경우의 공차역

그림 16

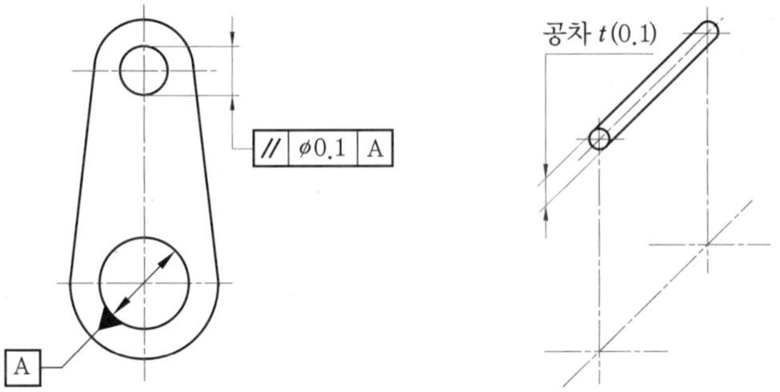

(a) 도시 보기 (b) (a)의 경우의 공차역

그림 17

② 공차역의 나비는 원칙적으로 규제되는 면에 대하여 법선 방향에 존재하는 것으로서 취급한다(그림 18).

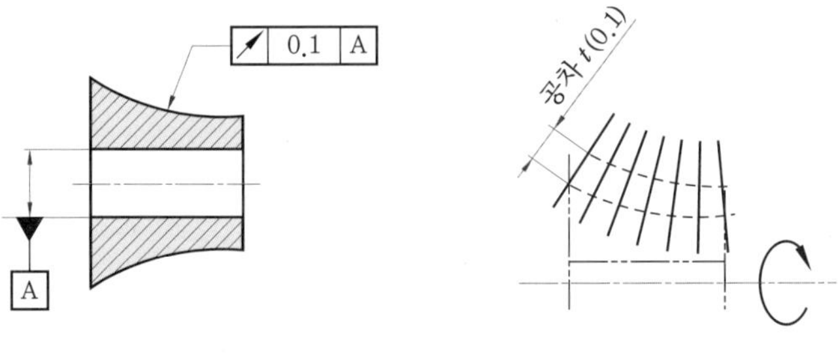

(a) 도시 보기 (b) (a)의 경우의 공차역

그림 18

③ 공차역을 면의 법선방향이 아니고 특정한 방향에 지정하고 싶을 때에는 그 방향을 지정한다(그림 19).

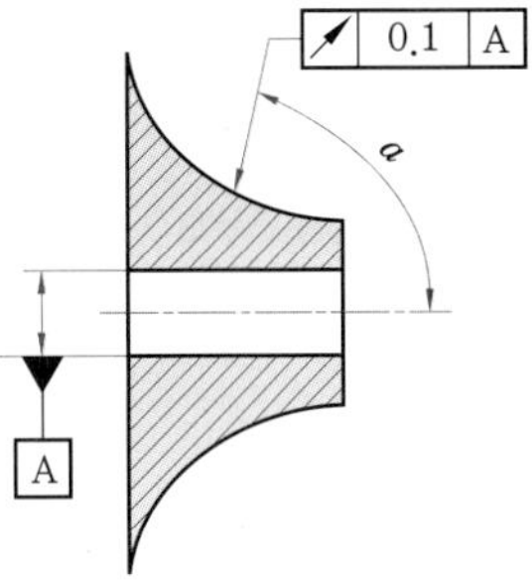

(a) 도시 보기

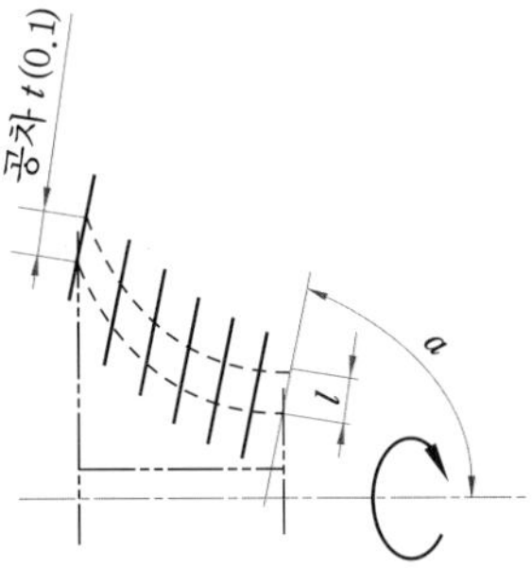

(b) (a)의 경우의 공차역

그림 19

④ 여러 개의 떨어져 있는 형체에 같은 공차를 공통인 공차 기입틀을 사용하여 지정하는 경우에는 특별히 지정하지 않는 한 각각의 형체마다 지정하는 공차역을 적용한다(그림 20, 그림 21).

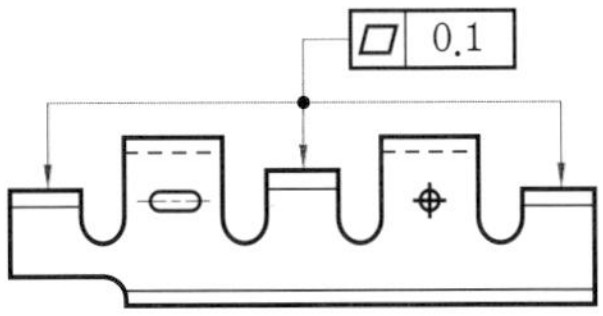

(a) 도시 보기

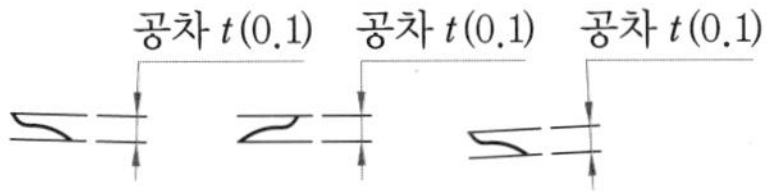

(b) (a)의 경우의 공차역

그림 20

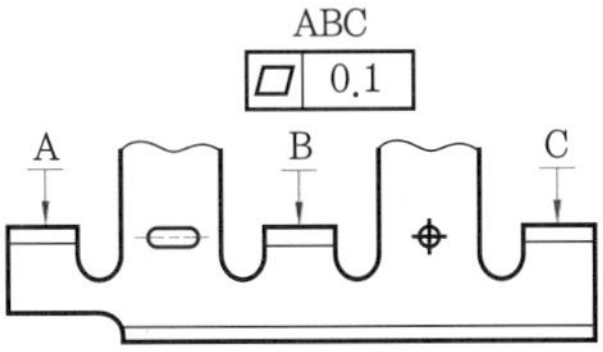

(a) 도시 보기

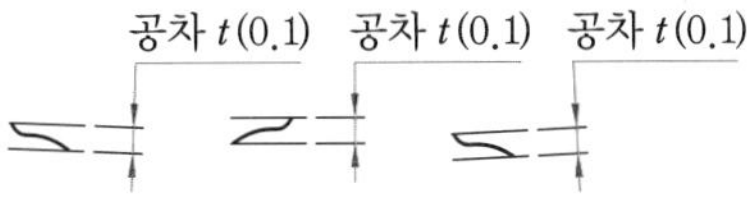

(b) (a)의 경우의 공차역

그림 21

⑤ 여러 개의 떨어져 있는 형체에 공통의 영역을 갖는 공차값을 지정하는 경우에는 공통의 공차 기입틀의 위쪽에 "공통 공차역"이라고 기입한다(그림 22, 그림 23).

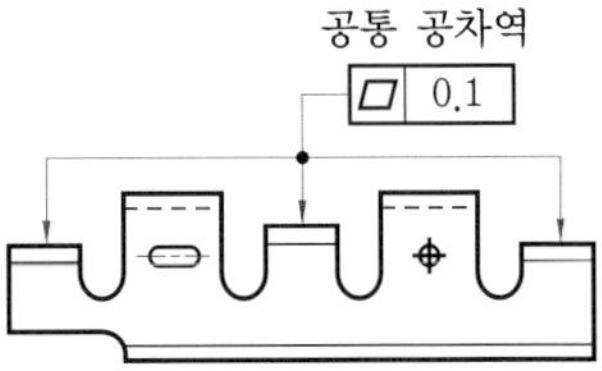

(a) 도시 보기

(b) (a)의 경우의 공차역

그림 22

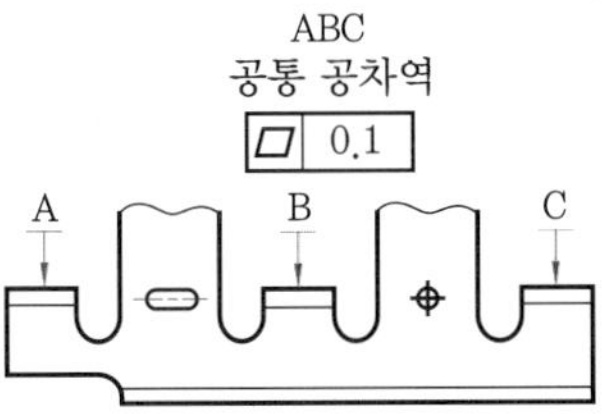

(a) 도시 보기

(b) (a)의 경우의 공차역

그림 23

8. 데이텀의 도시방법

① 형체에 지정하는 공차가 데이텀과 관련되는 경우에는 데이텀은 원칙적으로 데이텀을 지시하는 문자 기호에 의하여 나타낸다. 데이텀은 영어의 대문자를 정사각형으로 둘러 싸고, 이것과 데이텀이라는 것을 나타내는 데이텀 삼각 기호를 지시선을 사용하여 연결해서 나타낸다. 데이텀 삼각 기호는 빈틈없이 칠해도 좋고, 칠하지 않아도 좋다(그림 24, 그림 25).

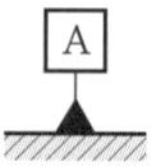

그림 24

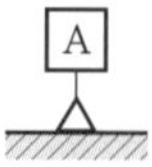

그림 25

② 데이텀을 지시하는 문자에 의한 데이텀의 표시방법은 다음에 따른다.

㈎ 선 또는 자체가 데이텀 형체인 경우에는 형체의 외형선 위 또는 외형선을 연장하는 가는 선 위에(치수선의 위치를 명확히 피해서) 데이텀 삼각 기호를 붙인다(그림 26).

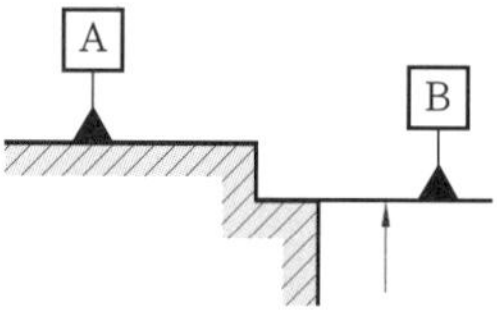

그림 26

㈏ 치수가 지정되어 있는 형체의 축직선 또는 중심 평면이 데이텀인 경우에는 치수선의 연장선을 데이텀의 지시선으로서 사용하여 나타낸다(그림 27(a), (b), 그림 28).

비고 : 치수선의 화살표를 치수 보조선 또는 외형선의 바깥쪽으로부터 기입한 경우에는 그 한쪽을 데이텀 삼각 기호로 대응한다(그림 28, 그림 29).

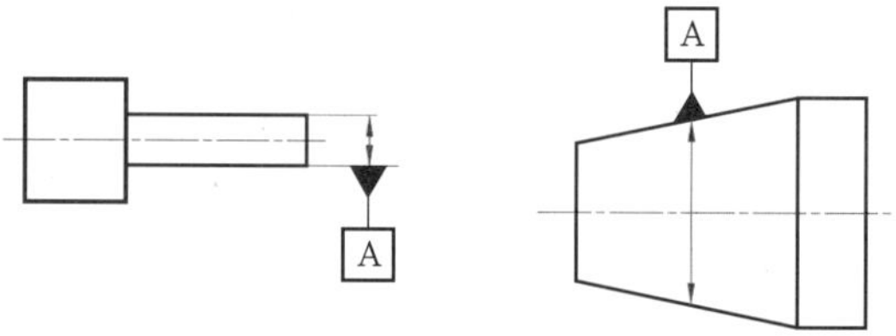

(a) (b)

그림 27

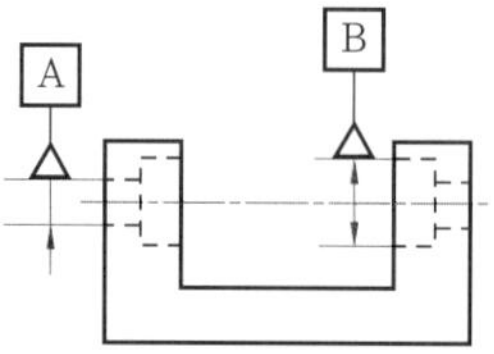

그림 28

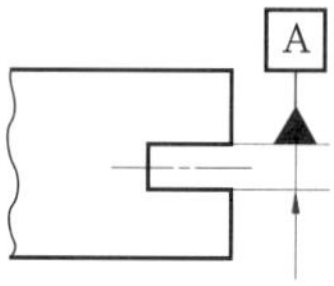

그림 29

(다) 축직선 또는 중심 평면이 공통인 모든 형체의 축직선 또는 중심 평면이 데이텀인 경우에는 축직선 또는 중심 평면을 나타내는 중심선에 데이텀 삼각 기호를 붙인다(그림 30, 그림 31, 그림 32).

비고 : 다른 형체가 세 개 이상 연속하는 경우, 그 공통 축직선을 데이텀에 지정하는 것은 피하는 것이 좋다.

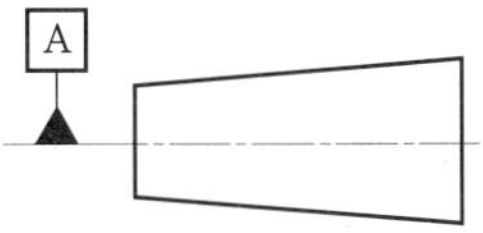

그림 30

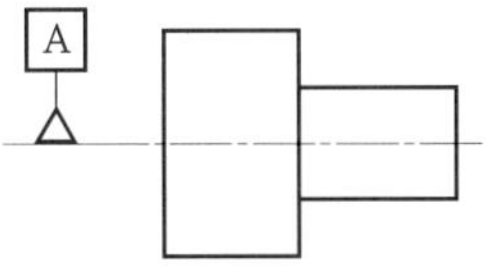

그림 31

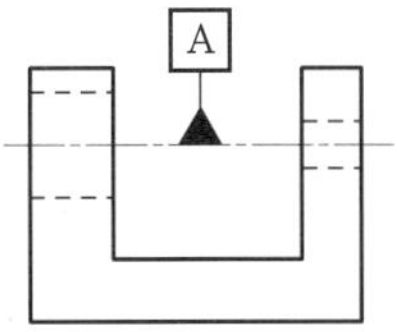

그림 32

(라) 잘못 볼 염려가 없는 경우에는 공차 기입틀과 데이텀 삼각 기호를 직접 지시선에 의하여 연결함으로써 데이텀을 지시하는 문자 기호를 생략할 수 있다(그림 33, 그림 34).

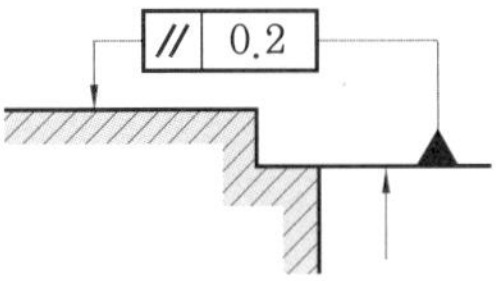

그림 33

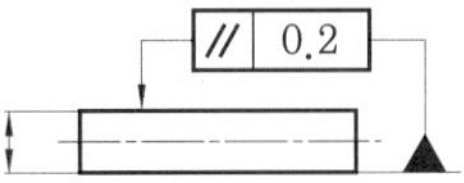

그림 34

③ 데이텀을 지시하는 문자 기호를 공차 기입틀에 기입할 때에는 다음에 따른다.

(가) 한 개의 형체에 의하여 설정하는 데이텀은 그 데이텀을 지시하는 한 개의 문자 기호로 나타낸다(그림 35).

(나) 두 개의 데이텀 형체에 의하여 설정하는 공통 데이텀은 데이텀을 지시하는 두 개의 문자 기호를 하이픈으로 연결한 기호로 나타낸다(그림 36).

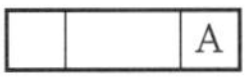

그림 35

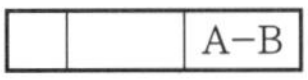

그림 36

(다) 두 개 이상의 데이텀이 있고, 그들 데이텀에 우선순위를 지정할 때에는 우선순위가 높은 순서로 왼쪽에서 오른쪽으로 데이텀을 지시하는 문자 기호를 각각 다른 구획에 기입한다(그림 37).

(라) 두 개 이상의 데이텀이 있고 그들 데이텀의 우선순위를 문제삼지 않을 때에는 데이텀을 지시하는 문자 기호를 같은 구획 내에 나란히 기입한다(그림 38).

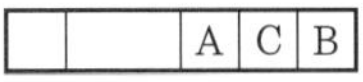

그림 37

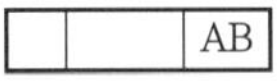

그림 38

9. 공차 적용의 한정

① 선 또는 면의 어느 한정된 범위에만 공차값을 적용하고 싶을 경우에는 선 또는 면에 따라 그린 굵은 1점 쇄선으로 한정하는 범위를 나타내고 도시한다(그림 39).

② 대상으로 한 형체의 임의의 위치에서 특정한 길이마다에 대하여 공차를 지정하는 경우에는 공차값 뒤에 사선을 긋고 그 길이를 기입한다(그림 40).

③ 대상으로 한 형체의 전체에 대한 공차값과 그 형체의 어느 길이마다에 대한 공차값을 동시에 지정할 때에는 전자를 위쪽에, 후자를 아래쪽에 겹쳐서 기입하고, 상하를 가로선으로 구획짓는다(그림 41).

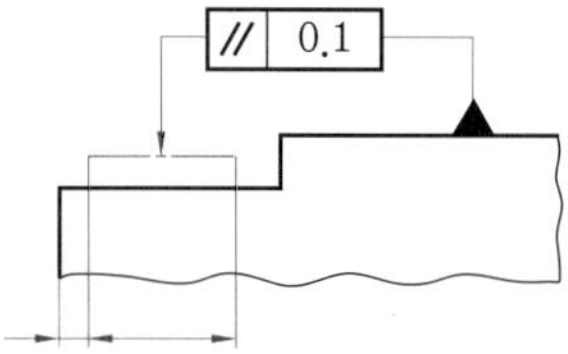

그림 39

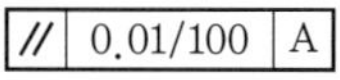

그림 40

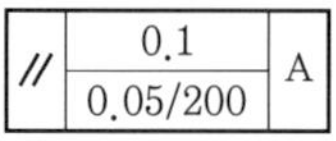

그림 41

④ 공차역 내에서의 형체의 성질을 특별히 지시하고 싶을 때에는 공차 기입을 근처에 요구사항을 기입하거나 또는 이것을 인출선으로 연결한다(그림 42, 그림 43).

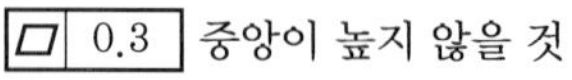

그림 42

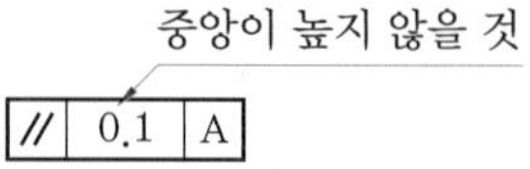

그림 43

10. 이론적으로 정확한 치수의 도시방법

위치도, 윤곽도 또는 경사도의 공차를 형체에 지정하는 경우에는 이론적으로 정확한 위치, 윤곽 또는 각도를 정하는 치수를 30 과 같이 사각형 틀로 둘러싸서 나타낸다(그림 44, 그림 45).

비고 : 이와 같은 사각형 틀 내에 나타내는 치수를 이론적으로 정확한 치수라 하고, 그 자체는 치수 허용차를 갖지 않는다.

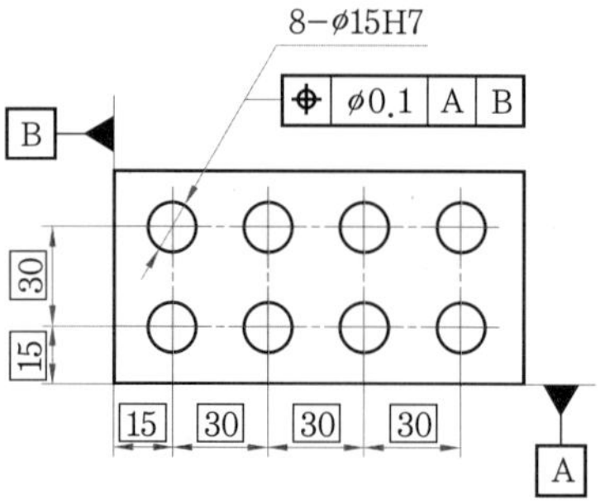

그림 44

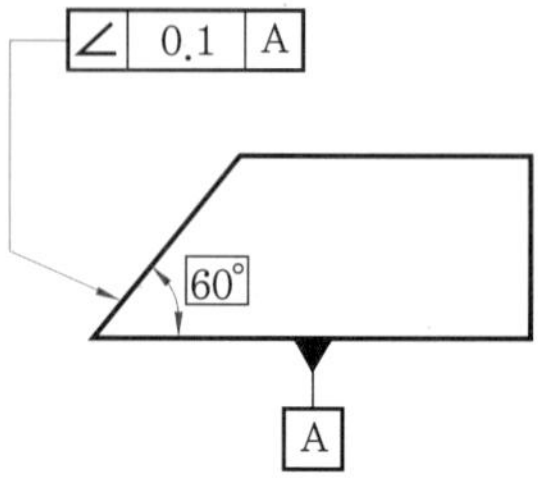

그림 45

11. 돌출 공차역의 지시방법

공차역을 그 형체 자체의 내부가 아니고, 그 외부에 지정하고 싶을 경우에는 그 돌출부를 가는 2점 쇄선으로 표시하고, 그 치수 숫자 앞 및 공차값 뒤에 기호 Ⓟ를 기입한다(그림 46).

비고 : 이와 같은 지시에 의하여 정해지는 공차역을 돌출 공차역이라 하며, 이것은 자세 공차 및 위치 공차에 적용할 수 있다.

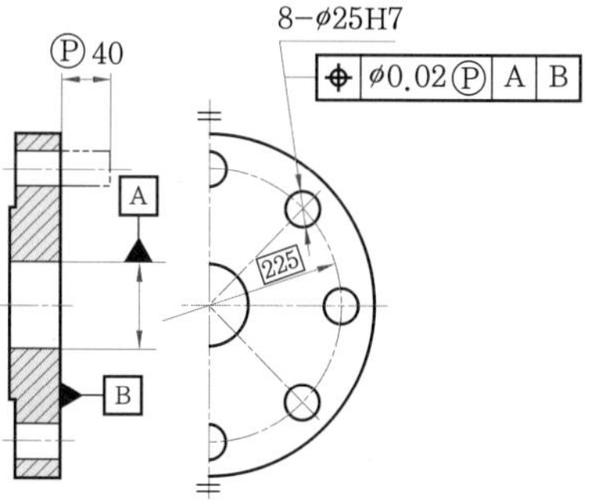

그림 46

12. 최대 실체 공차방식의 적용을 지시하는 방법

최대 실체 공차방식을 적용하는 것을 지시하기 위하여 최대 실체 공차방식을 공차의 대상으로 된 형태, 데이텀 형체 또는 그 양자에 적용하는가에 따라 기호 Ⓜ을 사용하여 각각 다음과 같이 나타낸다.

① 공차붙이 형체에 적용하는 경우에는 공차값 뒤에 Ⓜ을 기입한다(그림 47).
② 데이텀 형체에 적용하는 경우에는 데이텀을 나타내는 문자 기호 뒤에 Ⓜ을 기입한다(그림 48).
③ 공차붙이 형체와 그 데이텀 형체의 양자에 적용하는 경우에는 공차값 뒤와 데이텀을 나타내는 문자 기호 뒤에 Ⓜ을 기입한다(그림 49).

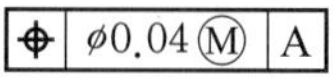

그림 47

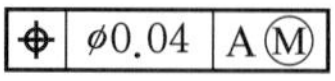

그림 48

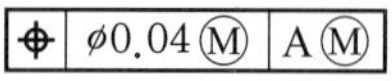

그림 49

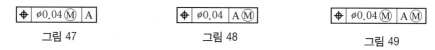

13. 데이텀이 데이텀을 지시하는 문자 기호에 의하여 표시되어 있지 않은 경우에 최대 실체 공차방식을 적용하는 것을 지시하기 위하여 공차 기입틀의 세 번째의 구획에 기호 Ⓜ을 기입한다(그림 50, 그림 51).

비고 : 최대 실체 공차방식을 적용에 대하여는 KS B 0242에 따른다.

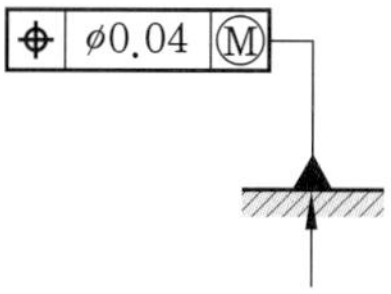

그림 50

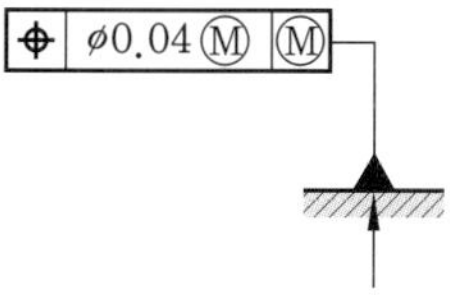

그림 51

14. 공차역의 정의, 도시 보기와 그 해석

기하 공차의 공차역의 정의, 도시 보기 및 그 해석을 부표 1에 나타낸다.

비고 : 1. 부표는 기하 공차의 공차역의 정의를 나타냄과 동시에 대표적인 도시 보기와 그 해석을 설명도와 함께 도시하였다. 또한, 설명도에서는 그 공차가 취급하고 있는 편차에 대해서만 나타낸다.

2. 한 방향만의 선 또는 축선의 진직도의 공차역은 설명도에서는 다음의 어느 한 가지에 의하여 나타낸다.
   - 공차 t 만큼 떨어진 두 개의 평행 평면에 의함(그림 52).
   - 공차 t 만큼 떨어진 두 개의 평행 직선에 의함(그림 53).

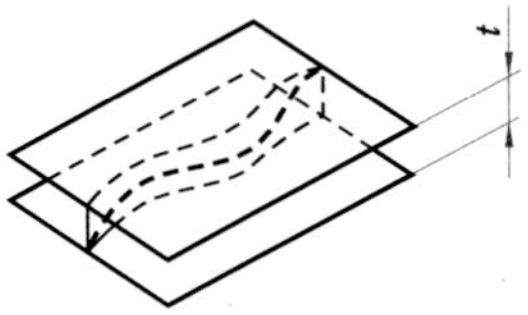

그림 52

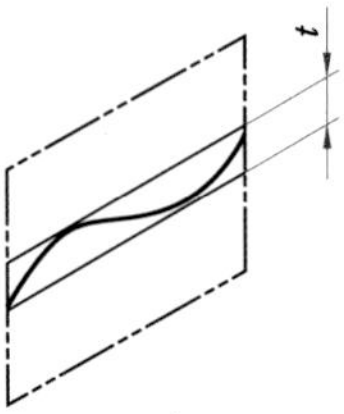

그림 53

그림 52는 3차원 도시방법이며, 그림 53은 그것을 평면에 투상한 그림이다. 이 두 개의 표현방법에는 그 뜻을 나타내는데 다름이 없다. 이 부표의 공차역의 설명도에서는 되도록 그 설명의 뜻을 이해하기 쉬운 그림이 선택되어 있다.

3. 부표 1 중의 도시 보기에서 치수선에 ϕ를 붙인 것은 원 또는 원통이라는 것을 표시한다.

부표 1 - 기하 공차의 공차역의 정의 및 도시 보기와 그 해석

공차역의 정의란에 사용하고 있는 선은 다음의 뜻을 나타내고 있다.

굵은 실선 또는 파선 : 형체	가는 1점 쇄선 : 중심선
굵은 1점 쇄선 : 데이텀	가는 2점 쇄선 : 보충하는 투상면 또는 절단면
가는 실선 또는 파선 : 공차역	굵은 2점 쇄선 : 보충하는 투상면 또는 절단면에의 형체의 투상

공차역의 정의	도시 보기와 그 해석
1. 진직도 공차	
1.1 선의 진직도 공차	
공차역은 한 개의 평면에 투상되었을 때에는 t 만큼 떨어진 두 개의 평행한 직선 사이에 끼인 영역이다. 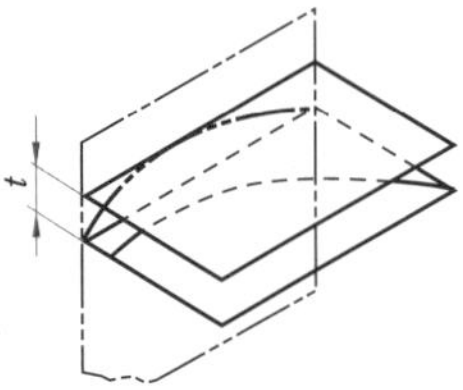	지시선의 화살표로 나타낸 직선은 화살표 방향으로 0.1mm만큼 떨어진 두 개의 평행한 평면 사이에 있어야 한다. 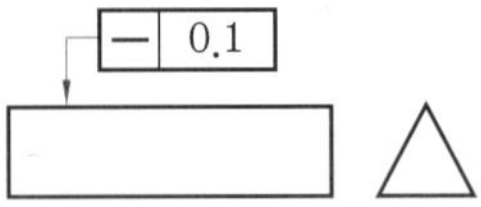

부표 1 - 기하 공차의 공차역의 정의 및 도시 보기와 그 해석(계속)

공차역의 정의	도시 보기와 그 해석
1. 진직도 공차(계속)	

1.2 표면의 요소로서의 선의 진직도 공차

공차역은 지정된 방향의 절단면 내에서 t 만큼 떨어진 두 개의 평행한 직선 사이에 끼인 영역이다.

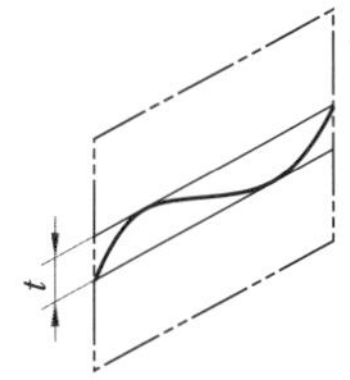

지시선의 화살표로 나타낸 면을 공차 기입틀을 표시한 도형의 투상면에 평행한 임의의 평면으로 절단했을 때, 그 절단면에 나타난 선이 화살표 방향으로 0.1mm만큼 떨어진 두 개의 평행한 직선 사이에 있어야 한다.

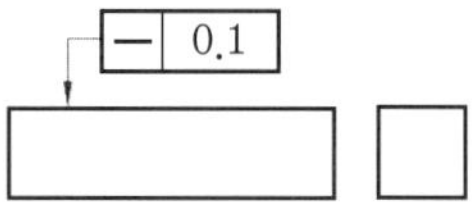

특히 축 대칭물의 형체에 대하여는 그 축선을 포함하는 평면 위에 있어서의 것이다.

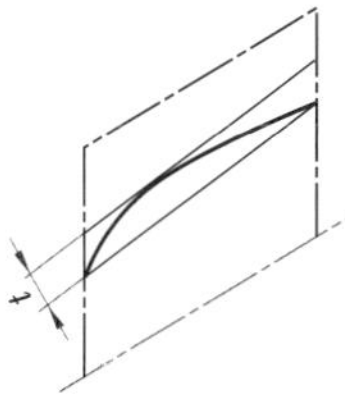

지시선의 화살표로 나타내는 원통면 위의 임의의 모선은 그 원통의 축선을 포함하는 평면 내에 있어서 0.1mm만큼 떨어진 두 개의 평행한 직선 사이에 있어야 한다.

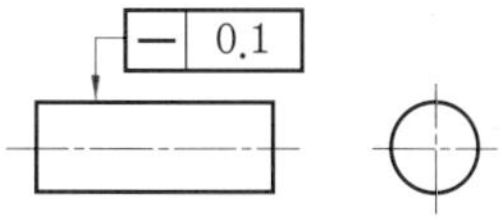

지시선의 화살표로 나타내는 원통면의 임의의 모선 위에서 임의로 선택한 길이 200mm의 부분은 축선을 포함하는 평면 내에 있어서 0.1mm만큼 떨어진 두 개의 평행한 직선 사이에 있어야 한다.

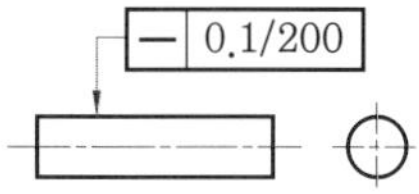

1.3 축선의 진직도 공차

공차역은 지정이 서로 직각인 두 방향에서 실시되고 있는 경우에는 이 공차역은 단면 $t_1 \times t_2$의 직육면체 안의 영역이다.

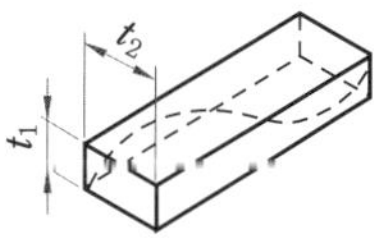

이 각봉의 축선은 지시선의 화살표로 나타내는 방향으로 각각 0.1mm 및 0.2mm의 나비를 갖는 직육면체 내에 있어야 한다.

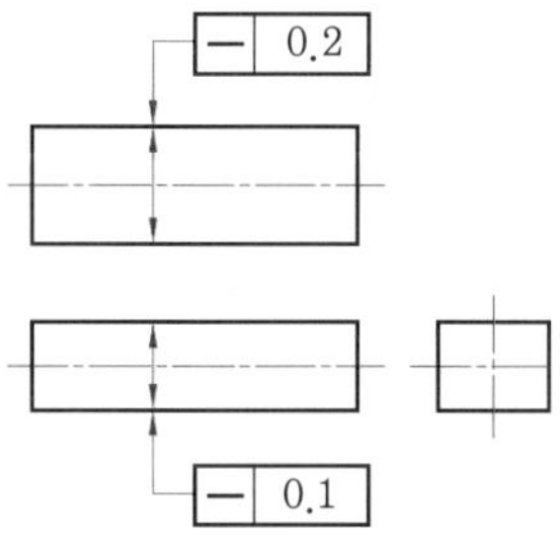

부표 1 - 기하 공차의 공차역의 정의 및 도시 보기와 그 해석(계속)

공차역의 정의	도시 보기와 그 해석
1. 진직도 공차(계속)	
1.3 축선의 진직도 공차(계속)	
공차역을 표시하는 수치 앞에 기호 ϕ가 붙어 있는 경우에는 이 공차역은 지름 t의 원통 안의 영역이다. 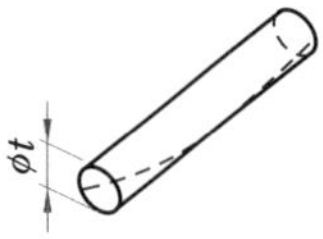 	원통의 지름을 나타내는 치수에 공차 기입틀이 연결되어 있는 경우에는 그 원통의 축선은 지름 0.8mm의 원통 내에 있어야 한다. 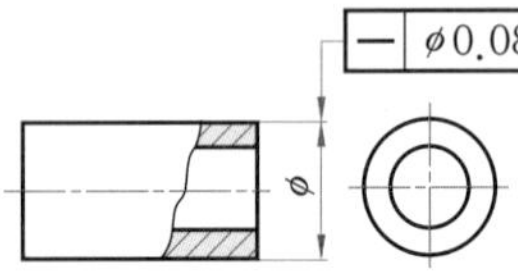
2. 평면도 공차	
공차역은 t 만큼 떨어진 두 개의 평행한 평면 사이에 끼인 영역이다. 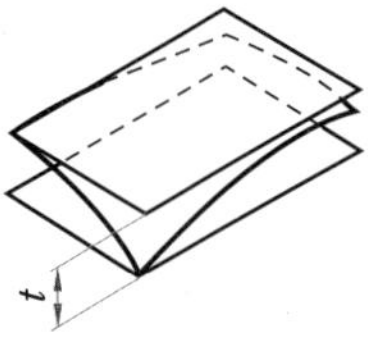 	이 표면은 0.8mm만큼 떨어진 두 개의 평행한 평면 사이에 있어야 한다. 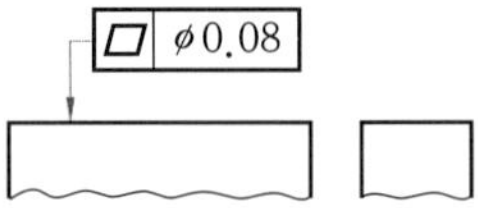
3. 진원도 공차	
대상으로 하고 있는 평면 내에서의 공차역은 t 만큼 떨어진 두 개의 동심원 사이의 영역이다. 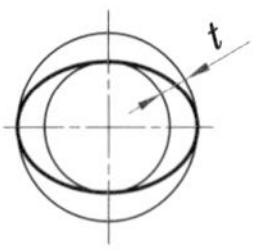 	바깥지름 면의 임의의 축직각 단면에 있어서의 바깥둘레는 동일 평면 위에서 0.03mm만큼 떨어진 두 개의 동심원 사이에 있어야 한다. 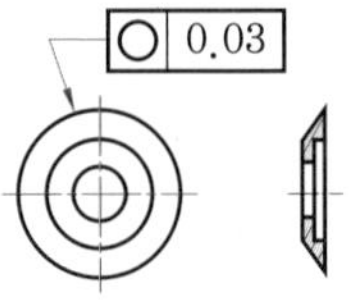 임의의 축직각 단면에 있어서의 바깥둘레는 동일 평면 위에서 0.1mm만큼 떨어진 두 개의 동심원 사이에 있어야 한다. 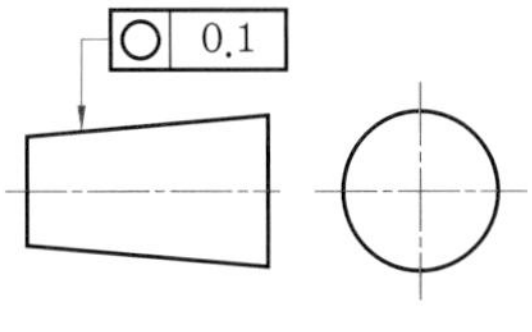

부표 1 - 기하 공차의 공차역의 정의 및 도시 보기와 그 해석(계속)

공차역의 정의	도시 보기와 그 해석
4. 원통도 공차	
공차역은 t 만큼 떨어진 두 개의 동축 원통면 사이의 영역이다. 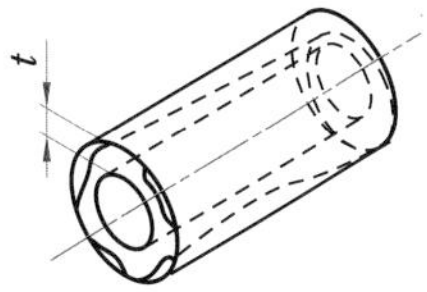	대상으로 하고 있는 면은 0.1mm만큼 떨어진 두 개의 동축 원통면 사이에 있어야 한다. 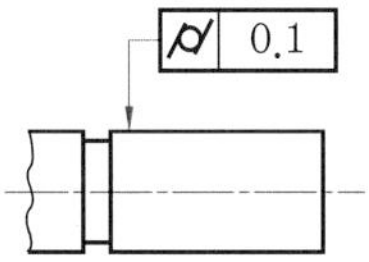
5. 선의 윤곽도 공차	
5.1 단독 형체의 선의 윤곽도 공차	
공차역은 이론적으로 정확한 윤곽선 위에 중심을 두는 지름 t 의 원이 만드는 두 개의 포락선 사이에 끼인 영역이다. 	투상면에 평행한 임의의 단면에서 대상으로 하고 있는 윤곽은 이론적으로 정확한 윤곽을 갖는 선 위에 중심을 두는 지름 0.04mm의 원이 만드는 두 개의 포락선 사이에 있어야 한다. 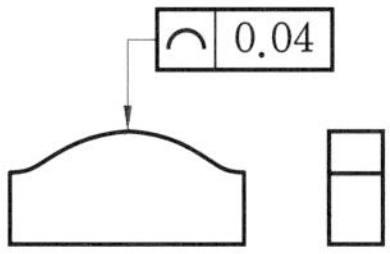
5.2 관련 형체의 선의 윤곽도 공차	
공차역은 데이텀에 관련하여 이론적으로 정확한 윤곽선 위에 중심을 두는 지름 t 의 원이 만드는 두 개의 포락선 사이에 끼인 영역이다. 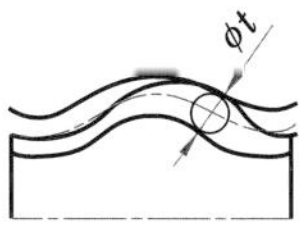	투상면에 평행한 임의의 단면에서 대상으로 하고 있는 윤곽은 데이텀 평면 A에 관련하여 이론적으로 정확한 윤곽을 갖는 선 위에 중심을 두는 지름 0.04mm의 원이 만드는 두 개의 포락선 사이에 있어야 한다. 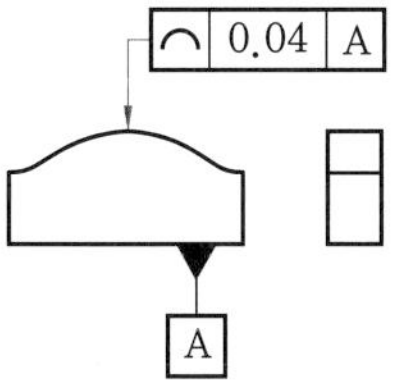

부록

부표 1 - 기하 공차의 공차역의 정의 및 도시 보기와 그 해석(계속)

공차역의 정의	도시 보기와 그 해석

6. 면의 윤곽도 공차

6.1 단독 형체의 면의 윤곽도 공차

공차역의 정의

공차역은 이론적으로 정확한 윤곽면 위에 중심을 두는 지름 t 의 구가 만드는 두 개의 포락면 사이에 끼인 영역이다.

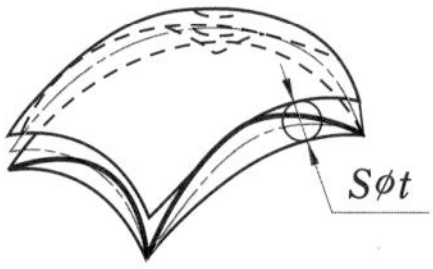

도시 보기와 그 해석

대상으로 하고 있는 면은 이론적으로 정확한 윤곽을 갖는 면 위에 중심을 두는 지름 0.02mm의 구가 만드는 두 개의 포락면 사이에 있어야 한다.

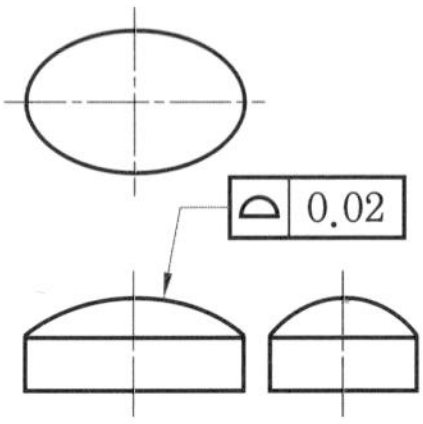

6.2 관련 형체의 면의 윤곽도 공차

공차역의 정의

공차역은 데이텀에 관련하여 이론적으로 정확한 윤곽면 위에 중심을 두는 지름 t 의 구가 만드는 두 개의 포락면 사이에 끼인 영역이다.

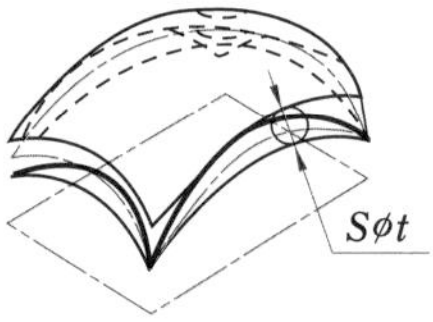

도시 보기와 그 해석

대상으로 하고 있는 면은 데이텀 A에 관련하여 이론적으로 정확한 윤곽을 갖는 면 위에 중심을 두는 지름 0.02mm의 구가 만드는 두 개의 포락면 사이에 있어야 한다.

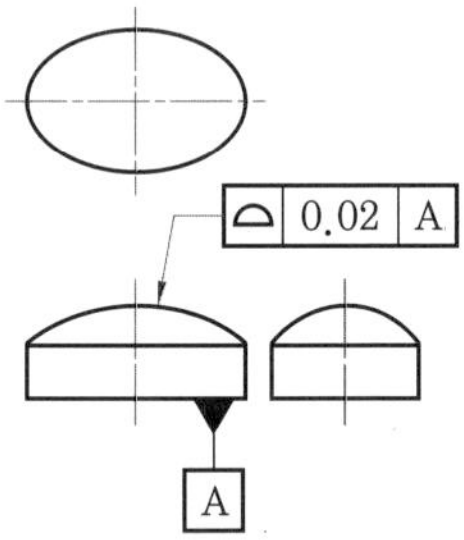

7. 평행도 공차

7.1 데이텀 직선에 대한 선의 평행도 공차

공차역의 정의

공차역은 한 개의 평면에 투상되었을 때에는 데이텀 직선에 평행하고 t 만큼 떨어진 두 개의 평행한 직선 사이에 끼인 영역이다.

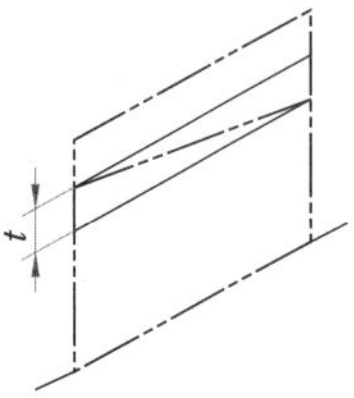

도시 보기와 그 해석

지시선의 화살표로 나타내는 축선은 데이텀 축직선 A에 평행하고, 또한 지시선의 화살표 방향(수직한 방향)에 있는 0.1mm만큼 떨어진 두 개의 평면 사이에 있어야 한다.

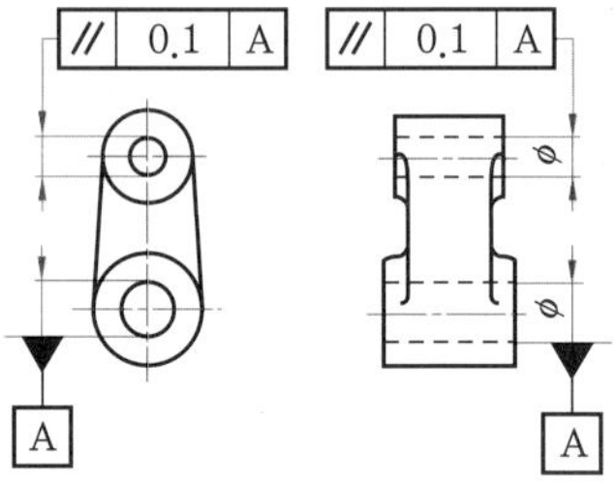

부표 1 - 기하 공차의 공차역의 정의 및 도시 보기와 그 해석(계속)

공차역의 정의	도시 보기와 그 해석
7. 평행도 공차(계속)	
7.1 데이텀 직선에 대한 선의 평행도 공차(계속)	
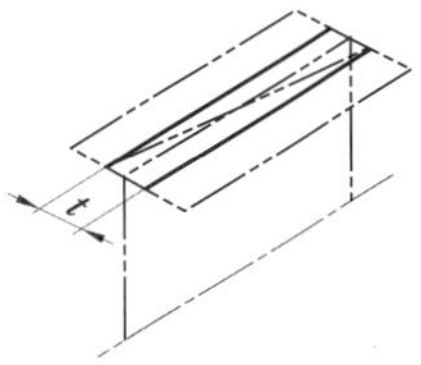	지시선의 화살표로 나타내는 축선은 데이텀 축 직선 A에 평행하고 또한, 지시선의 화살표 방향(수평한 방향)에 있는 0.1mm만큼 떨어진 두 개의 평면 사이에 있어야 한다. 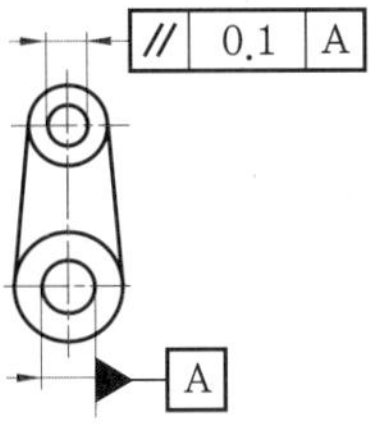
공차역의 지정이 서로 직각인 두 개의 평면에서 실시되고 있는 경우에는 이 공차역은 단면이 $t_1 \times t_2$이고, 데이텀 직선에 평행한 직육면체 안의 영역이다. 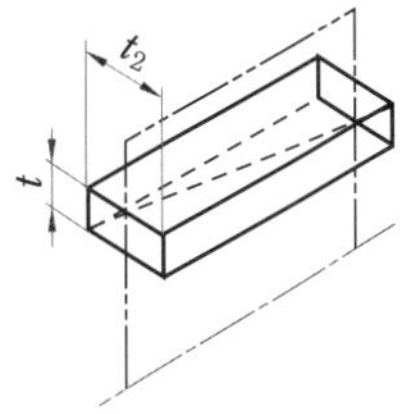	지시선의 화살표로 나타내는 축선은 각각의 지시선의 화살표 방향, 즉 수평 방향으로 0.2mm, 수직 방향으로 0.1mm의 나비를 갖고 데이텀 축직선 A에 평행한 직육면체 내에 있어야 한다. 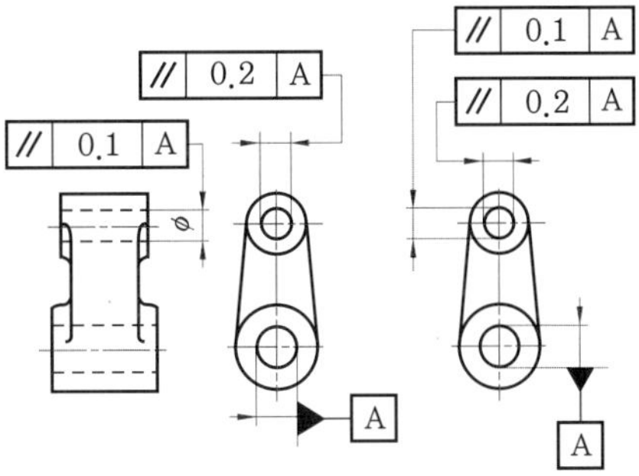
공차를 나타내는 수치 앞에 기호 ϕ가 붙어 있는 경우에는 이 공차역은 데이텀 직선에 평행한 지름 t의 원통 안의 영역이다. 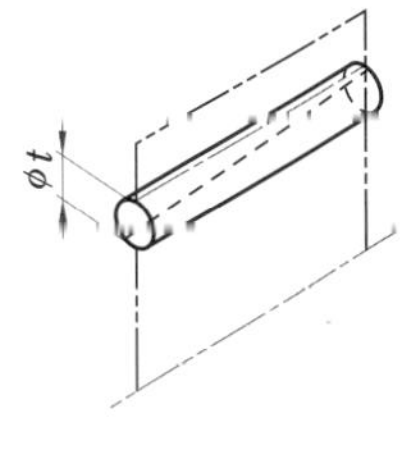	지시선의 화살표로 나타내는 축선은 데이텀 축직선 A에 평행한 지름 0.03mm의 원통 내에 있어야 한다. 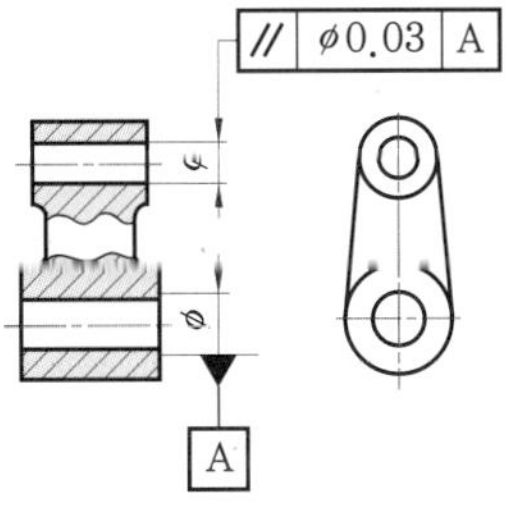

부록

부표 1 - 기하 공차의 공차역의 정의 및 도시 보기와 그 해석(계속)

공차역의 정의	도시 보기와 그 해석

7. 평행도 공차(계속)

7.2 데이텀 평면에 대한 선의 평행도 공차

공차역은 데이텀 평면에 평행하고 서로 t 만큼 떨어진 두 개의 평행한 평면 사이에 끼인 영역이다.

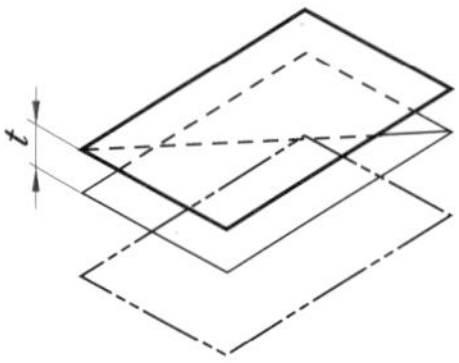

지시선의 화살표로 나타내는 축선은 데이텀 평면 B에 평행하고 또한, 지시선의 화살표 방향으로 0.01mm만큼 떨어진 두 개의 평면 사이에 있어야 한다.

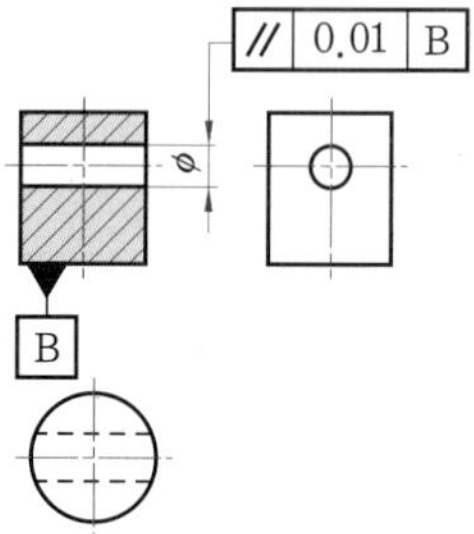

7.3 데이텀 직선에 대한 면의 평행도 공차

공차역은 데이텀 직선에 평행하고 t 만큼 떨어진 두 개의 평행한 평면 사이에 끼인 영역이다.

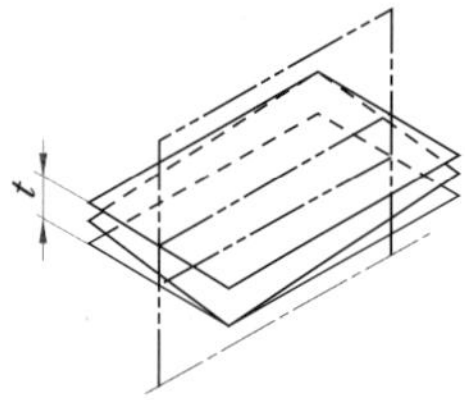

지시선의 화살표로 나타내는 면은 데이텀 축직선 C에 평행하고 또한, 지시선의 화살표 방향으로 0.1mm만큼 떨어진 두 개의 평면 사이에 있어야 한다.

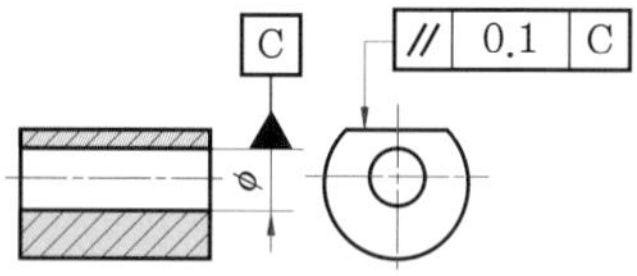

7.4 데이텀 평면에 대한 면의 평행도 공차

공차역은 데이텀 평면에 평행하고 t 만큼 떨어진 두 개의 평행한 평면 사이에 끼인 영역이다.

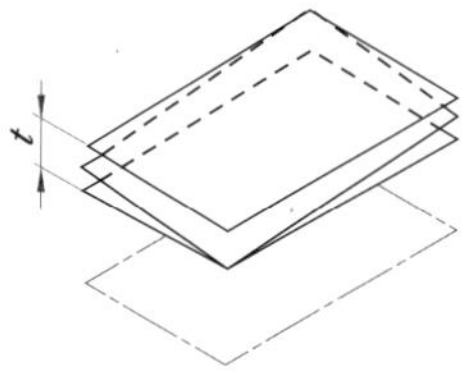

지시선의 화살표로 나타내는 면은 데이텀 평면 A에 평행하고, 또한 지시선의 화살표 방향으로 0.01mm만큼 떨어진 두 개의 평면 사이에 있어야 한다.

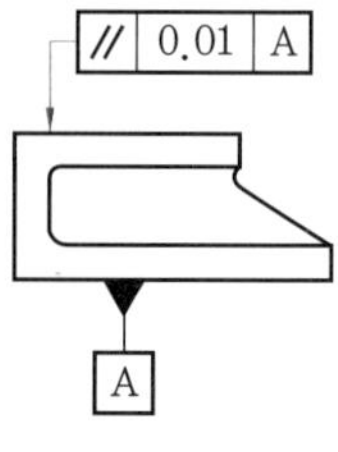

부표 1 - 기하 공차의 공차역의 정의 및 도시 보기와 그 해석(계속)

공차역의 정의	도시 보기와 그 해석
7. 평행도 공차(계속)	
7.4 데이텀 평면에 대한 면의 평행도 공차(계속)	
	지시선의 화살표로 나타내는 면 위에서 임의로 선택한 길이 100mm 위의 모든 점은 데이텀 평면 A에 평행하고, 또한 지시선의 화살표 방향으로 0.01mm만큼 떨어진 두 개의 평면 사이에 있어야 한다. 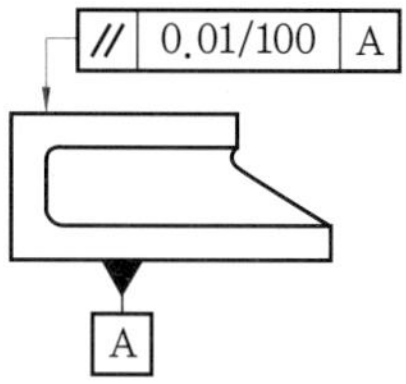
8. 직각도 공차	
8.1 데이텀 직선에 대한 선의 직각도 공차	
공차역은 한 평면에 투상되었을 때에는 데이텀 직선에 수직하고 *t* 만큼 떨어진 두 개의 평행한 직선 사이에 끼인 영역이다. 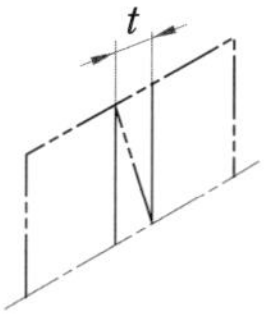	지시선의 화살표로 나타내는 경사진 구멍의 축선은 데이텀 축직선 A에 수직하고, 또한 지시선의 화살표 방향으로 0.06mm만큼 떨어진 평행한 평면 사이에 있어야 한다. 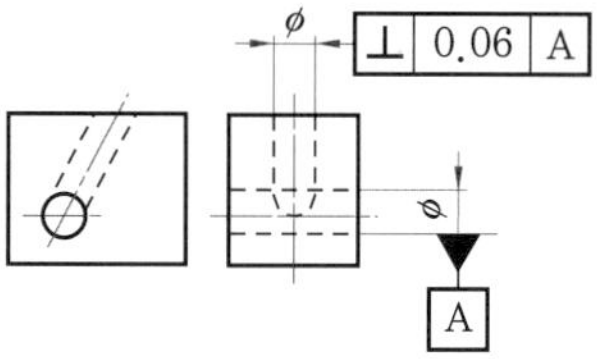
8.2 데이텀 평면에 대한 선의 직각도 공차	
공차의 지정이 한 방향에만 실시되어 있는 경우에는 한 평면에 투상된 공차역은 데이텀 평면에 수직하고 *t* 만큼 떨어진 두 개의 평행한 직선 사이에 끼인 영역이다. 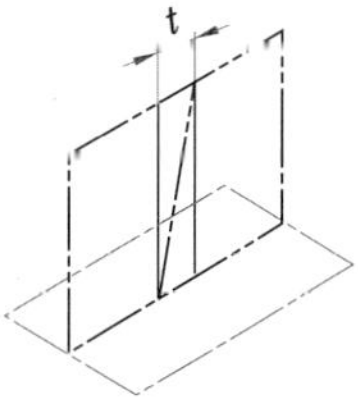	지시선의 화살표로 나타내는 원통의 축선은 데이텀 평면에 수직하고, 또한 지시선의 화살표 방향으로 0.2mm만큼 떨어진 두 개의 평행한 평면 사이에 있어야 한다. 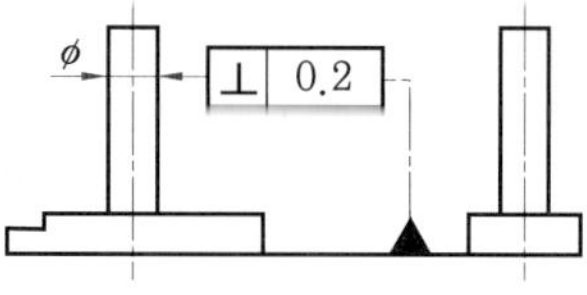

부표 1 - 기하 공차의 공차역의 정의 및 도시 보기와 그 해석(계속)	
공차역의 정의	도시 보기와 그 해석
8. 직각도 공차(계속)	
8.2 데이텀 평면에 대한 선의 직각도 공차(계속)	
공차의 지정이 서로 직각인 두 방향으로 실시되어 있는 경우에는 이 공차역은 단면이 $t_1 \times t_2$이고 데이텀 평면에 수직한 직육면체 안의 영역이다. 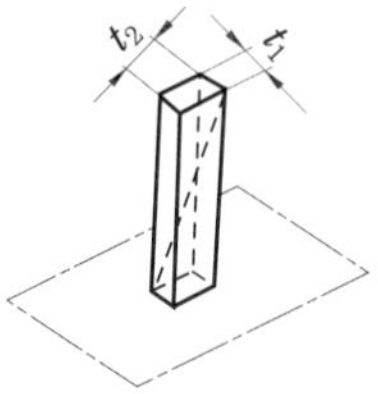	지시선의 화살표로 나타내는 원통의 축선은 각각의 지시선의 화살표 방향으로 각각 0.2mm, 0.1mm의 나비를 갖고 데이텀 평면에 수직한 직육면체 내에 있어야 한다. 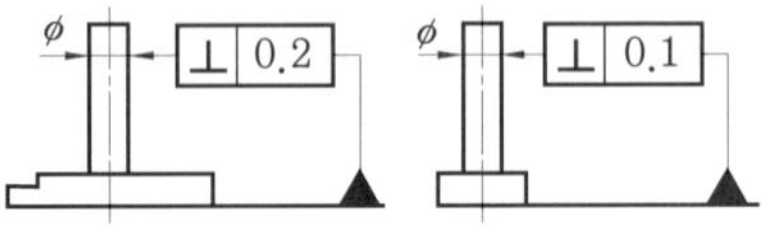
공차를 나타내는 수치 앞에 기호 ϕ가 붙어 있는 경우에는 이 공차역은 데이텀 평면에 수직한 지름 t의 원통 안의 영역이다. 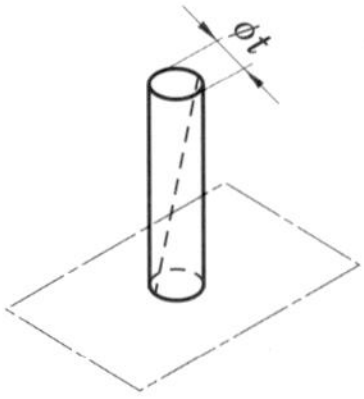	지시선의 화살표로 나타내는 원통의 축선은 데이텀 평면 A에 수직한 지름 0.01mm의 원통 내에 있어야 한다. 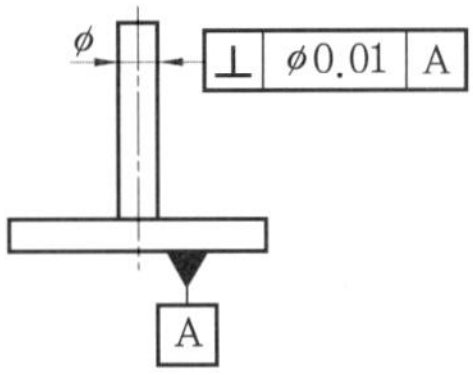
8.3 데이텀 직선에 대한 면의 직각도 공차	
공차역은 데이텀 직선에 수직하고 t만큼 떨어진 두 개의 평행한 평면 사이에 끼인 영역이다. 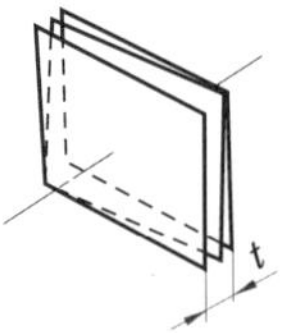	지시선의 화살표로 나타내는 면은 데이텀 축직선 A에 수직하고, 또한 지시선의 화살표 방향으로 0.08mm만큼 떨어진 두 개의 평행한 평면 사이에 있어야 한다. 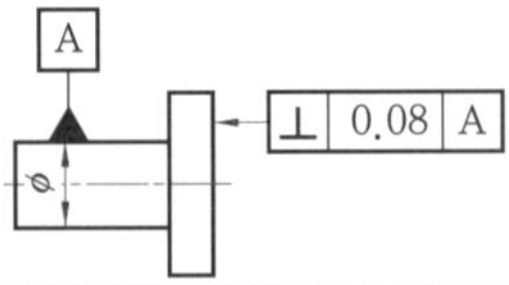
8.4 데이텀 평면에 대한 면의 직각도	
공차역은 데이텀 평면에 수직하고 t만큼 떨어진 두 개의 평행한 평면 사이에 끼인 영역이다. 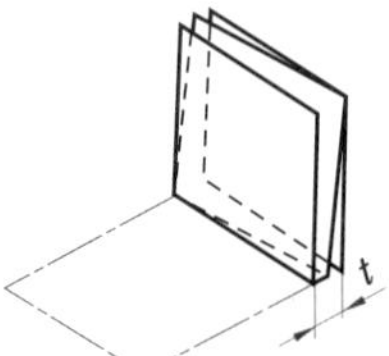	지시선의 화살표로 나타내는 면은 데이텀 평면 A에 수직하고, 또한 지시선의 화살표 방향으로 0.08mm만큼 떨어진 두 개의 평행한 평면 사이에 있어야 한다. 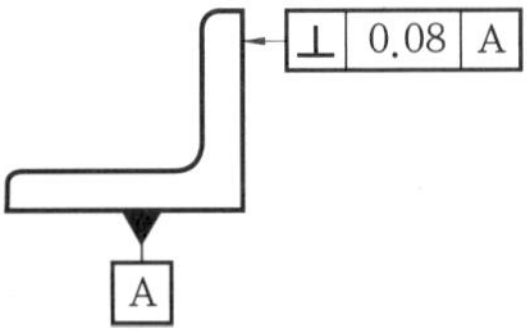

부표 1 - 기하 공차의 공차역의 정의 및 도시 보기와 그 해석(계속)

공차역의 정의	도시 보기와 그 해석

9. 경사도 공차

9.1 데이텀 직선에 대한 선의 경사도 공차

(a) 동일 평면 내의 선과 데이텀 직선

한 평면에 투상되었을 때의 공차역은 데이텀 직선에 대하여 지정된 각도로 기울고, t 만큼 떨어진 두 개의 평행한 직선 사이에 끼인 영역이다.

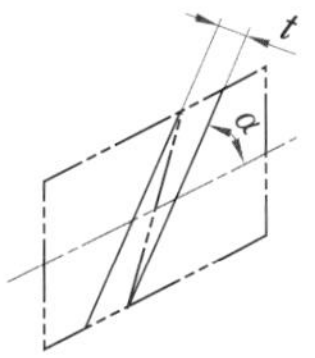

지시선의 화살표로 나타낸 구멍의 축선은 데이텀 축직선 A-B에 대하여 이론적으로 정확하게 60° 기울고, 지시선의 화살표 방향으로 0.08mm 만큼 떨어진 두 개의 평행한 평면 사이에 있어야 한다.

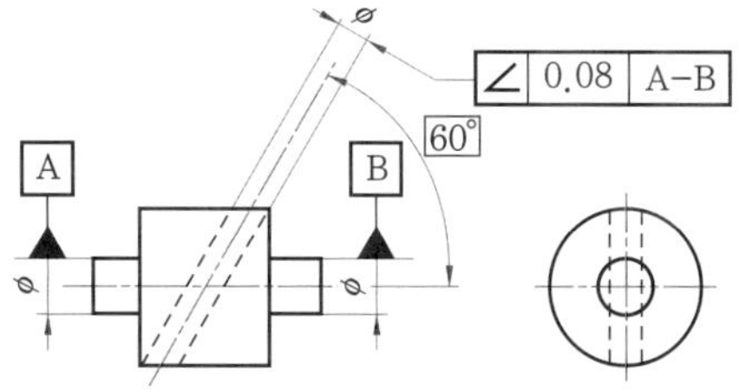

(b) 동일 평면 내에 있지 않는 선과 데이텀 직선

대상으로 하고 있는 선과 데이텀 직선이 동일 평면 위에 있지 않는 경우에는 이 공차역은 데이텀 직선을 포함하고 대상으로 하고 있는 선에 평행한 평면에 대상으로 하고 있는 선을 투상했을 때, 데이텀 직선에 대하여 지정된 각도로 기울고, t 만큼 떨어진 두 개의 평행한 직선 사이에 끼인 영역이다.

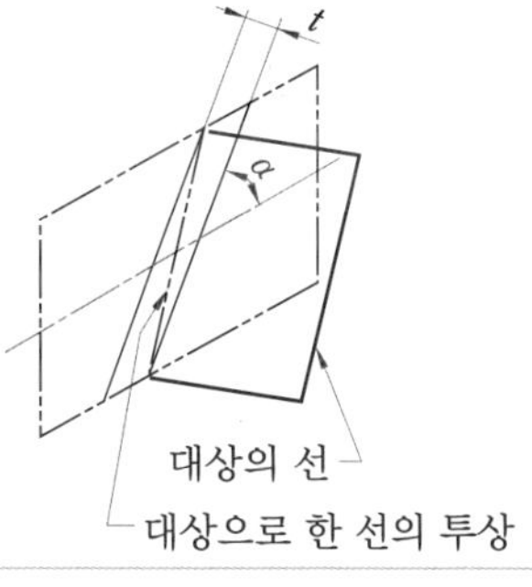

데이텀 축직선 A-B를 포함하고 지시선의 화살표로 나타낸 구멍의 축선에 평행한 평면에의 구멍의 축선의 투상은 데이텀 축직선 A-B에 대하여 이론적으로 정확하게 60° 기울고, 지시선의 화살표 방향으로 0.08mm만큼 떨어진 두 개의 평행한 직선 사이에 있어야 한다.

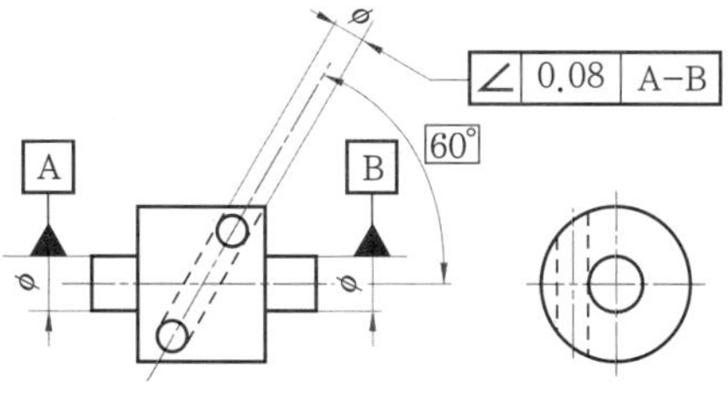

9.2 데이텀 평면에 대한 선의 경사도 공차

한 평면에 투상된 공차역은 데이텀 평면에 대하여 지정된 각도로 기울고, t 만큼 떨어진 두 개의 평행한 직선 사이에 끼인 영역이다.

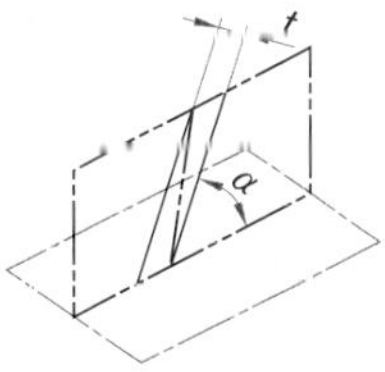

지시선의 화살표로 나타내는 원통의 축선은 데이텀 평면에 대하여 이론적으로 정확하게 80° 기울고, 지시선의 화살표 방향으로 0.08mm만큼 떨어진 두 개의 평행한 평면 사이에 있어야 한다.

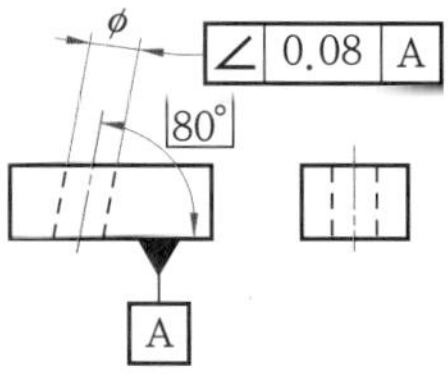

부록

부표 1 - 기하 공차의 공차역의 정의 및 도시 보기와 그 해석(계속)

공차역의 정의	도시 보기와 그 해석
9. 경사도 공차(계속)	
9.3 데이텀 직선에 대한 면의 경사도 공차	
공차역은 데이텀 직선에 대하여 지정된 각도로 기울고, *t* 만큼 떨어진 두 개의 평행한 평면 사이에 끼인 영역이다. 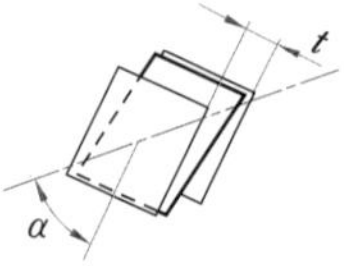	지시선의 화살표로 나타내는 면은 데이텀 축직선 A에 대하여 이론적으로 정확하게 75° 기울고, 지시선의 화살표 방향으로 0.1mm만큼 떨어진 두 개의 평행한 평면 사이에 있어야 한다. 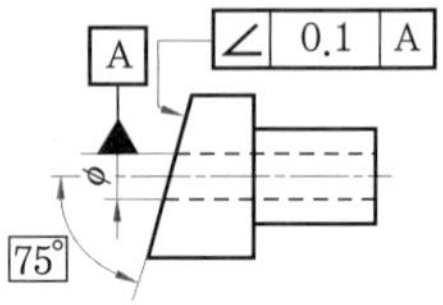
9.4 데이텀 평면에 대한 면의 경사도 공차	
공차역은 데이텀 평면에 대하여 지정된 각도로 기울고, *t* 만큼 떨어진 두 개의 평행한 평면 사이에 끼인 영역이다. 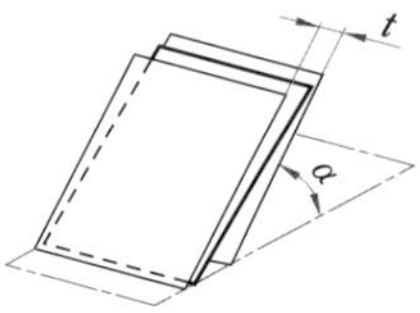	지시선의 화살표로 나타내는 면은 데이텀 평면 A에 대하여 이론적으로 정확하게 40° 기울고, 지시선의 화살표 방향으로 0.08mm만큼 떨어진 두 개의 평행한 평면 사이에 있어야 한다. 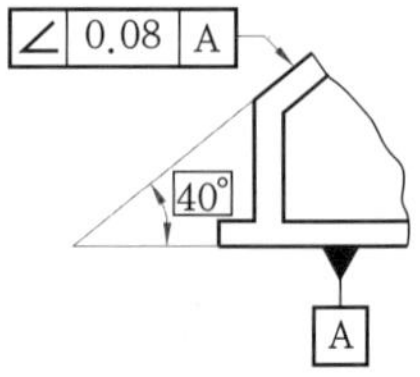
10. 위치도 공차	
10.1 점의 위치도 공차	
공차역은 대상으로 하고 있는 점의 이론적으로 정확한 위치(이하 진위치라 한다.)를 중심으로 하는 지름 *t* 의 원 안 또는 구 안의 영역이다. 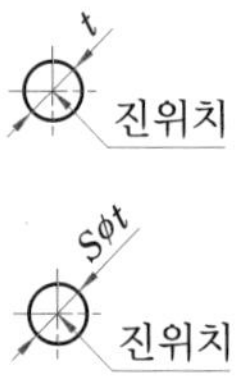	지시선의 화살표로 나타낸 점은 데이텀 직선 A로부터 60mm, 데이텀 직선 B로부터 100mm 떨어진 진위치를 중심으로 하는 지름 0.03mm의 원 안에 있어야 한다. 또한, 이 그림 보기의 경우는 데이텀 직선 A, B의 우선순위는 없다. 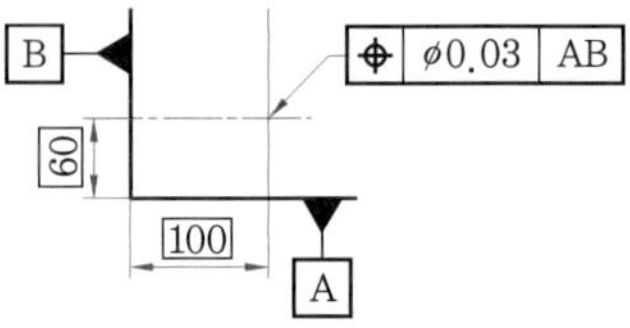 **비고** : 그림에 나타나 있는 면에 수직 방향의 두께를 고려할 때에는 여기에서 설명한 원은 원통이 되고, 점은 선이 된다.

부표 1 - 기하 공차의 공차역의 정의 및 도시 보기와 그 해석(계속)

공차역의 정의	도시 보기와 그 해석

10. 위치도 공차(계속)

10.1 점의 위치도 공차(계속)

도시 보기와 그 해석

지시선의 화살표로 나타낸 구의 중심은 데이텀 축 직선 A의 선 위에서 데이텀 평면 B로부터 14mm 떨어진 진위치에 중심을 갖는 지름 0.3mm의 구 안에 있어야 한다.

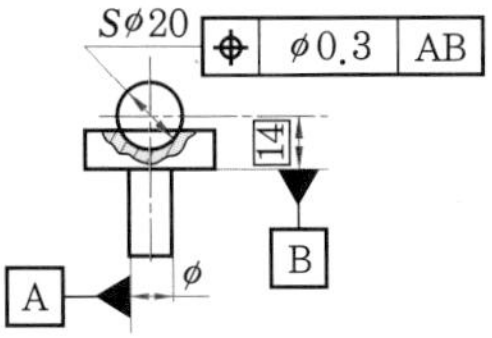

10.2 선의 위치도 공차

공차역의 정의

공차의 지정이 한 방향에만 실시되어 있는 경우의 선의 위치도의 공차역은 진위치에 대하여 대칭으로 배치하고 t 만큼 떨어진 두 개의 평행한 직선 사이 또는 두 개의 평행한 평면 사이에 끼인 영역이다.

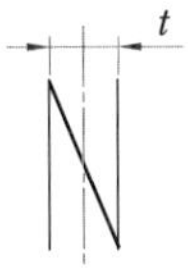

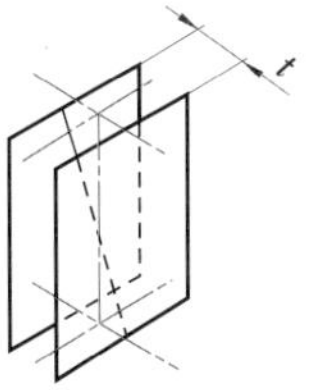

도시 보기와 그 해석

지시선의 화살표로 나타낸 각각의 선은 그들 직선의 진위치로서 지정된 직선에 대하여 대칭으로 배치되고 0.05mm의 간격을 갖는 두 개의 평행한 직선 사이에 있어야 한다.

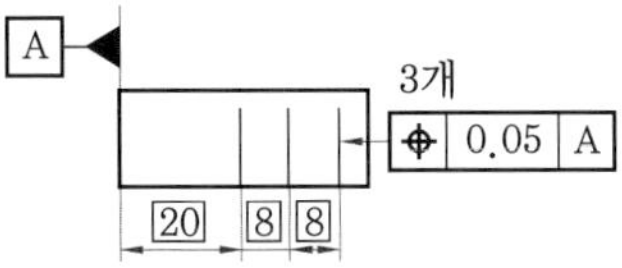

지시선의 화살표로 나타낸 축선은 데이텀 평면 A로부터 100mm만큼 떨어진 진위치에 있어서 지시선의 화살표로 나타낸 방향에 대칭으로 0.08mm의 간격을 갖는 평행한 두 개의 평면 사이에 있어야 한다.

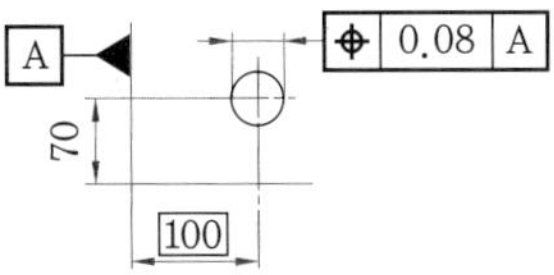

공차역의 정의

공차역의 지정이 서로 직각인 두 방향으로 실시되어 있는 경우의 선의 위치도의 공차역은 진위치를 축선으로 하는 단면 $t_1 \times t_2$인 직육면체 안의 영역이다.

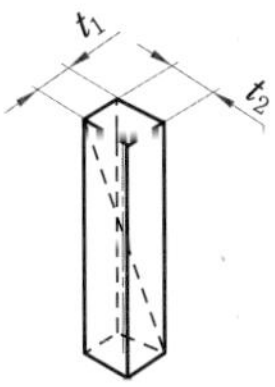

도시 보기와 그 해석

지시선의 화살표로 나타낸 축선은 데이텀 평면 A로부터 100mm, 데이텀 평면 B로부터 85mm 떨어진 진위치에 있어서 지시선의 화살표로 나타낸 방향에 대칭으로 0.05mm 및 0.02mm의 간격을 갖는 두 쌍의 평행한 두 개의 평면으로 둘러싸인 직육면체 안에 있어야 한다.

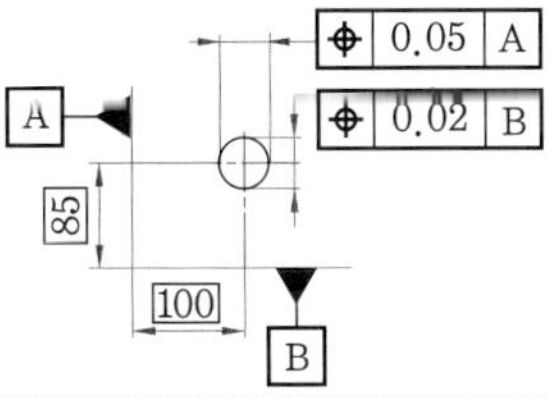

부록

부표 1 - 기하 공차의 공차역의 정의 및 도시 보기와 그 해석(계속)

공차역의 정의	도시 보기와 그 해석
10. 위치도 공차(계속)	
10.2 선의 위치도 공차(계속)	
공차를 나타내는 수치 앞에 기호 φ가 붙어 있는 경우의 선의 위치도의 공차역은 진위치를 축선으로 하는 지름 t 인 원통 안의 영역이다. 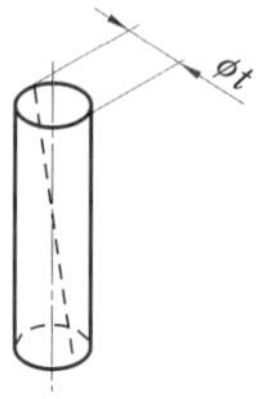	지시선의 화살표로 나타낸 축선은 데이텀 평면 A 위에 있어서 데이텀 평면 B로부터 85mm, 데이텀 평면 C로부터 100mm의 진위치를 지나고, 데이텀 평면 A에 수직한 직선을 축선으로 하는 지름 0.08mm인 원통 안에 있어야 한다. 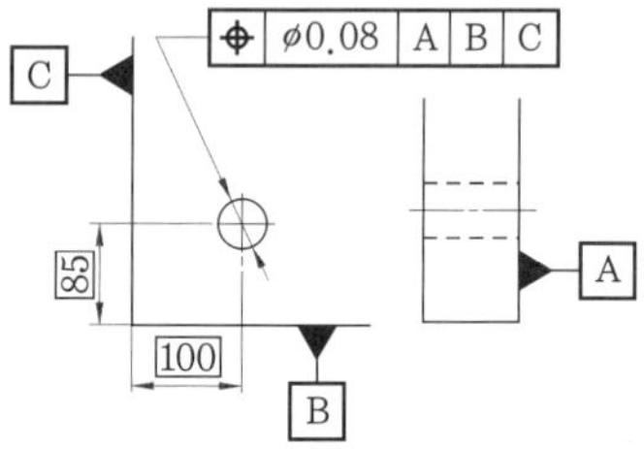 지시선의 화살표로 나타낸 여덟 개의 구멍의 축선 상호간의 관계 위치는 서로 30mm 떨어진 진위치를 축선으로 하는 지름 0.08mm인 원통 안에 있어야 한다. 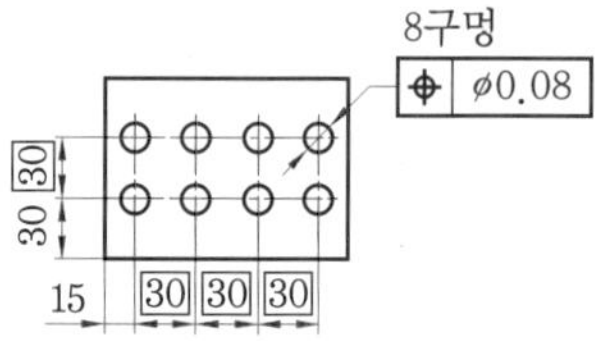
10.3 면의 위치도 공차	
공차역은 대상으로 하고 있는 면의 진위치에 대하여 대칭으로 배치되고, t 만큼 떨어진 두 개의 평행한 평면 사이에 끼인 영역이다. 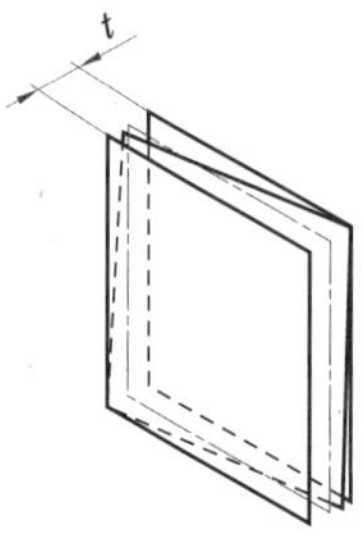	지시선의 화살표로 나타낸 평면은 데이텀 축직선 B의 선 위에서 데이텀 평면 A로부터 35mm 떨어진 위치에 있어서 데이텀 축직선 B에 대하여 105° 기울어진 진위치에 대하여 지시선의 화살표 방향에 대칭으로 0.05mm 의 간격을 갖는 평행한 두 개의 평면 사이에 있어야 한다. 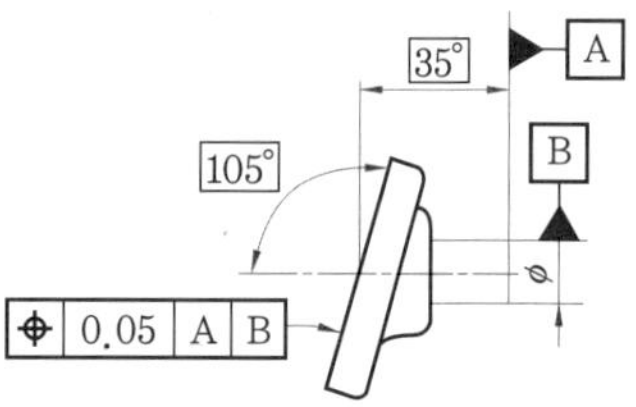

부표 1 - 기하 공차의 공차역의 정의 및 도시 보기와 그 해석(계속)

공차역의 정의	도시 보기와 그 해석
11. 동축도 공차 또는 동심도 공차	
11.1 동축도 공차	
공차를 나타내는 수치 앞에 기호 ϕ가 붙어 있는 경우에는 이 공차역은 데이터럼 축직선과 일치한 축선을 갖는 지름 t인 원통 안의 영역이다. 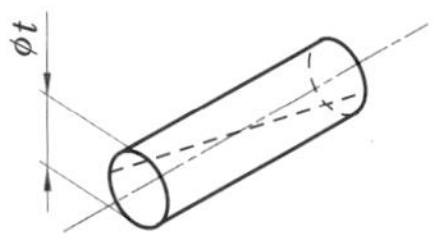	지시선의 화살표로 나타낸 축선은 데이텀 축직선 A-B를 축선으로 하는 지름 0.08mm인 원통 안에 있어야 한다. 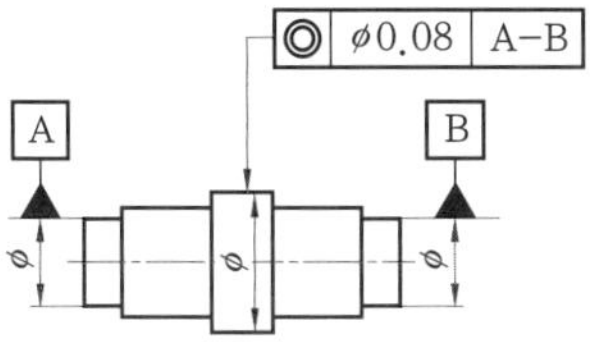
11.2 동심도 공차	
공차역은 데이텀 점과 일치하는 점을 중심으로 한 지름 t인 원 안의 영역이다. 	지시선의 화살표로 나타낸 원의 중심은 데이텀 점 A를 중심으로 하는 지름 0.01mm인 원 안에 있어야 한다. 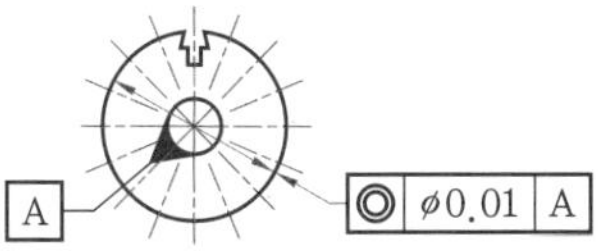
12. 대칭도 공차	
12.1 데이텀 중심 평면에 대한 면의 대칭도 공차	
공차역은 데이텀 중심 평면에 대하여 대칭으로 배치되고, 서로 t 만큼 떨어진 두 개의 평행한 평면 사이에 끼인 영역이다. 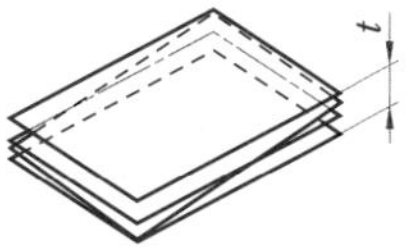	지시선의 화살표로 나타낸 중심면은 데이텀 중심 평면 A에 대칭으로 0.08mm의 간격을 갖는 평행한 두 개의 평면 사이에 있어야 한다. 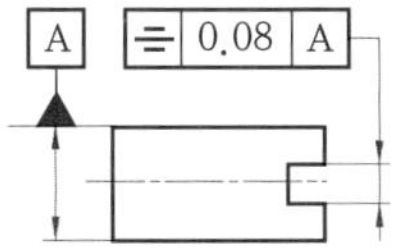
12.2 데이텀 중심 평면에 대한 선의 대칭도 공차	
공차의 지정이 한 방향에만 실시되어 있는 경우에는 이 공차역은 데이텀 중심 평면에 대하여 대칭으로 배치되고 서로 t만큼 떨어진 두 개의 평행한 평면 사이에 끼인 영역이다. 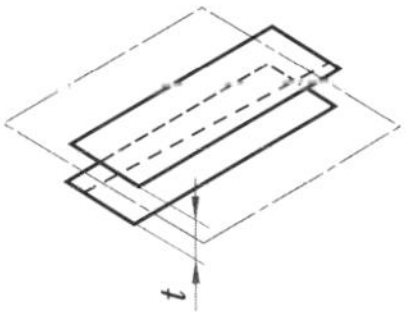	지시선의 화살표로 나타낸 축선은 데이텀 중심 평면 A-B에 대칭으로 0.08mm의 간격을 갖는 평행한 두 개의 평면 사이에 있어야 한다. 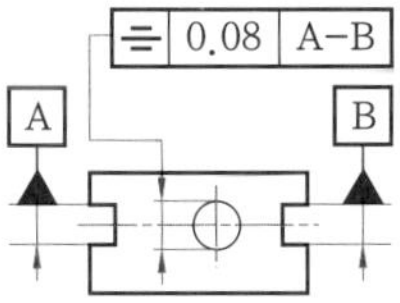

부표 1 - 기하 공차의 공차역의 정의 및 도시 보기와 그 해석(계속)

공차역의 정의	도시 보기와 그 해석
12. 대칭도 공차(계속)	
12.3 데이텀 직선에 대한 면의 대칭도 공차	
공차역은 데이텀 직선에 대하여 대칭으로 배치되고, *t* 만큼 떨어진 두 개의 평행한 평면 사이에 끼인 영역이다. 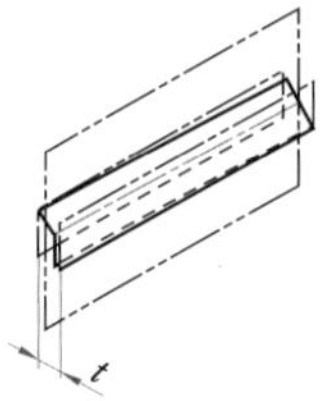 	지시선의 화살표로 나타낸 중심면은 데이텀 축직선 A에 대칭으로 0.1mm의 간격을 갖는 평행한 두 개의 평면 사이에 있어야 한다. 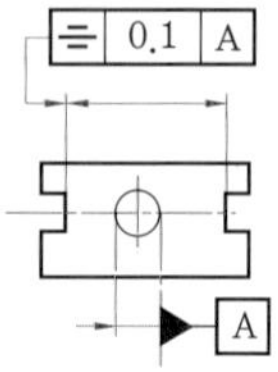
12.4 데이텀 직선에 대한 선의 대칭도 공차	
공차의 지정이 서로 직각인 두 방향으로 실시되어 있는 경우에는 이 공차역은 데이텀 직선(보기를 들면 두 개의 데이텀 평면의 교선)과 일치하는 선을 축선으로 한 단면 $t_1 \times t_2$의 직육면체 안의 영역이다. 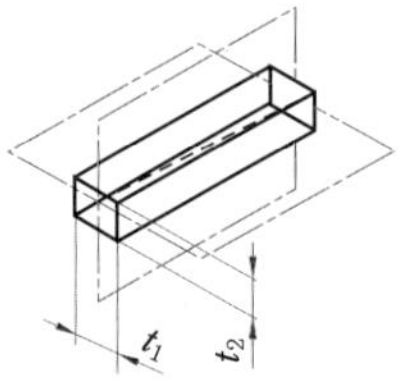 	지시선의 화살표로 나타낸 축선은 데이텀 중심 평면 A-B에 대칭으로 0.08mm, 데이텀 중심 평면 C에 대칭으로 0.1mm의 간격을 갖는 두 쌍의 평행한 두 개의 평면으로 둘러싸인 직육면체 안에 있어야 한다. 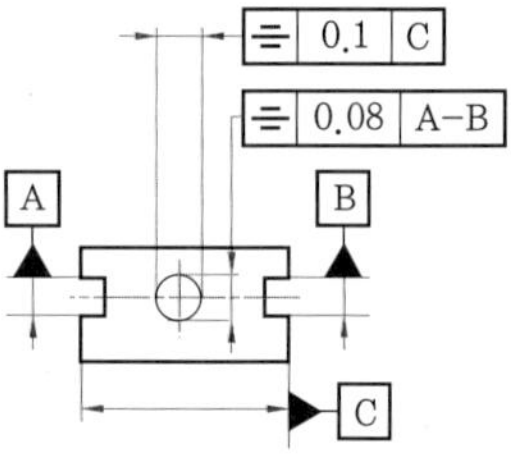
13. 원주 흔들림 공차	
13.1 반지름 방향의 원주 흔들림 공차	
공차역은 데이텀 축직선에 수직한 임의의 측정 평면 위에서 데이텀 축직선과 일치하는 중심을 갖고, 반지름 방향으로 *t* 만큼 떨어진 두 개의 동심원 사이의 영역이다. 흔들림은 일반으로는 축선의 둘레의 완전한 1회전에 대하여 적용되나, 1회전 중의 일부분에 적용을 한정할 수도 있다. 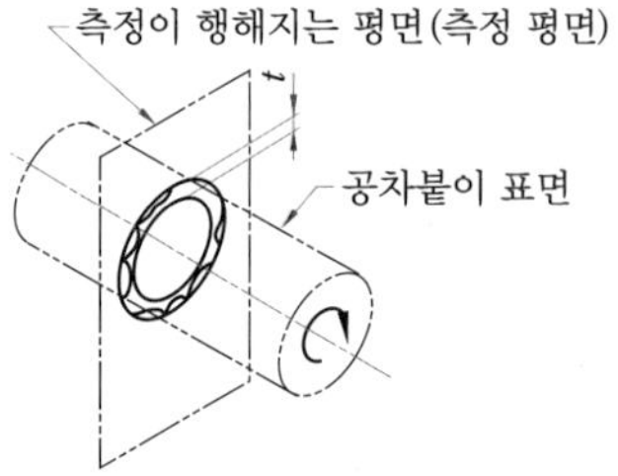 	지시선의 화살표로 나타내는 원통면의 반지름 방향의 흔들림은 데이텀 축직선 A-B에 관하여 1회전 시켰을 때, 데이텀 축직선에 수직한 임의의 측정 평면 위에서 0.1mm를 초과해서는 안 된다. 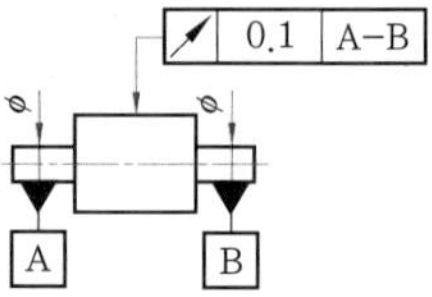

부표 1 - 기하 공차의 공차역의 정의 및 도시 보기와 그 해석(계속)

공차역의 정의	도시 보기와 그 해석

13. 원주 흔들림 공차(계속)

13.1 반지름 방향의 원주 흔들림 공차(계속)

지시선의 화살표로 나타내는 원통면의 일부분 [그림 (a)에서는 굵은 1점 쇄선으로 나타내는 범위, 그림 (b)에서는 부채꼴의 원통 부분]의 반지름 방향의 흔들림은 공차붙이 형체 부분을 데이텀 축직선 A에 관하여 회전시켰을 때, 데이텀 축직선에 수직한 임의의 측정 평면 위에서 0.2mm를 초과해서는 안 된다.

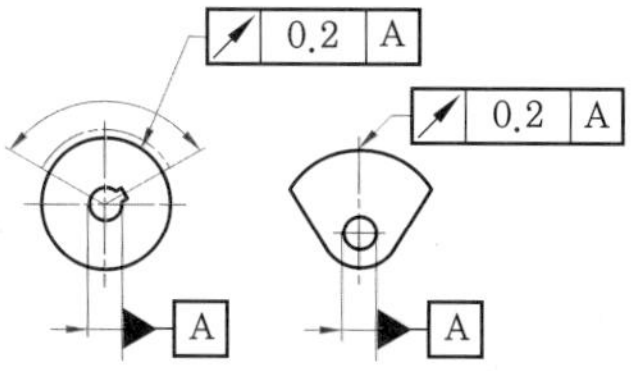

(a) (b)

13.2 축 방향의 원주 흔들림 공차

공차역은 임의의 반지름 방향의 위치에 있어서 데이텀 축직선과 일치하는 축선을 갖는 측정 원통 위에 있고, 축방향으로 *t* 만큼 떨어진 두 개의 원 사이에 끼인 영역이다.

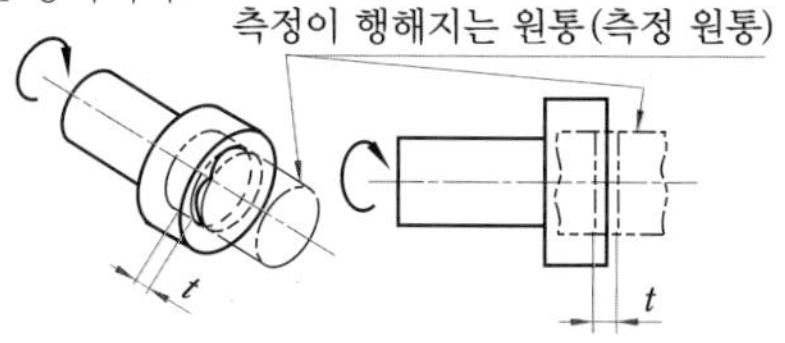

지시선의 화살표로 나타내는 원통 측면의 축방향의 흔들림은 데이텀 축직선 D에 관하여 1회전시켰을 때, 임의의 측정 위치(측정 원통면)에서 0.1mm를 초과해서는 안 된다.

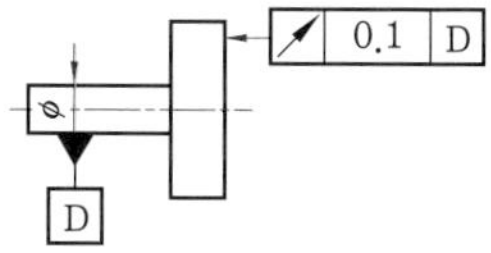

13.3 경사진 법선 방향의 원주 흔들림 공차

공차역은 데이텀 축직선과 일치하는 축선을 가지며, 그 원추면 위에 있고, 면에 따라 *t* 만큼 떨어진 두 개의 원 사이에 끼인 영역이다.

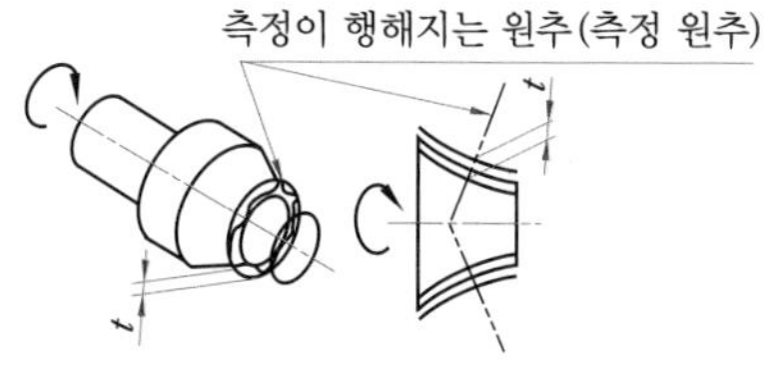

비고 : 특별히 지시선에 의하여 측정 방향의 지정이 없는 경우에 적용하며, 측정 방향은 표면에 대하여 수직 방향이다.

지시선의 화살표로 나타내는 방향의 이 원추면의 흔들림은 데이텀 축직선 C에 관하여 1회전시켰을 때, 임의의 측정 원추면 위에서 0.1mm를 초과해서는 안 된다.

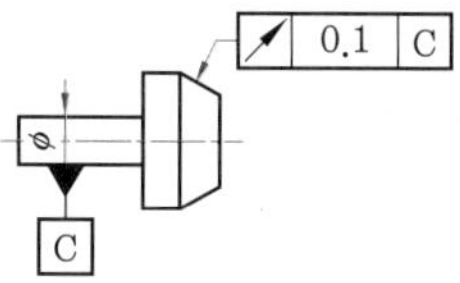

곡면 위의 모든 점의 접선에 수직한 방향의 이 곡면의 흔들림은 데이텀 축직선 C에 관하여 1회전시켰을 때, 임의의 측정 원추면 위에서 0.1mm를 초과해서는 안 된다.

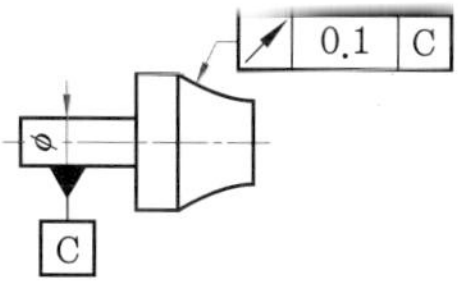

부록

부표 1 - 기하 공차의 공차역의 정의 및 도시 보기와 그 해석(계속)

공차역의 정의	도시 보기와 그 해석
13. 원주 흔들림 공차(계속)	
13.4 지정 방향의 원주 흔들림 공차	
공차역은 데이텀 축직선과 일치하는 축선을 가지며, 그 원추면이 지정된 방향을 갖는 임의의 측정 원추면 위에 있고, 면에 따라 *t* 만큼 떨어진 두 개의 원 사이에 끼인 영역이다.	데이텀 축직선과 α의 각도를 이루는 방향의 이 곡면의 흔들림은 데이텀 축직선 C에 관하여 1회전시켰을 때, 임의의 측정 원추면 위에서 0.1mm를 초과해서는 안 된다. 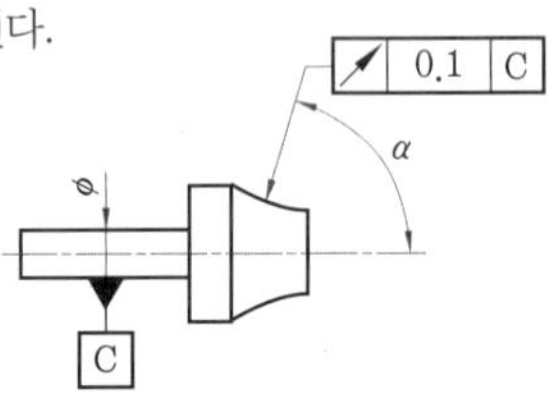
14. 온 흔들림 공차	
14.1 반지름 방향의 온 흔들림 공차	
공차역은 데이텀 축직선과 일치하는 축선을 갖고, 반지름 방향으로 *t* 만큼 떨어진 두 개의 동축 원통 사이의 영역이다. 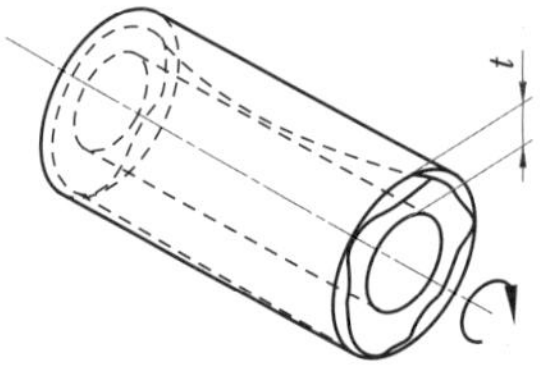	지시선과 화살표로 나타낸 원통면의 반지름 방향의 온 흔들림은 이 원통 부분과 측정 기구 사이에서 축선 방향으로 상대 이동시키면서, 데이텀 축직선 A-B에 관하여 원통 부분을 회전시켰을 때, 원통 표면 위의 임의의 점에서 0.1mm를 초과해서는 안 된다. 측정 기구 또는 대상물의 상대 이동은 이론적으로 정확한 윤곽선에 따르고, 데이텀 축직선에 대하여 정확한 위치에서 실시되어야 한다. 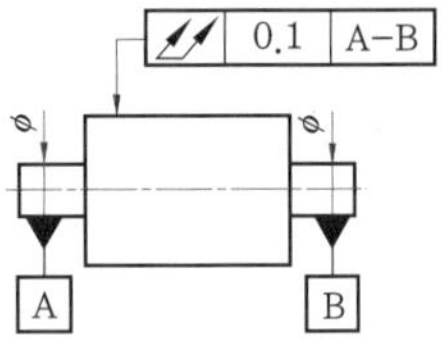
14.2 축 방향의 온 흔들림 공차	
공차역은 데이텀 축직선과 수직하고, 데이텀 축직선 방향으로 *t* 만큼 떨어진 두 개의 평행한 평면 사이에 끼인 영역이다. 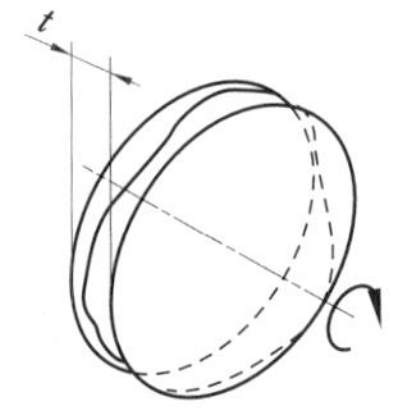	지시선의 화살표로 나타낸 원통 측면의 축방향의 온 흔들림은 이 측면과 측정 기구 사이에서 반지름 방향으로 상대 이동시키면서, 데이텀 축직선 D에 관하여 원통 측면을 회전시켰을 때, 원통 측면 위의 임의의 점에서 0.1mm를 초과해서는 안 된다. 측정 기구 또는 대상물의 상대 이동은 이론적으로 정확한 윤곽선에 따르고, 데이텀 축직선에 대하여 정확한 위치에서 실시되어야 한다. 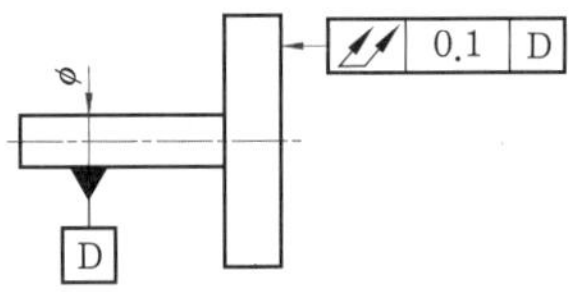

부록 2. 기하학적 공차를 위한 데이텀 및 데이텀 시스템

1. 적용범위

이 규격은 기하학적 공차를 지시할 때에 사용하는 데이텀 및 데이텀 시스템의 도시 방법 및 설정 방법에 대하여 규정한다.

2. 용어와 정의

① **데이텀** : 관련 형체에 기하학적 공차를 지시할 때, 그 공차 영역을 규제하기 위하여 설정한 이론적으로 정확한 기하학적 기준(그림 1). 보기를 들면 이 기준이 점, 직선, 축 직선, 평면 및 중심 평면인 경우에는 각각 데이텀 점, 데이텀 직선, 데이텀 축 직선, 데이텀 평면 및 데이텀 중심 평면이라고 부른다.

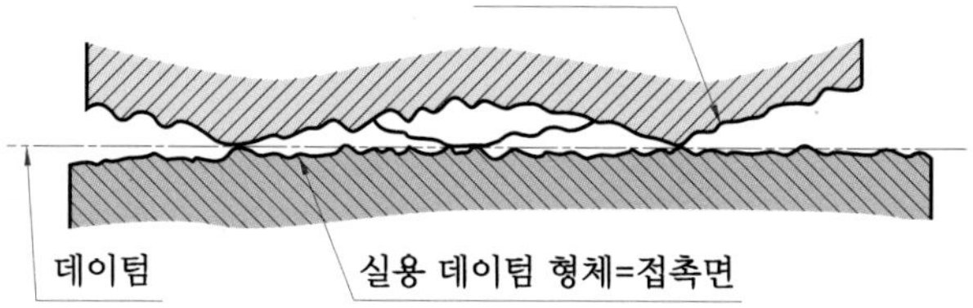

그림 1

② **데이텀 형체** : 데이텀을 설정하기 위하여 사용하는 대상물의 실제의 형체(부품의 표면, 구멍 등)(그림 1)

비고 : 데이텀 형체에는 가공 오차 등이 있으므로, 필요에 따라서 데이텀 형체에 적합한 형상 공차를 지시한다.

③ **실용 데이텀 형체** : 데이텀 형체에 접하여 데이텀을 설정할 경우에 사용하는 충분히 정밀한 모양을 갖는 실제의 표면(정반, 베어링, 맨드릴 등)(그림 1)

비고 : 실용 데이텀 형체는 가공, 측정 및 검사를 할 경우에 지시한 데이텀을 실제로 구체화한 것이다.

④ **공통 데이텀** : 두 가지의 데이텀 형체에 따라서 설정되는 단일의 데이텀

⑤ **데이텀 시스템** : 공차를 갖는 형체를 기준으로 하기 위해 개별로 두 가지 이상의 데이텀을 조합시켜서 사용할 경우의 데이텀 그룹

⑥ **데이텀 표적** : 데이텀을 설정하기 위해서 가공, 측정 및 검사용의 장치, 기구 등에 접촉시키는 대상물 위의 점, 선 또는 한정된 영역

데이텀 및 데이텀 표적의 기호		
사 항		기 호[a]
데이텀을 지시하는 문자 기호		[A]
데이텀 삼각 기호[b]		
데이텀 표적 기입 테두리		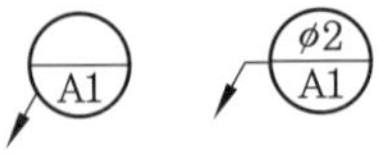
데이텀 표적 기호	점	X
	선	X—X
	영역	

a : 문자 기호 및 수치는 한 보기를 표시한다.

b : KS B 0608 참조

3. 데이텀 또는 데이텀 시스템을 지시할 경우의 기본적 사항

① **단일의 데이텀 시스템에 의한 지시** : 자세 공차, 흔들림 공차 등은 일반적으로 단일의 데이텀과 관련하여 지시한다.

② **3평면 데이텀 시스템에 의한 지시** : 위치 공차는 일반적으로 서로 직교하는 3개의 데이텀 평면과 관련하여 지시한다. 이들 세 평면에 의해 구성되는 데이텀 시스템을 3평면 데이텀 시스템이라 한다. 이 경우 데이텀의 일의성을 고려하여 데이텀의 우선순위를 정해서 지시한다. 3평면 데이텀 시스템을 구성하는 데이텀 평면은 그 우선순위에 따라서 각각 제1차 데이텀 평면, 제2차 데이텀 평면 및 제3차 데이텀 평면이라고 한다(그림 2).

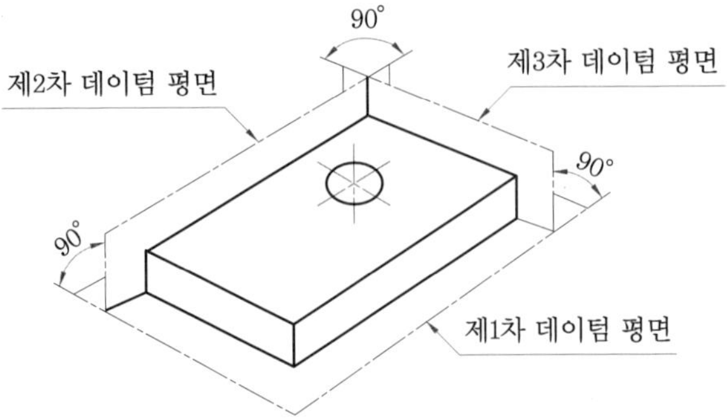

그림 2

이들의 데이텀에 대응하는 실용 데이텀 형체는 각각 제1 실용 데이텀 평면, 제2 실용 데이텀 평면 및 제3 실용 데이텀 평면이라고 한다(그림 3).

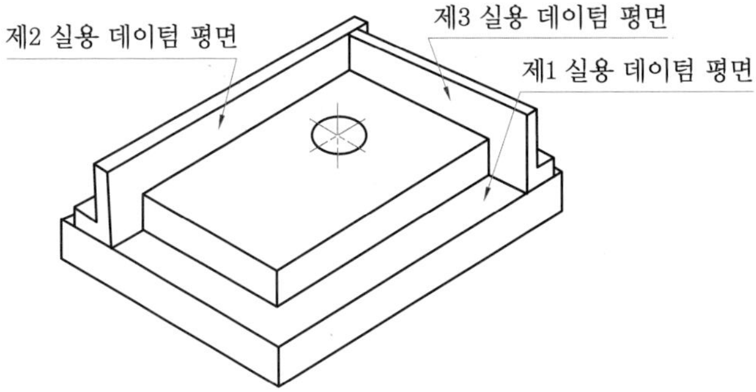

그림 3

비고 : 원통 모양의 대상물에 3평면 데이텀 시스템을 적용할 경우에는 축 직선을 포함하는 서로 직교하는 2평면과 축 직선에 직교하는 한 평면으로 3평면을 구성한다(그림 4).

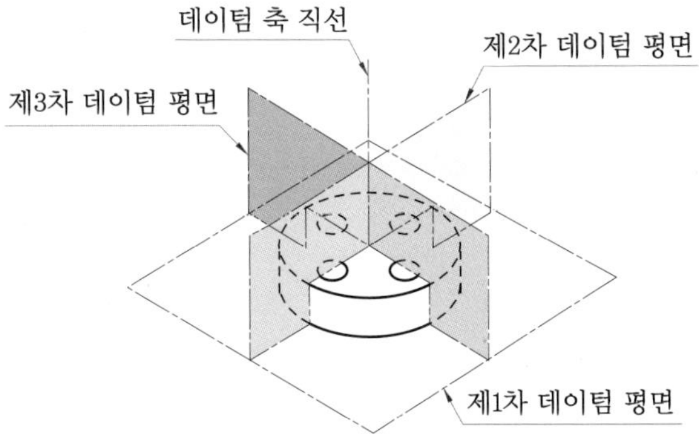

그림 4

4. 데이텀 및 데이텀 시스템의 도시 방법

① 데이텀을 지시하기 위한 도시 방법

㈎ 데이텀 삼각 기호를 붙이는 방법 : 데이텀 삼각 기호를 붙이는 방법의 상세는 KS B 0608에 따른다(그림 5, 그림 6).

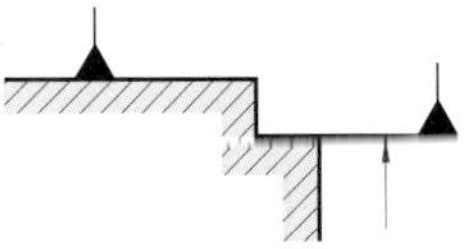

그림 5

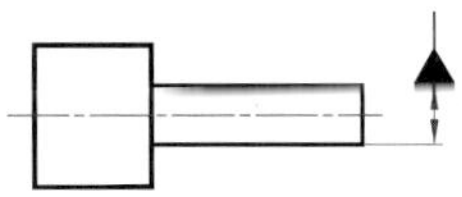

(a)

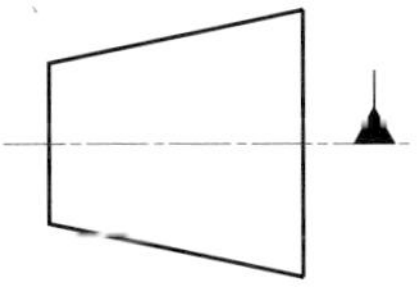

(b)

그림 6

(나) 문자 기호에 의한 데이텀의 표시 방법 : 문자 기호에 의한 데이텀의 표시 방법의 상세는 KS B 0608에 따른다(그림 7).

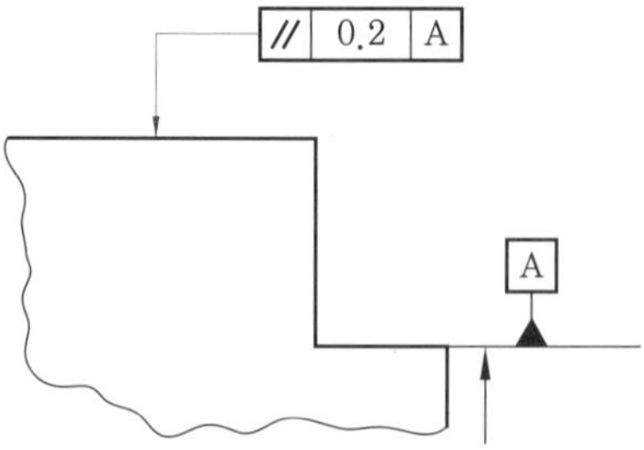

그림 7

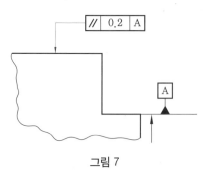

② 공차 기입 테두리에 데이텀 문자 기호의 기입 방법 : 데이텀 기호에 의해서 지시한 데이텀과 공차와의 관련을 나타내기 위해서, 공차 기입 테두리에 데이텀 문자 기호를 기입하는 방법은 다음에 따른다.

비고 : 공차 기입 테두리의 왼쪽에서 첫번째 및 두번째 구획 속의 기입에 대하여는 KS B 0608에 따른다.

(가) 하나의 데이텀 형체에 의해서 설정하는 데이텀 : 데이텀을 하나의 형체에 의해서 설정할 경우에는 그 데이텀은 공차 기입 테두리의 왼쪽에서 세 번째 구획 속에 지시한다(그림 8).

⊥	⌀0.01	A

그림 8

(나) 두 가지의 데이텀 형체에 의해서 설정하는 공통 데이텀 : 하나의 데이텀을 두 가지의 형체에 의해서 설정할 경우에는 그 데이텀은 하이픈으로 연결한 2개의 문자 기호에 의해서 공차 기입 테두리의 왼쪽에서 세 번째 구획 속에 지시한다(그림 9). 도시 보기를 그림 10에 나타낸다.

◎	⌀0.01	A–B

그림 9

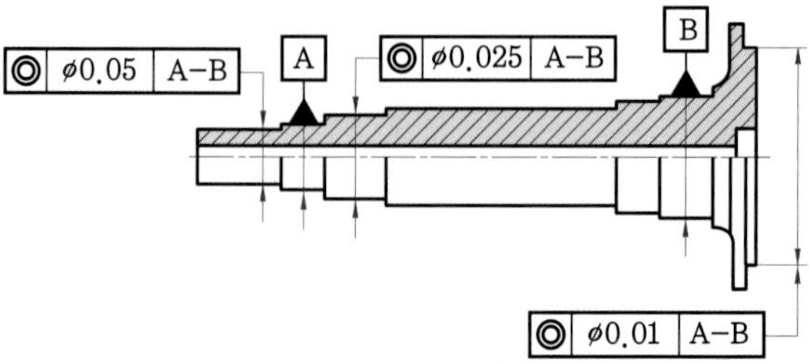

그림 10

㈐ 2개 이상의 데이텀에 의해서 설정하는 데이텀 시스템 : 2개 이상의 데이텀을 조합하여 설정하는 데이텀 시스템인 경우에는 이들의 데이텀은 공차 기입 테두리의 왼쪽에서 세 번째 이후의 구획 속에 우선순위에 따라 기입한다(그림 11). 도시 보기를 그림 12에 나타낸다.

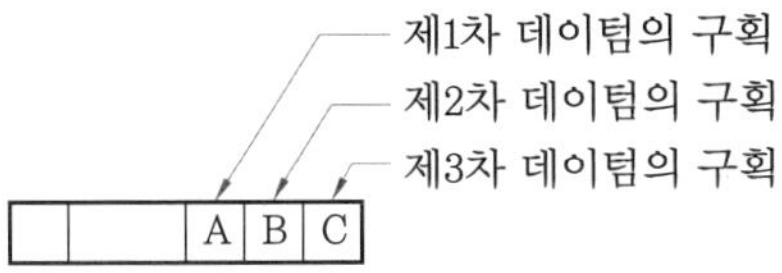

그림 11

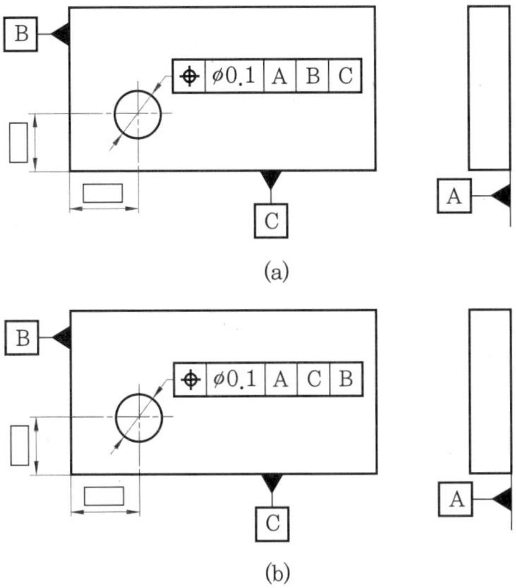

그림 12

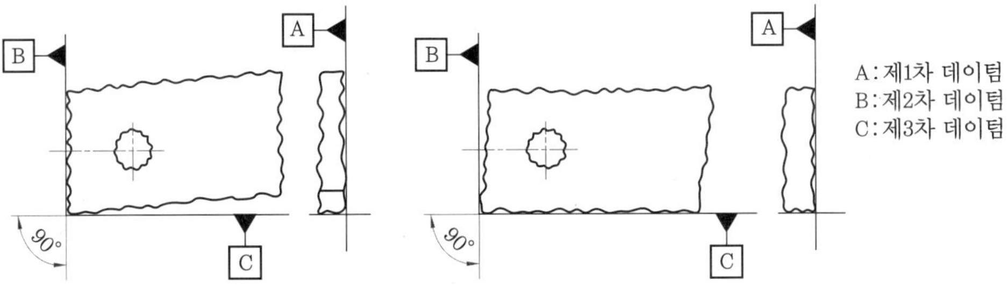

(a) 그림 12(a)의 경우 (b) 그림 12(b)의 경우

그림 13

비고 : 데이텀을 지정할 경우의 순서는 그림 13과 같이 공차에 큰 영향을 미치므로 주의할 필요가 있다. 도시 보기를 그림 14에 나타낸다.

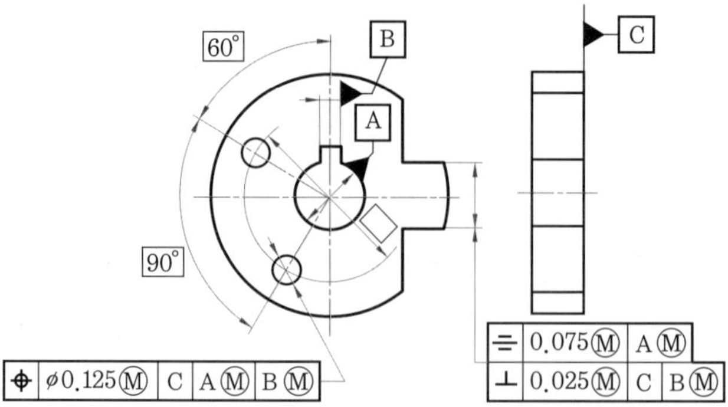

그림 14

5. 데이텀 표적 도시 방법

① 데이텀 표적을 지시할 경우의 기본적 사항 : 데이텀 형체가 면인 경우에는 그 면이 이상적인 모양과 크게 다를 경우가 있다. 이 경우, 온 표면을 데이텀 형체로서 지시하면 가공, 검사 등을 할 때 측정에 큰 오차가 생기거나 또 반복성·재현성이 나빠지는 경우가 있다(그림 15 및 그림 16). 이들을 방지하기 위해서 데이텀 표적을 지시한다.

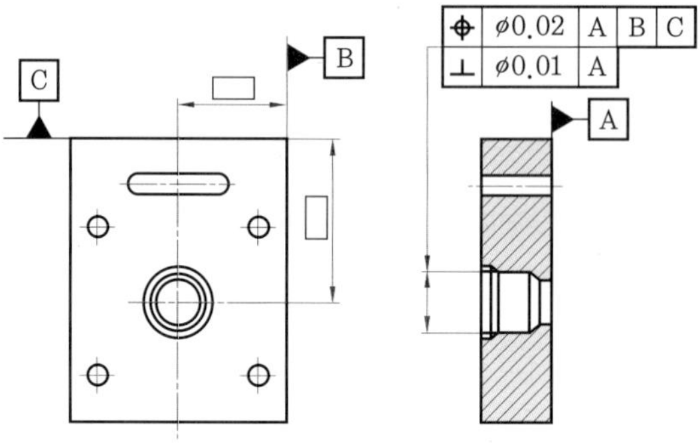

그림 15

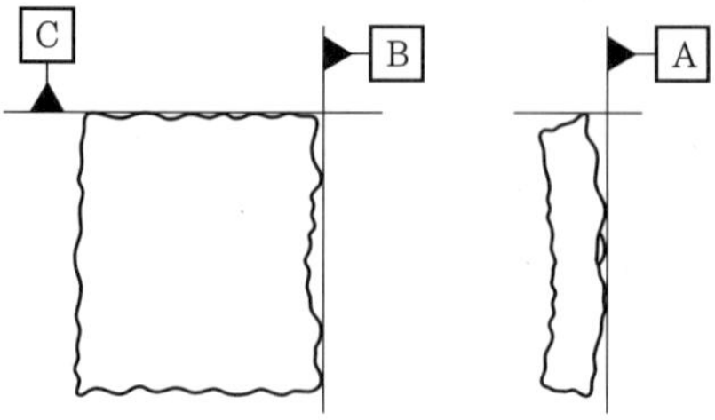

그림 16

비고 : 데이텀 표적을 지시할 경우, 형체의 온 표면을 데이텀으로 하는 대신에 몇 개의 한정된 데이텀 표적만으로 지시함으로 인해 부품의 기능을 해치는지의 여부를 검토해 둘 필요가 있다. 이 경우에는 모양 편차 및 위 편차의 영향을 고려하여야 한다.

② 데이텀 표적 기입 테두리 및 문자 기호 : 데이텀 표적은 가로선으로 2개 구분한 원형의 테두리(데이텀 표적 기입 테두리)에 의해 도시한다. 데이텀 표적 기입 테두리 하단에는 형체 전체의 데이텀과 같은 데이텀을 지시하는 문자 기호 및 데이텀 표적의 번호를 나타내는 숫자를 기입한다. 상단에는 보조 사항(보기를 들면 표적의 크기)을 기입한다[그림 17 (a)]. 보조 사항이 데이텀 표적 기입 테두리 속에 다 기입할 수 없을 경우에는 테두리의 바깥쪽에 표시하고, 인출선을 그어서 테두리와 연결한다[그림 17 (b)].

데이텀 표적 기입 테두리는 화살표를 붙인 인출선을 그어 데이텀 표적을 지시하는 기호(이하 데이텀 표적 기호라고 한다.)와 연결한다. 도시의 보기를 그림 21, 그림 22에 나타낸다.

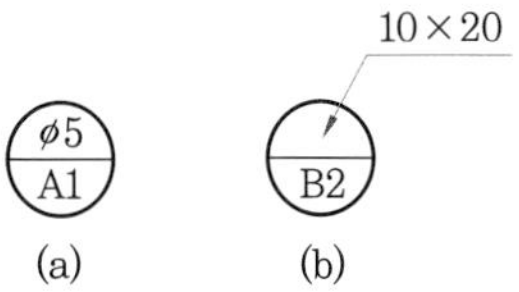

그림 17

데이텀 표적 기호

용 도		기 호	비 고
데이텀 표적이 점일 때		X	굵은 실선인 x표로 한다.
데이텀 표적이 선일 때		X—X	2개의 x표시를 가는 실선으로 연결한다.
데이텀 표적이 영역일 때	원인 경우	(빗금 친 원)	원칙적으로 가는 2점 쇄선으로 둘러싸고 해칭을 한다. 다만, 도시하기 고란한 경우에는 2점 쇄선 대신에 가는 실선을 사용해도 좋다.
	직사각형인 경우	(빗금 친 직사각형)	

비고 : 1. 데이텀 표적 기호는 데이텀 표적을 도시한 표면을 알기 쉬운 투영도로 표시한다.
2. 데이텀 표적의 위치는 주 투영도에 도시하는 것이 좋다(그림 18, 그림 19, 그림 20).

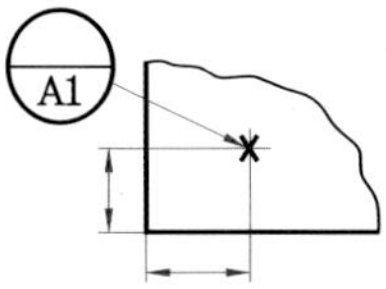

그림 18 점의 데이텀 표적

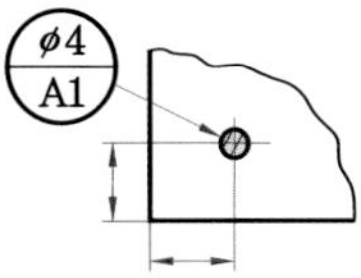

그림 19 영역의 데이텀 표적

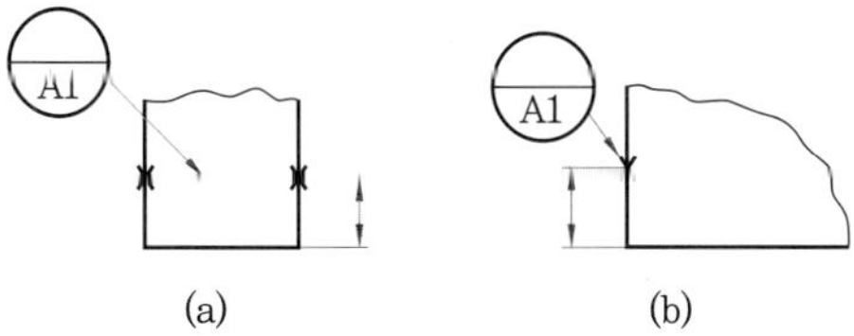

그림 20

③ 데이텀 표적의 도시 보기

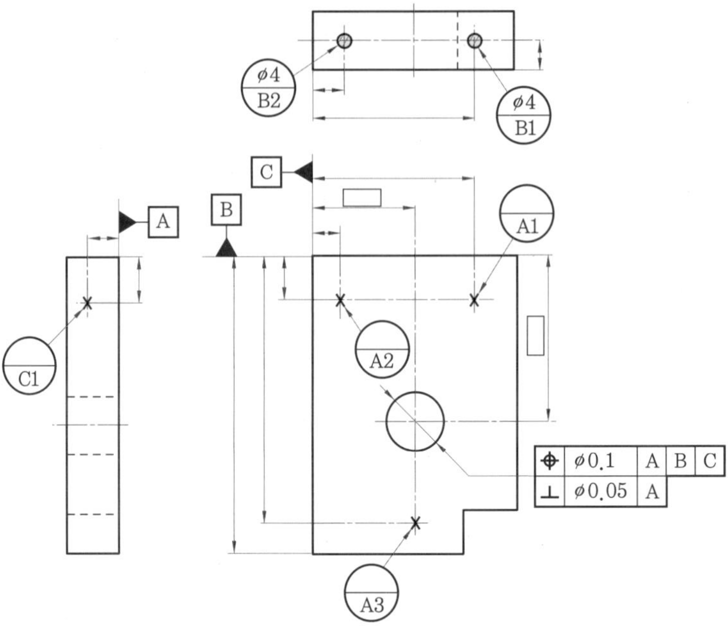

비고 : 1. 데이텀 표적 A1, A2, A3에 의해 데이텀 A를 설정한다.
2. 데이텀 표적 B1, B2에 의해 데이텀 B를 설정한다.
3. 데이텀 표적 C1에 의해 데이텀 C를 설정한다.

그림 21

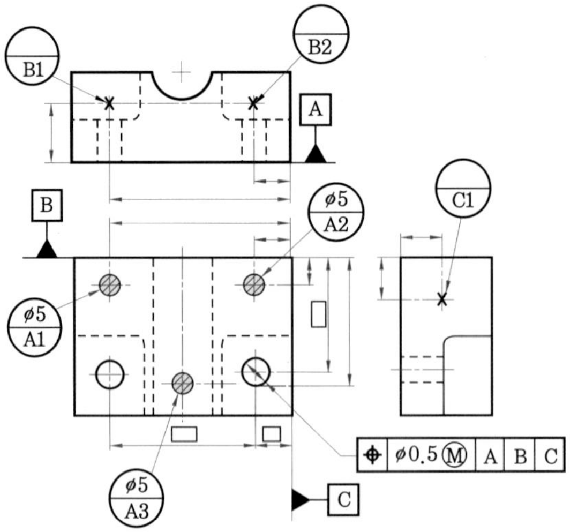

비고 : 1. 데이텀 표적 A1, A2, A3에 의해 데이텀 A를 설정한다.
2. 데이텀 표적 B1, B2에 의해 데이텀 B를 설정한다.
3. 데이텀 표적 C1에 의해 데이텀 C를 설정한다.

그림 22

6. 형체 그룹을 데이텀으로 하는 지시

복수의 구멍과 같은 형체 그룹의 실제의 위치를 다른 형체 또는 형체 그룹의 데이텀으로서 지시할 경우는 그림 23과 같이 공차 기입 테두리에 데이텀 삼각 기호를 붙인다.

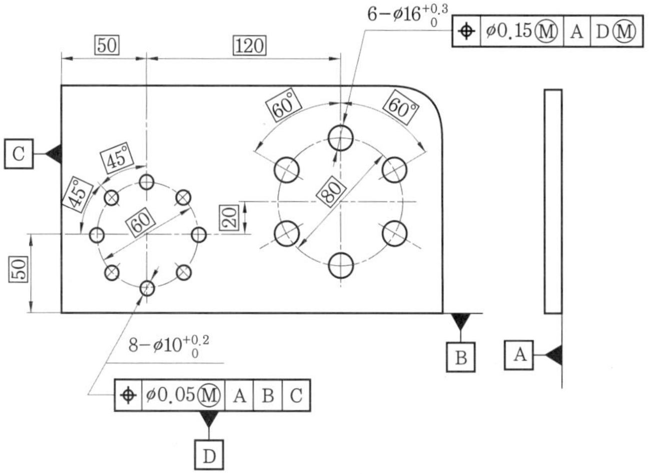

비고 : 1. 이 도시 보기는 8개의 구멍을 "데이텀 D"로서 지정하고 있다.
2. 6개 구멍의 위치도 공차는 기능 게이지를 사용하여 검사하면 좋다.

그림 23

7. 데이텀의 설정

데이텀 형체로서 지정된 형체에는 가공 공정에서 어느 정도의 오차가 생기는 것은 피할 수 없다. 그 형체는 볼록면 모양, 오목면 모양, 원추 모양과 같은 모양이 되는 것이 있으나, 이와 같은 모양에 대하여 데이텀을 설정하는 방법의 보기를 다음에 나타낸다.

① **직선 또는 평면의 데이텀** : 직선 또는 평면의 데이텀으로서 지시한 경우 데이텀 형체를 실용 데이텀 형체와의 최대 간격이 가능한 한 작아지도록 설치하여 데이텀을 설정한다. 데이텀 형체가 실용 데이텀 형체에 대하여 안정되고 있을 경우에는 그대로의 상태에서 데이텀을 설정한다(그림 1 참조). 데이텀 형체가 실용 데이텀 형체에 대하여 불안정한 경우에는 이 틈새가 안정하도록 적당한 간격을 잡아서 받침을 놓고 데이텀을 설정한다. 이 경우 선의 데이텀 형체에 대하여는 2개의 받침(그림 24)을, 평면의 데이텀 형체에 대하여는 3개의 받침을 사용한다.

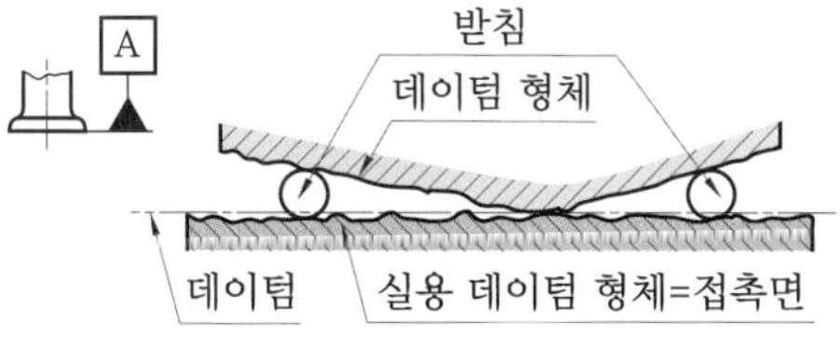

그림 24

② **원통 축선의 데이텀** : 원통의 구멍 또는 축의 축선을 데이텀으로서 지시한 경우 이 데이텀은 구멍의 최대 내접 원통의 축직선 또는 축의 최소 외접 원통의 축 직선에 의해서 설정한다.

데이텀 형체가 실용 데이텀 형체에 대하여 불안정한 경우에는 이 원통을 어느 방향으로 움직여도 이량이 같아지는 자세가 되도록 설정한다(그림 25).

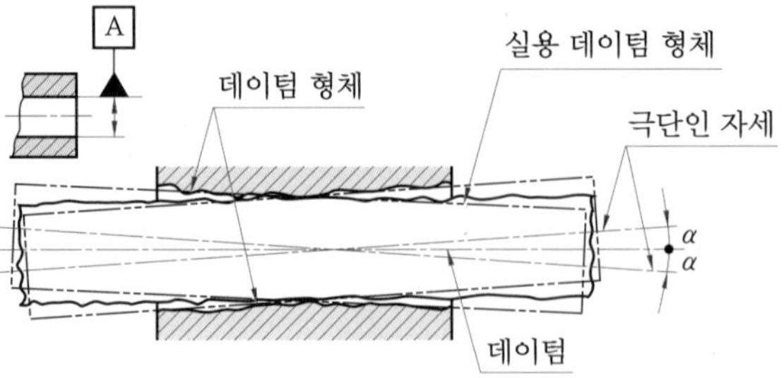

그림 25

③ **공통 데이텀** : 공통 축 직선 또는 공통 중심 평면의 데이텀은 개개의 데이텀 형체에 대하여 공통의 실용 데이텀 형체에 의해서 데이텀을 설정한다. 실용 데이텀 형체인 2개의 최소 외접 동축 원통의 축 직선 선에 의해서 설정한 공통 축 직선의 데이텀의 보기를 그림 26에 나타낸다.

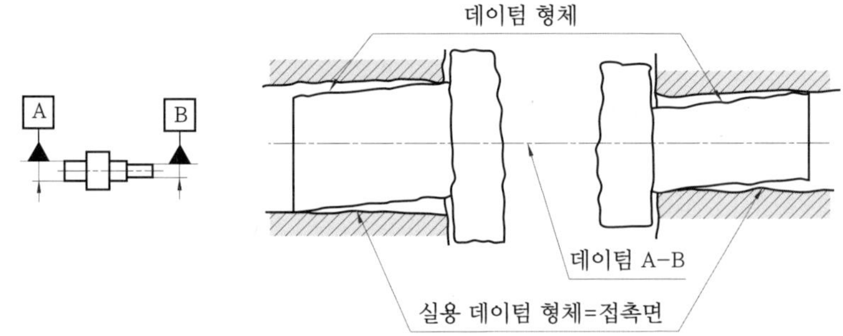

그림 26

④ **원통의 축선에서 평면에 수직인 데이텀** : 데이텀 A는 데이텀 형체 A에 접하는 평탄한 평면에 의해서 설정한다. 데이텀 B는 데이텀 A에 수직으로 데이텀 형체 B에 내접하는 최대 원통의 축 직선에 의해서 설정한다(그림 27).

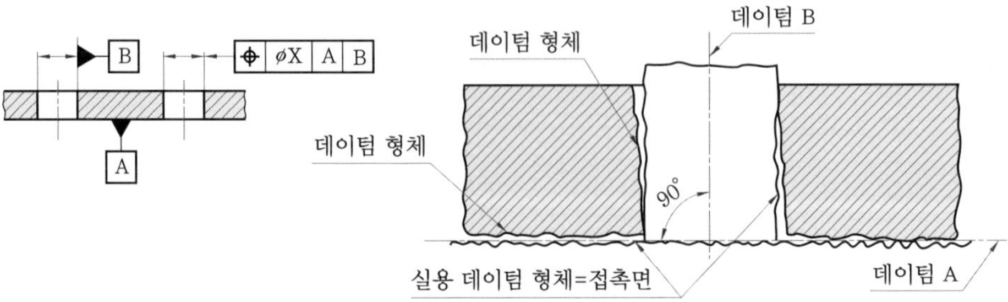

비고 : 이 보기에서는 데이텀 A가 제1차 데이텀, 데이텀 B가 제2차 데이텀이다.

그림 27

부표 1 - 데이텀의 설정 보기

데이텀의 도시	데이텀 형체	데이텀의 설정
1. 데이텀 - 점		
1.1 구의 중심 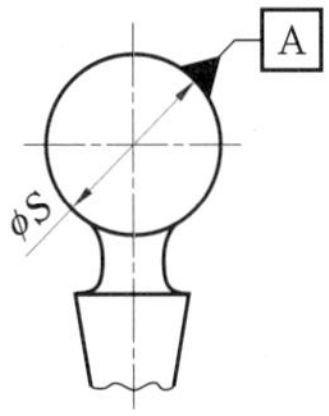	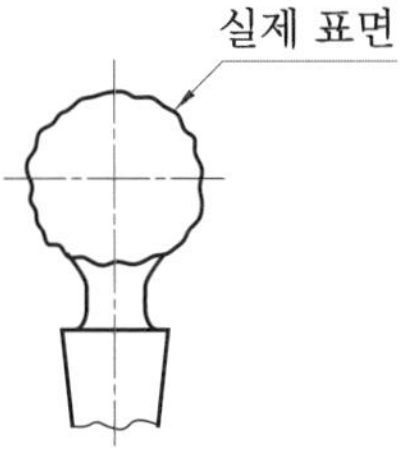	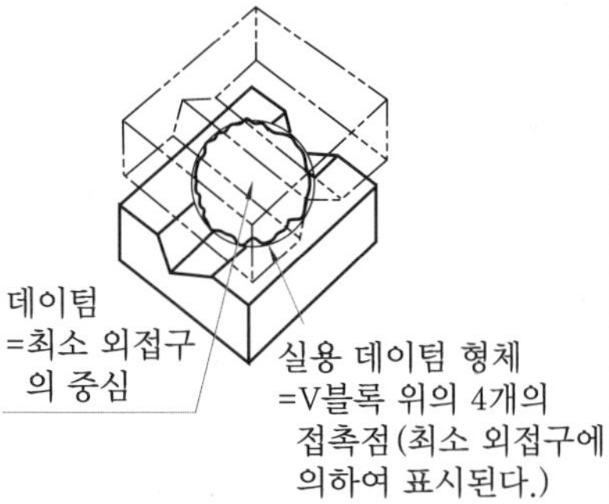
1.2 원의 중심 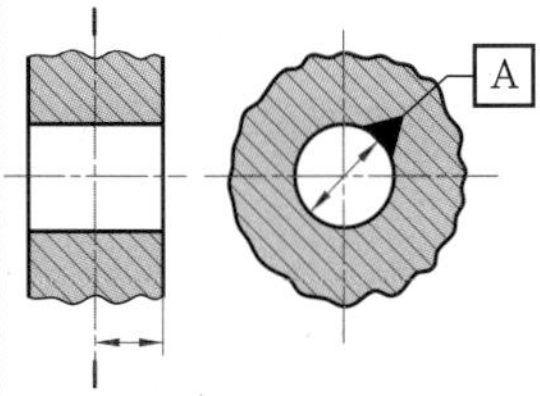	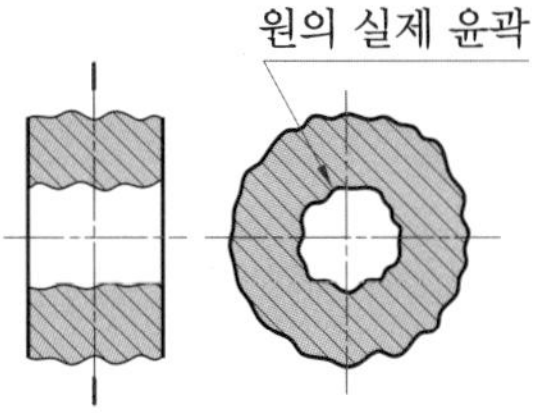	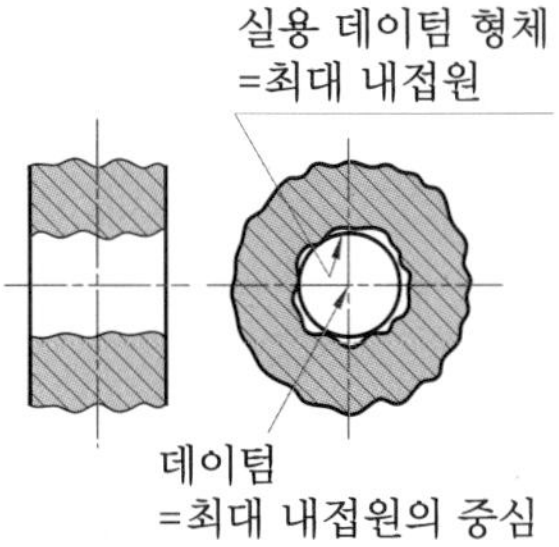
1.3 원의 중심 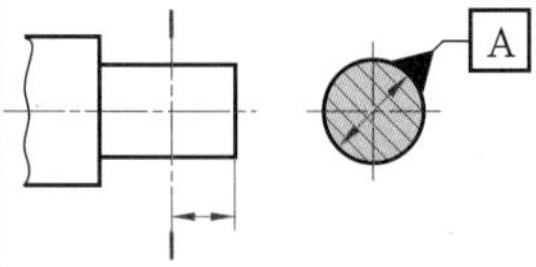	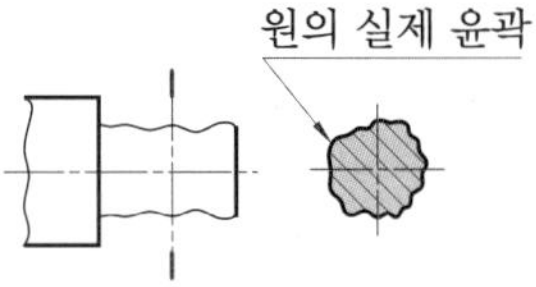	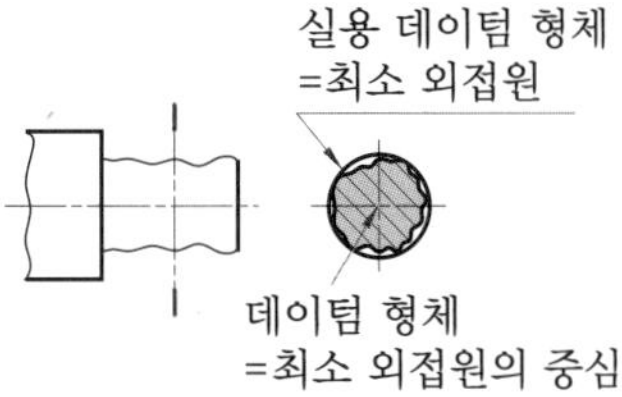
2. 데이텀 - 선		
2.1 구멍의 축선 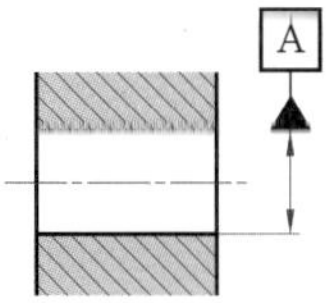	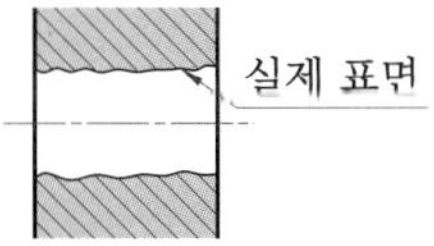	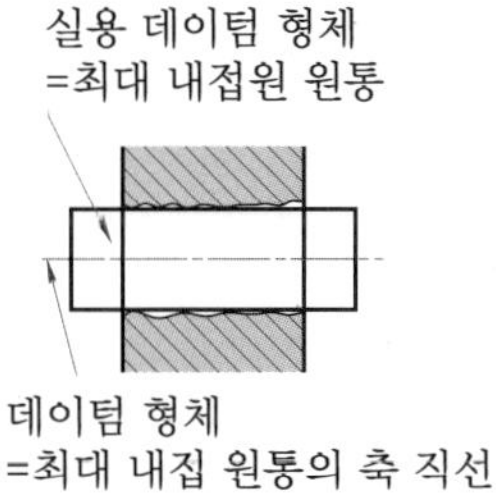

부록 2. 기하학적 공차를 위한 데이텀 및 데이텀 시스템(계속)

<table>
<tr><th colspan="3">부표 1 - 데이텀의 설정 보기(계속)</th></tr>
<tr><th>데이텀의 도시</th><th>데이텀 형체</th><th>데이텀의 설정</th></tr>
<tr><td>2.2 축의 축선
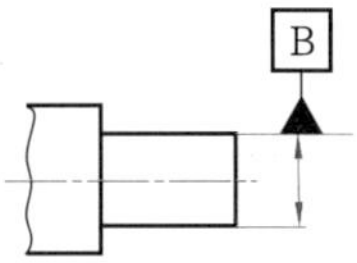</td><td>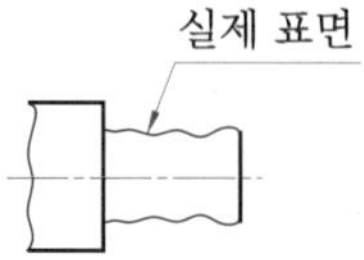</td><td>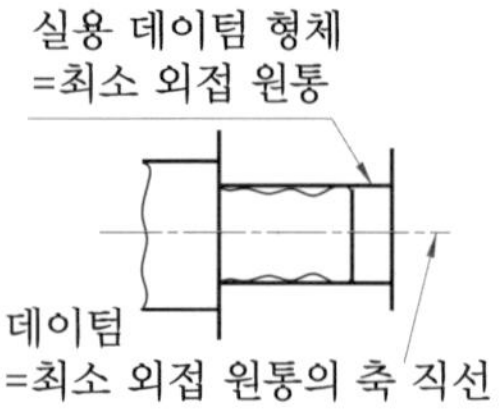</td></tr>
<tr><td colspan="3">3. 데이텀 - 평면</td></tr>
<tr><td>3.1 부품의 표면
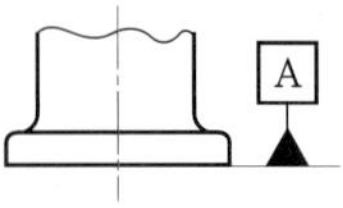</td><td></td><td></td></tr>
<tr><td>3.2 부품 2개 표면의 중심 평면
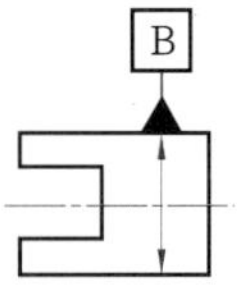</td><td>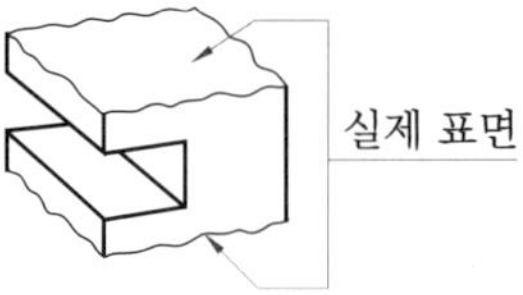</td><td>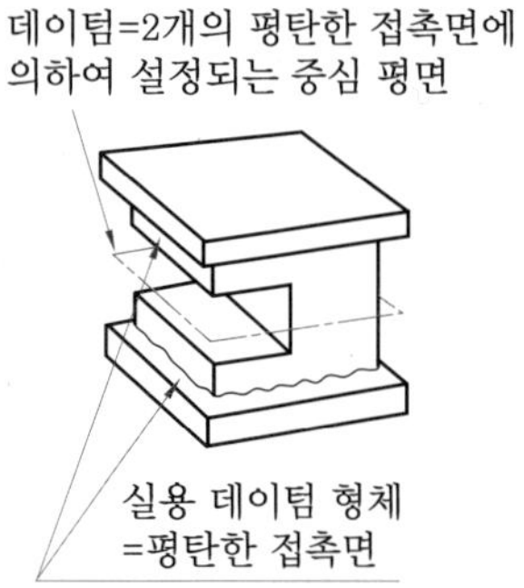</td></tr>
</table>

부록 3. 치수 공차 및 끼워 맞춤

1. 적용 범위

이 규격은 기준 치수가 3150mm 이하의 형체의 치수 공차 방식 및 끼워 맞춤 방식에 대하여 규정한다.

비고 : 1. 이 규격의 치수공차 방식은 주로 원통 형체를 대상으로 하고 있지만, 원통 이외의 형체에도 적용한다.

2. 이 규격의 끼워맞춤 방식은 보기를 들면 원통 형체 또는 2평면의 형체 등의 단순한 기하 모양의 끼워 맞춤에 대하여 적용한다.

3. 특정한 가공 방법에 대한 치수공차 방식에 대하여 정해진 규격(1)이 있을 때에는 그 규격을, 또한 기능상 특별한 정밀도가 요구되지 않을 때에는 보통 허용차(2)를 적용할 수가 있다.

주 (1) : 보기를 들면, KS B 0426 [강의 열간 형단조품 공차(해머 및 프레스 가공)]

(2) : 보기를 들면, KS B 0412 (절삭가공 치수의 보통 허용차)

2. 용어의 뜻

이 규격에서 쓰이는 중요한 용어의 뜻은 다음에 따른다.

① **형체** : 치수공차 방식 · 끼워맞춤 방식의 대상이 되는 기계부품의 부분

② **내측 형체** : 대상물의 내측을 형성하는 형체

③ **외측 형체** : 대상물의 외측을 형성하는 형체

④ **구멍** : 주로 원통형의 내측 형체를 말하나 원형 단면이 아닌 내측 형체도 포함한다.

⑤ **축** : 주로 원통형의 외측 형체를 말하나 원형 단면이 아닌 외측 형체도 포함한다.

⑥ **치수** : 형체의 크기를 나타내는 양, 보기를 들면, 구멍 · 축의 지름을 말하고, 일반적으로 mm를 단위로 하여 나타낸다.

⑦ **실치수** : 형체의 실측 치수

⑧ **허용한계 치수** : 형체의 실 치수가 그 사이에 들어가도록 정한, 허용할 수 있는 대소 2개의 극한의 치수, 즉 최대 허용치수 및 최소허용치수(그림 1)

⑨ **최대 허용치수** : 형체의 허용되는 최대 치수(그림 1)

⑩ **최소 허용치수** : 형체의 허용되는 최소 치수(그림 1)

⑪ **기준 치수** : 위 치수 허용차 및 아래 치수 허용차를 적용하는데 따라 허용한계 치수가 주어지는 기준이 되는 치수(그림 1 및 그림 2)

비고 : 기준 치수는 정수 또는 소수이다.

〈보기〉 32, 15, 8.75, 0.5

⑫ **치수차** : 치수(실 치수, 허용 한계치수 등)와 대응하는 기준 치수와의 대수차, 즉 (치수)−(기준치수)

⑬ **치수 공차 방식** : 표준화된 치수 공차와 치수 허용차의 방식

⑭ **위 치수 허용차** : 최대 허용 치수와 대응하는 기준 치수와의 대수차, 즉 (최대 허용치수)−(기준치수)(그림 1 및 그림 2)

비고 : 구멍의 위 치수 허용차는 기호 *ES*에 따라, 축의 위 치수 허용차는 기호 *es*에 의해 나타낸다.

⑮ **아래 치수 허용차** : 최소 허용 치수와 대응하는 기준 치수의 대수차, 즉 (최소 허용치수)-(기준치수)(그림 1 및 그림 2)

비고 : 구멍의 아래 치수 허용차는 기호 *EI*에 의해, 축의 아래 치수 허용차는 기호 *ei*에 의해 나타낸다.

⑯ **치수 공차** : 최대 허용 치수와 최소 허용수와의 차, 즉 위 치수 허용차와 아래 치수 허용차와의 차(그림 1 및 그림 2).

⑰ **기준선** : 허용 한계치수 또는 끼워 맞춤을 도시할 때는 기준 치수를 나타내고, 치수 허용차의 기준이 되는 직선(그림 1 및 그림 2).

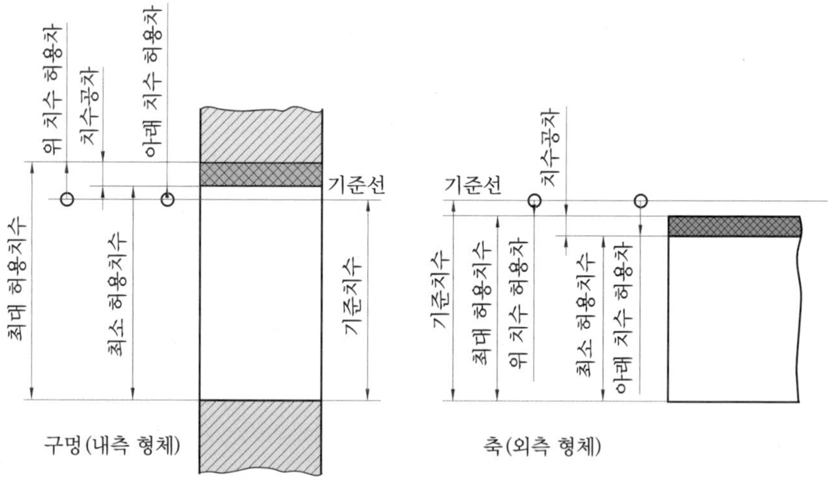

그림 1

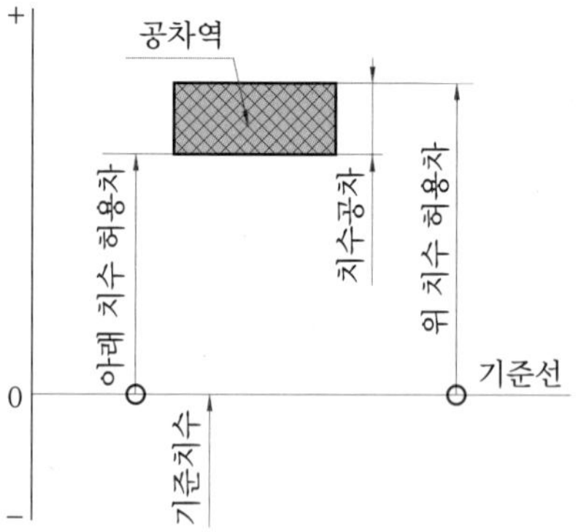

그림 2

비고 : 이 그림은 공차역 · 치수 허용차 · 기준선의 상호 관계만을 나타내기 위해 간단화한 것이다. 이와같은 간단화된 그림에서는 기준선은 수평으로 하고 정(+)의 치수 허용차는 그 위쪽에, 부(−)의 치수 허용차는 그 아래쪽에 나타낸다.

⑱ **기초가 되는 치수 허용차** : 기준선에 대한 공차역의 위치를 결정하는 치수 허용차. 위 치수 허용차 및 아래 치수 허용차의 어느 쪽이고, 보통은 기준선에 가까운 쪽의 치수 허용차.

부록 3. 치수 공차 및 끼워 맞춤(계속)

⑲ **기본 공차** : 이 치수 공차 방식 · 끼워맞춤 방식에 속하는 전체의 치수 공차.

비고 : 기본 공차는 기호 *IT*로 나타낸다.

⑳ **공차 등급** : 이 치수공차 방식 · 끼워맞춤 방식으로 전체의 기준 치수에 대하여 동일 수준에 속하는 치수 공차의 일군.

비고 : 공차 등급은 보기를 들면 *IT* 7과 같이, 기호 *IT*에 등급을 나타내는 숫자를 붙여서 나타낸다.

㉑ **공차역** : 치수 공차를 도시하였을 때, 치수 공차의 크기와 기준선에 대한 그 위치에 따라 결정하는 최대 허용치수와 최소 허용치수를 나타내는 2개의 직선 사이의 영역(그림 2).

㉒ **공차역 클래스** : 공차역의 위치와 공차 등급의 조합.

㉓ **공차 단위** : 기본 공차의 산출에 사용하는 기준 치수의 함수로 나타낸 단위.

비고 : 공차 단위 *i*는 500mm 이하의 기준 치수에, 공차 단위 *I*는 500mm를 초과하는 기준 치수에 사용한다.

㉔ **최대 실체 치수** : 형체의 실체가 최대가 되는 쪽의 허용 한계치수, 즉 내측 형체에 대해서는 최소 허용치수, 외측 형체에 대해서는 최대 허용치수.

㉕ **최소 실체 치수** : 형체의 실체가 최소가 되는 쪽의 허용 한계치수, 즉 내측 형체에 대해서는 최대 허용치수, 외측 형체에 대해서는 최소 허용치수.

㉖ **끼워 맞춤** : 구멍 · 축의 조립 전의 치수의 차이에서 생기는 관계

㉗ **틈새** : 구멍의 치수가 축의 치수보다도 큰 때의 구멍과 축과의 치수의 차(그림 3).

㉘ **최소 틈새** : 헐거운 끼워맞춤에서의 구멍의 최소 허용치수와 축의 최대 허용치수와의 차(그림 4).

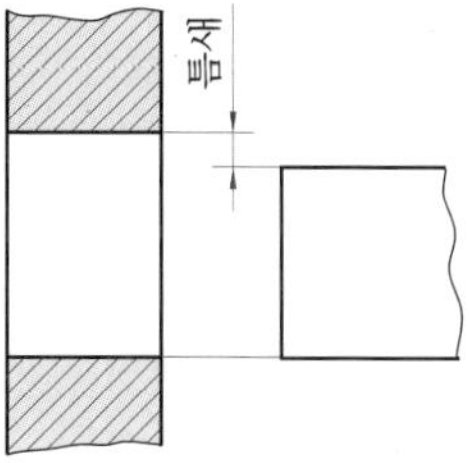

그림 3

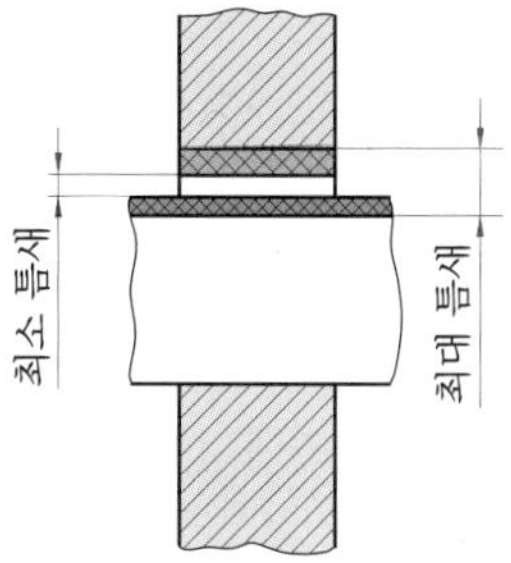

그림 4

㉙ **최대 틈새** : 헐거운 끼워맞춤 또는 중간 끼워맞춤에서 구멍의 최대 허용치수와 축의 최소 허용치수와의 차(그림 4 및 그림 5).

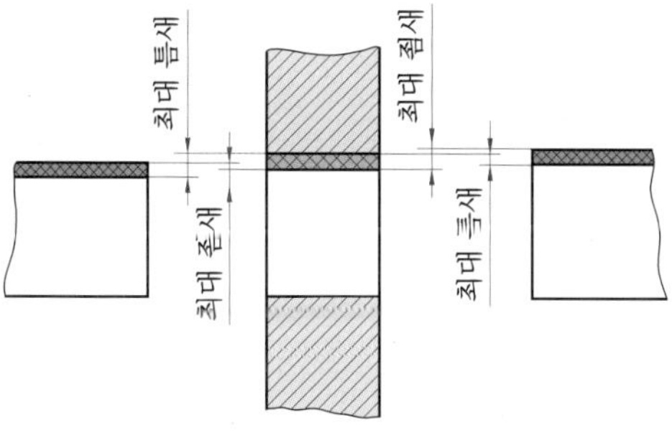

그림 5

㉚ **죔새** : 구멍의 치수가 축의 치수보다도 작을 때의 조립 전의 구멍과 축과의 치수의 차(그림 6).

㉛ **최소 죔새** : 억지 끼워맞춤에서 조립 전의 구멍의 최대 허용치수와 축의 최소 허용치수와의 차(그림 7).

㉜ **최대 죔새** : 억지 끼워맞춤 또는 중간 끼워맞춤에서 조립 전의 구멍의 최소 허용지수와 축의 최대 허용치수와의 차(그림 5 및 그림 7).

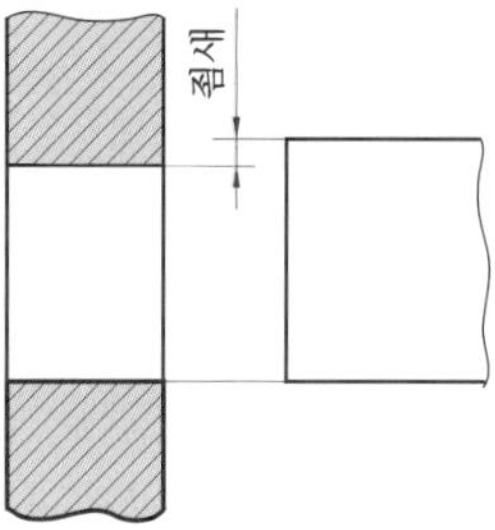

그림 6

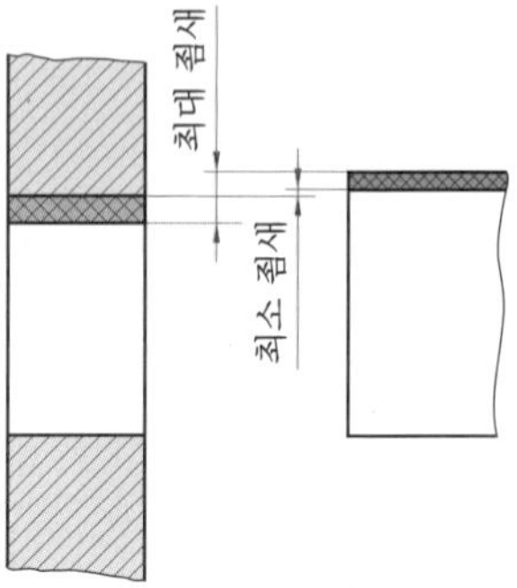

그림 7

㉝ **헐거운 끼워맞춤** : 조립하였을 때 항상 틈새가 생기는 끼워맞춤, 즉 도시된 경우에 구멍의 공차역이 완전히 축의 공차역의 위쪽에 있는 끼워맞춤(그림 8).

㉞ **억지 끼워맞춤** : 조립하였을 때 항상 죔새가 생기는 끼워맞춤, 즉 도시된 경우에 구멍의 공차역이 완전히 축의 공차역의 아래쪽에 있는 끼워맞춤(그림 9).

㉟ **중간 끼워맞춤** : 조립하였을 때 구멍 · 축의 실 치수에 따라 틈새 또는 죔새의 어느 것이나 되는 끼워맞춤, 즉 도시된 경우에 구멍 · 축의 공차역이 완전히 또는 부분적으로 겹치는 끼워맞춤(그림 10).

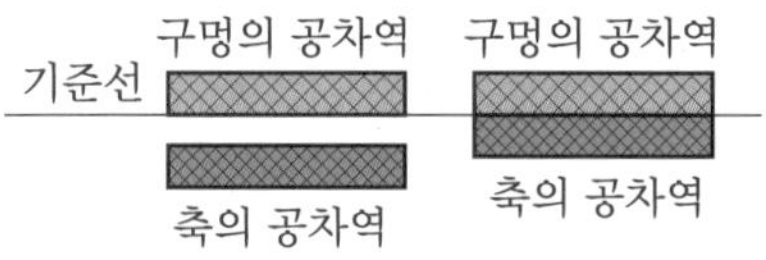

그림 8 헐거운 끼워맞춤

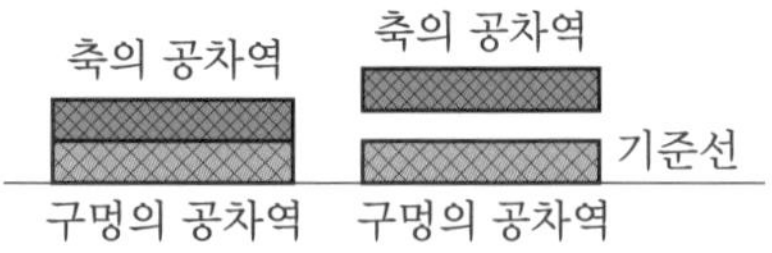

그림 9 억지 끼워맞춤

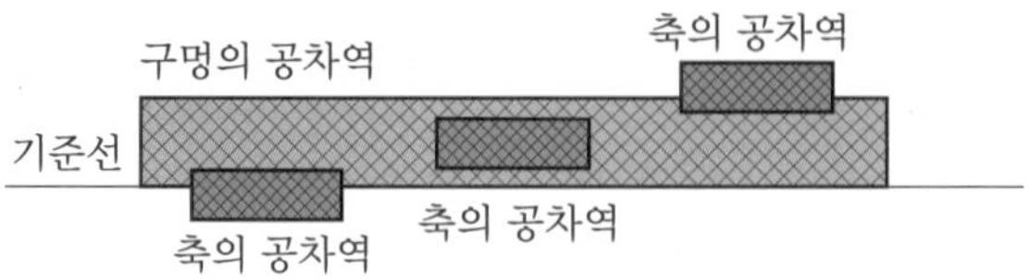

그림 10 중간 끼워맞춤

㊱ **끼워맞춤의 변동량** : 조립하는 구멍 · 축의 치수 공차의 대수합.

㊲ **끼워맞춤 방식** : 어떤 치수공차 방식에 속하는 구멍 · 축에 따라 구성되는 끼워맞춤의 방식.

㊳ **구멍 기준 끼워맞춤** : 여러 개의 공차역 클래스의 축과 1개의 공차역 클래스의 구멍을 조립

하는데에 따라 필요한 틈새 또는 죔새를 주는 끼워맞춤 방식. 이 규격에서는 구멍의 최소 허용 치수가 기준 치수와 같다. 즉, 구멍의 아래치수 허용차가 "0"인 끼워맞춤 방식(그림 11).

㊴ **축 기준 끼워맞춤** : 여러 개의 공차역 클래스의 구멍과 1개의 공차역 클래스의 축을 조립하는데 따라 필요한 틈새 또는 죔새를 주는 끼워맞춤 방식. 이 규격에서는 축의 최대 허용 치수가 기준 치수와 같다. 즉, 축의 위 치수 허용차가 "0"인 끼워맞춤 방식(그림 12).

㊵ **기준 구멍** : 구멍 기준 끼워맞춤에서 기준으로 선택한 구멍. 이 규격에서는 아래 치수 허용차가 "0"인 구멍.

㊶ **기준축** : 축 기준 끼워맞춤에서 기준으로 선택한 축. 이 규격에서는 위 치수 허용차가 "0"인 축.

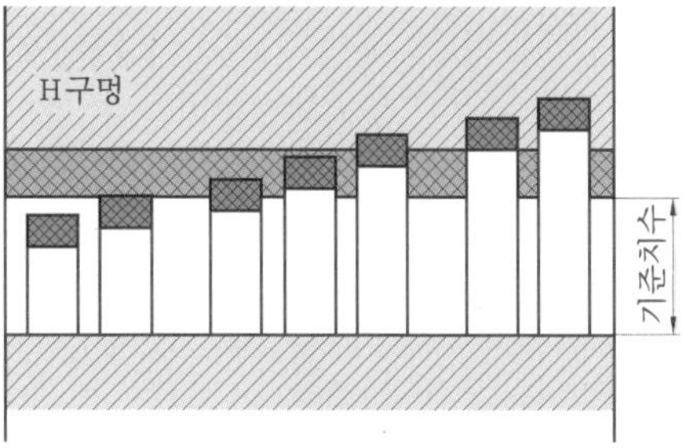

그림 11 구멍 기준 끼워맞춤

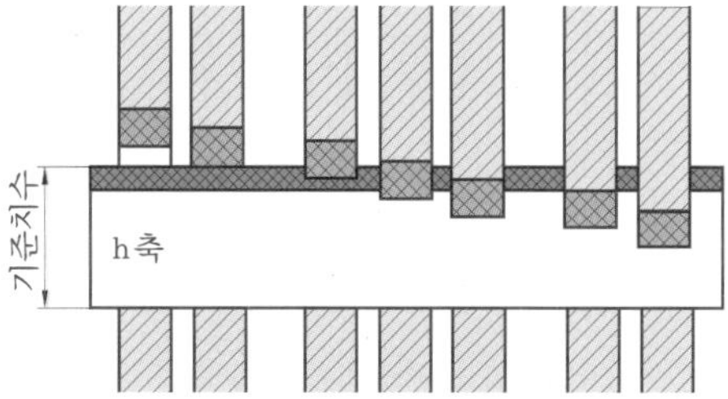

그림 12 축 기준 끼워맞춤

3. 온도 조건

이 규격에 규정하는 치수는 온도 20℃일 때의 것으로 한다.

4. 기호와 표시

(1) 공차 등급 · 공차역 클래스의 기호

① **공차 등급** : 공차 등급은 보기를 들면 *IT*7과 같이 기호 *IT*에 등급을 나타내는 숫자를 붙여서 나타낸다.

② **공차역의 위치** : 구멍의 공차역의 위치는 A부터 ZC까지의 대문자 기호로 축의 공차역의 위치는 a부터 zc까지의 소문자 기호로 나타낸다(그림 13). 다만, 혼동을 피하기 위해서 다음 문자는 사용하지 않는다.

I, L, O, Q, W, i, l, o, q w

비고 : 보기를 들면, 공차역의 위치 H의 구멍을 약하여 H구멍, 공차역의 위치 h의 축을 약하여 h축 등으로 부른다.

③ **공차역 클래스** : 공차역 클래스는 공차역의 위치의 기호에 공차 등급을 나타내는 숫자를 계속하여 표시한다.

〈보기〉 구멍의 경우 H7, 축의 경우 h7

④ **치수 허용차** : 치수 허용차의 기호는 다음에 따른다.

㈎ 위 치수 허용치 : 구멍의 위 치수 허용차는 기호 *ES*에 따라, 축의 위 치수 허용차는 기호 *es*에 따라 표시한다.

㈏ 아래 치수 허용차 : 구멍의 아래 치수 허용차는 기호 *EI*에 따라, 축의 아래 치수 허용차는 기호 *ei*에 따라 표시한다.

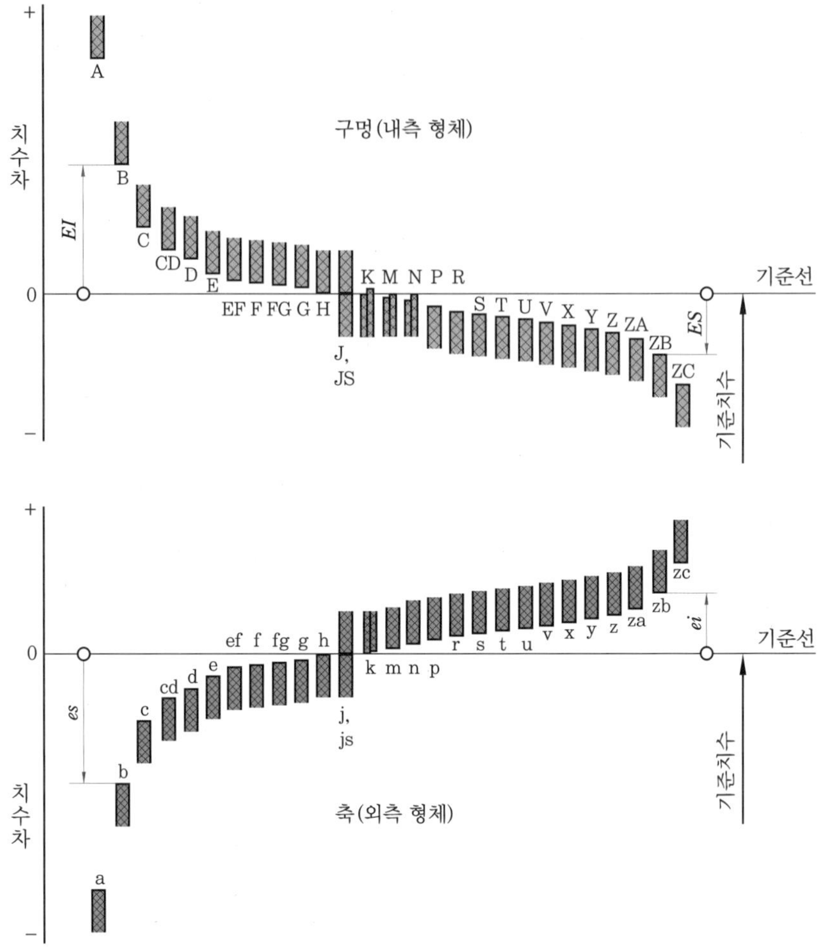

비고 : 일반적으로 기초가 되는 치수 허용차는 기준선에 가까운 쪽의 허용 한계치수를 규정하고 있는 치수 허용차이다.

그림 13

(2) 치수 허용한계의 표시

치수의 허용한계는 공차역 클래스의 기호(이하 치수공차 기호라 한다) 또는 치수 허용차의 값을 기준 치수에 계속하여 표시한다.

〈보기〉 32H 7 80 js 15 100g6 100 $\begin{matrix} -0.012 \\ -0.034 \end{matrix}$

비고 : 1. 텔렉스 등의 한정된 문자수의 장치로 통신할 경우에는 구멍과 축을 구별하기 위해서 구멍에 대해서는 H 또는 h를, 축에 대해서는 S 또는 s를 기준 치수의 앞에 붙인다.

〈보기〉 50H5는 H50H5 또는 h50h5로 하고, 50h6은 S50H6 또는 s50h6으로 한다.

2. 치수의 허용 한계를 허용 한계치수에 따라 나타내는 수가 있다. 이 경우, 최대 허용치수를 위의 위치에, 최소 허용치수를 아래의 위치에 겹쳐서 표시한다.

〈보기〉 $\begin{matrix} 99.988 \\ 99.966 \end{matrix}$

(3) 끼워맞춤의 표시

끼워맞춤은 구멍 · 축의 공통 기준 치수에 구멍의 치수 공차 기호와 축의 치수공차 기호를 계속하여 표시한다.

〈보기〉 52H7/g6 52H7−g6 또는 $52\frac{H7}{g6}$

비고 : 텔렉스 등의 한정된 문자수의 장치로 통신하는 경우에는 구멍과 축을 구별하기 위해 구멍과 축에 대하여 기준 치수를 표시함과 동시에 구멍에 대하여는 H 또는 h를, 축에 대해서는 S 또는 s를 붙인다.

〈보기〉 52H7/g6은 H52H7/S52G6 또는 h52h/s52g6으로 한다.

기본 공차의 수치

기준치수의 구분(mm)		공차 등급																	
		1	2	3	4	5	6	7	8	9	10	11	12	13	14(1)	15(1)	16(1)	17(1)	18(1)
초과	이하	기본 공차의 수치(μm)											기본 공차의 수치(mm)						
−	3(1)	0.8	1.2	2	3	4	6	10	14	25	40	60	0.10	0.14	0.26	0.40	0.60	1.00	1.40
3	6	1	1.5	2.5	4	5	8	12	18	30	48	75	0.12	0.18	0.30	0.48	0.75	1.20	1.80
6	10	1	1.5	2.5	4	6	9	15	22	36	58	90	0.15	0.22	0.36	0.58	0.90	1.50	2.20
10	18	1.2	2	3	5	8	11	18	27	43	70	110	0.18	0.27	0.43	0.70	1.10	1.80	2.70
18	30	1.5	2.5	4	6	9	13	21	33	52	84	130	0.21	0.33	0.52	0.84	1.30	2.10	3.30
30	50	1.5	2.5	4	7	11	16	25	39	62	100	160	0.25	0.39	0.62	1.00	1.60	2.50	3.90
50	80	2	3	5	8	13	19	30	46	74	120	190	0.30	0.46	0.74	1.20	1.90	3.00	4.60
80	120	2.5	4	6	10	15	22	35	54	87	140	220	0.35	0.54	0.87	1.40	2.20	3.50	5.40
120	180	3.5	5	8	12	18	25	40	63	100	160	250	0.40	0.63	1.00	1.60	2.50	4.00	6.30
180	250	4.5	7	10	14	20	29	46	72	115	185	290	0.46	0.72	1.15	1.85	2.90	4.60	7.20
250	315	6	8	12	16	23	32	52	81	130	210	320	0.52	0.81	1.30	2.10	3.20	5.20	8.10
315	400	7	9	13	18	25	36	57	89	140	230	360	0.57	0.89	1.40	2.30	3.60	5.70	8.90
400	500	8	10	15	20	27	40	63	97	155	250	400	0.63	0.97	1.55	2.50	4.00	6.30	9.70
	(2)																		
500	630	9	11	16	22	30	44	70	110	175	280	440	0.70	1.10	1.75	2.80	4.40	7.00	11.00
630	800	10	13	18	25	35	50	80	125	200	320	500	0.80	1.25	2.00	3.20	5.00	8.00	12.50
800	1000	11	15	21	29	40	56	90	140	230	360	560	0.90	1.40	2.30	3.60	5.60	9.00	14.00
1000	1250	13	18	24	34	46	66	105	165	260	420	660	1.05	1.65	2.60	4.20	6.60	10.50	16.50
1250	1600	15	21	29	40	54	78	125	195	310	500	780	1.25	1.95	3.10	5.00	7.80	12.50	19.50
1600	2000	18	25	35	48	65	92	150	230	370	600	920	1.50	2.30	3.70	6.00	9.20	15.00	23.00
2000	2500	22	30	41	57	77	110	175	280	440	700	1100	1.75	2.80	4.40	7.00	11.00	17.50	28.00
2500	3150	26	36	50	69	93	135	210	330	540	860	1350	2.10	3.30	5.40	8.60	13.50	21.00	33.00

주 (1) : 공차 등급 *IT* 14~*IT* 18은 기준 치수 1mm 이하에는 적용하지 않는다.

(2) : 500mm를 초과하는 기준 치수에 대한 공차 등급 *IT* 1~*IT* 5의 공차값은 실험적으로 사용하기 위한 잠정적인 것이다.

부록

부록 3. 치수 공차 및 끼워 맞춤(계속)

상용하는 구멍 기준 끼워맞춤

기준 구멍	축의 공차역 클래스																
	헐거운 끼워맞춤							중간 끼워맞춤			억지 끼워맞춤						
H6						g5	h5	js5	k5	m5							
					f6	g6	h6	js6	k6	m6	n6(1)	p6(1)					
H7					f6	g6	h6	js6	k6	m6	n6	p6(1)	p6(1)	s6	t6	u6	x6
				e7	f7		h7	js7									
H8					f7		h7										
				e8	f8		h8										
			d9	e9													
H9			d8	e8			h8										
		c9	d9	e9			h9										
H10	b9	c9	d9														

주(1) : 이들의 끼워맞춤은 치수의 구분에 따라 예외가 생긴다.

상용하는 축 기준 끼워맞춤

기준 축	구멍의 공차역 클래스																
	헐거운 끼워맞춤							중간 끼워맞춤			억지 끼워맞춤						
h5							H6	JS6	K6	M6	N6(2)	P6					
h6					F6	G6	H6	JS6	K6	M6	N6	P6(2)					
					F7	G7	H7	JS7	K7	M7	N7	P7(2)	R7	S7	T7	U7	X7
h7				E7	F7		H7										
					F8		H8										
h8			D8	E8	F8		H8										
			D9	E9			H9										
h9			D8	E8			H8										
		C9	D9	E9			H9										
	B10	C10	D10														

주(2) : 이들의 끼워맞춤은 치수의 구분에 따라 예외가 생긴다.

부록 3. 치수 공차 및 끼워 맞춤(계속)

상용하는 구멍 기준 끼워맞춤에 있어서 공차역의 상호관계(그림은 기준치수 30mm의 경우를 나타낸다.)

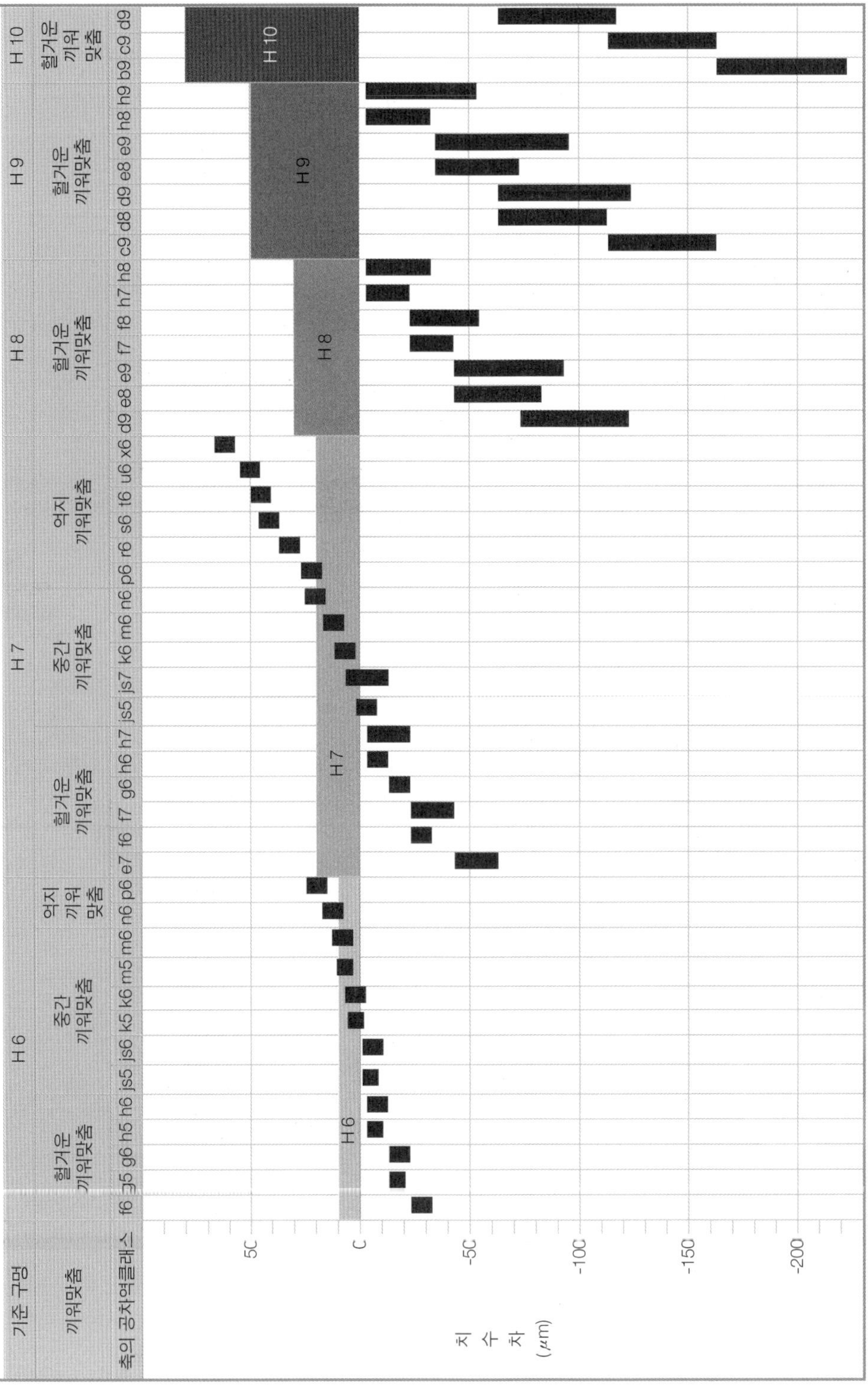

부록 3. 치수 공차 및 끼워 맞춤(계속)

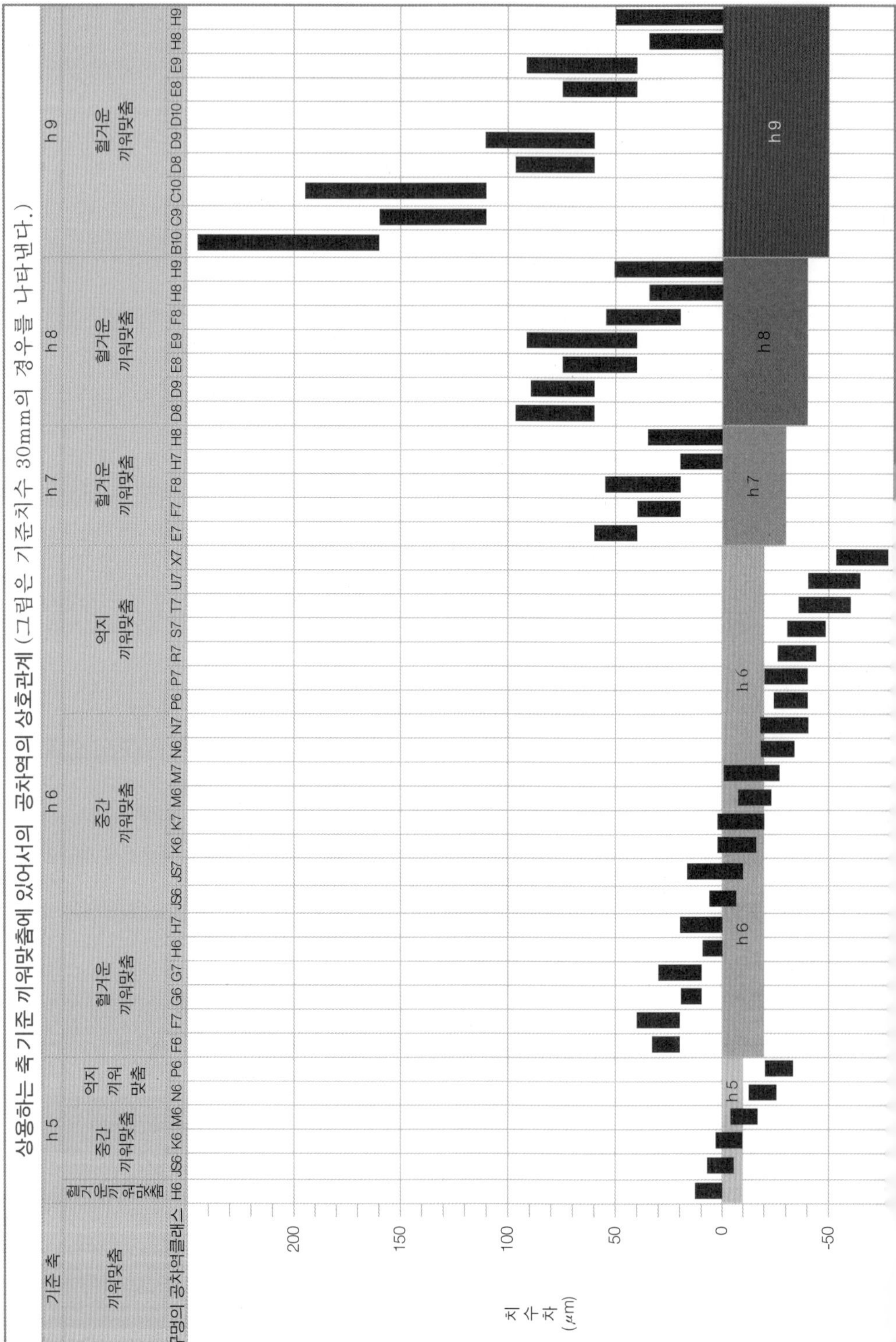

부록 3. 치수 공차 및 끼워 맞춤(계속)

구멍의 기초가 되는 치수 허용차의 수치 (단위 : μm)

기준치수의 구분(mm)		전체의 공차 등급											
		기초가 되는 치수 허용차 = 아래 치수 허용차 *EI*											
초과	이하	공차역의 위치											
		A(1)	B(1)	C	CD	D	E	EF	F	FG	G	H	JS(2)
–	3	+270	+140	+60	+34	+20	+14	+10	+6	+4	+2	0	치수 허용차 $=\pm\frac{IT_n}{2}$
3	6	+270	+140	+70	+46	+30	+20	+14	+10	+6	+4	0	
6	10	+280	+150	+80	+56	+40	+25	+18	+13	+8	+5	0	
10	14	+290	+150	+95		+50	+32		+16		+6	0	
14	18												
18	24	+300	+160	+110		+65	+40		+20		+7	0	
24	30												
30	40	+310	+170	+120		+80	+50		+25		+9	0	
40	50	+320	+180	+130									
50	65	+340	+190	+140		+100	+60		+30		+10	0	
65	80	+360	+200	+150									
80	100	+380	+220	+170		+120	+72		+36		+12	0	
100	120	+410	+240	+180									
120	140	+460	+260	+200		+145	+85		+43		+14	0	
140	160	+520	+280	+210									
150	180	+580	+310	+230									
160	200	+660	+340	+240		+170	+100		+50		+15	0	
200	225	+740	+380	+260									
225	250	+820	+420	+280									
250	280	+920	+480	+300		+190	+110		+56		+17	0	
280	315	+1050	+540	+330									
315	355	+1200	+600	+360		+210	+125		+62		+18	0	
355	400	+1350	+680	+400									
400	450	+1500	+760	+440		+230	+135		+68		+20	0	
450	500	+1650	+840	+480									
500	560					+260	+145		+76		+22	0	
560	630												
630	710					+290	+160		+80		+24	0	
710	800												
800	900					+320	+170		+86		+26	0	
900	1000												
1000	1120					+350	+195		+98		+28	0	
1120	1250												
1250	1400					+390	+220		+110		+30	0	
1400	1600												
1600	1800					+430	+240		+120		+32	0	
1800	2000												
2000	2240					+480	+260		+130		+34	0	
2240	2500												
2500	2800					+520	+290		+145		+38	0	
2800	3150												

기준치수의 구분(mm)		공차 등급										공차등급 8 이상												공차 등급					
		6	7	8	8 이하	9 이상	8 이하	9 이상	8 이하	9 이상	7 이하																		
		기초가 되는 치수 허용차 = 위치수 허용차 *ES*																						3	4	5	6	7	8
초과	이하	공차역의 위치																						Δ의 수치					
		J			K(4)		M(4)		N(4)(5)		P–ZC(4)	P	R	S	T	U	V	X	Y	Z	ZA	ZB	ZC						
–	3	+2	+4	+6	0	0	−2	−2	−4	−4	오른쪽 난의 Δ의 값을 가한다.	−6	−10	−14		−18		−20		−26	−32	−40	−60	0	0	0	0	0	0
3	6	+5	+6	+10	−1+Δ		−4+Δ	−4	−8+Δ	0		−12	−15	−19		−23		−28		−35	−42	−50	−80	1	1.5	1	3	4	6
6	10	+5	+8	+12	−1+Δ		−6+Δ	−6	−10+Δ	0		−15	−19	−23		−28		−34		−42	−52	−67	−97	1	1.5	2	3	6	7
10	14	+6	+10	+15	−1+Δ		−7+Δ	−7	−12+Δ	0		−18	−23	−28		−33		−40		−50	−64	−90	−130	1	2	3	3	7	9
14	18																−39	−45		−60	−77	−108	−150						
18	24	+8	+12	+20	−2+Δ		−8+Δ	−8	−15+Δ	0		−22	−28	−35		−41	−47	−54	−63	−73	−93	−136	−188	1.5	2	3	4	8	12
24	30														−41	−48	−55	−64	−75	−88	−118	−160	−218						
30	40	+10	+14	+24	−2+Δ		−9+Δ	−9	−17+Δ	0		−26	−34	−43	−48	−60	−68	−80	−94	−112	−148	−200	−274	1.5	3	4	5	9	14
40	50														−54	−70	−81	−97	−114	−136	−180	−242	−325						
50	65	+13	+18	+28	−2+Δ		−11+Δ	−11	−20+Δ	0		−32	−41	−53	−66	−87	−102	−122	−144	−172	−226	−300	−405	2	3	5	6	11	16
65	80												−43	−59	−75	−102	−120	−146	−174	−210	−274	−360	−480						
80	100	+16	+22	+34	−3+Δ		−13+Δ	−13	−23+Δ	0		−37	−51	−71	−91	−124	−146	−178	−214	−258	−335	−445	−585	2	4	5	7	13	19
100	120												−54	−79	−104	−144	−172	−210	−254	−310	−400	−525	−690						
120	140	+18	+26	+41	−3+Δ		−15+Δ	−15	−27+Δ	0		−43	−63	−92	−122	−170	−202	−248	−300	−365	−470	−620	−800	3	4	6	7	15	23
140	160												−65	−100	−134	−190	−228	−280	−340	−415	−535	−700	−900						
150	180												−66	−108	−146	−210	−252	−310	−380	−465	−600	−780	−1000						
160	200	+22	+30	+47	−4+Δ		−17+Δ	−17	−31+Δ	0		−50	−77	−122	−166	−236	−284	−350	−425	−520	−670	−860	−1150	3	4	6	9	17	26
200	225												−80	−130	−180	−258	−310	−385	−470	−575	−740	−960	−1250						
225	250												−84	−140	−196	−284	−340	−425	−520	−640	−820	−1050	−1350						
250	280	+25	+36	+55	−4+Δ		(3) −20+Δ	−20	−34+Δ	0		−56	−94	−158	−218	−315	−385	−475	−580	−710	−920	−1200	−1550	4	4	7	9	20	29
280	315												−98	−170	−240	−350	−425	−525	−650	−790	−1000	−1300	−1700						
315	355	+29	+39	+60	−4+Δ		−21+Δ	−21	−37+Δ	0		−62	−108	−190	−268	−390	−475	−590	−730	−900	−1150	−1500	−1900	4	5	7	11	21	32
355	400												−114	−208	−294	−435	−530	−660	−820	−1000	−1300	−1650	−2100						
400	450	+33	+43	+66	−5+Δ		−23+Δ	−23	−40+Δ	0		−68	−126	−232	−330	−490	−595	−740	−920	−1100	−1450	−1850	−2400	5	5	7	13	23	34
450	500												−132	−252	−360	−540	−660	−820	−1000	−1250	−1600	−2100	−2600						
500	560						−26		−44			−78	−150	−280	−400	−600													
560	630												−155	−310	−450	−660													
630	710						−30		−50			−88	−175	−340	−500	−740													
710	800												−185	−380	−560	−840													
800	900						−34		−56			−100	−210	−430	−620	−940													
900	1000												−220	−470	−680	−1050													
1000	1120						−40		−66			−120	−250	−520	−780	−1150													
1120	1250												−260	−580	−840	−1300													
1250	1400						−48		−78			−140	−300	−640	−960	−1450													
1400	1600												−330	−720	−1050	−1600													
1600	1800						−58		−92			−170	−370	−820	−1200	−1850													
1800	2000												−400	−920	−1350	−2000													
2000	2240						−68		−110			−195	−440	−1000	−1500	−2300													
2240	2500												−460	−1100	−1650	−2500													
2500	2800						−76		−135			−240	−550	−1250	−1900	−2900													
2800	3150												−580	−1400	−2100	−3200													

주(1) : A 및 B구멍은 기준치수 1mm 이하에는 사용하지 않는다.

(2) : 공차역 클래스 JS7～JS11에서는 기본 공차 *IT*의 수치가 홀수인 경우에는 치수 허용차, 즉 ±*IT*/2가 마이크로미터 단위의 정수가 되도록, *IT*의 수치를 바로 아래의 짝수로 맺음한다.

(3) : 예외로서, 공차역 클래스 M6의 경우에는 *ES*는 −20+9=−11μm가 아니고 −9μm이다.

(4) : 공차 등급 *IT*8 이하의 K, M급 및 N구멍 및 공차 등급 *IT*7 이하의 P～ZC 구멍의 경우, 우측의 표에서 Δ의 수치를 읽고 기초가 되는 치수 허용차를 결정한다.

〈**보기**〉 18～30mm의 K7의 경우 : Δ=8μm ∴ *ES*=−2+8=6μm

18～30mm의 S6의 경우 : Δ=4μm ∴ *ES*=−35+4=−31μm

(5) : 공차 등급 *IT*9 이상의 N구멍은 기준치수 1mm 이하에 사용하지 않는다.

축의 기초가 되는 치수 허용차의 수치 (단위 : μm)

기준치수의 구분(mm)		전체의 공차 등급												공차 등급					전체의 공차 등급													
														5, 6	7	8	4, 5, 6, 7	3 이하 및 8 이상														
		기초가 되는 치수 허용차 = 위 치수 허용차 *es*												기초가 되는 치수 허용차 = 아래치수 허용차 *ei*																		
초과	이하	공차역의 위치												공차역의 위치																		
		a(6)	b(6)	c	cd	d	e	ef	f	fg	g	h	js(7)	j			k		m	n	p	r	s	t	u	v	x	y	z	za	zb	zc
–	3	−270	−140	−60	−34	−20	−14	−10	−6	−4	−2	0	치수 허용차 = ± $\frac{IT_n}{2}$	−2	−4	−6	0	0	+2	+4	+6	+10	+14		+18		+20		+26	+32	+40	+60
3	6	−270	−140	−70	−46	−30	−20	−14	−10	−6	−4	0		−2	−4		+1	0	+4	+8	+12	+15	+19		+23		+28		+35	+42	+50	+80
6	10	−280	−150	−80	−56	−40	−25	−18	−13	−8	−5	0		−2	−5		+1	0	+6	+10	+15	+19	+23		+28		+34		+42	+52	+67	+97
10	14	−290	−150	−95		−50	−32		−16		−6	0		−3	−6		+1	0	+7	+12	+18	+23	+28		+33		+40		+50	+64	+90	+130
14	18																									+39	+45		+60	+77	+108	+150
18	24	−300	−160	−110		−65	−40		−20		−7	0		−4	−8		+2	0	+8	+15	+22	+28	+35		+41	+47	+54	+63	+73	+98	+136	+188
24	30																							+41	+48	+65	+64	+75	+88	+118	+160	+218
30	40	−310	−170	−120		−80	−50		−25		−9	0		−5	−10		+2	0	+9	+17	+26	+34	+43	+48	+60	+68	+80	+94	+112	+148	+200	+274
40	50	−320	−180	−130																				+54	+70	+81	+97	+114	+136	+180	+242	+325
50	65	−340	−190	−140		−100	−60		−30		−10	0		−7	−12		+2	0	+11	+20	+32	+41	+53	+66	+87	+102	+122	+144	+172	+226	+300	+405
65	80	−360	−200	−150																		+43	+59	+75	+102	+120	+146	+174	+210	+274	+360	+480
80	100	−380	−220	−170		−120	−72		−36		−12	0		−9	−15		+3	0	+13	+23	+37	+51	+71	+91	+124	+146	+178	+214	+258	+335	+445	+585
100	120	−410	−240	−180																		+54	+79	+104	+144	+172	+210	+254	+310	+400	+525	+690
120	140	−460	−260	−200		−145	−85		−43		−14	0		−11	−18		+3	0	+15	+27	+43	+63	+92	+122	+170	+202	+248	+300	+365	+470	+620	+800
140	160	−520	−280	−210																		+65	+100	+134	+190	+228	+280	+340	+415	+535	+700	+900
160	180	−580	−310	−230																		+68	+108	+146	+210	+252	+310	+380	+465	+600	+780	+1000
180	200	−660	−340	−240		−170	−100		−50		−15	0		−13	−21		+4	0	+17	+31	+50	+77	+122	+166	+236	+284	+350	+425	+520	+670	+880	+1150
200	225	−740	−380	−260																		+80	+130	+180	+258	+310	+385	+470	+575	+740	+960	+1250
225	250	−820	−420	−280																		+84	+140	+196	+284	+340	+425	+520	+640	+820	+1050	+1350
250	280	−920	−480	−300		−190	−110		−56		−17	0		−16	−26		+4	0	+20	+34	+56	+94	+158	+218	+315	+385	+475	+580	+710	+920	+1200	+1550
280	315	−1050	−540	−330																		+98	+170	+240	+350	+425	+525	+650	+790	+1000	+1300	+1700
315	355	−1200	−600	−360		−210	−125		−62		−18	0		−18	−28		+4	0	+21	+37	+62	+108	+190	+268	+390	+475	+590	+730	+900	+1150	+1500	+1900
355	400	−1350	−680	−400																		+114	+208	+294	+435	+530	+660	+820	+1000	+1300	+1650	+2100
400	450	−1500	−760	−440		−230	−135		−68		−20	0		−20	−32		+5	0	+23	+40	+68	+126	+232	+330	+490	+595	+740	+920	+1100	+1450	+1850	+2400
450	500	−1650	−840	−480																		+132	+252	+360	+540	+660	+820	+1000	+1250	+1600	+2100	+2600
500	560					−260	−145		−76		−22	0					0	0	+26	+44	+78	+150	+280	+400	+600							
560	630																					+155	+310	+450	+660							
630	710					−290	−160		−80		−24	0					0	0	+30	+50	+88	+175	+340	+500	+740							
710	800																					+185	+380	+560	+840							
800	900					−320	−170		−86		−26	0					0	0	+34	+56	+100	+210	+430	+620	+940							
900	1000																					+220	+470	+680	+1050							
1000	1120					−350	−195		−98		−28	0					0	0	+40	+66	+120	+250	+520	+780	+1150							
1120	1250																					+260	+580	+840	+1300							
1250	1400					−390	−220		−110		−30	0					0	0	+48	+78	+140	+300	+640	+960	+1450							
1400	1600																					+330	+720	+1050	+1600							
1600	1800					−430	−240		−120		−32	0					0	0	+58	+92	+170	+370	+820	+1200	+1850							
1800	2000																					+400	+920	+1350	+2000							
2000	2240					−480	−260		−130		−34	0					0	0	+68	+110	+195	+440	+1000	+1500	+2300							
2240	2500																					+460	+1100	+1650	+2500							
2500	2800					−520	−290		−145		−38	0					0	0	+76	+135	+240	+550	+1250	+1900	+2900							
2800	3150																					+580	+1400	+2100	+3200							

주 (6) : a 및 b 축은 기준치수 1mm 이하에는 사용하지 않는다.

(7) : 공차역 클래스 js7~js11에서는 기본 공차 *IT*의 수치가 홀수인 경우에는 치수 허용차, 즉 ±*IT*/2가 마이크로미터 단위의 정수가 되도록 *IT*의 수치를 바로 아래의 짝수로 맺음한다.

부록 3. 치수 공차 및 끼워 맞춤(계속)

KS B 0401

상용하는 끼워맞춤에서 사용하는 구멍의 치수 허용차

(단위 : μm)

기준치수의 구분(mm)		구멍의 공차역 클래스																																	
초과	이하	B10	C9	C10	D8	D9	D10	E7	E8	E9	F6	F7	F8	G6	G7	H6	H7	H8	H9	H10	JS6	JS7	K6	K7	M6	M7	N6	N7	P6	P7	R7	S7	T7	U7	X7
–	3	+180 +140	+85 +60	+100 +60	+34 +20	+45 +20	+60 +20	+24 +14	+28 +14	+39 +14	+12 +6	+16 +6	+20 +6	+8 +2	+12 +2	+6 0	+10 0	+14 0	+25 0	+40 0	±3	±5	0 −6	0 −10	−2 −8	−2 −12	−4 −10	−4 −14	−6 −12	−6 −16	−10 −20	−14 −24	–	−18 −28	−20 −30
3	6	+188 +140	+100 +70	+118 +70	+48 +30	+60 +30	+78 +30	+32 +20	+38 +20	+50 +20	+18 +10	+22 +10	+28 +10	+12 +4	+16 +4	+8 0	+12 0	+18 0	+30 0	+48 0	±4	±6	+2 −6	+3 −9	−1 −9	0 −12	−5 −13	−4 −16	−9 −17	−8 −20	−11 −23	−15 −27	–	−19 −31	−24 −36
6	10	+208 +150	+116 +80	+138 +80	+62 +40	+76 +40	+98 +40	+40 +25	+47 +25	+61 +25	+22 +13	+28 +13	+35 +13	+14 +5	+20 +5	+9 0	+15 0	+22 0	+36 0	+58 0	±4.5	±7	+2 −7	+5 −10	−3 −12	0 −15	−7 −16	−4 −19	−12 −21	−9 −24	−13 −28	−17 −32	–	−22 −37	−28 −43
10	14	+220 +150	+138 +95	+165 +95	+77 +50	+93 +50	+120 +50	+50 +32	+59 +32	+75 +32	+27 +16	+34 +16	+43 +16	+17 +6	+24 +6	+11 0	+18 0	+27 0	+43 0	+70 0	±5.5	±9	+2 −9	+6 −12	−4 −15	0 −18	−9 −20	−5 −23	−15 −26	−11 −29	−16 −34	−21 −39	–	−26 −44	−33 −51
14	18																																		−38 −56
18	24	+244 +160	+162 +110	+194 +110	+98 +65	+117 +65	+149 +65	+61 +40	+73 +40	+92 +40	+33 +20	+41 +20	+53 +20	+20 +7	+28 +7	+13 0	+21 0	+33 0	+52 0	+84 0	±6.5	±10	+2 −11	+6 −15	−4 −17	0 −21	−11 −24	−7 −28	−18 −31	−14 −35	−20 −41	−27 −48	−33 −54	−33 −54	−46 −67
24	30																																	−40 −61	−56 −77
30	40	+270 +170	+182 +120	+220 +120	+119 +80	+142 +80	+180 +80	+75 +50	+89 +50	+112 +50	+41 +25	+50 +25	+64 +25	+25 +9	+34 +9	+16 0	+25 0	+39 0	+62 0	+100 0	±8	±12	+3 −13	+7 −18	−4 −20	0 −25	−12 −28	−8 −33	−21 −37	−17 −42	−25 −50	−34 −59	−39 −64	−51 −76	–
40	50	+280 +180	+192 +130	+230 +130																													−45 −70	−61 −86	
50	65	+310 +190	+214 +140	+260 +140	+146 +146	+174 +100	+220 +146	+90 +60	+106 +60	+134 +60	+49 +30	+60 +30	+76 +30	+29 +10	+40 +10	+19 0	+30 0	+46 0	+74 0	+120 0	±9.5	±15	+4 −15	+9 −21	−5 −24	0 −30	−14 −33	−9 −39	−26 −45	−21 −51	−30 −60	−42 −72	−55 −85	−76 −106	–
65	80	+320 +200	+224 +150	+270 +150																											−32 −62	−48 −78	−64 −94	−91 −121	
80	100	+360 +220	+257 +170	+310 +170	+174 +120	+207 +120	+260 +120	+107 +72	+126 +72	+159 +72	+58 +36	+71 +36	+90 +36	+34 +12	+47 +12	+22 0	+35 0	+54 0	+87 0	+140 0	±11	±17	+4 −18	+10 −25	−6 −28	0 −35	−16 −38	−10 −45	−30 −52	−24 −59	−38 −73	−58 −93	−78 −113	−111 −146	–
100	120	+380 +240	+267 +180	+320 +180																											−41 −76	−66 −101	−91 −126	−131 −166	
120	140	+420 +260	+300 +200	+360 +200	+208 +145	+245 +145	+305 +145	+125 +85	+148 +85	+185 +85	+68 +43	+83 +43	+106 +43	+39 +14	+54 +14	+25 0	+40 0	+63 0	+100 0	+160 0	±12.5	±20	+4 −21	+12 −28	−8 −33	0 −40	−20 −45	−12 −52	−36 −61	−28 −68	−48 −88	−77 −117	−107 −147	–	–
140	160	+440 +280	+310 +210	+370 +210																											−50 −90	−85 −125	−119 −159		
160	180	+470 +310	+330 +230	+390 +230																											−53 −93	−93 −133	−131 −171		
180	200	+525 +340	+355 +240	+425 +240	+242 +170	+285 +170	+355 +170	+146 +100	+172 +100	+215 +100	+79 +50	+96 +50	+122 +50	+44 +15	+61 +15	+29 0	+46 0	+72 0	+115 0	+185 0	±14.5	±23	+5 −24	+13 −33	−8 −37	0 −46	−22 −51	−14 −60	−41 −70	−33 −79	−60 −106	−105 −151	–	–	–
200	225	+565 +380	+375 +260	+445 +260																											−63 −109	−113 −159			
225	250	+605 +420	+395 +280	+465 +280																											−67 −113	−123 −169			
250	280	+690 +480	+430 +300	+510 +300	+271 +190	+320 +190	+400 +190	+162 +110	+191 +110	+240 +110	+88 +56	+108 +56	+137 +56	+49 +17	+69 +17	+32 0	+52 0	+81 0	+130 0	+210 0	±16	±26	+5 −27	+16 −36	−9 −41	0 −52	−25 −57	−14 −66	−47 −79	−36 −88	−74 −126	–	–	–	–
280	315	+750 +540	+460 +330	+540 +330																											−78 −130				
315	355	+830 +600	+500 +360	+590 +360	+299 +210	+350 +210	+440 +210	+182 +125	+214 +125	+265 +125	+98 +62	+119 +62	+151 +62	+54 +18	+75 +18	+36 0	+57 0	+89 0	+140 0	+230 0	±18	±28	+7 −29	+17 −40	−10 −46	0 −57	−26 −62	−16 −73	−51 −87	−41 −98	−87 −144	–	–	–	–
355	400	+910 +680	+540 +400	+630 +400																											−93 −150				
400	450	+1010 +760	+595 +440	+690 +440	+327 +230	+385 +230	+480 +230	+198 +135	+232 +135	+290 +135	+108 +68	+131 +68	+165 +68	+60 +20	+83 +20	+40 0	+63 0	+97 0	+155 0	+250 0	±20	±31	+8 −32	+18 −45	−10 −50	0 −63	−27 −67	−17 −80	−55 −95	−45 −108	−103 −166	–	–	–	–
450	500	+1090 +840	+635 +480	+730 +480																											−109 −172				

비고 : 표 중의 각 단에서 위 측의 수치는 위 치수 허용차, 아래 측의 수치는 아래 치수 허용차를 나타낸다.

부록 3. 치수 공차 및 끼워 맞춤(계속)

KS B 0401

상용하는 끼워맞춤의 축에서 사용하는 치수 허용차 (단위 : μm)

기준치수의 구분(mm)		축의 공차역 클래스																														
초과	이하	b9	c9	d8	d9	e7	e8	e9	f6	f7	f8	g5	g6	h5	h6	h7	h8	h9	js5	js6	js7	k5	k6	m5	m6	n6	p6	r6	s6	t6	u6	x6
–	3	−140 −165	−60 −85	−20 −34	−20 −45	−14 −24	−14 −28	−14 −39	−6 −12	−6 −16	−6 −20	−2 −6	−2 −8	0 −4	0 −6	0 −10	0 −14	0 −25	±2	±3	±5	+4 0	+6 0	+6 +2	+8 +2	+10 +4	+12 +6	+16 +10	+20 +14	–	+24 +18	+26 +20
3	6	−140 −170	−70 −100	−30 −48	−30 −60	−20 −32	−20 −38	−20 −50	−10 −18	−10 −22	−10 −28	−4 −9	−4 −12	0 −5	0 −8	0 −12	0 −18	0 −30	±2.5	±4	±6	+6 +1	+9 +1	+9 +4	+12 +4	+16 +8	+20 +12	+23 +15	+27 +19	–	+31 +23	+36 +28
6	10	−150 −186	−80 −116	−40 −62	−40 −76	−25 −40	−25 −47	−25 −61	−13 −22	−13 −28	−13 −35	−5 −11	−5 −14	0 −6	0 −9	0 −15	0 −22	0 −36	±3	±4.5	±7	+7 +1	+10 +1	+12 +6	+15 +6	+19 +10	+24 +15	+28 +19	+32 +23	–	+37 +28	+43 +34
10	14	−150 −193	−95 −138	−50 −77	−50 −93	−32 −50	−32 −59	−32 −75	−16 −27	−16 −34	−16 −43	−6 −14	−6 −17	0 −8	0 −11	0 −18	0 −27	0 −43	±4	±5.5	±9	+9 +1	+12 +1	+15 +7	+18 +7	+23 +12	+29 +18	+34 +23	+39 +28	–	+44 +33	+51 +40
14	18																															+56 +45
18	24	−160 −212	−110 −162	−65 −98	−65 −117	−40 −61	−40 −73	−40 −92	−20 −33	−20 −41	−20 −53	−7 −16	−7 −20	0 −9	0 −13	0 −21	0 −33	0 −52	±4.5	±6.5	±10	+11 +2	+15 +2	+17 +8	+21 +8	+28 +15	+35 +22	+41 +28	+48 +35	–	+54 +41	+67 +54
24	30																													+54 +41	+61 +48	+77 +64
30	40	−170 −232	−120 −182	−80 −119	−80 −142	−50 −75	−50 −89	−50 −112	−25 −41	−25 −50	−25 −64	−9 −20	−9 −25	0 −11	0 −16	0 −25	0 −39	0 −62	±5.5	±8	±12	+13 +2	+18 +2	+20 +9	+25 +9	+33 +17	+42 +26	+50 +34	+59 +43	+64 +48	+76 +60	–
40	50	−180 −242	−130 −192																											+70 +54	+86 +70	
50	65	−190 −264	−140 −214	−100 −146	−100 −174	−60 −90	−60 −106	−60 −134	−30 −49	−30 −60	−30 −76	−10 −23	−10 −29	0 −13	0 −19	0 −30	0 −46	0 −74	±6.5	±9.5	±15	+15 +2	+21 +2	+24 +11	+30 +11	+39 +20	+51 +32	+60 +41	+72 +53	+85 +66	+106 +87	–
65	80	−200 −274	−150 −224																									+62 +43	+78 +59	+94 +75	+121 +102	
80	100	−220 −307	−170 −257	−120 −174	−120 −207	−72 −107	−72 −126	−72 −159	−36 −58	−36 −71	−36 −90	−12 −27	−12 −34	0 −15	0 −22	0 −35	0 −54	0 −87	±7.5	±11	±17	+18 +3	+25 +3	+28 +13	+35 +13	+45 +23	+59 +37	+73 +51	+93 +71	+113 +91	+146 +124	–
100	120	−240 −327	−180 −267																									+76 +54	+101 +79	+126 +104	+166 +144	
120	140	−260 −360	−200 −300	−145 −208	−145 −245	−85 −125	−85 −148	−85 −185	−43 −68	−43 −83	−43 −106	−14 −32	−14 −39	0 −18	0 −25	0 −40	0 −63	0 −100	±9	±12.5	±20	+21 +3	+28 +3	+33 +15	+40 +15	+52 +27	+68 +43	+88 +63	+117 +92	+147 +122	–	–
140	160	−280 −380	−210 −310																									+90 +65	+125 +100	+159 +134		
160	180	−310 −410	−230 −330																									+93 +68	+133 +108	+171 +146		
180	200	−340 −455	−240 −355	−170 −242	−170 −285	−100 −146	−100 −172	−100 −215	−50 −79	−50 −96	−50 −122	−15 −35	−15 −44	0 −20	0 −29	0 −46	0 −72	0 −115	±10	±14.5	±23	+24 +4	+33 +4	+37 +17	+46 +17	+60 +31	+79 +50	+106 +77	+151 +122	–	–	–
200	225	−380 −495	−260 −375																									+109 +80	+159 +130			
225	250	−420 −535	−280 −395																									+113 +84	+169 +140			
250	280	−480 −610	−300 −430	−190 −271	−190 −320	−110 −162	−110 −191	−110 −240	−56 −88	−56 −108	−56 −137	−17 −40	−17 −49	0 −23	0 −32	0 −52	0 −81	0 −130	±11.5	±16	±26	+27 +4	+36 +4	+43 +20	+52 +20	+66 +34	+88 +56	+126 +94	–	–	–	–
280	315	−540 −670	−330 −460																									+130 +98				
315	355	−600 −740	−360 −500	−210 −299	−210 −350	−125 −182	−125 −214	−125 −265	−62 −98	−62 −119	−62 −151	−18 −43	−18 −54	0 −25	0 −36	0 −57	0 −89	0 −140	±12.5	±18	±28	+29 +4	+40 +4	+46 +21	+57 +21	+73 +37	+98 +62	+144 +108	–	–	–	–
355	400	−680 −820	−400 −540																									+150 +114				
400	450	−760 −915	−440 −595	−230 −327	−230 −385	−135 −198	−135 −232	−135 −290	−68 −108	−68 −131	−68 −165	−20 −47	−20 −60	0 −27	0 −40	0 −63	0 −97	0 −155	±13.5	±20	±31	+32 +5	+45 +5	+50 +23	+63 +23	+80 +40	+108 +68	+166 +126	–	–	–	–
450	500	−840 −995	−480 −635																									+172 +132				

비고 : 표 중의 각 단에서 위 측의 수치는 위 치수 허용차, 아래 측의 수치는 아래 치수 허용차를 나타낸다.

부록 4. 주조품 – 치수 공차 및 절삭 여유 방식

주조품의 치수 공차 (단위 : mm)

주조한대로의 주조품의 기준 치수		전체 주조 공차 ([1])															
		주조 공차 등급 CT([2])([3])															
초과	이하	1	2	3	4	5	6	7	8	9	10	11	12	13([4])	14([4])	15([4])	16([4])([5])
–	10	0.09	0.13	0.18	0.26	0.36	0.52	0.74	1	1.5	2	2.8	4.2	–	–	–	–
10	16	0.1	0.14	0.2	0.28	0.38	0.54	0.78	1.1	1.6	2.2	3	4.4	–	–	–	–
16	25	0.11	0.15	0.22	0.3	0.42	0.58	0.82	1.2	1.7	2.4	3.2	4.6	6	8	10	12
25	40	0.12	0.17	0.24	0.32	0.46	0.64	0.9	1.3	1.8	2.6	3.6	5	7	9	11	14
40	63	0.13	0.18	0.26	0.36	0.5	0.7	1	1.4	2	2.8	4	5.6	8	10	12	16
63	100	0.14	0.2	0.28	0.4	0.56	0.78	1.1	1.6	2.2	3.2	4.4	6	9	11	14	18
100	160	0.15	0.22	0.3	0.44	0.62	0.88	1.2	1.8	2.5	3.6	5	7	10	12	16	20
160	250	–	0.24	0.34	0.5	0.7	1	1.4	2	2.8	4	5.6	8	11	14	18	22
250	400	–	–	0.4	0.56	0.78	1.1	1.6	2.2	3.2	4.4	6.2	9	12	16	20	25
400	630	–	–	–	0.64	0.9	1.2	1.8	2.6	3.6	5	7	10	14	18	22	28
630	1000	–	–	–	–	1	1.4	2	2.8	4	6	8	11	16	20	25	32
1000	1600	–	–	–	–	–	1.6	2.2	3.2	4.6	7	9	13	18	23	29	37
1600	2500	–	–	–	–	–	–	2.6	3.8	5.4	8	10	15	21	26	33	42
2500	4000	–	–	–	–	–	–	–	4.4	6.2	9	12	17	24	30	38	49
4000	6300	–	–	–	–	–	–	–	–	7	10	14	20	28	35	44	56
6300	10000	–	–	–	–	–	–	–	–	–	11	16	23	32	40	50	64

주 ([1]) : 10. 참조

([2]) : 공차 등급 CT1～CT15에서의 살두께에 대하여 1등급 큰 공차 등급을 적용한다(7. 참조).

([3]) : 5. 참조

([4]) : 16mm까지의 치수에 대하여 CT13～CT16까지의 보통 공차는 적용하지 않으므로 이러한 치수는 개별 공차를 지시한다.

([5]) : 등급 CT16은 일반적으로 CT15를 지시한 주조품의 살두께에 대해서만 적용한다.

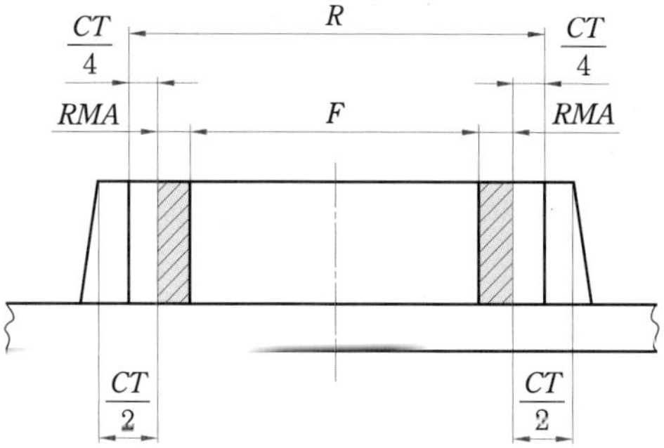

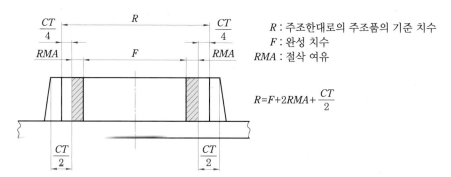

R : 주조한대로의 주조품의 기준 치수

F : 완성 치수

RMA : 절삭 여유

$$R = F + 2RMA + \frac{CT}{2}$$

보스의 바깥쪽 절삭 가공

부록 5. 일반 공차 – 제1부 : 개별 공차 표시가 없는 선형 치수 및 각도 치수에 대한 공차

KS B ISO 2768-1

1. 적용 범위

이 규격은 제도 표시를 단순화하기 위한 것으로 공차 표시가 없는 선형 및 치수에 대한 일반 공차를 4개의 공차 등급으로 나누어 규정한다. 일반 공차는 금속 파편이 제거된 제품 또는 박판 금속으로 형성된 제품에 대하여 적용한다.

이 규격은 개별 공차 표시를 가지지 않는 다음의 치수에 대해서만 적용한다.

① 선형 치수(예를 들면 외부 크기, 내부 크기, 눈금 크기, 지름, 반지름, 거리, 외부 반지름 및 파손된 가장자리에 대한 모따기 높이)

② 일반적으로 표시되지 않는 각도를 포함하는 각도. 예를 들면 ISO 2768-2에 따르지 않거나 또는 정다각형의 각도가 아니라면 직각(90°)

③ 부품을 가공하여 만든 선형 및 각도 치수

이 규격은 다음의 치수에는 적용하지 않는다.

① 일반 공차에 대하여 다른 규격으로 대신할 수 있는 선형 및 각도 치수

② 괄호 안에 표시된 보조 치수

③ 직사각형 프레임에 표시된 이론적으로 정확한 치수

파손된 가장자리를 제외한 선형 치수에 대한 허용 편차 (단위 : mm)

공차 등급		보통 치수에 대한 허용 편차							
호칭	설명	0.5(1)에서 3 이하	3 초과 6 이하	6 초과 30 이하	30 초과 120 이하	120 초과 400 이하	400 초과 1000 이하	1000 초과 2000 이하	2000 초과 4000 이하
f	정밀	±0.05	±0.05	±0.1	±0.15	±0.2	±0.3	±0.5	–
m	중간	±0.1	±0.1	±0.2	±0.3	±0.5	±0.8	±1.2	±2
c	거침	±0.2	±0.3	±0.5	±0.8	±1.2	±2	±3	±4
v	매우 거침	–	±0.5	±1	±1.5	±2.5	±4	±6	±8

주(1) : 0.5mm 미만의 공칭 크기에 대해서는 편차가 관련 공칭 크기에 근접하게 표시되어야 한다.

파손된 가장자리에 대한 허용 편차 (바깥 반지름 및 모따기 높이) (단위 : mm)

공차 등급		보통 치수에 대한 허용 편차		
호 칭	설 명	0.5(1)에서 6 이하	3 초과 6 이하	6 초과
f	정밀	±0.2	±0.5	±1
m	중간			
c	거침	±0.4	±1	±2
v	매우 거침			

각도의 허용 편차

공차 등급		각을 이루는 치수(단위 : mm)에 대한 허용 편차				
호 칭	설 명	10 이하	10 초과 50 이하	50 초과 120 이하	120 초과 400 이하	400 초과
f	정밀	±1°	±0°30′	±1°20′	±1°10′	±0°5′
m	중간					
c	거침	±1°30′	±1°	±0°30′	±0°15′	±0°10′
v	매우 거침	±3°	±2°	±1°	±0°30′	±0°20′

부록 6. 일반 공차 – 제2부 : 개별 공차 표시가 없는 기하학적 공차

KS B ISO 2768-2

1. 일반 기하학적 공차

(1) 단일 형상에 대한 공차

① **직진도 및 평면도** : 직진도 및 평면도에 대한 일반 공차는 표 1에 따른다. 공차가 표 1에서 선택되는 경우 직진도는 대응하는 선의 길이에 기초하여야 하고, 평면도의 경우에는 표면의 가장 긴 가로 길이 또는 원형면의 지름에 기초하여야 한다.

표 1 직진도 및 평면도의 일반 공차

(단위 : mm)

공차 등급	공칭 길이에 대한 직진도 및 평면도 공차					
	10 이하	10 초과 30 이하	30 초과 100 이하	100 초과 300 이하	300 초과 1000 이하	1000 초과 3000 이하
H	0.02	0.05	0.1	0.2	0.3	0.4
K	0.05	0.1	0.2	0.4	0.6	0.8
L	0.1	0.2	0.4	0.8	1.2	1.6

② **진원도** : 진원도에 대한 일반 공차는 지름 공차와 동일하지만 표 4에 따른 원주 방향 흔들림 공차 이하이어야 한다.

③ **원통도** : 원통도에 대한 일반 공차는 규정되지 않는다.

비고 : 1. 원통도의 공차는 반대되는 진원도 공차, 직진도 공차, 평행도 공차의 3개 성분을 포함한다. 각 성분은 개별적으로 지시되거나 일반 공차에 의해 제어된다.
2. 기능적인 이유로 인해 원통도에 대한 공차는 진원도, 직진도 및 평행도에 대한 일반 공차의 조합 결과보다 작아야 한다. ISO 1101에 따른 개별적인 원통도에 대한 공차는 관련 형상에 대해 표시되는 것이 바람직하다. 예를 들면 끼워맞춤의 경우 포락선 요구의 표시로는 Ⓔ가 적합하다.

(2) 관련 형상에 대한 공차

① **일반 사항** : ②에서 ⑥까지 규정된 공차는 개별적인 표시를 가지지 않으면서 다른 부분에 관련된 모든 형상에 적용한다.

② **평행도** : 평행도에 대한 일반 공차는 공차 또는 편평도/직진도 공차 중 큰 쪽과 동일하다. 2개 형상 중 긴 것을 기준으로 취급하고, 양쪽이 동일한 공칭 길이를 가진다면 2개 중 하나가 기준으로 취급된다.

③ **수직도** : 수직도에 대한 일반 공차는 표 2에 따른다. 각도를 형성하는 2개의 측면 중 긴 것을 기준으로 취급한다. 양쪽이 동일한 공칭 길이를 가진다면 2개 중 하나가 기준으로 취급된다.

표 2 수직도에 대한 일반 공차

(단위 : mm)

공차 등급	짧은 측면의 공칭 길이의 범위에 대한 수직도 공차			
	100 이하	100 초과 300 이하	300 초과 1000 이하	1000 초과 3000 이하
H	0.2	0.3	0.4	0.5
K	0.4	0.6	0.8	1
L	0.6	1	1.5	2

④ **대칭도** : 대칭도에 대한 일반 공차는 표 3에 따른다. 2개의 형상 중 긴 것을 기준으로 취급한다. 양쪽이 동일한 공칭 길이를 가진다면 2개 중 하나가 기준으로 취급된다.

비고 : 대칭도에 대한 일반 공차는 2개의 형상 중 적어도 어느 하나가 중앙 평면을 가지거나 2개 형상의 축이 서로 직교하는 경우에 적용한다.

표 3 대칭에 대한 일반 공차

(단위 : mm)

공차 등급	공칭 길이 범위에 대한 대칭도 공차			
	100 이하	100 초과 300 이하	300 초과 1000 이하	1000 초과 3000 이하
H	0.5			
K	0.6		0.8	1
L	0.6	1	1.5	2

⑤ **동축도** : 동축도에 대한 일반 공차는 규정되지 않는다.

비고 : 극단적인 경우 원주 방향 흔들림에서의 공차가 동축도에서의 편차 및 진원도에서의 편차를 포함하므로 동축도에서의 공차는 표 4에 따른 원주 방향의 흔들림에 대한 공차만큼 커질 수 있다.

⑥ **원주 흔들림** : 원주 흔들림(회전체 원주 방향 회전체 축 및 회전체 면)에서의 일반 공차는 표 4에 따른다. 원주 흔들림에서의 일반 공차에 대해서는 베어링 면들이 명시되는 경우에는 기준으로 취해져야 하나 그렇지 않다면 원주 방향 흔들림에 대하여 2개의 형상 중 긴 것이 기준으로 취해진다. 형상이 동일한 공칭 길이를 가진다면 2개 중 하나가 기준으로 취급된다.

표 4 원주 흔들림에 대한 일반 공차

(단위 : mm)

공차 등급	원주 흔들림 공차
H	0.1
K	0.2
L	0.5

부록 7. 금속 프레스 가공품 보통 치수 공차

KS B 0413

1. 적용 범위

이 규격은 금속 프레스 가공품의 보통 치수 공차에 대하여 규정한다.

비고 : 1. 여기서 말하는 금속 프레스 가공품이란 금속판을 블랭킹, 벤딩, 드로잉에 의해 프레스 가공한 것을 말하며, 금속판의 시어링은 포함하지 않는다.
2. 금속판 시어링 보통 공차는 KS B 0416에 규정되어 있다.

2. 정의

① **블랭킹** : 프레스 기계를 사용하여 금속판에서 소정의 모양으로 따내는 것.
② **벤딩** : 프레스 기계를 사용하여 금속판을 소정의 모양으로 굽히는 것.
③ **드로잉** : 프레스 기계를 사용하여 금속판을 소정의 컵 모양으로 성형하는 것.

3. 블랭킹의 보통 치수 공차

블랭킹의 보통 치수 공차의 등급은 A급, B급 및 C급의 3등급으로 하고 각각의 치수 허용차는 표 1과 같다.

표 1 블랭킹의 보통 치수 허용차

(단위 : mm)

기준 치수의 구분	등급		
	A급	B급	C급
6 이하	±0.05	±0.1	±0.3
6 초과 30 이하	±0.1	±0.2	±0.5
30 초과 120 이하	±0.15	±0.3	±0.8
120 초과 400 이하	±0.2	±0.5	±1.2
400 초과 1000 이하	±0.3	±0.8	±2
1000 초과 2000 이하	±0.5	±1.2	±3

비고 : A급, B급 및 C급은 각각 KS B 0412의 공차 등급 f, m 및 c에 해당한다.

4. 벤딩 및 드로잉의 보통 치수 공차

벤딩 및 드로잉의 보통 치수 공차의 등급은 A급, B급 및 C급으로 하고 각각의 치수 공차는 표 2와 같다.

표 2 벤딩 및 드로잉의 보통 치수 허용차

(단위 : mm)

기준 치수의 구분	등급		
	A급	B급	C급
6 이하	±0.1	±0.3	±0.5
6 초과 30 이하	±0.2	±0.5	±1
30 초과 120 이하	±0.3	±0.8	±1.5
120 초과 400 이하	±0.5	±1.2	±2.5
400 초과 1000 이하	±0.8	±2	±4
1000 초과 2000 이하	±1.2	±3	±6

비고 : A급, B급 및 C급은 각각 KS B 0412의 공차 등급 f, m 및 c에 해당한다.

부록 8. 주강품의 보통 공차

KS B 0418

1. 적용 범위

이 규격은 모래형에 의한 주강품의 길이 및 덧살에 대한 주조 치수의 보통 공차에 대하여 규정한다.

비고 : 보통 공차는 시방서, 도면 등에서 기능상 특별한 정밀도가 요구되지 않는 치수에 대하여 공차를 일일이 기입하지 않고 일괄하여 지시하는 경우에 적용한다.

2. 등급

보통 공차 등급은 A급(정밀급), B급(중급), C급(보통급)의 3등급으로 한다.

3. 보통 공차

① 길이의 보통 공차 : 주강품의 길이 보통 공차는 표 1에 따른다.

표 1 주강품의 길이 보통 공차

(단위 : mm)

치수의 구분 \ 등급	A급	B급	C급
120 이하	±1.8	±2.8	±4.5
120 초과 315 이하	±2.5	±4	±6
315 초과 630 이하	±3.5	±5.5	±9
630 초과 1250 이하	±5	±8	±12
1250 초과 2500 이하	±9	±14	±22
2500 초과 5000 이하	–	±20	±35
5000 초과 10000 이하	–	–	±63

비고 : ISO 8062에서는 모래형 주조 수동 주입 방법에 대한 주강품 공차 등급을 CT11～14로, 모래형 주조 기계 주입 및 셀 모드 방식의 주강품 공차 등급을 CT8～12로 규정하고 있다.

② 덧살의 보통 공차 : 주강품의 덧살 보통 공차는 표 2에 따른다.

표 2 주강품의 덧살 보통 공차

(단위 : mm)

치수의 구분 \ 등급	A급	B급	C급
18 이하	±1.4	±2.2	±3.5
18 초과 50 이하	±2	±3	±5
50 초과 120 이하	–	±4.5	±7
120 초과 250 이하	–	±5.5	±9
250 초과 400 이하	–	±7	±11
400 초과 630 이하	–	±9	±14
630 초과 1000 이하	–	–	±18

③ 빠짐 기울기를 주기 위한 치수 : 빠짐 기울기에 대하여 도면 등의 지정이 없을 때는, 주조상의 필요에 따라 표 3에 나타난 치수 A에 의하여 빠짐 기울기를 줄 수 있다.

표 3 빠짐 기울기를 주기 위한 치수

(단위 : mm)

치수의 구분 l	치수 A (최대)
18 이하	1.4
18 초과 50 이하	2
50 초과 120 이하	2.8
120 초과 250 이하	3.5
250 초과 400 이하	4.5
400 초과 630 이하	5.5
630 초과 1000 이하	7

비고 : l은 그림의 l_1, l_2를 뜻하며, A는 그림의 A_1, A_2를 뜻한다.

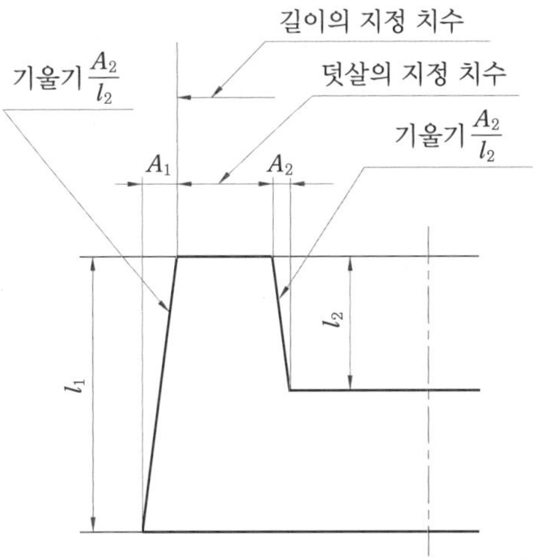

4. 도면상의 지시

도면 또는 관련 문서에는 이 규격의 규격 번호 및 등급을 지시한다.

〈보기〉 KS B 0418 - A
규격 번호 등급

부록 9. 중심거리의 허용차

KS B 0420

1. 적용 범위

이 규격은 다음에 표시하는 중심거리의 허용차(이하 허용차라 한다.)에 대하여 규정한다.

① 기계 부분에 뚫린 두 구멍의 중심거리
② 기계 부분에 있어서 두 축의 중심거리
③ 기계 부분에 가공된 두 홈의 중심거리
④ 기계 부분에 있어서 구멍과 축, 구멍과 홈 또는 축과 홈의 중심거리

비고 : 여기서, 구멍, 축 및 홈은 그 중심선에 서로 평행하고, 구멍과 축은 원형단면이며 테이퍼가 없고, 홈은 양 측면이 평행한 것으로 한다.

2. 용어의 뜻

중심거리 : 구멍, 축 또는 홈의 중심선에 직각인 단면 내에서 중심부터 중심까지의 거리

3. 등급

허용차의 등급은 1급부터 4급까지 4등급으로 한다. 또 0급을 참고로 표에 표시한다.

4. 허용차

허용차의 수치는 다음 표에 따른다.

중심거리의 허용차

(단위 : μm)

중심거리의 구분 (mm) 초 과	등급 이 하	0급 (참고)	1급	2급	3급	4급(mm)
–	3	±2	±3	±7	±20	±0.05
3	6	±3	±4	±9	±24	±0.06
6	10	±3	±5	±11	±29	±0.08
10	18	±4	±6	±14	±35	±0.09
18	30	±5	±7	±17	±42	±0.11
30	50	±6	±8	±20	±50	±0.13
50	80	±7	±10	±23	±60	±0.15
80	120	±8	±11	±27	±70	±0.18
120	180	±9	±13	±32	±80	±0.20
180	250	±10	±15	±36	±93	±0.23
250	315	±12	±16	±41	±105	±0.26
315	400	±13	±18	±45	±115	±0.29
400	500	±14	±20	±49	±125	±0.32
500	630	–	±22	±55	±140	±0.35
630	800	–	±25	±63	±160	±0.40
800	1000	–	±28	±70	±180	±0.45
1000	1250	–	±33	±83	±210	±0.53
1250	1600	–	±39	±98	±250	±0.63
1600	2000	–	±46	±120	±300	±0.75
2000	2500	–	±55	±140	±350	±0.88
2500	3150	–	±68	±170	±430	±1.05

부록 10. 표면의 결 도시 방법

KS B 0617

1. 대상면을 지시하는 기호

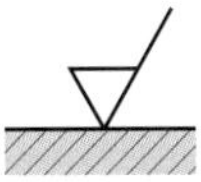

제거 가공을 요하는 면의 지시 기호

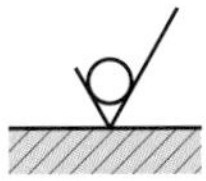

제거 가공을 허락하지 않는 면의 지시 기호

2. 도면 기입의 간략한 방법

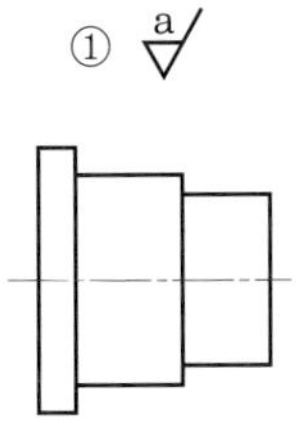

전면 동일한 지시의 간략한 방법의 보기

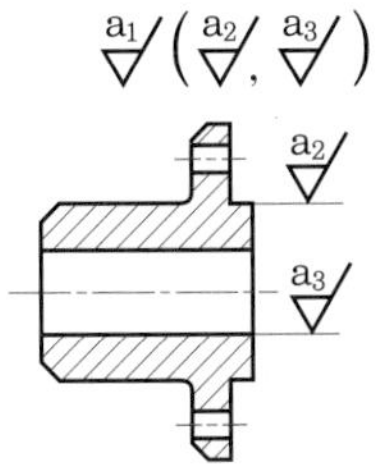

대부분 동일한 지시의 간략한 방법의 보기

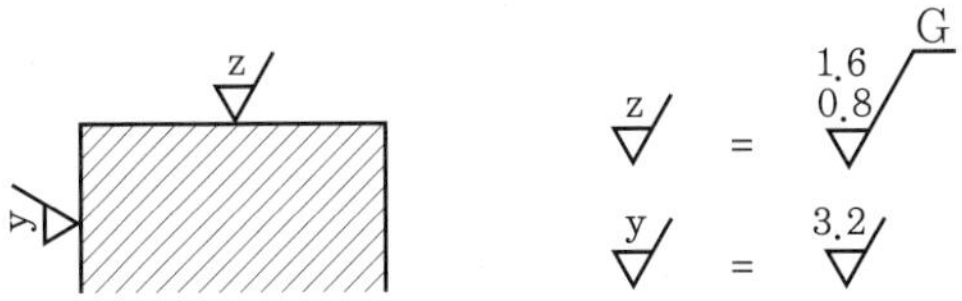

반복 지시의 간략한 방법의 보기

부록 11. 비교 표면 거칠기 표준편

KS B 0507

적용 범위 : 이 표준은 가공면의 표면 거칠기를 촉각, 시각 등으로 비교 측정할 때의 표준이 되는 비교용 표면 거칠기 표준편에 대하여 규정한다.

중심선 평균 거칠기의 구분치에 따른 비교 표준편의 범위

거칠기 구분치	0.025a	0.05a	0.1a	0.2a	0.4a	0.8a	1.6a	3.2a	6.3a	12.5a	25a	50a
표면 거칠기의 범위 (μm Ra)	0.02	0.04	0.08	0.17	0.33	0.66	1.3	2.7	5.2	10	21	42
	0.03	0.06	0.11	0.22	0.45	0.90	1.8	3.6	7.1	14	28	56
거칠기 번호	N1	N2	N3	N4	N5	N6	N7	N8	N9	N10	N11	N12

부록 12. 철강 및 비철금속재료 기호

KS D

KS D	명 칭	종류 기호	인장 강도 (N/mm²)	용 도
3503	일반구조용 압연 강재 (rolled steels for general structure)	SS330	330 ~ 430	강판, 평강, 봉강 및 강대
		SS400	400 ~ 510	강판, 강대, 평강, 봉강, 및 형강
		SS490	490 ~ 610	
		SS540	540 이상	두께 40mm 이하의 강판, 강대, 형강, 평강 및 지름, 변 또는 맞변 거리 40mm 이하의 봉강
		SS590	590 이상	

KS D	명 칭	종류 기호	항복 강도 (N/mm²)	용 도
3504	철근 콘크리트용 봉강 (steel bars for concrete reinforcement)	SD300	300	일반용
		SD350	350	
		SD400	400	
		SD500	500	
		SD600	600	
		SD700	700	
		SD400W	400	용접용
		SD500W	500	

KS D	명 칭	종류 기호	인장 강도 (N/mm²)	용 도
3507	배관용 탄소 강관 (carbon steel pipes for ordinary piping)	SPP (흑관, 백관)	294 이상	사용 압력이 비교적 낮은 증기, 물(상수도용은 제외), 기름, 가스, 공기 등의 배관에 사용

흑관 : 아연 도금을 하지 않은 관, 백관 : 흑관에 아연 도금을 한 관

배관용 탄소 강관의 치수

호칭지름		바깥지름 (mm)	두께 (mm)	호칭지름		바깥지름 (mm)	두께 (mm)
A	B			A	B		
6	1/8	10.5	2.0	125	5	139.8	4.85
8	1/4	13.8	2.35	150	6	165.2	4.85
10	3/8	17.3	2.35	175	7	190.7	5.3
15	1/2	21.7	2.65	200	8	216.3	5.85
20	3/4	27.2	2.65	225	9	241.8	6.2
25	1	34.0	3.25	250	10	267.4	6.40
32	1 1/4	42.7	3.25	300	12	318.5	7.00
40	1 1/2	48.6	3.25	350	14	355.6	7.60
50	2	60.5	3.65	400	16	406.4	7.9
65	2 1/2	76.3	3.65	450	18	457.2	7.9
80	3	89.1	4.05	500	20	508.0	7.9
90	3 1/2	101.6	4.05	550	22	558.8	7.9
100	4	114.3	4.5	600	24	609.6	7.9

KS D	명 칭	종류 기호	인장 강도 (N/mm²) (지름4mm의 경우)	용 도
3510	경강선 (hard drawn steel wires)	SW-A	1180 ~ 1370	0.08mm 이상 10.0mm 이하
		SW-B	1370 ~ 1570	0.08mm 이상 13.0mm 이하 주로 정하중을 받는 스프링용
		SW-C	1570 ~ 1770	

표준 선 지름 (단위 : mm)

0.08	0.09	0.10	0.12	0.14	0.16	0.18	0.20	0.23	0.26
0.29	0.32	0.35	0.40	0.45	0.50	0.55	0.60	0.65	0.70
0.80	0.90	1.00	1.20	1.40	1.60	1.80	2.00	2.30	2.60
2.90	3.20	3.50	4.00	4.50	5.00	5.50	6.00	6.50	7.00
8.00	9.00	10.0	11.0	12.0	13.0				

KS D	명 칭	종류 기호	인장 강도 (N/mm²)	용 도
3512	냉간 압연 강판 및 강대 (cold reduced carbon steel sheets and strip)	SPCC	–	일반용
		SPCD	270 이상	드로잉용
		SPCE	270 이상	딥드로잉용
		SPCF	270 이상	비시효성 딥드로잉용
		SPCG	270 이상	비시효성 초딥드로잉용

KS D	명 칭	종류 기호	인장 강도 (N/mm²)	적용 범위
3515	용접 구조용 압연 강재 (rolled steels for welded structure)	SM400A	400 ~ 510	강판, 강대, 형강 및 평강 두께 200 mm 이하
		SM400B		
		SM400C		
		SM490A	490 ~ 610	
		SM490B		
		SM490C		
		SM490YA	490~610	강판, 강대, 형강 및 평강 두께 100 mm 이하
		SM490YB		
		SM520B	520 ~ 640	
		SM520C		
		SM570	570 ~ 720	
3517	기계 구조용 탄소강관 (carbon steel tubes for machine structural purposes)	STKM 11 A	290 이상	기계, 자동차, 자전거, 가구, 기구, 기타 기계 부품에 사용하는 탄소 강관
		STKM 12 A STKM 12 B STKM 12 C	340 이상 390 이상 470 이상	
		STKM 13 A	370 이상	

KS D

KS D	명 칭	종류 기호	인장 강도 (N/mm^2)	적용 범위
3517	기계 구조용 탄소강관 (carbon steel tubes for machine structural purposes)	STKM 13 B STKM 13 C	440 이상 510 이상	기계, 자동차, 자전거, 가구, 기구, 기타 기계 부품에 사용하는 탄소강관
		STKM 14 A STKM 14 B STKM 14 C	410 이상 500 이상 550 이상	
		STKM 15 A STKM 15 C	470 이상 580 이상	
		STKM 16 A STKM 16 C	510 이상 620 이상	
		STKM 17 A STKM 17 C	550 이상 650 이상	
		STKM 18 A STKM 18 B STKM 18 C	440 이상 490 이상 510 이상	
		STKM 19 A STKM 19 C	490 이상 550 이상	
		STKM 20 A	540 이상	
	A는 열간 가공한 채 또는 열처리한 것. C는 냉간 가공한 채 또는 응력 제거 어닐링을 한 것. B는 "A", "C" 이외의 것.			

KS D	명 칭	종류 기호		퀜칭 템퍼링 경도 HRC	용 도
3522	고속도 공구강 강재 (high speed tool steels)	텅스텐계	SKH 2	63 이상	일반절삭용, 기타 각종 공구
			SKH 3	64 이상	고속 중 절삭용, 기타 각종 공구
			SKH 4	64 이상	난삭재 절삭용, 기타 각종 공구
			SKH 10	64 이상	고난삭재 절삭용, 기타 각종 공구
		분말야금으로 제조한 몰리브덴계	SKH 40	65 이상	경도, 인성, 내마모성을 필요로 하는 일반절삭용, 기타 각종 공구 재료
		몰리브덴계	SKH 50	63 이상	인성을 요하는 일반 절삭용, 기타 각종 공구
			SKH 51	64 이상	
			SKH 52	64 이상	비교적 인성을 요하는 고속도재 절삭용 기타 각종 공구
			SKH 53	64 이상	
			SKH 54	64 이상	

부록 12. 철강 및 비철금속재료 기호(계속)

KS D

KS D	명 칭	종류 기호		퀜칭 템퍼링 경도 HRC	용 도
3522	고속도 공구강 강재 (high speed tool steels)	몰리브덴계	SKH 55	64 이상	비교적 인성을 요하는 고속도 중 절삭용 기타 각종 공구
			SKH 56	64 이상	
			SKH 57	64 이상	
			SKH 58	64 이상	인성을 필요로 하는 일반 절삭용 기타 각종 공구재료
			SKH 59	66 이상	비교적 인성을 필요로 하는 고속 중절삭용 기타 각종 공구 재료

KS D	명 칭	종류 기호	구상화 어닐링 경도		용 도
			브리넬 경도 HB	로크웰 경도 HRB	
3525	고탄소 크로뮴 베어링 강재 (high carbon chromium bearing steels)	STB 1	201 이하	94 이하	구름 베어링
		STB 2	201 이하	94 이하	
		STB 3	207 이하	95 이하	
		STB 4	201 이하	94 이하	
		STB 5	207 이하	95 이하	

KS D	명 칭	종류 기호		비커스 경도 HV	용 도
3551	특수 마대강 (냉연특수강대) (cold rolled special steel strip)	탄소강	S 30 CM	160 이하	리테이너
			S 35 CM	170 이하	사무용 기계 부품
			S 45 CM	170 이하	클러치 부품, 체인 부품, 리테이너, 와셔
			S 50 CM	180 이하	카메라 등 구조 부품, 체인 부품, 스프링, 클러치 부품, 와셔, 안전 버클
			S 55 CM	180 이하	스프링, 안전화, 깡통따개, 톱슨날, 카메라 등 구조 부품
			S 60 CM	190 이하	체인 부품, 목공용 안내 톱, 안전화, 스프링, 사무기 부품, 와셔
			S 65 CM	190 이하	안전화, 클러치 부품, 스프링, 와셔
			S 70 CM	190 이하	스프링, 와셔, 목공용 안내 톱, 사무기 부품
			S 75 CM	200 이하	클러치 부품, 와셔, 스프링
		탄소공구강	SK 2 M	220 이하	면도날, 칼날, 쇠톱, 셔터, 태엽
			SK 3 M	220 이하	쇠톱, 칼날, 스프링

KS D

KS D	명 칭	종류 기호		비커스 경도 HV	용 도
3551	특수 마대강 (냉연특수강대) (cold rolled special steel strip)	탄소공구강	SK 4 M	210 이하	펜촉, 태엽, 게이지, 스프링, 칼날, 메리야스용 바늘
			SK 5 M	200 이하	태엽, 스프링, 칼날, 메리야스용 바늘, 케이지, 클러치 부품, 목공용 및 제재용 띠톱, 둥근톱, 사무기 부품
			SK 6 M	190 이하	스프링, 칼날, 클러치 부품, 와셔, 구두 밑창, 혼
			SK 7 M	190 이하	스프링, 칼날, 혼, 목공용 안내톱, 와셔, 구두밑창, 클러치 부품
		합금공구강	SKS 2 M	230 이하	메탈 밴드 톱, 쇠톱, 칼날
			SKS 5 M	200 이하	칼날, 둥근톱, 목공용 및 제재용 띠톱
			SKS 51 M	200 이하	칼날, 목공용 둥근톱, 목공용 및 제재용 띠톱
			SKS 7 M	250 이하	메탈 밴드톱, 쇠톱, 칼날
			SKS 95 M	200 이하	클러치 부품, 스프링, 칼날
		크롬강	SCr 420 M	180 이하	체인 부품
			SCr 435 M	190 이하	체인 부품, 사무기 부품
			SCr 440 M	200 이하	체인 부품, 사무기 부품
		니켈크롬강	SNC 415 M	170 이하	사무기 부품
			SNC 631 M	180 이하	사무기 부품
			SNC 836 M	190 이하	사무기 부품
			SNCM 220 M	180 이하	체인 부품
			SNCM 415 M	170 이하	안전 버클, 체인 부품
		크롬 몰리브덴강	SCM 415 M	170 이하	체인 부품, 톱슨 날
			SCM 430 M	180 이하	체인 부품, 사무기 부품
			SCM 435 M	190 이하	체인 부품, 사무기 부품
			SCM 440 M	200 이하	체인 부품, 사무기 부품
		스프링강	SUP 6M	210 이하	스프링
			SUP 9M	200 이하	스프링
			SUP 10M	200 이하	스프링
		망간강	SMn 438 M	200 이하	체인 부품
			SMn 443 M	200 이하	체인 부품

부록 12. 철강 및 비철금속재료 기호(계속)

KS D	명 칭	종류 기호		인장강도 (N/mm^2) (지름4mm의 경우)	용 도
3552	철선 (low carbon steel wires)	보통 철선	SWM-B	440 ~ 1030	일반용, 철망용
			SWM-F	320 ~ 1270	후도금용, 용접용
		못용 철선	SWM-N	590 ~ 1030	못용
		어닐링 철선	SWM-A	260 ~ 590	일반용, 철망용
		용접 철망용 철선	SWM-P	540 이상	용접철망용, 콘크리트 보강용
			SWM-R	440 이상	
			SWM-I	540 이상	

표준 선 지름 (단위 : mm)

0.10	0.12	0.14	0.16	0.18	0.20	0.22	0.24	0.26	0.28	0.30	0.32	0.35
0.40	0.45	0.50	0.55	0.62	0.70	0.80	0.90	1.00	1.20	1.40	1.60	1.80
2.00	2.30	2.60	2.90	3.20	3.50	4.00	4.50	5.00	5.50	6.00	6.50	7.00
7.50	8.00	8.50	9.00	10.0	11.0	12.0	13.0	14.0	15.0	16.0	17.0	180

KS D	명 칭	종류 기호	인장강도 (N/mm^2) (지름4mm의 경우)	용 도
3556	피아노선 (piano wires)	PW-1	1670 ~ 1810	주로 동하중을 받는 스프링
		PW-2	1810 ~ 1960	
		PW-3	1670 ~ 1810	밸브 스프링 또는 이에 준하는 스프링

KS D	명 칭	종류 기호	화학성분별 분류	용 도
3701	스프링강 (spring steels)	SPS 6	실리콘 망간 강재	겹판 스프링, 코일 스프링 및 비틀림 막대 스프링
		SPS 7		
		SPS 9	망간 크롬 강재	
		SPS 9A		
		SPS 10	크롬 바나듐 강재	코일 스프링 및 비틀림 막대 스프링
		SPS 11A	망간 크롬 보론 강재	대형 겹판 스프링, 코일 스프링 및 비틀림 막대 스프링
		SPS 12	실리콘 크롬 강재	코일 스프링
		SPS13	크롬 몰리브덴 강재	대형 겹판 스프링, 코일 스프링

부록 12. 철강 및 비철금속재료 기호(계속)

KS D

KS D	명 칭	종류 기호	인장강도 (N/mm²)	경도 HB	열처리의 종류
3710	탄소강 단강품 (carbon steel forgings for general use)	SF 340 A	340 ~ 440	90 이상	어닐링, 노멀라이징 또는 노멀라이징 템퍼링
		SF 390 A	390 ~ 490	105 이상	
		SF 440 A	440 ~ 540	121 이상	
		SF 490 A	490 ~ 590	134 이상	
		SF 540 A	540 ~ 640	152 이상	
		SF 590 A	590 ~ 690	167 이상	
		SF 540 B	540 ~ 690	152 이상	퀜칭 템퍼링
		SF 590 B	590 ~ 740	167 이상	
		SF 640 B	640 ~ 780	183 이상	

KS D	명 칭	종류 기호 (종류기호의 수치는 화학성분 C %의 평균값임.)	화학성분 C %	퀜칭 템퍼링 경도 HRC	용 도
3751	탄소 공구강 강재 (carbon tool steels) ( ) 안의 기호는 구 KS의 종류 기호임.	STC 140 (STC1)	1.30 ~ 1.50	63 이상	칼줄, 벌줄
		STC 120 (STC2)	1.15 ~ 1.25	62 이상	드릴, 철공용 줄, 소형 펀치, 면도날, 태엽, 쇠톱
		STC 105 (STC3)	1.00 ~ 1.10	61 이상	나사 가공 다이스, 쇠톱, 프레스 형틀, 게이지, 태엽, 끌, 치공구
		STC 95 (STC4)	0.90 ~ 1.00	61 이상	태엽, 목공용 드릴, 도끼, 끌, 메리야스 바늘, 면도칼, 목공용 띠톱, 펜촉, 프레스형틀, 게이지
		STC 90	0.85 ~ 0.95	60 이상	프레스형틀, 태엽, 게이지, 침
		STC 85 (STC5)	0.80 ~ 0.90	59 이상	각인, 프레스형틀, 태엽, 띠톱, 치공구, 원형톱, 펜촉, 등사판 줄, 게이지 등
		STC 80	0.75 ~ 0.85	58 이상	각인, 프레스형틀, 태엽
		STC 75 (STC6)	0.70 ~ 0.80	57 이상	각인, 스냅, 원형톱, 태엽, 프레스형틀, 등사판 줄 등
		STC 70	0.65 ~ 0.75	57 이상	각인, 스냅, 프레스형틀, 태엽
		STC 65 (STC7)	0.60 ~ 0.70	56 이상	각인, 스냅, 프레스형틀, 나이프 등
		STC 60	0.55 ~ 0.65	55 이상	각인, 스냅, 프레스형틀

KS D	명 칭	종류 기호 (종류 기호의 수치는 화학성분 C %의 평균값임.)	화학성분 C %	인장강도 (N/mm²)		열처리의 종류	용 도
3752	기계 구조용 탄소 강재	SM 10C	0.08 ~ 0.13	314 이상	노멀라이징	노멀라이징 · 어닐링	
		SM 12C	0.10 ~ 0.15	373 이상			
		SM 15C	0.13 ~ 0.18				

부록 12. 철강 및 비철금속재료 기호(계속)

KS D	명 칭	종류기호 (종류기호의 수치는 화학성분 C %의 평균값임.)	화학성분 C %	인장강도 (N/mm²)		열처리의 종류	용 도
3752	기계 구조용 탄소 강재 (carbon steel for machine structural use)	SM 17C	0.15 ~ 0.20	402 이상	노멀라이징	노멀라이징 · 어닐링	열간 압연, 열간 단조 등 열간가공에 의해 제조한 것으로, 보통 다시 단조, 절삭 등의 가공 및 열처리를 하여 사용된다.
		SM 20C	0.18 ~ 0.23				
		SM 22C	0.20 ~ 0.25	441 이상			
		SM 25C	0.22 ~ 0.28				
		SM 28C	0.25 ~ 0.31	539 이상	퀜칭 · 템퍼링	노멀라이징 · 어닐링 · 퀜칭 · 템퍼링	
		SM 30C	0.27 ~ 0.33				
		SM 33C	0.30 ~ 0.36	569 이상			
		SM 35C	0.32 ~ 0.38				
		SM 38C	0.35 ~ 0.41	608 이상			
		SM 40C	0.37 ~ 0.43				
		SM 43C	0.40 ~ 0.46	686 이상			
		SM 45C	0.42 ~ 0.48				
		SM 48C	0.45 ~ 0.51	735 이상			
		SM 50C	0.47 ~ 0.53				
		SM 53C	0.50 ~ 0.56	785 이상			
		SM 55C	0.52 ~ 0.58				
		SM 58C	0.55 ~ 0.61	785 이상			
		SM 09CK	0.07 ~ 0.12	392 이상	퀜칭 · 템퍼링		SM 09CK, SM 15CK, SM 20CK는 침탄용이다.
		SM 15CK	0.13 ~ 0.18	490 이상			
		SM 20CK	0.18 ~ 0.23	539 이상			

KS D	명 칭	구 분	종류 기호	퀜칭 · 템퍼링 경도 HRC	용 도
3753	합금 공구강 강재 (alloys tool steels)	절삭 공구용	STS 11	62 이상	절삭공구, 냉간 드로잉용 다이스·센터드릴
			STS 2	61 이상	탭, 드릴, 커터, 프레스형틀, 나사 가공 다이스
			STS 21	61 이상	
			STS 5	45 이상	원형 톱, 띠톱
			STS 51	45 이상	
			STS 7	62 이상	쇠톱
			STS 81	63 이상	인물(칼, 대패), 쇠톱, 면도날
			STS 8	63 이상	줄

부록 12. 철강 및 비철금속재료 기호(계속)

KS D

KS D	명 칭	구 분	종류 기호	퀜칭 · 템퍼링 경도 HRC	용 도
3753	합금 공구강 강재 (alloys tool steels)	내충격 공구용	STS 4	56 이상	끌, 펀치, 칼날
			STS 41	53 이상	
			STS 43	63 이상	헤딩다이스 착암기용 피스턴
			STS 44	60 이상	끌, 헤딩다이스
		냉간 금형용	STS 3	60 이상	게이지, 나사 절단 다이스, 절단기, 칼날
			STS 31	61 이상	게이지, 프레스형틀, 나사 절단 다이스
			STS 93	63 이상	게이지, 칼날, 프레스형틀
			STS 94	61 이상	
			STS 95	59 이상	
			STD 1	62 이상	신선용 다이스, 포밍 다이스, 분말 성형틀
			STD 2	62 이상	
			STD 10	61 이상	신선용 다이스, 전조다이스, 금속 인물, 포밍 다이스, 프레스형틀
			STD 11	58 이상	게이지, 포밍다이스, 나사 전조 다이스, 프레스형틀
			STD 12	60 이상	
		열간 금형용	STD 4	42 이상	프레스형틀, 다이캐스팅형틀, 압출 다이스
			STD 5	48 이상	
			STD 6	48 이상	
			STD 61	50 이상	
			STD 62	48 이상	다이스형틀, 프레스형틀
			STD 7	46 이상	프레스형틀, 압출공구
			STD 8	48 이상	다이스형틀, 압출공구, 프레스형틀
			STF 3	42 이상	주조형틀, 압출공구, 프레스형틀
			STF 4	42 이상	
			STF 6	52 이상	

부록 12. 철강 및 비철금속재료 기호(계속)

KS D

KS D	명 칭	구 분	종류 기호 (종류기호의 두 번째, 세 번째 수치는 화학성분 C %의 평균값임.)	화학성분 C %	표면 담금질용	용 도
3867	기계구조용 합금강 강재 (low-alloyed steels for machine structual use)	망간강	SMn 420	0.17 ~ 0.23	○	열간압연, 열간단조 등 열간가공에 의해 만들어진 것으로, 보통 다시 단조, 절삭, 냉간 인발 등의 가공과 퀜칭 템퍼링, 노멀라이징, 침탄 퀜칭 등의 열처리를 하여 주로 기계구조용으로 사용된다.
			SMn 433	0.30 ~ 0.36		
			SMn 438	0.35 ~ 0.41		
			SMn 443	0.40 ~ 0.46		
		망간 크롬강	SMnC 420	0.17 ~ 0.23	○	
			SMnC 443	0.40 ~ 0.46		
		크롬강	SCr 415	0.13 ~ 0.18	○	
			SCr 420	0.18 ~ 0.23	○	
			SCr 430	0.28 ~ 0.33		
			SCr 435	0.33 ~ 0.38		
			SCr 440	0.38 ~ 0.43		
			SCr 445	0.43 ~ 0.48		
		크롬 몰리브덴강	SCM 415	0.13 ~ 0.18	○	
			SCM 418	0.16 ~ 0.21	○	
			SCM 420	0.18 ~ 0.23	○	
			SCM 421	0.17 ~ 0.23	○	
			SCM 425	0.23 ~ 0.28		
			SCM 430	0.28 ~ 0.33		
			SCM 432	0.27 ~ 0.37		
			SCM 435	0.33 ~ 0.38		
			SCM 440	0.38 ~ 0.43		
			SCM 445	0.43 ~ 0.48		
			SCM 822	0.20 ~ 0.25	○	
		니켈 크롬강	SNC 236	0.32 ~ 0.40		
			SNC 415	0.12 ~ 0.18	○	
			SNC 631	0.27 ~ 0.35		
			SNC 815	0.12 ~ 0.18	○	
			SNC 836	0.32 ~ 0.40		
		니켈 크롬 몰리브덴강	SNCM 220	0.17 ~ 0.23	○	
			SNCM 240	0.38 ~ 0.43		
			SNCM 415	0.12 ~ 0.18	○	
			SNCM 420	0.17 ~ 0.23	○	
			SNCM 431	0.27 ~ 0.35		
			SNCM 439	0.36 ~ 0.43		
			SNCM 447	0.44 ~ 0.50		
			SNCM 616	0.13 ~ 0.20	○	
			SNCM 625	0.20 ~ 0.30		
			SNCM 630	0.25 ~ 0.35		
			SNCM 815	0.12 ~ 0.18	○	

부록 12. 철강 및 비철금속재료 기호(계속)

KS D

KS D	명 칭	종류 기호	인장강도 (N/mm^2)	용 도
4101	탄소강 주강품 (carbon steel castings)	SC 360	360 이상	일반 구조용, 전동기 부품용
		SC 410	410 이상	일반 구조용
		SC 450	450 이상	일반 구조용
		SC 480	480 이상	일반 구조용

KS D	명 칭	종류 기호	인장강도 (N/mm^2)	경도 HB	적용 범위
4301	회 주철품 (gray iron castings)	GC 100	100 이상	201 이하	편상 흑연을 함유한 주철품
		GC 150	150 이상	212 이하	
		GC 200	200 이상	223 이하	
		GC 250	250 이상	241 이하	
		GC 300	300 이상	262 이하	
		GC 350	350 이상	277 이하	

KS D	명 칭	종류 기호	인장강도 (N/mm^2)	재 질	용 도
5101	구리 및 구리합금 봉 (copper and copper alloy rods and bars) 압출, 인발, 단조에 의해 제작된 원형, 정육각형, 정사각형, 직사각형, 단면 구리 및 구리합금 봉 제품임.	C 1020	195 이상	무산소동	전기용, 화학 공업용
		C 1100		타프피치동	전기 부품, 화학 공업용
		C 1201		인탈신동	용접용, 화학 공업용
		C 1220			
		C 2600	275 이상	황동	기계 부품, 전기 부품
		C 2700	295 이상		
		C 2745	295 이상		
		C 2800	315 이상		
		C 3533	315 이상	내식 황동	수도꼭지, 밸브
		C 3601	295 이상	쾌삭 황동	볼트, 너트, 작은 나사, 스핀들, 기어, 밸브, 라이터, 시계, 카메라 부품 등
		C 3602	315 이상		
		C 3603	315 이상		
		C 3604	335 이상		
		C 3605	335 이상		
		C 3712	315 이상	단조 황동	기계 부품
		C 3771			밸브, 기계 부품
		C 4622	345 이상	네이벌 황동	선박용 부품, 샤프트 등
		C 4641	345 이상		
		C 4860	315 이상	내식 황동	수도꼭지, 밸브, 선박용 부품
		C 4926	335 이상	무연 황동	전기전자 부품, 자동차 부품, 정밀가공
		C 4934	335 이상	무연 내식 황동	수도꼭지, 밸브
		C 6161	590 이상	알루미늄 청동	차량 기계용, 화학 공업용, 선박용의 기어 피니언, 샤프트, 부시 등
		C 6191	685 이상		
		C 6241	685 이상		
		C 6782	460 이상	고강도 황동	선박용 프로펠러 축, 펌프 축 등
		C 6783	510 이상		

KS D	명 칭	종류 기호	인장강도 (N/mm^2)	용 도
6763	알루미늄 및 알루미늄 합금 봉 및 선 (aluminium and aluminium alloy bars and wires)	A 1070	54 이상	순 알루미늄으로 강도는 낮으나 열이나 전기의 전도성은 높고 용접성, 내식성이 양호하다. 용접선 등
		A 1050	64 이상	
		A 1100	74 이상	강도는 비교적 낮으나 용접성, 내식성이 양호하다. 열교환기 부품 등
		A 1200	74 이상	
		A 2011	314 이상	절삭 가공성이 우수한 쾌삭합금으로 강도가 높다. 볼륨축, 광학부품, 나사류 등
		A 2014	245 이상	열처리합금으로 강도가 높고 단조품에도 적용된다. 항공기, 유압부품 등
		A 2017	245 이상	내식성, 용접성은 나쁘지만 강도가 높고 절삭 가공성도 양호하다. 스핀들, 항공기용재, 자동차용 부재 등
		A 2117	196 이상	용체화 처리 후 코킹하는 리벳용재로 상온 시효속도를 느리게 한 합금이다. 리벳용재 등
		A 2024	245 이상	2017보다 강도가 높고 절삭 가공성이 양호하다. 스핀들, 항공기용재, 볼트재 등
		A 3003	94 이상	1100보다 약간 강도가 높고, 용접성, 내식성이 양호하다. 열교환기 부품 등
		A 5052	177 이상	중간 정도의 강도가 있고, 내식성, 용접성이 양호하다. 리벳용재, 일반기계 부품 등
		A 5N02	226 이상	리벳용 합금으로 내식성이 양호하다. 리벳용재 등
		A 5056	245 이상	내식성, 절삭 가공성, 양극 산화처리성이 양호하다. 광학기기, 통신기기 부품, 파스너 등
		A 5083	275 이상	비열처리 합금 중에서 가장 강도가 크고, 내식성, 용접성이 양호하다. 일반기계 부품 등
		A 6061	147 이상	열처리형 내식성 합금이다. 리벳용재, 자동차용 부품 등
		A 6063	131 이상	6061보다 강도는 낮으나, 내식성, 표면처리성이 양호하다. 열교환기 부품 등
		A 6066	200 이상	열처리형 합금으로 내식성이 양호하다.
		A 6262	265 이상	
		A 7003	284 이상	7N01보다 강도는 약간 낮으나, 압출성이 양호하다. 용접구조용 재료 등
		A 7N01	245 이상	강도가 높고, 내식성도 양호한 용접구조용 합금이다. 일반기계용 부품 등
		A 7075	539 이상	알루미늄합금 중 가장 강도가 큰 합금의 하나이다. 항공기 부품 등
		A 7178	118 이상	고강도 알루미늄합금으로 구조용 재료 등에 활용된다.

부록

KS 규격집

2015년 1월 20일 1판 1쇄
2024년 1월 25일 3판 2쇄

저　자 : 기계제도시험연구회
펴낸이 : 이정일

펴낸곳 : 도서출판 **일진사**
www.iljinsa.com
(우) 04317 서울시 용산구 효창원로 64길 6
전화 : 704-1616/팩스 : 715-3536
등록 : 제1979-000009호 (1979.4.2)

값 18,000 원

ISBN : 978-89-429-1421-0